BASIC AVIONICS

항공기초 전기전자

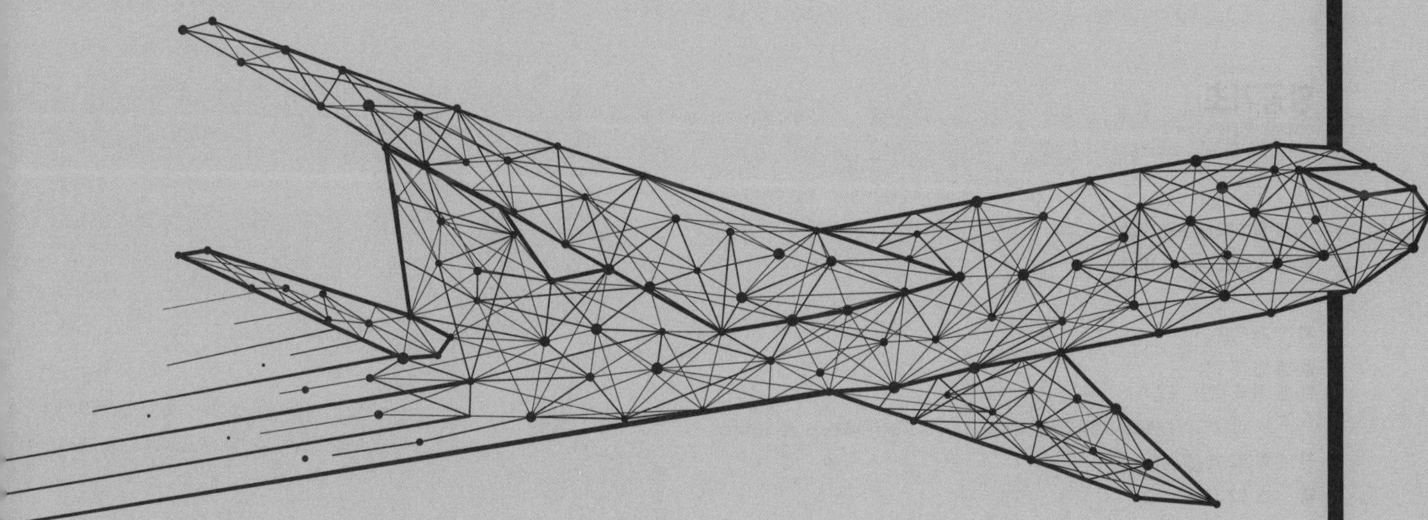

저자 약력

김 훈

조선대학교 기계설계공학
일본 오사카 HAL 게임프로그램 전공
항공정비 공학사

㈜ 이오리스
엠드림 (주)
엠앤엠게임즈 (주)

항공정비사 (비행기)
항공산업기사
항공기체정비기능사
항공기관정비기능사
직업훈련교사

항공기초
전기전자

인 쇄 일 2021년 8월 2일
발 행 일 2021년 8월 10일

저 자 김훈
발 행 인 조규백
발 행 처 도서출판 구민사
(07293) 서울특별시 영등포구 문래북로 116, 604호(문래동3가 46, 트리플렉스)
전 화 02.701.7421~2
팩 스 02.3273.9642
홈페이지 www.kuhminsa.co.kr
신고번호 제 2012-000055호(1980년 2월 4일)
I S B N 979-11-5813-928-5(93550)
정 가 27,000원

PREFACE

항공 산업의 발달은 하루가 다르게 빠른 속도로 진행되고 있으며, 특히 전자 및 전기기술은 산업계, 학계, 연구소 등을 통해 발달이 더욱 가속화되고 있다고 할 수 있다. 항공기의 주요부품들을 작동시키고 제어하는 모든 시스템에는 항공전자장비가 필수적으로 장착되어 자동으로 작동 및 제어를 담당하고 있다.

본 교재는 일반적으로 전기전자계통의 기본 원리와 구성을 더욱 쉽게 이해하고 전기 및 자기의 성질, 각종 소자, 반도체, 축전지, 변압기, 항공기에 실제 사용되고 있는 교류전원 115[V] AC, 400[Hz]를 만들어내는 발전기(IDG : Integrated Drive Generator, APU Generator), 교류전원 차단 시 비상용 직류전원 28[V] DC를 공급하는 축전지(Ni-Cd Battery)에 대해서 원리를 학습함으로써 전기의 기초지식과 기능을 습득하여 항공정비사로서 갖추어야 할 기본적인 실무능력을 배양할 수 있게 한다.

폭넓은 전기 및 전자공학을 세세하게 습득하는 것은 입문단계에서는 매우 어렵지만, 본 교재를 통해서 기초적이고 필수적인 이론에 포커스를 맞추어, 수학적 지식을 더해 항공기에서의 기초 전기전자를 습득하고자 하는 학생들에게 더욱 쉽게 학습할 수 있도록 서술하였다.

또한, 국가기술 자격증(항공정비사, 항공산업기사, 항공장비정비기능사, 항공전자정비기능사) 취득에도 도움이 될 수 있도록, 각 단원마다 관련 문항을 수록하여 핵심내용과 응용력을 향상시킬 수 있도록 구성하였다.

본 교재가 항공기 전기 및 전자 분야에 있어서 기초지식을 쉽게 습득하려는 학생들에게 많은 도움이 되기를 바란다.

이 책의 출판을 위해 적극적으로 도움주신 도서출판 구민사 조규백 대표님과 직원 여러분께 깊은 감사를 드린다.

저자 올림

CONTENTS

CONTENTS

항공기 전기전자 정비사란?

1. Avionic

Aviation과 Electronic의 합성어로 항공에서는 전기전자 분야를 의미한다.

2. Avionic 정비사

주요 업무는 각종 계통 내에서 사용되는 Component 및 Wire 등을 점검한다.

항공기상에 있는 각종 Wire 관련 결함 및 Operation, Function 점검을 수행한다.

(1) Operation check : 항공기 작동 점검

(2) Function check : 항공기 기능 점검

(3) TR check : 항공기 이착륙 전후 내외부를 돌며 전체적인 점검

236R

PART 1

Electricity

전기

(1) 국제표준단위계(International system of units)

(2) 물질(Matter)

(3) 전기의 발생과 종류

(4) 옴(Ohm)의 법칙

(5) 전력(Electric power)

(6) 전력량(Electrical energy)

(7) 줄(Joule)의 법칙

· 기출문제

1. 전기(Electricity)

(1) 국제표준단위계(International system of units)

SI단위계라고 하며, 1960년 10월 국제 도량형 총회에서 미터계와 피트-파운드계를 통합하여 SI단위를 기준으로 사용한다.(7개의 기본 단위로 구성)

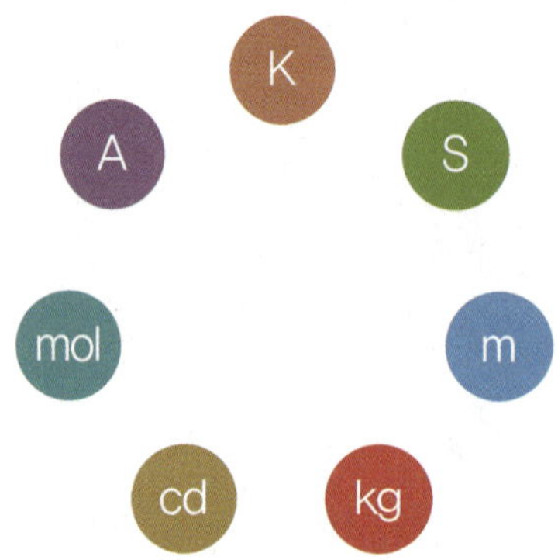

10^n	접두어	기호
10^{24}	요타(Yotta)	Y
10^{21}	제타(Zetta)	Z
10^{18}	엑사(Exa)	E
10^{15}	페타(Peta)	P
10^{12}	테라(Tera)	T
10^{9}	기가(Giga)	G
10^{6}	메가(Mega)	M
10^{3}	킬로(Kilo)	k
10^{2}	헥토(Hecto)	h
10^{1}	데카(Deca)	da

10^n	접두어	기호
10^{-1}	데시(Deci)	d
10^{-2}	센티(Centi)	c
10^{-3}	밀리(Milli)	m
10^{-6}	마이크로(Micro)	μ
10^{-9}	나노(Nano)	n
10^{-12}	피코(Pico)	p
10^{-15}	펨토(Femto)	f
10^{-18}	아토(Atto)	a
10^{-21}	젭토(Zepto)	z
10^{-24}	욕토(Yocto)	y

(2) 물질(Matter)

1) 구조

원자는 원자핵(양성자와 중성자)과 주위 궤도를 돌고 있는 전자로 되어 있다.(원자핵 & 전자 〈 원자 〈 분자 〈 물질)
전자(-)가 이탈하면, 전하(+)가 많아져 양이온이 되고, 전자(-)가 추가되면, 전자(-)가 많아져 음이온이 된다.
(이온: 원자에서 전자가 이탈 또는 추가된 상태)

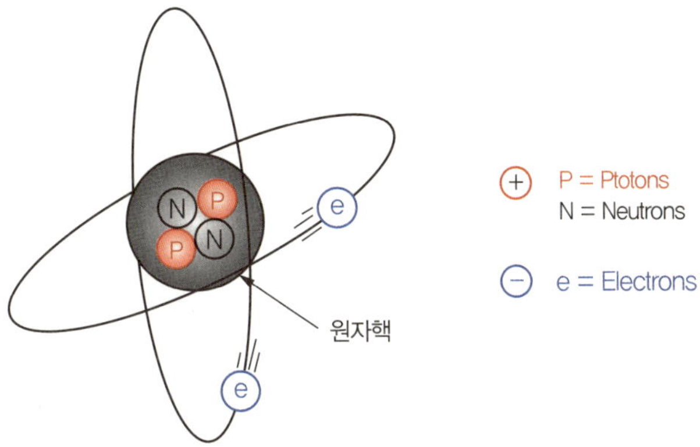

2) 구성요소

① **원자**(Atom) : 원자핵과 전자가 결합한 형태

② **양성자**(Proton) : 원자핵을 이루는 입자 중에 전하를 띠는 종

③ **중성자**(Neutron) : 원자핵을 이루는 입자 중에 전하를 띠지 않는 종

④ **전자**(Electron) : 음(-)의 전하를 띠고 있는 기본 입자

⑤ **전기**(Electricity) : 전자의 이동에 의해 발생하는 에너지(동전기)

⑥ **전하**(Electric charge) : 전기를 띤 입자(양전하=정공, 음전하=전자)

3) 전자수 & 배치

① **주기** : 원소가 가지는 전자 궤도의 수를 말한다.(에너지 영역의 연속성과 불연속성을 구분)

② **최외곽 전자수** : 양성자수(원자번호) - $2n^2$…

(3) 전기의 발생과 종류

1) 전기

마찰, 압력(압전효과), 열(열전대), 빛(광전지), 화학물질(배터리), 자성(발전기) 등에 의해, 자유전자의 이동으로 발생한다.

① **전자의 이동** : (-)극에서 (+)극으로 이동한다.

② **전류의 이동** : (+)극에서 (-)극으로 이동한다.

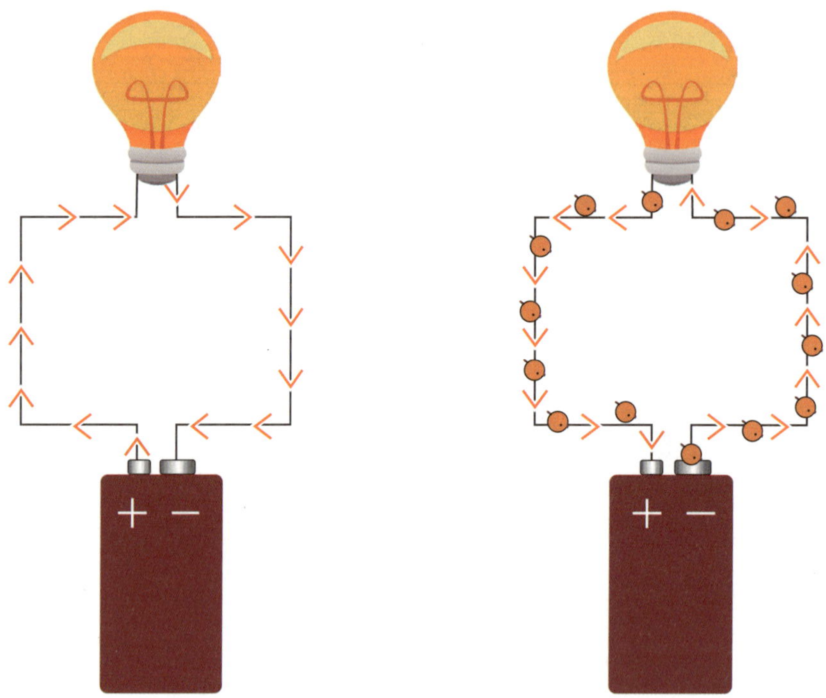

Conventional current flow(+ to −)

Electron current flow(− to +)

2) 전기장(Electric field)

전기를 띤 전하나 시간에 따라 변하는 자기장 주위의 공간에는 전기장이 형성된다. 이 전기장 안에서 하전된 물체는 전기력을 받게 된다. 전기장은 마이클 패러데이(Michael Faraday)가 처음 소개한 물리량으로 전장 또는 전계라고도 한다. 전기장은 보통 기호 E로 표시하며, 크기와 방향을 갖는 벡터량이다.

3) 정전기(Static electricity)

전하(電荷)가 정지 상태에 있어 흐르지 않고 머물러 있는 전기이다. 물체(주로 유전체)에 전하가 축적되어 있는(대전된) 상태지만, 축적되어 있는 전하 자체를 지칭하는 경우도 있다. 두 종류의 유전체의 마찰에 의해 발생한다. 유전체를 서로 마찰할 때 발생하는 정전기의 부호는 물체의 조합에 의해 결정된다.(마찰전기)

① **정전유도**(Electrostatic induction)

대전된 물체를 도체에 접근시키면, 가까운 쪽에 반대 극성의 전하가 접근하는 현상이다. 도체 내에 전하가 이동해서 일어난다. 전하는 도체 안에서 전위차를 없애기 위해 도체 내부는 등전위가 된다.

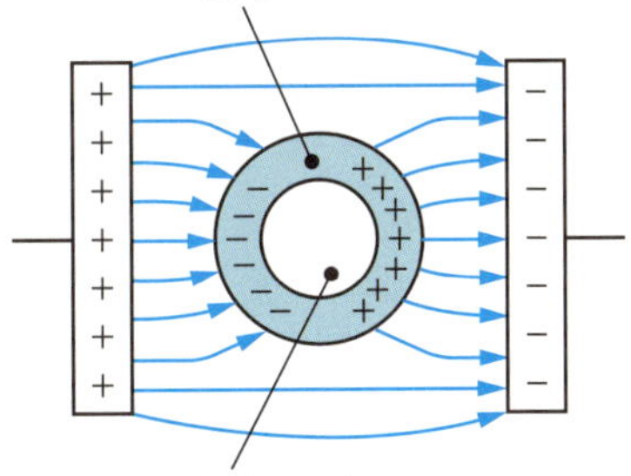

② **정전차폐**(Electrostatic shielding)

정전유도에 의한 외부의 영향을 방지하는 것으로 도체로 밀폐하거나, **접지를 통해서 순간적으로 큰 전하가 발생하는 것을 막아준다.**

4) 동전기(Dynamic eletricity)

정전기의 반대로, 전자가 물질 속에서 이동하면서 발생시키는 것이다. 일반적으로 일상에서 사용하고 있는 전기이다.

① **직류** : 시간변화에 **방향과 크기가 일정**

② **교류** : 시간변화에 **방향과 크기가 변화**

③ **맥류** : 시간변화에 방향은 일정하나, 크기가 변화(교류를 정류시키거나, 단속하여 만든다.)

(4) 옴(Ohm)의 법칙

전기회로 내에서 전류, 전압, 전기저항 사이의 관계를 나타내는 매우 중요한 법칙이다. **전압의 크기를 V, 전류의 세기를 I, 전기저항을 R이라 할 때, V=IR의 관계가 성립**한다. 즉, **전류의 세기는 두 점 사이의 전위차에 비례하고, 전기저항에 반비례한다**는 법칙이다.

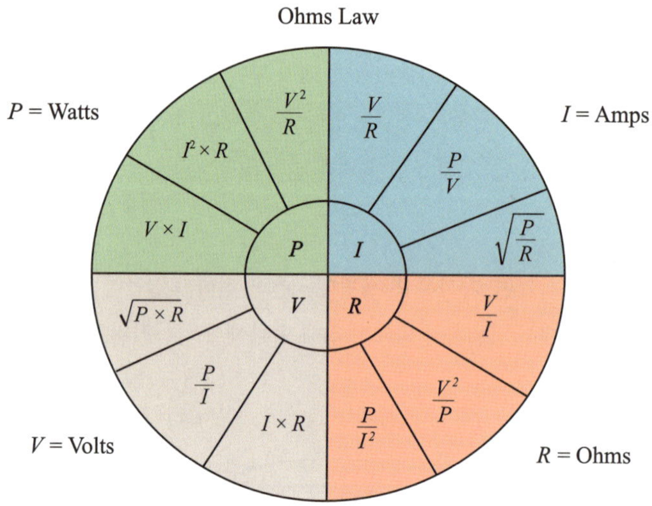

1) 전류(Ampere)

전하의 흐름으로 단위시간 동안 흐른 전하의 양. **기호는 I이고, 단위는 [A].**

2) 전압(Volt)

전위, 전위차, 기전력이라고도 하며, 전자가 이동해서 전류가 흐를 때 가해지는 압력의 크기. **기호는 E 또는 V이고, 단위는 [V].**

3) 전기저항(Resistance)

도체 내에서 전류의 흐름을 제한하는 성질(은, 구리는 전기저항이 적어 선재로 이용). **기호는 R이고, 단위는 [Ω].**

4) 전기저항을 결정하는 4요소

$$R = \rho \frac{L}{A}$$

① 비저항(ρ) : 도선이 지닌 고유저항(전도율이 좋고, 고유저항이 낮은 구리선을 사용)

② 길이(L) : 도선의 길이가 길수록 전기저항은 크다.

③ 단면적(A) : 도선의 단면적이 작을수록 전기저항은 크다(면적이 너무 작으면 전자가 충돌하여 방해).

④ 온도 : 도선의 온도가 상승하면 전기저항도 커진다.

(5) 전력(Electric power)

단위 시간 동안 전기 장치에 공급되는 전기 에너지, 또는 단위 시간 동안 다른 형태의 에너지로 변환되는 전기에너지. 전력의 단위는 와트(W)를 사용하며, 1W는 1A의 전류가 1V의 전압이 걸린 곳을 흐를 때 소비되는 전력의 크기이다. 실생활에서는 단위 시간에 사용하는 전기에너지인 전력보다 일정 시간 동안 사용한 전체 전기에너지의 양이 중요하다. 그러므로 전력에 사용 시간을 곱한 전력량을 주로 사용한다.(전기 요금은 전력량에 따라 부과된다.) 기호는 P로 표시하며, 전력과 전압, 전류의 관계는 P=VxI를 만족한다. 따라서, 전력은 전류가 일정할 때 저항에 비례하고, 전압이 일정할 때 저항에 반비례 한다. 단, 교류에 의해 공급되는 전기에너지는 전류와 전압이 계속 변하므로, 보통 1주기 동안 공급되는 전력을 주기로 나눈 평균 전력으로 표시한다.

$$P = V \times I = I^2 \times R = \frac{V^2}{R} [W]$$

(6) 전력량(Electrical energy)

일정한 시간 동안에 사용한 전력의 양을 말한다. 단위는 주로 시간에 대한 전력 사용량을 나타내는 [Wh](와트시)를 쓰고 전력량이 많을 때는 [Wh]의 1,000배인 [kWh]를 사용한다. 1[kWh]는 1[kW]의 소비전력을 가진 전기제품을 1시간 동안 사용했을 때의 전력량을 말한다.

$$W = P \times t [Wh]$$

1) 일반 전력공급

발전소로부터 상업용 또는 주거용 건물까지 AC로 공급받아 가전기기 내에서 DC로 정류하여 공급한다.

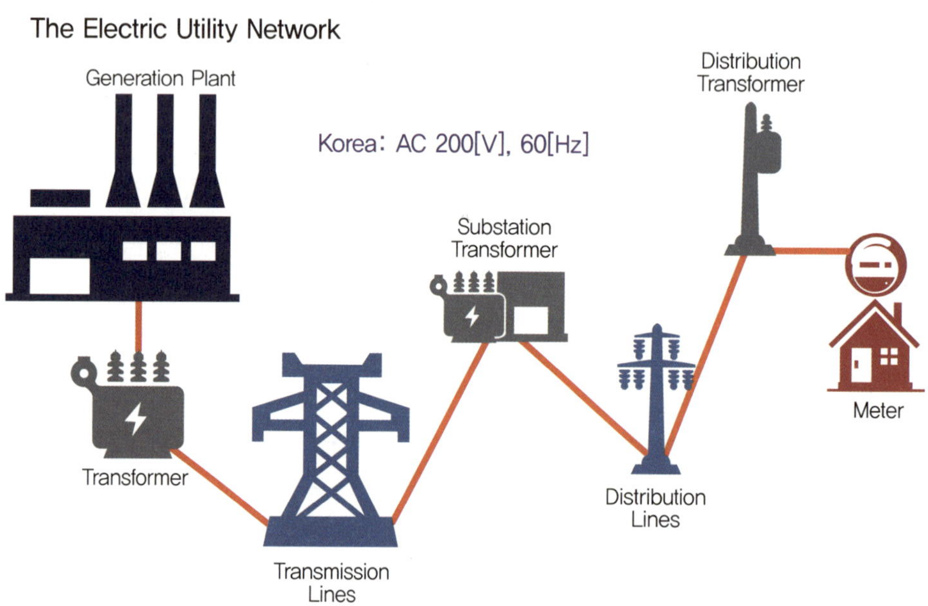

2) 항공기 전력공급

주엔진에 장착된 AC발전기로부터 AC계통까지 공급하거나 TRU로 정류하여 DC계통으로 공급한다.

Aircraft : AC 115[v], 400[Hz] or DC 28[v]

(7) 줄(Joule)의 법칙

도선에 전류가 흐르면 열이 발생하는데, 줄열(Joule's heat)이라 한다. 단위시간당의 발열량은 전류의 세기의 제곱과 도선의 전기저항의 곱과 같다. 전압 V(V)를 가해 전류 I(A)를 흘릴 때, 기전력의 일률(1초간에 하는 일)은 VI(W)이므로, 줄의 법칙은 발열량이 기전력의 일률과 같게 된다.(에너지 보존법칙).

$$Q = I^2 \times R \times t$$

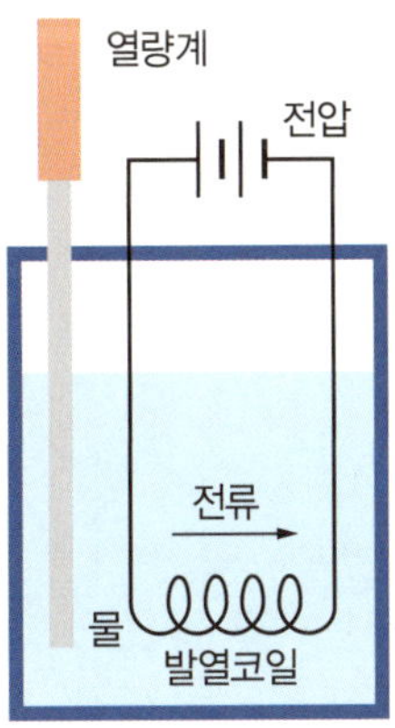

PART

1 전기 기출문제

1. Ar(아르곤)은 원자번호가 18번 원소이다. 주기수와 최외곽 전자수는?

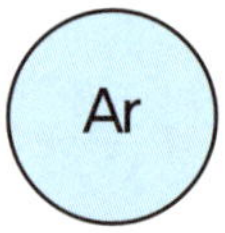

① 주기는 1개이고, 최외곽 전자수는 4개이다.

② 주기는 2개이고, 최외곽 전자수는 6개이다.

③ 주기는 3개이고, 최외곽 전자수는 8개이다.

④ 주기는 4개이고, 최외곽 전자수는 10개이다.

정답 ③

풀이

18번 원소 = $18 - 2n^2 \cdots = 18 - (2 \times 1^2) - (2 \times 2^2) = 8$

주기가 3개이고, 최외곽 전자 8개를 가진 8족 원소이다.

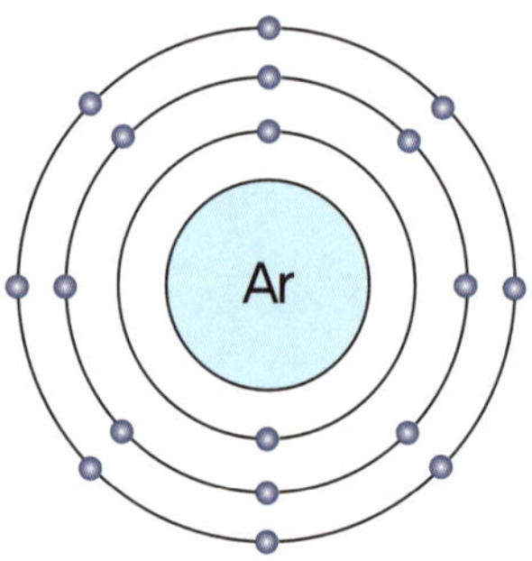

2. **9[A]의 전류가 흐르고 있는 4[Ω]의 저항기 양단의 전압은?**

① 24[V] ② 28[V] ③ 32[V] ④ 36[V]

정답 ④

풀이

$V = IR = 9[A] \times 4[\Omega] = 36[V]$

3. **전압이 2[V]이고, 전류가 20[mA]일 때, 전기저항은?**

① 100[Ω] ② 10[Ω] ③ 0.1[Ω] ④ 0.01[Ω]

정답 ①

풀이

$$R = \frac{V}{I} = \frac{2[V]}{20[mA]} = \frac{2[V]}{20 \times 10^{-3}[A]} = 100[\Omega]$$

4. **8[kΩ]의 저항에 50[mA]의 전류를 흘리는 데 필요한 전압[V]은 얼마인가?**

① 360[V] ② 380[V] ③ 400[V] ④ 420[V]

정답 ③

풀이

$V = IR = (50 \times 10^{-3}) \times (8 \times 10^{3}) = 400[V]$

5. **도체의 단면에 1시간 동안 10800[C]의 전하가 흘렀다면 전류는 몇 [A]?**

① 2[A] ② 3[A] ③ 4[A] ④ 5[A]

정답 ②

풀이

전류는 도체의 단면을 단위 시간당 지나간 전하량으로, 1[A]는 1초 동안 전하 1 [C]이 이동했을 때, 전류량이다.

(기호 : I, 단위 : [A] 암페어)

$$\frac{10800[C]}{3600[sec]} = 3[A]$$

6. 길이가 L인 도선에 1[V]의 전압을 걸었더니 1[A]의 전류가 흐르고 있었다. 이 때 도선의 단면적을 1/2로 줄이고, 길이를 2배로 늘리면 도선의 저항 변화는?(단, 도선 고유의 저항 및 전압은 변함이 없다.)

① 2배로 증가한다.
② 4배로 증가한다.
③ $\frac{1}{2}$배로 증가한다.
④ $\frac{1}{4}$배로 증가한다.

정답 ②

풀이

〈저항을 결정하는 4요소〉

① 물질이 갖는 고유저항(비저항)에 비례
② 도선, 도체, 전선의 길이에 비례
③ 도선, 도체, 전선의 굵기/단면적에 반비례
④ 온도에 비례

$$R = \rho\frac{\ell}{A}[\Omega] = \rho\frac{2\ell}{\frac{1}{2}A}[\Omega] = 4\rho\frac{\ell}{A}[\Omega]$$

7. 도체의 고유 저항 또는 비저항을 나타내는 단위는?

① ohm – [mil/in^2]
② ohm – [cir mil/in^2]
③ ohm – [mil/ft]
④ ohm – [cir mil/ft]

정답 ④

풀이

$$R = \rho\frac{\ell[m]}{A[m^2]}$$

$$\Rightarrow \rho = \frac{R[\Omega] \times A[m^2]}{\ell[m]} = \frac{RA}{\ell}[\Omega \cdot m]$$

$\Rightarrow [\Omega \cdot \text{circular mil/ft}]$

8. 단면적 1.0[cm^2], 길이 25[cm]인 어떤 도선의 전체 저항이 15[Ω]이 있다면 도선 재료의 고유 저항은 몇 [Ω·cm]인가?

① 0.4[Ω·cm]
② 0.5[Ω·cm]
③ 0.6[Ω·cm]
④ 0.8[Ω·cm]

정답 ③

풀이

저항 : 전류의 흐름을 방해하는 성질.(기호 : R, 단위 : [Ω])

〈저항을 결정하는 4요소〉

① 물질 자체가 갖는 고유저항(비저항)에 비례.(기호 : ρ, 단위 : [Ω·cm])

② 도선, 도체, 전선의 길이에 비례.(기호 : ℓ, 단위 : [m])

③ 도선, 도체, 전선의 굵기/단면적에 반비례.(기호 : A, 단위 : [m^2])

$$R = \rho\frac{\ell}{A}[\Omega] \Rightarrow 15[\Omega] = \rho\frac{25[cm]}{1[cm^2]}$$

따라서, $\rho = 0.6[\Omega \cdot cm]$

9. 전위차 및 기전력의 단위는?

① 볼트(V) ② 옴(Ω) ③ 패러드(F) ④ 암페어(A)

정답 ①

풀이

① 전위(Electric potential) : 전기장 내에서 단위전하가 갖는 위치에너지이다. 일반적으로 국제표준단위로 V(Volt)라는 단위를 사용한다. 편의상 지표면의 전위를 0[V]로 할 때가 많으며, 전압이라고 한다.

② 전위차(Potential difference) : 전기장 내의 두 점 사이의 전위의 차이이다.

③ 기전력(Electromotive force) : 전위가 다른 2점간에서는 전위가 높은 쪽으로부터 낮은 쪽으로 전기를 이동시키려는 힘이 작용하는데, 이 힘을 기전력이라 한다. 기전력의 단위는 볼트가 사용된다.

10. 100V, 1000W의 전열기에 80V를 가하였을 때의 전력은?

① 80[W] ② 540[W] ③ 640[W] ④ 800[W]

정답 ③

풀이

우선적으로 전열기의 저항을 계산한다.

$$P(\text{전력}) = V(\text{전압}) \times I(\text{전류}) = V \times \frac{V}{R}$$

$$1000[W] = \frac{100[V] \times 100[V]}{R}$$

$R = 10[\Omega]$

10[Ω]의 저항값을 가진 전열기에 80V의 전압을 인가하면,

$$P(\text{전력}) = V(\text{전압}) \times I(\text{전류}) = V \times \frac{V}{R} = \frac{80[V] \times 80[V]}{10[\Omega]} = 640[W]$$

PART 2

Magnetism

자기

(1) 자기현상

(2) 쿨롱(Coulomb)의 법칙

(3) 맴돌이전류(Eddy current)

(4) 솔레노이드(Solenoid)

(5) 앙페르(Ampere)의 오른손 또는 오른나사 법칙

(6) 패러데이(Faraday)의 법칙

(7) 렌츠(Lenz)의 법칙

(8) 플레밍(Fleming)의 왼손 법칙

(9) 플레밍(Fleming)의 오른손 법칙

(10) 전자기(電磁氣)유도(Electromagnetic induction)

(11) 자기(自己)유도(Self-induction)

· 기출문제

2. 자기(Magnetism)

(1) 자기현상

1) 자기(Magnetism)

자성체가 금속을 잡아당기는 성질

2) 자계(Magnetic field)

자력이 작용하는 범위

3) 자기력선(Magnetic field line)

자력의 크기와 방향을 가진 가상의 선

4) 자속(Magnetic flux)

자기력선의 방향과 직각되는 면적을 통과하는 자기력선(단위는 [wb])

(2) 쿨롱(Coulomb)의 법칙

1) 전기장 내에서 작용하는 힘

전하를 가진 두 물체 사이에 작용하는 힘의 크기는 두 전하의 곱에 비례하고 거리의 제곱에 반비례한다. 같은 극성의 전하는 서로 미는 척력을, 다른 극성의 전하는 서로 잡아당기는 인력이 작용한다.

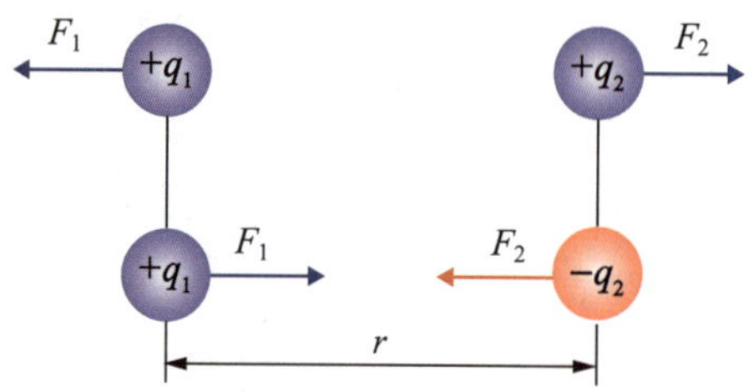

K = 9 × 109[N·m/C], Q = 1e = 1.6 × 10-19[C]

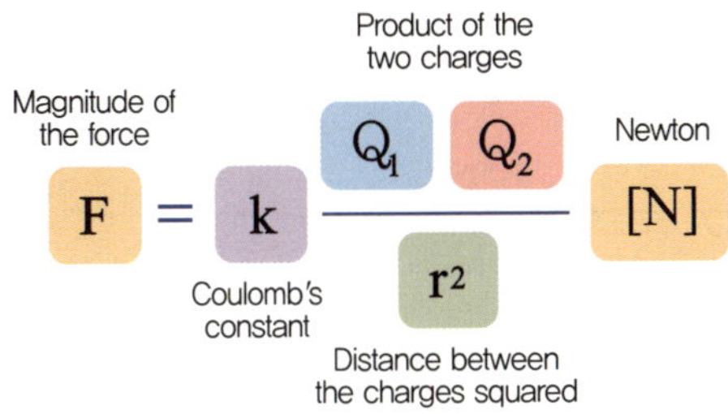

2) 자기장 내에서 작용하는 힘

공기 중이나 진공 상태에서 두 자극 사이에서 밀거나 당기는 힘이다.

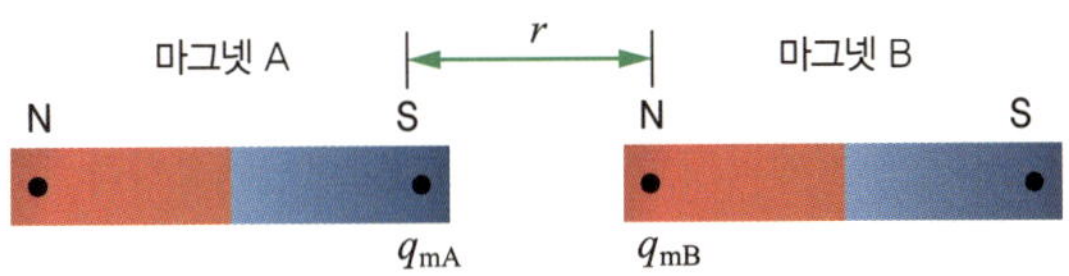

K = 6.33 × 10^4, M : 자속

$$F = k\frac{M_1 M_2}{r^2}$$

(3) 맴돌이 전류(Eddy current)

와전류(渦電流) 또는 푸코전류(Foucault current)라고도 한다. 자기장 내부의 도체판에 대해 가한 자기장을 변화시키면, 자기장의 변화를 방해하는 전류가 흐르게 되며 이를 맴돌이 전류라고 한다. 또한 자기장 내부에서 도체판을 움직여 도체판에 가해진 자기장이 변화할 때에도 맴돌이전류가 생긴다. 맴돌이 전류는 도체가 자기장의 변화에 저항하는 렌츠의 법칙에 의해 나타나며 이 때 전류의 방향은 도체에 가해진 자기장의 변화에 반대되는 자기장을 생성하는 방향으로 결정된다.

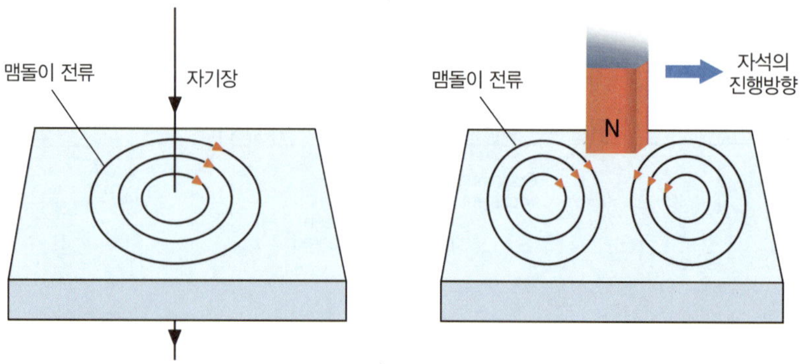

(4) 솔레노이드(Solenoid)

도선을 나선형으로 촘촘하고 균일하게 원통형으로 길게 감아 만들어서 전류를 흘리면 원통의 외부에서는 자기장이 거의 0이고 내부에는 비교적 균일한 크기의 자기장이 형성된다. 이때 내부자기장의 크기는 전류의 크기에 비례하고 단위 길이 당 감은 수에 비례한다. 전기에너지를 자기에너지로 바꾸므로 에너지변환장치라 할 수 있고, 전류의 세기를 조절하여 자기장의 세기를 조절할 수 있는 전자석이 될 수 있다.

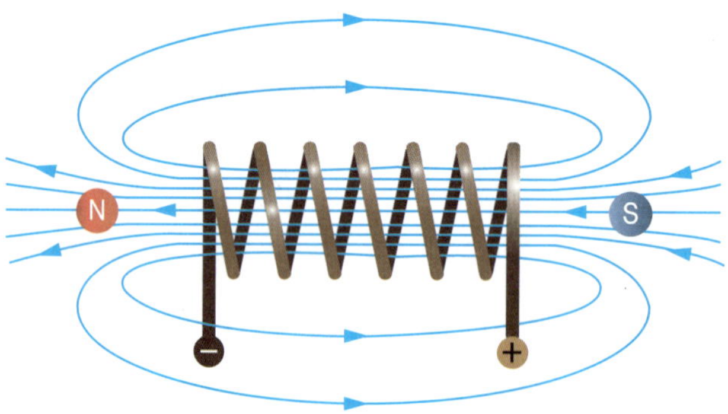

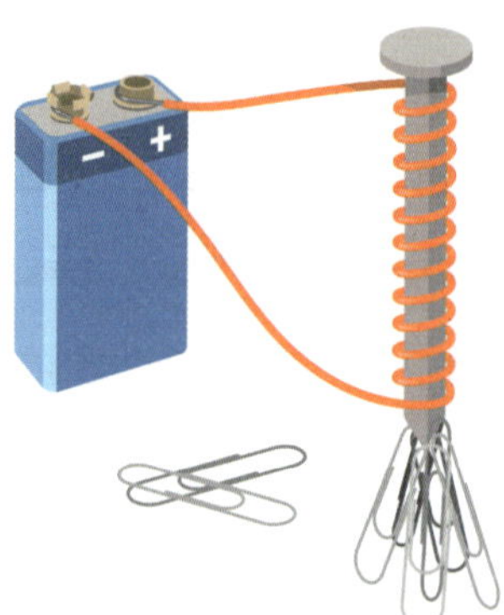

(5) 앙페르(Ampere)의 오른손 또는 오른나사 법칙

전류가 흐르는 도선 주위에는 도선을 둘러싸는 동심원의 접선 방향으로 자기장이 생기는데, 이 때에 전류의 방향과 자기장의 방향을 설명해주는 것이 앙페르의 오른손 또는 오른나사 법칙이다. 오른나사를 진행시키기 위해서는 나사의 머리 쪽에서 보았을 때에 시계 바늘의 회전 방향으로 나사를 돌려주어야 한다. 오른나사의 진행 방향과 도선에 흐르는 전류의 방향을 나란히 정렬했을 때에, 오른나사를 회전시켜주어야 하는 방향이 바로 그 전류에 의해 생성되는 자기장의 방향이다(오른손의 엄지는 전류의 방향, 나머지 손가락은 자기장의 방향이다). **단, 코일에서의 방향은 바뀐다.**

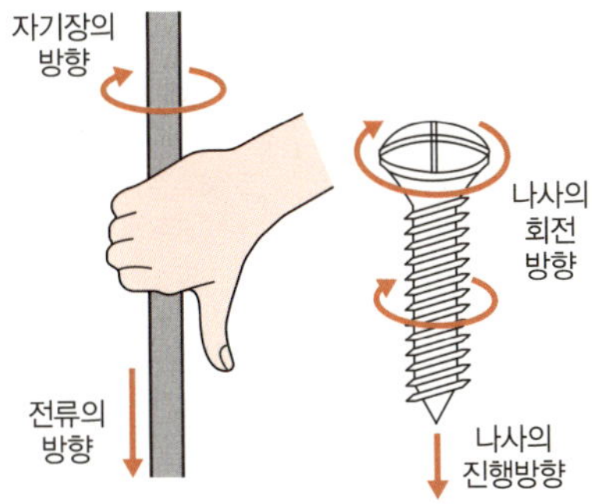

(6) 패러데이(Faraday)의 법칙

회로의 개폐에 의하여 전류가 자기장을 형성한다는 사실이 알려지고 자기장을 이용해 전류를 만들고자 코일 속에 자석을 넣었다 뺐다 하는 단순한 운동으로 전선 속에 전류가 흐른다는 것을 발견하였다. 기전력을 만드는 것은 코일에 대한 자석의 상대적인 운동에 의한 자기장의 변화이다. 자석이 도체 주위를 움직이거나 도체가 자석 주위를 움직이는 두 가지 경우 모두 전선에 기전력이 유도되며 도선에 유도전류가 흐른다. 도선에 흐르는 전류의 크기는 코일에 감긴 전선의 수와 코일을 통과하는 자기장의 시간당 변화율에 비례한다. 전자기 유도에 의해 회로 내에 유발되는 기전력의 크기는, 회로를 관통하는 자기력선속의 시간적 변화율에 비례한다는 법칙이다.

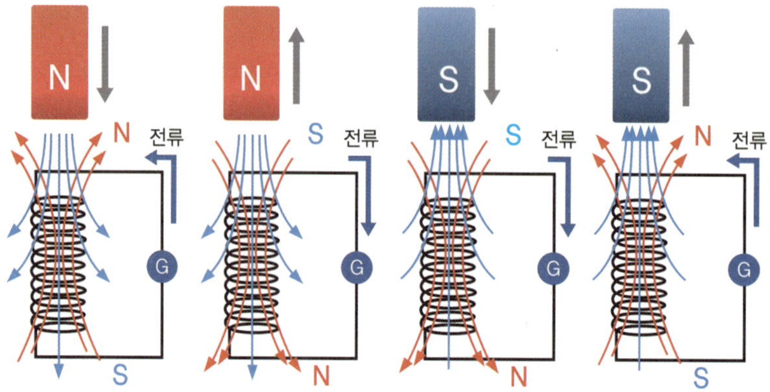

(7) 렌츠(Lenz)의 법칙

전자기 유도의 방향에 관한 법칙으로 전자기 유도에 의해 만들어지는 전류는 자속의 변화를 방해하는 방향으로 흐른다. 코일을 향하여 자석을 움직이면 코일 속을 지나는 자속은 증가하고, 코일에 유도되는 전류는 자속의 증가를 방해하는 방향으로 흐른다. 반대로 자석을 코일에서 빼면 코일 속을 지나는 자속은 감소하고, 코일에 유도되는 전류는 자속의 감소를 방해하는 방향으로 흐른다.

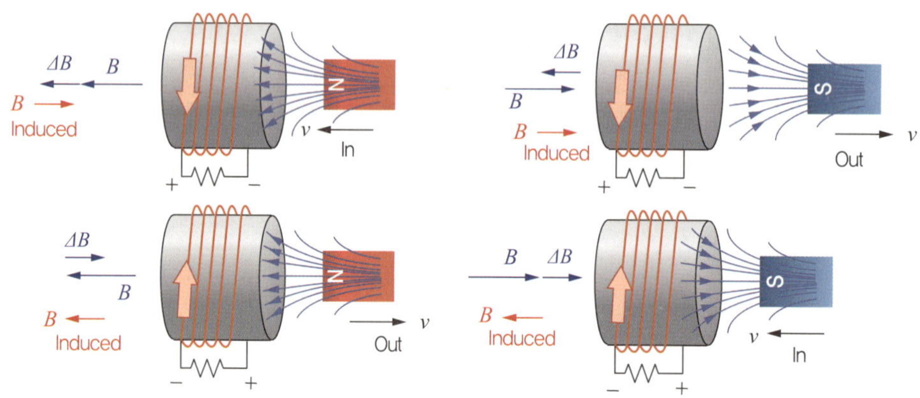

(8) 플레밍(Fleming)의 왼손 법칙

자기장 속에 있는 도선에 전류가 흐르면 움직이는 전하에 작용하는 로렌츠힘에 의해 도선도 힘을 받는다. 플레밍의 왼손법칙을 사용하면 자기장의 방향과 전류가 흐르는 방향을 알 때 도선이 받는 힘의 방향을 결정할 수 있다. 방법은 왼손의 검지를 자기장의 방향, 중지를 전류의 방향으로 했을 때, 엄지가 가리키는 방향이 도선이 받는 힘의 방향이 된다. 도선 내의 전기에너지는 자기장 속에서 운동에너지의 형태로 전환될 수 있다. 전기에너지를 사용하여 회전운동을 하는 전동기의 기본 원리이다.

$$F = BIl \sin\theta \, [\mathrm{N}]$$

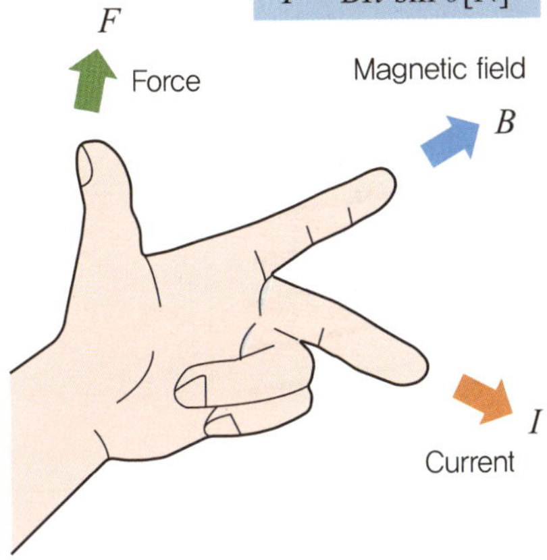

(9) 플레밍(Fleming)의 오른손 법칙

자기장 속에서 도선이 움직이면 도선 속의 전하가 렌츠의 힘을 받아 움직이므로 도선 내부에 전류가 흐른다. 도선에 유도기전력이 생긴 것이다. 자기장의 방향과 도선이 움직이는 방향을 알 때, 유도기전력 또는 유도전류의 방향을 결정할 수 있다. 오른손 엄지를 도선의 운동방향, 검지를 자기장의 방향으로 했을 때, 중지가 가리키는 방향이 유도기전력 또는 유도전류의 방향이 된다. 도선의 운동에너지는 자기장 속에서 전기에너지의 형태로 전환될 수 있다. 발전기의 기본 원리이다.

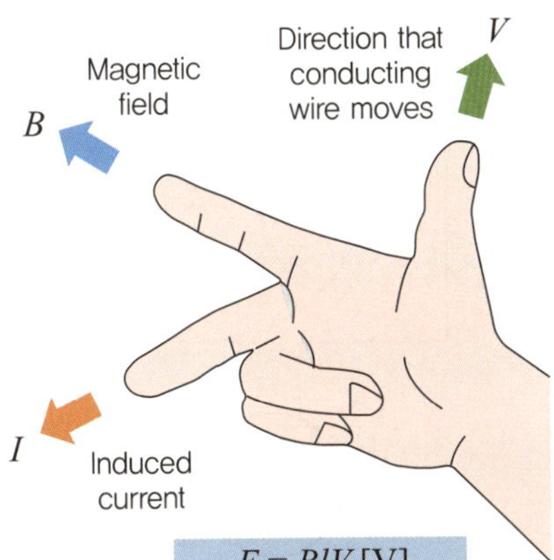

$$E = BlV \, [\mathrm{V}]$$

(10) 전자기(電磁氣)유도(Electromagnetic induction)

코일을 통과하는 자속을 변화시켜 코일에 전기를 만들어내는 현상이다. 막대 자석을 코일에 가까이 하였다 멀리 하였다 하여 코일 속을 지나는 자기력선에 변화를 주면 코일에 전기가 발생된다. 이 때 전류의 세기는 코일의 감은 횟수와 자기력선의 변화에 비례하여 커지는데 교류 발전기는 이 원리를 이용한 것이다. 유도 전류의 세기는 자기장의 변화가 심할수록 커지고, 자석을 움직이는 속도가 빠를수록, 자석의 세기가 강할수록 커지고, 전류의 방향은 가까이 할 때와 멀리 할 때 반대가 되며, 극도 반대가 된다.(자석을 그대로 하고 코일을 움직여도 동일하다.) 자기장의 변화에 의해 도체에 기전력이 발생하는 현상을 전자 유도라고 하며, 이 기전력을 유도 기전력이라 하며, 흐르는 전류를 유도 전류라고 한다.

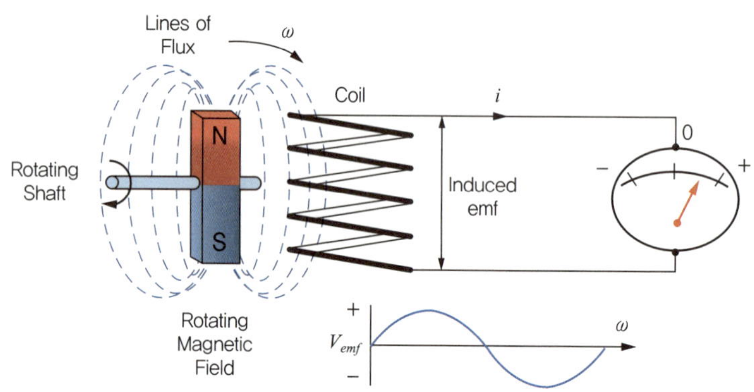

(11) 자기(自己)유도(Self-induction)

코일에 흐르는 전류가 변화하면 코일에 역방향으로 기전력(起電力)이 발생하는 현상.(교류회로에서 인덕턴스이며, 기호는 L, 단위 [H])

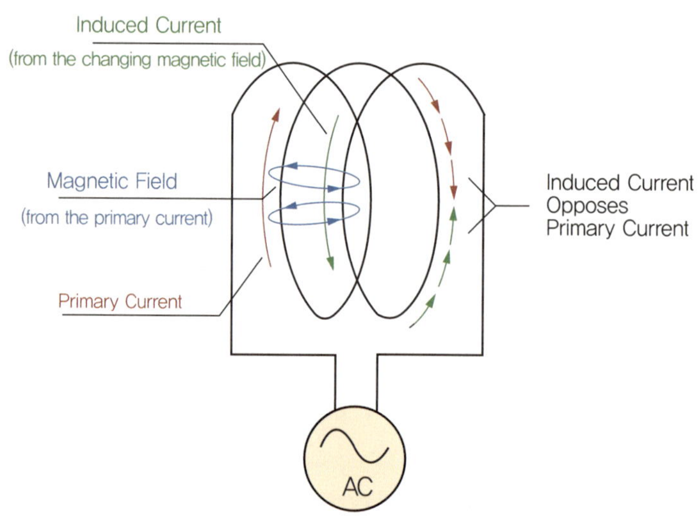

PART

2 자기 기출문제

1. 각 전하량이 2e와 10e인 전하 사이의 거리가 3×10^{-9}[m]일 때, 전기력은?

① 513×10^{-2}[N]
② 51.3×10^{-20}[N]
③ 5.13×10^{-6}[N]
④ 5.13×10^{-10}[N]

정답 ④

풀이

$$F = k\frac{Q_1Q_2}{r^2} = (9\times10^{9}[N\cdot m/C]) = \frac{(2\times1.6\times10^{-19}[C])\times(10\times1.6\times10^{-19}[C])}{(3\times10^{-19}[m])^2} = 5.13\times10^{-10}[N]$$

2. 도체를 자기장이 있는 공간에 놓고 전류를 흘리면 도체에 힘이 작용하는 것과 같은 전동기 원리에서 작용하는 힘의 방향을 알 수 있는 법칙은?

① 렌츠의 법칙
② 플레밍의 왼손 법칙
③ 패러데이 법칙
④ 플레밍의 오른손 법칙

정답 ②

풀이

① 렌츠의 법칙 : 유도 기전력의 방향은 코일 면을 통과하는 자속의 변화를 방해하는 방향으로 나타난다. 즉, 유도 전류에 의한 자기장은 자속의 변화를 방해하는 방향이 되는 법칙

② 플레밍의 왼손 법칙 : 자기장 속에 있는 도선에 전류가 흐를 때 자기장의 방향과 도선에 흐르는 전류의 방향으로 도선이 받는 힘의 방향을 결정하는 규칙이다. 왼손의 검지를 자기장의 방향, 중지를 전류의 방향으로 했을 때, 엄지가 가리키는 방향이 도선이 받는 힘의 방향이 된다. 전동기의 원리와 관계가 깊다.

③ 패러데이 법칙 : 전자기유도에 의해 회로 내에 유발되는 기전력의 크기는, 회로를 관통하는 자기력선속(磁氣力線束)의 시간적 변화율에 비례한다. 기전력의 방향을 정하는 렌츠의 법칙과 함께 전자기유도가 일어나는 방식을 나타내는 법칙

④ 플레밍의 오른손 법칙 : 자기장 속에서 도선이 움직일 때 자기장의 방향과 도선이 움직이는 방향으로 유도기전력의 방향을 결정하는 법칙. 오른손 엄지를 도선의 운동방향, 검지를 자기장의 방향으로 했을 때, 중지가 가리키는 방향이 유도기전력 또는 유도전류의 방향이 된다. 발전기의 원리와도 관계가 깊다.

3. 솔레노이드 코일의 자계세기를 조정하기 위한 요소가 아닌 것은?

① 철심의 투자율 ② 전자석의 코일 수

③ 도체를 흐르는 전류 ④ 솔레노이드 코일의 작동 시간

정답 ④

풀이

$B = \mu nI$

(B : 자기장, μ : 투자율, n : 코일감은 수, I : 전류)

Memo

PART 3

DC circuit

직류회로

3. 직류회로(DC circuit)

(1) 직류(Direct current)

일정한 크기와 방향으로 흐르는 전류로, 직류에서의 전압은 거의 변화가 없지만 전류의 크기는 변화한다.

1) 장점

저장이 용이하고, 전원을 이동시킬 수 있고, 교류에 비해 안정적이며, 직류 모터는 속도 조정이 용이하고, 정밀 제어에 유리하고, 무효전력이 발생하지 않아 전력소모가 적어 힘이 좋고, 주파수가 없어 통신장애가 발생하지 않는다.

2) 단점

전압이 일정하여 전압의 변경이 어렵고, 많은 전기를 저장하기 어렵고, 대용량 전기 공급 및 장거리 송전이 교류보다 불리하고, 방전이 되면 충전하거나 교체해야 한다.

(2) 전압 강하(Voltage drop)

전위는 단위 전하당 전기적 위치 에너지를 일컫는다. 예를 들어, 물이 같은 높이에서 흐르지 않듯 전류도 같은 전위에서 흐르지 않는다. 전위차(전기위치에너지 차이)가 있을 때 비로소 전류가 흐르게 된다. 주어진 전압에 여러 저항을 사용하게 되면 전체 전압은 각각 저항에 걸리는 전압으로 나뉘게 된다. 처음 저항기 R1 하나에만 전원을 연결했을 때, 저항기 R1에 걸리는 전압 V1은 전체 전압과 같이 V이지만, 다른 저항기 R2를 연결했을 경우, V2만큼 전압이 강하되어 걸리게 된다. 그리고 전체 전압(V)은 각각에 걸리는 전압(V1, V2)의 합이 된다. 전류가 두 전위 사이를 흐를 때 저항기를 직렬로 여러 개 연결하면 전류가 각 저항기를 통과할 때마다 옴의 법칙(V=IR)만큼 전압이 작아져 나타나는 현상을 전압 강하라 한다. 이때 전체 전압은 각각에 걸린 전압의 합이 된다.

1) 직렬회로(Series)

부하에 흐르는 전류가 같으므로 각 부하에 걸리는 전압이 전기저항에 비례한다. 모든 소자에 같은 전류가 흐르며, 각 소자의 전압을 모두 더하면 전체 전압이 된다. 전체 저항은 각 저항의 합이다.

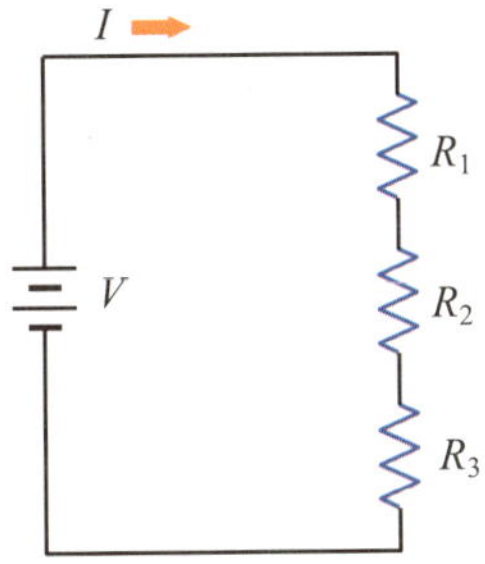

$$R = R_1 + R_2 + R_3 + \cdots$$
$$V = V_1 + V_2 + V_3 + \cdots$$
$$I = I_1 = I_2 = I_3 = \cdots$$

2) 병렬회로(Parallel)

부하에 걸리는 전압이 같으므로 각 부하에 걸리는 전류가 전기저항에 반비례한다.(단, 교류회로에서 전압은 다르다.) 모든 소자에 같은 전압이 걸리며, 각 소자마다 흐르는 전류가 다르고, 모두 더하면 전체 전류가 된다. 전체 저항은 각 저항의 합이다.

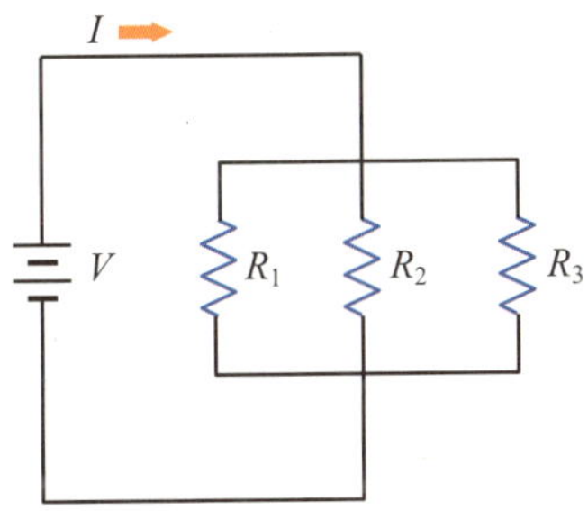

$$R = \cfrac{1}{\cfrac{1}{R_1} + \cfrac{1}{R_2} + \cfrac{1}{R_3} + \cdots}$$
$$V = V_1 = V_2 = V_3 = \cdots$$
$$I = I_1 + I_2 + I_3 + \cdots$$

3) 직병렬회로(Series-parallel)

직렬회로와 병렬회로의 각 관계를 조합하여 산출한다.

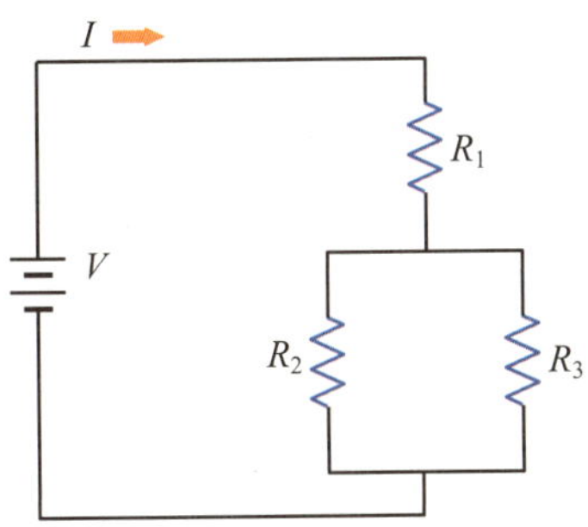

$$R = R_1 + \left(\cfrac{1}{\cfrac{1}{R_2} + \cfrac{1}{R_3}} \right)$$
$$V = V_1 + V_2 = V_1 + V_3$$
$$I = I_1 = I_2 + I_3$$

(3) 키르히호프(Kirchhoff)의 법칙

옴의 법칙을 확장한 것으로, 제1법칙(전류의 법칙), 제2법칙(전압의 법칙)으로 분류된다.

1. 전류의 법칙 (KCL)

$$\sum_{n=1}^{N} i_n = 0$$

2. 전압의 법칙 (KVL)

$$\sum_{m=1}^{M} V_m = 0$$

1) 제1법칙

전류의 법칙(KCL)이다(전하량 보존의 법칙). **회로 내에서 임의의 접속점으로 들어가는 전류의 합과 나가는 전류의 합은 같다.**

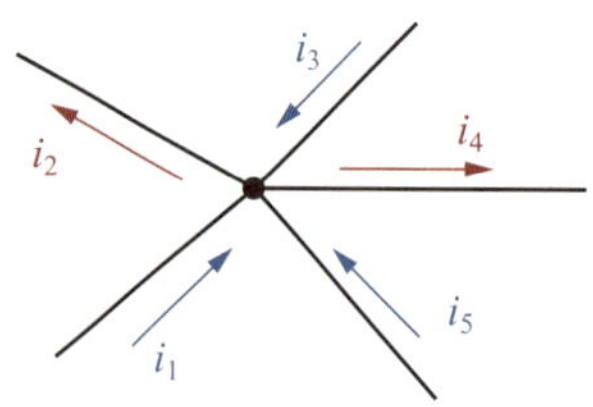

$$i_1 + i_3 + i_5 = i_2 + i_4$$

2) 제2법칙

전압의 법칙(KVL)이다(에너지 보존의 법칙). **임의의 폐회로에서 전체 전압은 각 부하에 걸리는 전압의 합과 같다.**

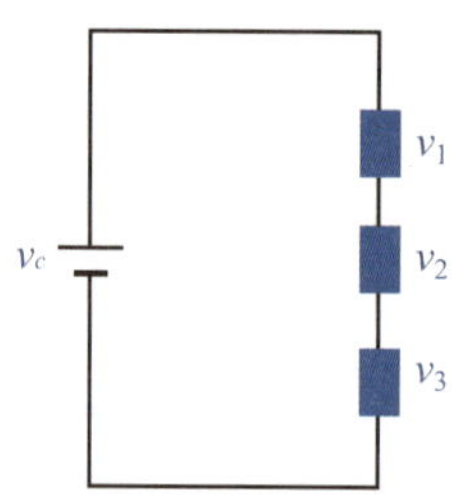

$$v_c = v_1 + v_2 + v_3$$

PART

3 직류회로 기출문제

1. 병렬회로에 대한 설명으로 틀린 것은?

① 전체저항은 가장 작은 1개의 저항값보다 작다.

② 전체의 전류는 각 회로로 흐르는 전류의 합과 같다.

③ 1개의 저항을 제거하면 전체의 저항값은 증가한다.

④ 병렬로 접속되어 있는 저항 중에서 1개의 저항을 제거하면 남아있는 저항에 전압강하는 증가한다.

정답 ④

풀이

〈병렬회로의 특징〉

두 개 이상의 저항이 동일한 두 점 사이를 개별적으로 연결하고 있을 때 이 저항들은 서로 병렬로 연결되어 있는 것을 병렬회로라고 한다. 그래서 병렬회로에서는 두 개 이상의 전류 통로가 존재하게 되며 이 전류의 통로를 가지라고 한다. 병렬회로의 전압 강하는 모든 가지의 전압은 모두 같으나 전류는 다르다. 각 가지에 흐르는 전류의 합은 전체 전류와 같다. 병렬회로의 합성 저항은 저항을 추가하면 추가할수록 저항이 감소하게 된다.

2. 3[Ω]의 저항 3개로 서로 직렬 또는 병렬연결하여 얻을 수 있는 가장 적은 저항값은 몇 [Ω]인가?

① 1[Ω] ② 3[Ω] ③ $\frac{1}{13}$[Ω] ④ $\frac{1}{3}$[Ω]

정답 ①

풀이

직렬연결 : 3[Ω] + 3[Ω] + 3[Ω] = 9[Ω]

병렬연결 : $\dfrac{1}{\frac{1}{3[\Omega]} + \frac{1}{3[\Omega]} + \frac{1}{3[\Omega]}} = 1[\Omega]$

3. 3개의 저항기 5[Ω], 10[Ω], 13[Ω]을 직렬로 연결하여, 28[V]의 전압을 걸어주면, 흐르는 전류는?

① 1[A] ② 2[A] ③ 3[A] ④ 4[A]

정답 ①

풀이

$R_T = 5[\Omega] + 109[\Omega] + 13[\Omega] = 28[\Omega]$

$$I = \frac{V}{R_T} = \frac{28[V]}{28[\Omega]} = 1[A]$$

4. 3개의 저항기 6[Ω], 12[Ω], 12[Ω]을 병렬로 연결하여, 12[V]의 전압을 걸어주면, 흐르는 전류는?

① 1[A] ② 2[A] ③ 3[A] ④ 4[A]

정답 ④

풀이

$$R_T = \frac{1}{\frac{1}{6[\Omega]} + \frac{1}{12[\Omega]} + \frac{1}{12[\Omega]}} = 3[\Omega]$$

$$I = \frac{V}{R_T} = \frac{12[V]}{3[\Omega]} = 4[A]$$

5. 직병렬회로에서 합성저항 및 흐르는 전류는?

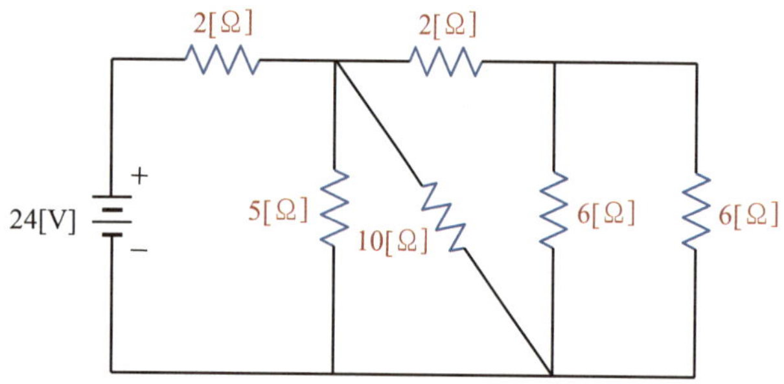

① 2[Ω], 12[A] ② 4[Ω], 8[A] ③ 4[Ω], 6[A] ④ 6[Ω], 4[A]

정답 ③

풀이

합성저항은 전원부에서 가장 멀리 떨어진 곳부터 계산한다.

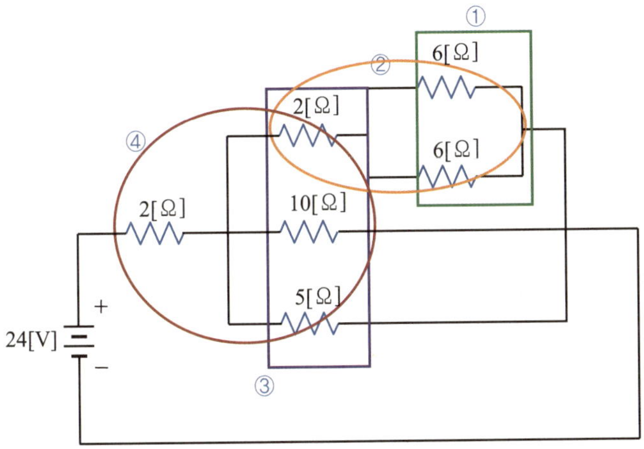

(1) $R_T = 4[\Omega]$

1) 병렬 : $\dfrac{1}{\dfrac{1}{6[\Omega]}+\dfrac{1}{6[\Omega]}} = 3[\Omega]$

2) 직렬 : $2[\Omega] + 3[\Omega] = 5[\Omega]$

3) 병렬 : $\dfrac{1}{\dfrac{1}{5[\Omega]}+\dfrac{1}{10[\Omega]}+\dfrac{1}{5[\Omega]}} = 2[\Omega]$

4) 직렬 : $2[\Omega] + 2[\Omega] = 4[\Omega]$

(2) $I = \dfrac{V}{R} = \dfrac{24[V]}{4[\Omega]} = 6[A]$

6. $R_1 = 10[\Omega]$, $R_2 = 5[\Omega]$의 저항이 연결된 직렬회로에서 R_2의 양단전압 V_2가 10[V]를 지시하고 있을 때 전체 전압은?

① 100[V] ② 50[V] ③ 30[V] ④ 10[V]

정답 ③

풀이

직렬회로의 특징은 각 부하에 걸리는 전류는 일정하고, 전압은 다르다.

$I = \dfrac{V_2}{R_2} = \dfrac{10[V]}{5[\Omega]} = 2[A]$

$I_2 = I_1 = 2[A]$

$V_1 = I_1R_1 = 2[A] \times 10[\Omega] = 20[V]$

$V_T = V_1 + V_2 = 20[V] + 10[V] = 30[V]$

7. 키르히호프의 제1법칙을 설명한 것으로 옳은 것은?

① 전기회로 내의 모든 전압강하의 합은 공급된 전압의 합과 같다.

② 전기회로에 들어가는 전류의 합과 그 회로로부터 나오는 전류의 합은 같다.

③ 직렬회로에서 전류의 값은 부하에 의해 결정된다.

④ 전기회로 내에서 전압강하는 강해진 전압과 같다.

정답 ②

풀이

키르히호프의 법칙(Kirchhoff's law) : 1847년 독일의 물리학자 Gustav Robert Kirchhoff가 옴의 법칙을 확장한 것으로 제1법칙(전류의 법칙), 제2법칙(전압의 법칙)으로 분류된다.

① 키르히호프의 제1법칙 : 전류의 법칙(KCL)으로, 회로 내에서 임의의 접속점으로 들어가는 전류의 합과 나가는 전류의 합은 같다.

② 키르히호프의 제2법칙 : 전압의 법칙(KVL)으로, 임의의 폐회로에서 전체 전압은 각 부하에 걸리는 전압의 합과 같다.

8. 폐회로 내에 있는 각 저항기에 걸리는 전압과 흐르는 전류는?

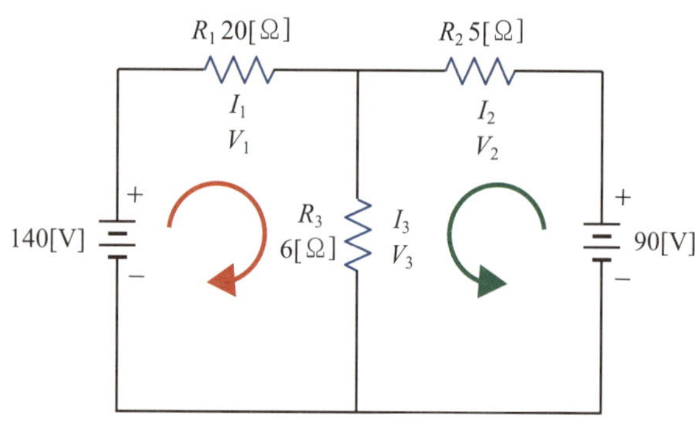

① $I_1 = 4[A]$, $I_2 = 6[A]$　　② $I_2 = 6[A]$, $I_3 = 10[A]$

③ $V_1 = 80[V]$, $V_2 = 30[V]$　　④ $V_2 = 30[V]$, $V_3 = 80[V]$

정답 ④

풀이

키르히호프 1법칙과 2법칙을 이용하여, 방정식 3개를 만들고, 각각을 대입하여 풀어낸다.

① 전류의 법칙 : $I_1 + I_2 = I_3$

② 전압의 법칙 : $20\ I_1 + 6\ I_3 = 140[V]$, $5\ I_2 + 6\ I_3 = 90[V]$

③ 3개의 식을 연립방정식 : $I_1 = 4[A]$, $I_2 = 6[A]$, $I_3 = 10[A]$

④ 각 전압을 옴의 법칙 : $V_1 = 80[V]$, $V_2 = 30[V]$, $V_3 = 60[V]$

9. Wheatstone bridge가 평형이 되려면 X의 저항은?

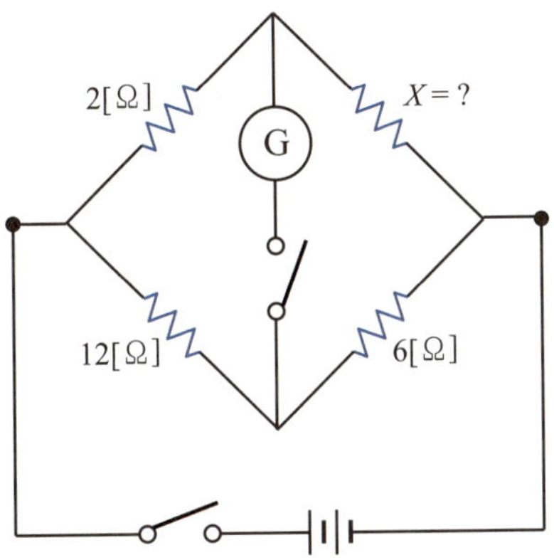

① 1[Ω] ② 2[Ω] ③ 3[Ω] ④ 4[Ω]

정답 ①

풀이

대각선으로 서로 마주보고 있는 저항끼리 곱한다.

$2[\Omega] \times 6[\Omega] = 12[\Omega] \times R$

$R = 1[\Omega]$

10. 회로도에서 a, b 간에 전류가 흐르지 않도록 하기 위해서는 저항은?

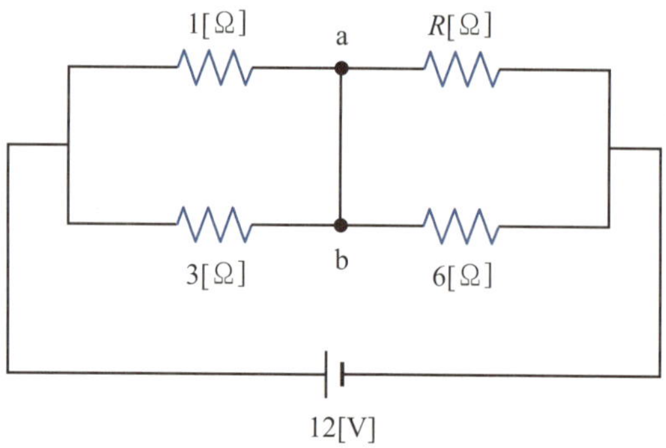

① 1[Ω] ② 2[Ω] ③ 3[Ω] ④ 4[Ω]

정답 ②

풀이

대각선으로 서로 마주보고 있는 저항끼리 곱한다.

1[Ω] x 6[Ω] = 3[Ω] x R

R = 2[Ω]

11. 불평형 브리지회로에서 단자 A, B 간의 전위차를 구하고, A와 B 중 전위가 높은 것은?

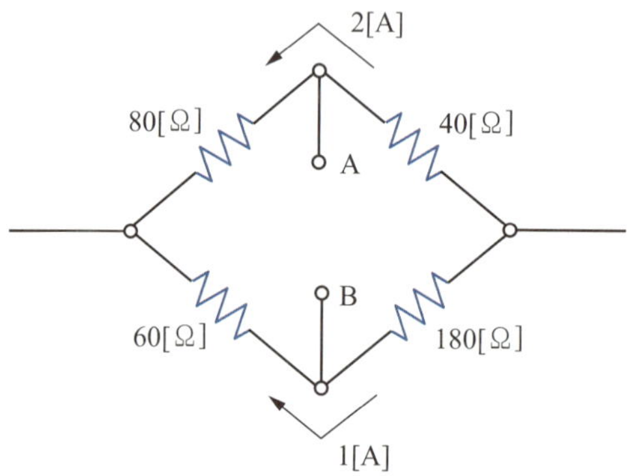

① 전위차는 20[V], 전위는 A〉B

② 전위차는 40[V], 전위는 A〈B

③ 전위차는 80[V], 전위는 A〈B

④ 전위차는 100[V], 전위는 A〉B

정답 ④

풀이

A와 B의 양단 전위차를 구하기 위해서는 전류의 방향을 파악해야 한다. 전류가 을 지나 A와 가 병렬구조, 를 지나 B와 가 병렬구조로 되어 있어, 옴의 법칙(Ohm's law)으로 A에는 160[V], B에는 60[V]의 전압이 걸리게 된다. 따라서, A와 B의 양단 전위차는 100[V]이고, A의 전압이 B의 전압보다 높다.

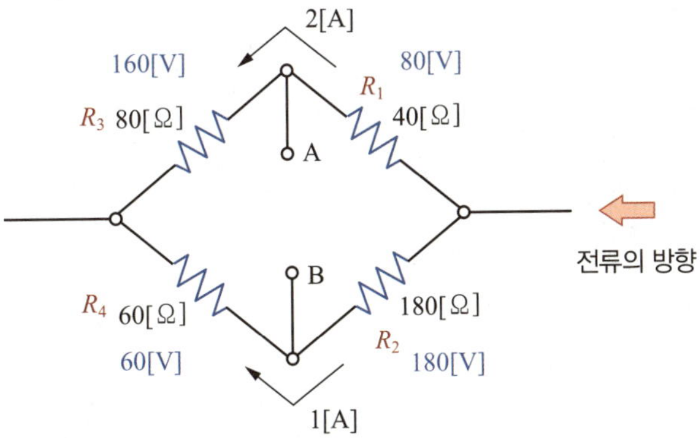

PART 4

AC Circuit

교류회로

4. 교류회로(AC Circuit)

(1) 교류(AC : Alternating Current)

시간의 경과에 따라 일정한 주기를 가지고 크기와 방향을 바꾸는 전류이다.

1) 장점

3상 전력을 생산 가능하며 전압의 변경이 용이하고, 대용량의 에너지를 사용 및 장거리 송전에 유리하고, 대용량의 모터 제작이 가능하고, 충전이나 전력 교체가 필요 없다.

2) 단점

전기를 저장할 수 없고, 직류에 비해 안정적이지 못하며, 교류 모터는 속도 조정이 용이하지 않고, 전자기파가 발생하여 통신장애가 발생하고, 정전용량 및 리액턴스에 의한 대책이 필요하고, 고압 송전으로 인하여 환경에 유해하다.

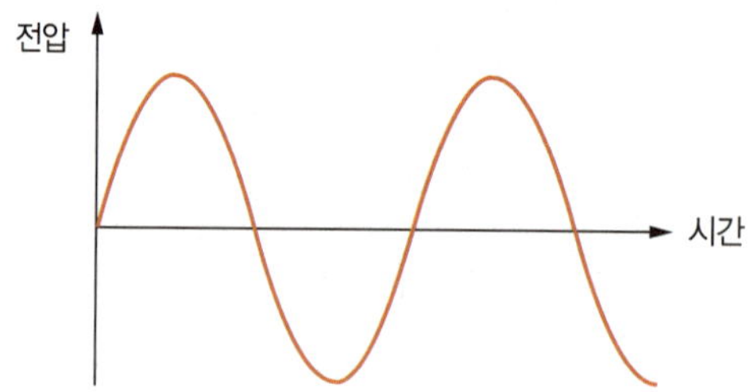

(2) 사인파 단상 교류

1) 각속도(ω)

도체가 1초 동안 회전한 각도([rad/sec])

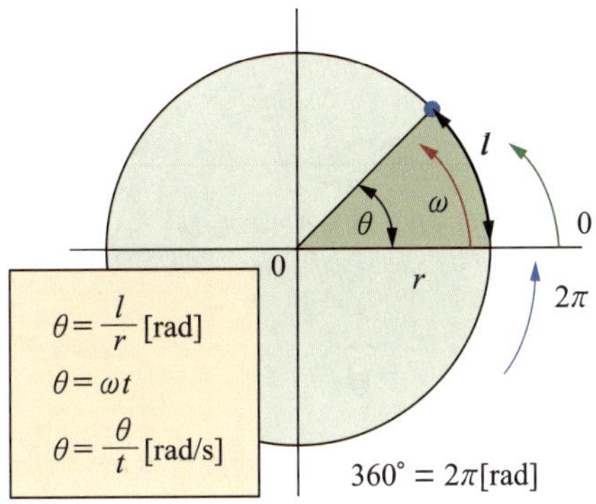

2) 주기(T)

도체가 1회전 시 걸리는 시간(1 사이클 동안 걸리는 시간)

3) 사이클(Cycle)

반주기와 반대 흐름의 반주기 사이를 1 사이클이라 한다.

$$T = \frac{1}{f} = \frac{2\pi}{\omega}[\text{sec}]$$

4) 주파수(Frequency)

1초 동안의 사이클 수를 말한다.

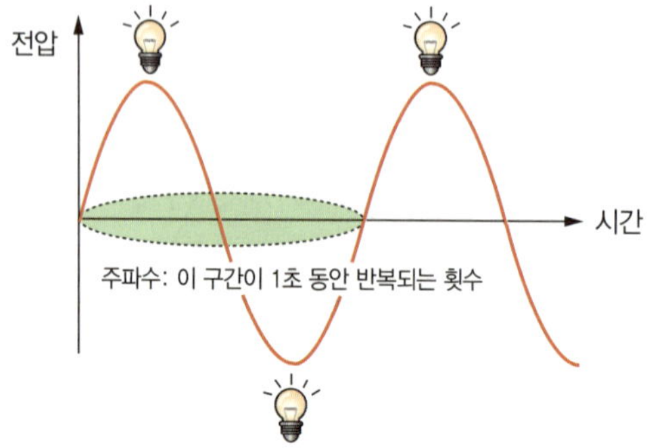

$$f = \frac{1}{T} = \frac{\omega}{2\pi}[\text{Hz}]$$

$$\omega = 2\pi f[\text{rad/sec}]$$

5) 위상(Phase)

반복되는 파형의 한 주기에서 첫 시작점의 각도 혹은 어느 한 순간의 위치를 말한다.

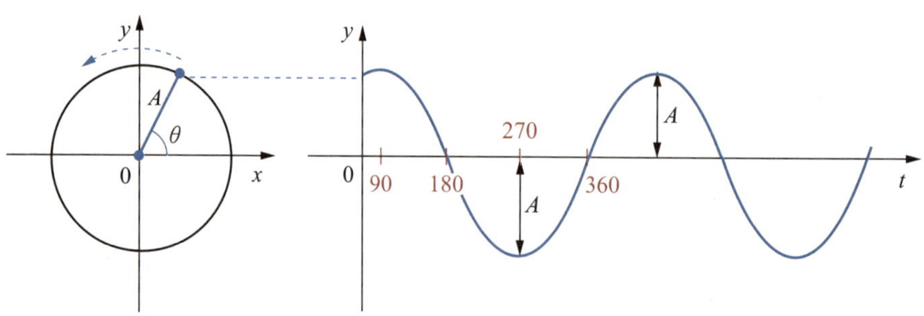

(3) 교류의 표시방법

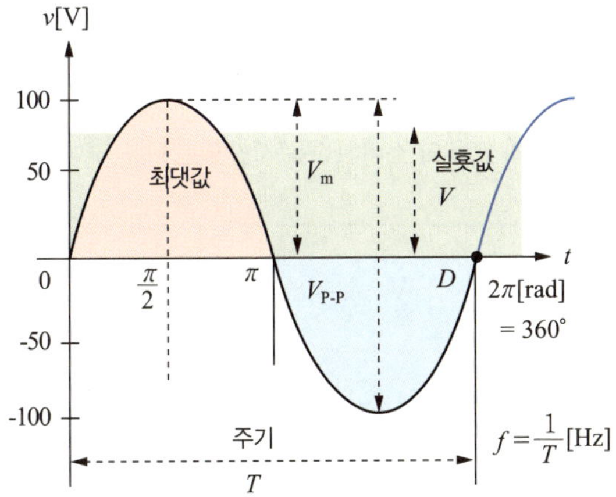

1) 순시값(Instantaneous value)

정현파에서 시간에 따라 전압 또는 전류가 변하는 값으로, 순시값은 진폭, 주파수, 위상을 통해서 나타낼 수 있다.

$$V_t = V_m \sin\omega t = V_m \sin\theta$$

$$I_t = I_m \sin\omega t = I_m \sin\theta$$

2) 최댓값(Max value)

정현파(사인파)의 반주기 동안 최댓값으로 나타낸다(순시값 중에서 가장 큰 값).

$$V_m = \sqrt{2} \times V_{r \cdot m \cdot s}$$

$$I_m = \sqrt{2} \times I_{r \cdot m \cdot s}$$

3) 실횻값(Root-mean-square value)

교류회로의 정현파의 실횻값(유효값)은 동일한 양의 열을 만들어내는 직류전압과 같다. 공칭전압이라고도 한다. 교류에서 특별한 언급이 없으면 전류 또는 전압에서 주어진 값은 실횻값이고, 실제로 전압과 전류의 실횻값이 사용된다. 교류전압계와 교류전류계도 실횻값을 측정한다. 저항 R에 대해 교류가 소비하는 전력과 동일한 양을 소비하는 직류의 크기를 말하며, 정현파의 한 주기 동안의 교류의 소비전력을 시간으로 나눈 것이다.

$$V_{r \cdot m \cdot s} = \frac{V_m}{\sqrt{2}}$$

$$I_{r \cdot m \cdot s} = \frac{I_m}{\sqrt{2}}$$

4) 평균값(Average value)

교류의 넓이와 동일한 면적을 가진 직류의 크기를 말하며, 정현파의 반주기 동안의 교류의 넓이를 시간으로 나눈 것이다.

$$V_{av} = \frac{2V_m}{r}$$

$$I_{av} = \frac{2I_m}{r}$$

※ 직류는 시간에 따라 일정하므로, 최댓값, 평균값, 실횻값이 모두 동일하다.

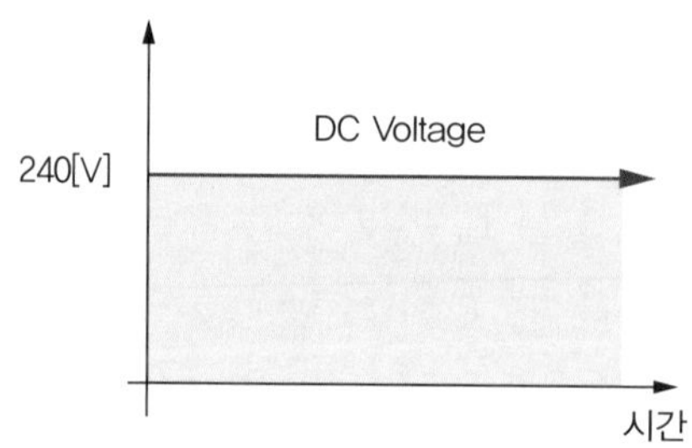

(4) RLC 회로

교류회로에서 저항기, 코일, 축전기로 이루어진 전기회로이다. 교류가 흐르면서 시간에 따라 전류의 세기와 방향이 변해도 각 순간마다 회로의 모든 점에서 흐르는 전류가 동일하다. 전압과 회로에 전류의 비로 나타나는 회로 전체의 저항 효과를 임피던스(Z)라고 하며, 회로에서의 합성저항과 비슷한 개념으로 사용되고 있다.

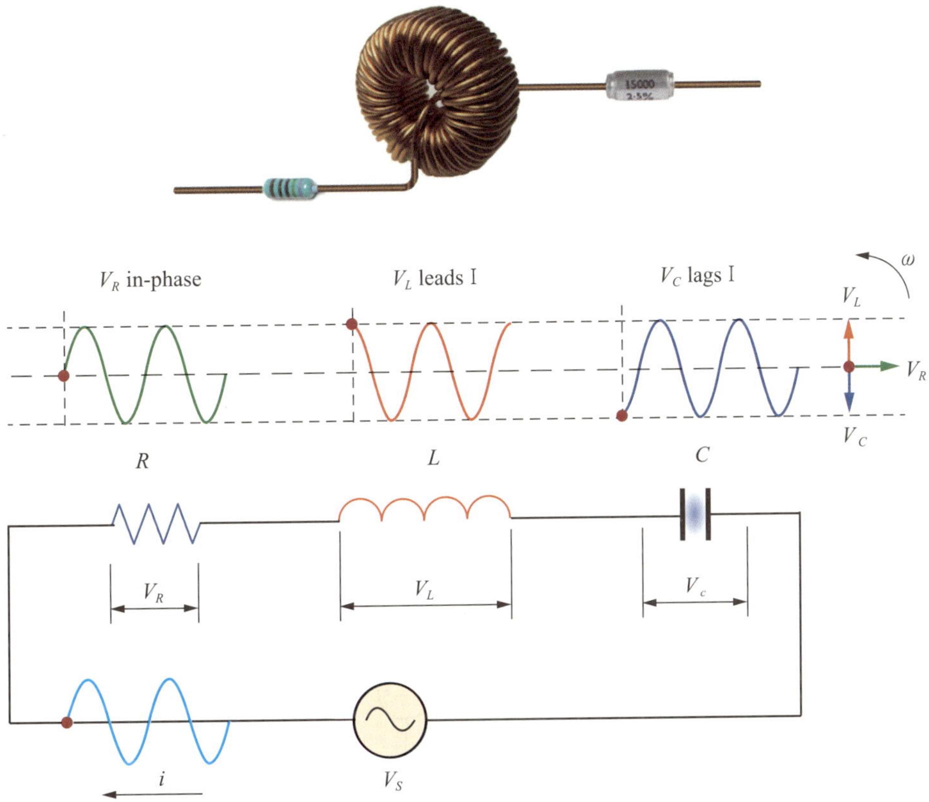

1) 인덕턴스(Inductance)

회로에 흐르는 전류의 변화에 의해 전자기유도로 생기는 역기전력의 비율을 나타내는 양(기호 L, 단위 [H])

① **자체인덕턴스** : 역기전력이 자기 자신의 회로에 흐르는 전류의 변화로 유도

② **상호인덕턴스** : 결합되어 있는 상대방의 회로에 흐르는 전류의 변화로 유도

2) 캐패시턴스(Capacitance)

전하를 저장할 수 있는 전기용량(기호 C, 단위 [F])

3) 리액턴스(Reactance)

교류회로에서 전류의 방향이 바뀌어 흐름을 방해하는 작용(기호 X, 단위 [Ω])

① **유도리액턴스**(Inductive reactance) : 인덕터에 의한 작용

② **용량리액턴스**(Capacitive reactance) : 캐패시터에 의한 작용

4) 임피던스(Impedance)

교류회로에서는 저항(R)과 리액턴스(인덕턴스와 캐패시터)를 저항에 합성한 저항(기호 Z, 단위 [Ω])

5) R(저항기, Resistor) 회로

전압과 전류는 위상이 동일하다(실횻값을 사용하면 직류와 같다).

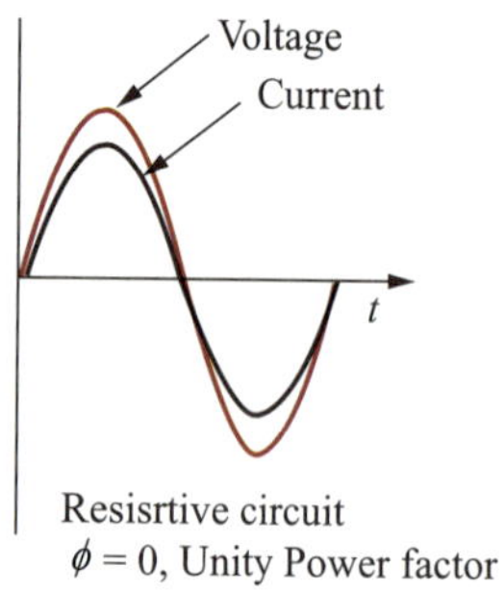

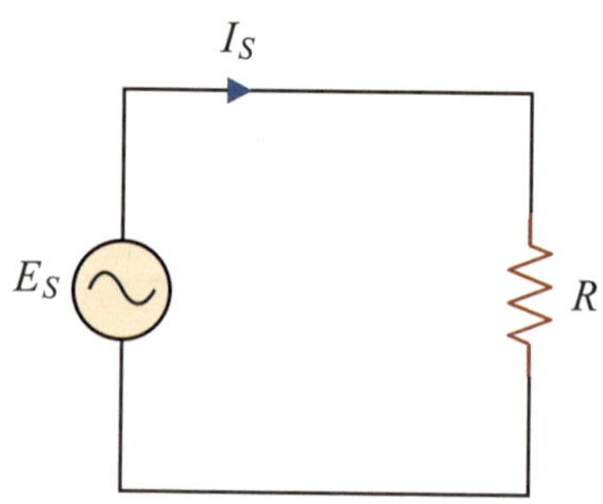

저항기만 연결해서 실효값을 사용하면 직류와 같다.

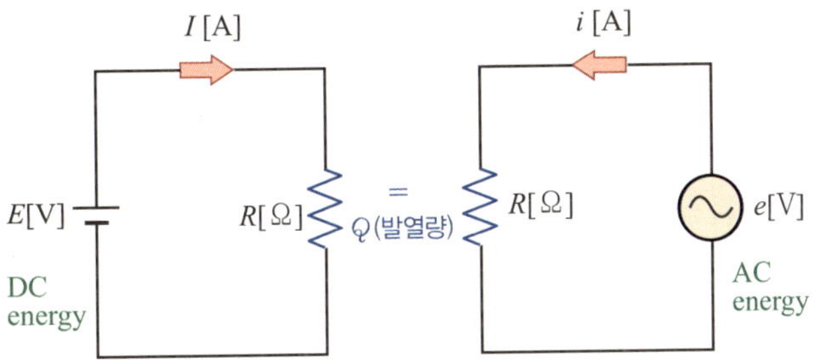

6) L(코일, Inductor) 회로

전압은 전류보다 위상이 90° 앞선다.

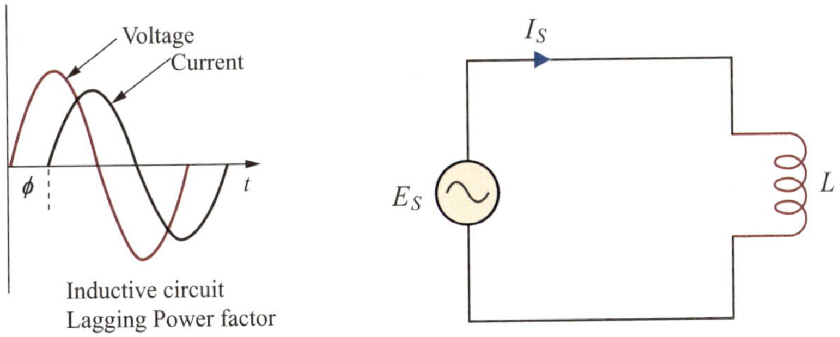

※ 유도 리액턴스(Inductive reactance)

교류회로에서 전류의 흐름을 방해하는 코일의 저항이다. 교류 전류를 코일에 흘려주면 방향이 변하면서 자기장이 형성되는데, 자기장의 변화를 방해하는 방향으로 유도 기전력이 형성되어 공급된 전류의 방향과 반대가 되어 코일이 저항 역할을 하게 된다.

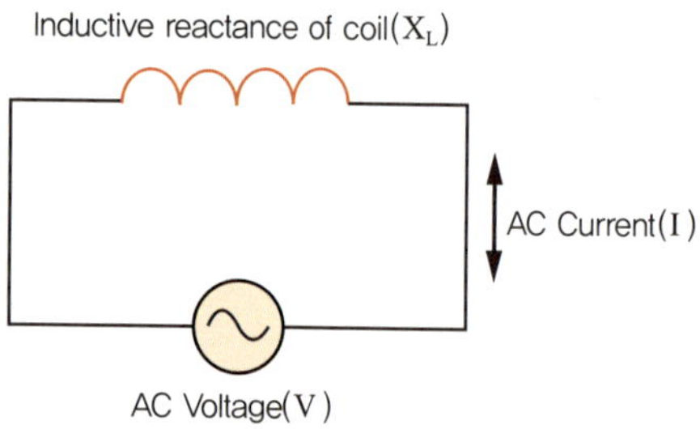

$$X_L = 2\pi fL\ [\Omega]$$

$$I = \frac{V}{X_L} = \frac{V}{2\pi fL}\ [A]$$

X_L : Inductive reactance[Ω]
f : Frequency[Hz]
L : Inductance[H]
V : AC Voltage[V]
I : AC Current[A]

7) C(콘덴서, Capacitor) 회로

전압은 전류보다 위상이 90° 뒤진다.

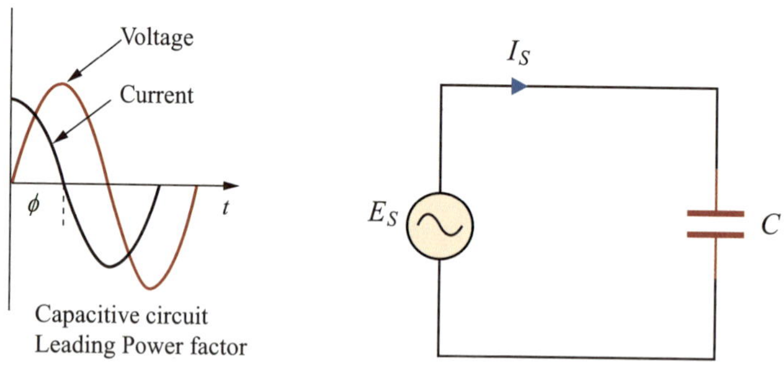

※ 용량 리액턴스(Capacitive reactance)

축전기 양극에 전압을 걸면 전하가 모여 안의 두 개의 판 사이에 외부전압과 같은 전압이 형성된다. 외부 전압이 낮아지면 축전기 내부의 전하를 다시 이동시켜 항상 외부 전압과 같은 전압이 되려 한다. 이때 흐르는 전하는 외부 전압 변화를 거스르는 방향이며 이로 인해 발생하는 저항이다.

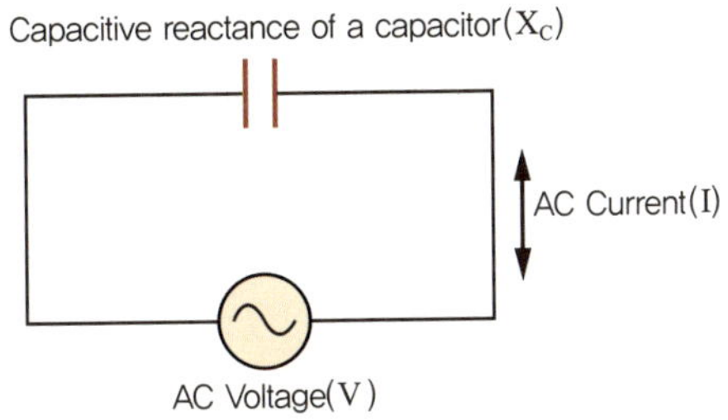

$$X_C = \frac{1}{2\pi fC} = \frac{1}{\omega C}[\Omega]$$

$$I = \frac{V}{X_C} = 2\pi fCV[A]$$

X_C : capacitive reactance[Ω]
f : Frequency[Hz]
C : Capacitance[F]
V : AC Voltage[V]
I : AC Current[A]

8) 임피던스(Impedance)

교류회로에서 전류가 흐르기 어려운 정도를 나타낸다. 복소수로서 실수부분은 저항, 허수부분은 리액턴스를 의미하며, 크기뿐 아니라 위상도 함께 표현할 수 있는 벡터량이다. 단위는 [Ω]을 사용하며, 보통 기호 Z로 표시한다.

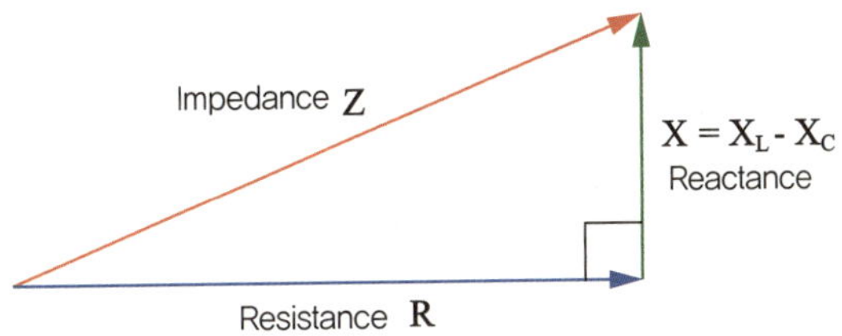

$$Z = \sqrt{R^2 + (X_L - X_C)^2} = \sqrt{R^2 + (2\pi fL - \frac{1}{2\pi fC})}$$

9) 공진회로(Resonant circuit)

축전기의 용량 리액턴스와 코일의 유도 리액턴스의 크기가 같아질 때 임피던스는 최소가 되고 전류는 최대가 된다. 이때를 공진현상이라 하며 이때의 주파수를 공진 주파수 또는 고유 진동수라고 한다. 인덕턴스(L)나 캐패시턴스(C)를 변화시켜 $X_L = X_C$가 되게 하는 것을 동조(Tuning)라 한다. 두 리액턴스 X_L과 X_C는 주파수에 따라 변화한다. 따라서, $X_L = X_C$는 특정의 공진주파수(Fr)에서만 가능하게 된다. 수신기, 필터, 발진기 등에 사용된다.

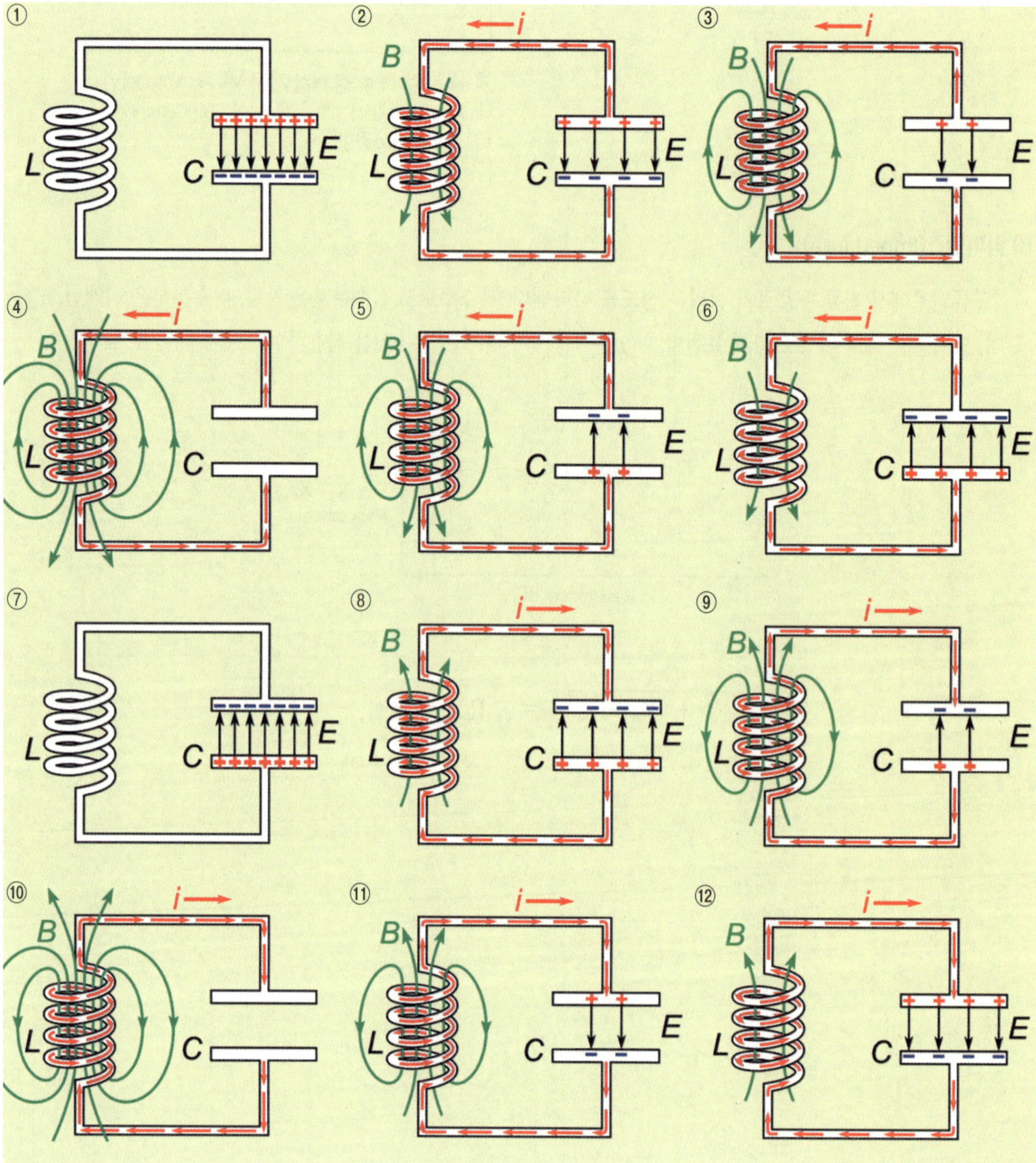

$$f = \frac{1}{2\pi\sqrt{LC}}$$

f ⟶ Resonant Frenquency

L ⟶ Inductance

C ⟶ Capacitance

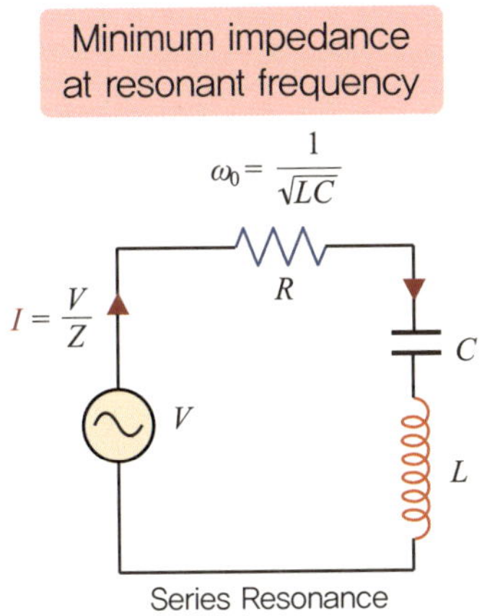

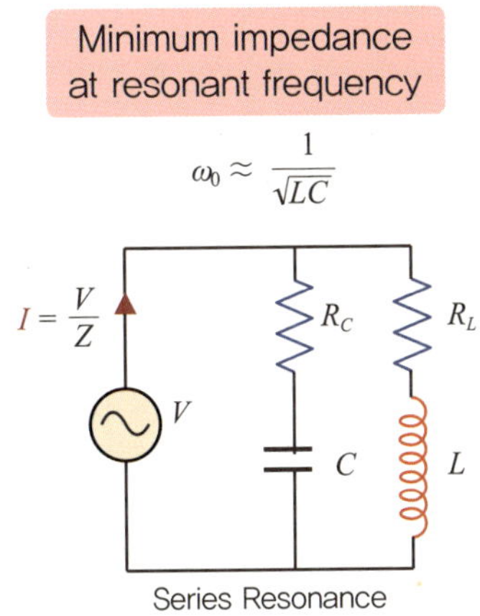

(5) 3상 교류(Three-phase)

N과 S의 자기장 내에 3개의 도체가 공간적으로 120°의 각도로 회전자에 배치되어 반시계 방향으로 회전하면 각각의 도체에서 다른 종류의 세 가지 전압이 발생된다. 전압의 크기는 같고 위상은 120°차이가 난다. 동일한 구조를 갖는 3개의 권선이 공간적으로 120°의 각으로 전기자에 감겨져 있다.

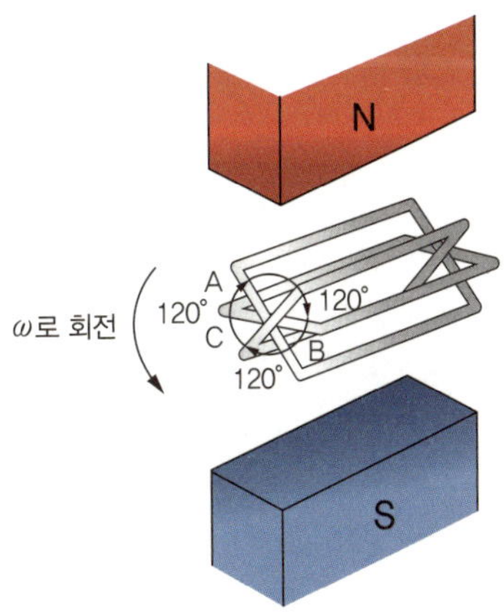

(6) 3상 결선(Three-phase connection)

3상 전력은 3상 교류에 의해 공급되거나 소비되는 전력을 말하며, 3개의 선간 전압 및 선전류가 평형하고 있을 때 계산식으로 나타낼 수 있다. 한국에서 사용하는 가정용 단상 전력이 220[V]인 것에 비해 3상은 루트 3배인 380[V]다. 일반 220[V]의 전력으로 충분하지만, 산업 현장에서 동력 모터를 가동하기 위해서는 전력이 부족하기 때문에 380[V]의 전원을 사용한다. 3상의 선간 전압은 380[V]이고 3개의 상 중 1개의 상과 중성선 N상의 전압은 220[V]이다. 3개의 상 간에는 120도의 위상차가 존재한다. 벡터로 계산하면 한 개의 상은 전체 상의 루트 3분의 1이 된다. 3상은 산업 현장의 동력 모터 뿐만 아니라 일반 건물 분전반에서도 사용된다. 3상 전류는 말 그대로 전류의 상이 3개이다. 상이 3개 이면 전력 공급의 안정성을 확보할 수 있다. 항공기에서는 3상 교류 115[V]의 출력을 내는 Y결선 방식의 발전기를 사용하는데, 상전압 115[V] 및 선전압 200[V]를 출력한다.

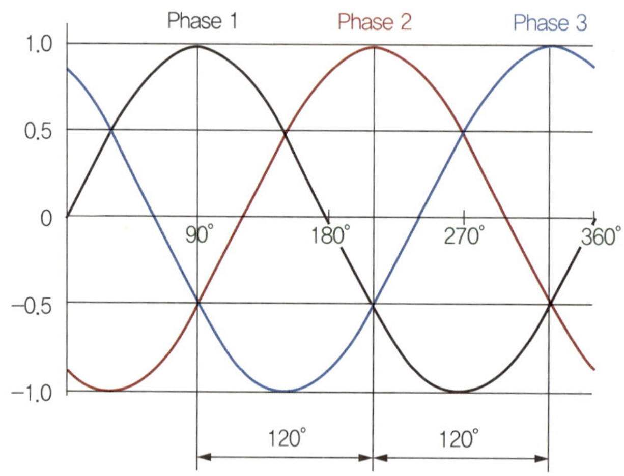

① **선전류**(Line current) : 삼상회로의 각 상에 연결된 선에 흐르는 전류이다. 선 전류는 각 상의 부하 밸런스가 잡혀 있으면 각 선으로는 같은 값의 전류가 흐른다.

② **상전류**(Phase current) : 삼상회로의 각 상에 흐르는 전류이다.

③ **선간전압**(Line voltage) : 삼상회로의 각 상에 연결된 선에 걸리는 전압이다.

④ **상전압**(Phase voltage) : 삼상회로의 각 상에 걸리는 전압이다.

※ 3상을 사용하는 이유

일정 출력이기 때문이다. 단상은 전압이 사인파형으로 오르락 내리락 하므로 전달되는 전력이 사인파이다. 그러나 3상은 전력이 일정하다. 전기기계가 대부분이 동력용이기 때문이다. 3상은 모터의 기동토크를 특별한 장치 없이도 원하는 방향으로 움직일 수 있게 해 준다. 단상의 경우 기동토크가 없기 때문에 원하는 방향으로 기동하기 위해서는 캐패시터를 달거나 인버터를 사용해야 한다. 단상에 비해 송배전이 경제적으로 이루어진다. 멀리 있는 발전소에서부터 일반 공장이나 가정으로 오는 동안의 손실과 시설비를 줄일 수 있다. 3상 전력은 매 순간 흐르는 세 전선의 전체 전류의 합이 0이기 때문에 쓰고 남은 전력이 돌아가는 전선이 필요하지 않다. 따라서 세 가닥이면 충분하다. 단상(두 가닥)에 비해 한 가닥을 더 연결하여 3상을 만들면 구리를 50% 늘려 73% 더 큰 파워를 전달할 수 있으며, 같은 전력일 때 단상으로 전송할 때와 비교해 75% 적은 양의 구리선으로 전달된다.

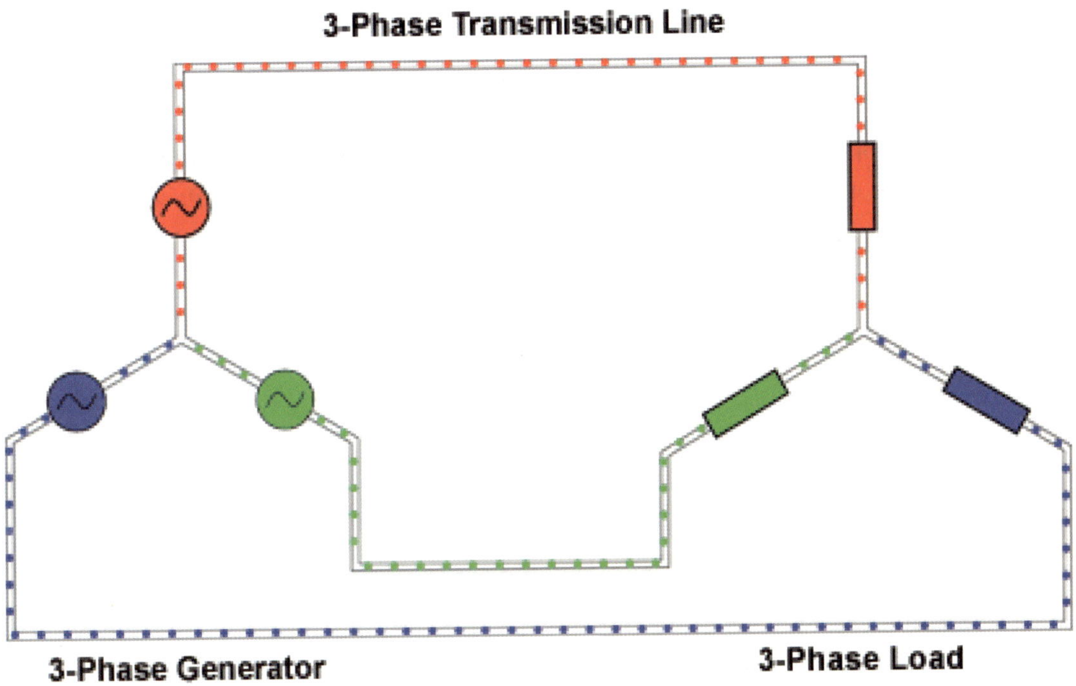

벡터의 합 : Va + Vb + Vc = 0

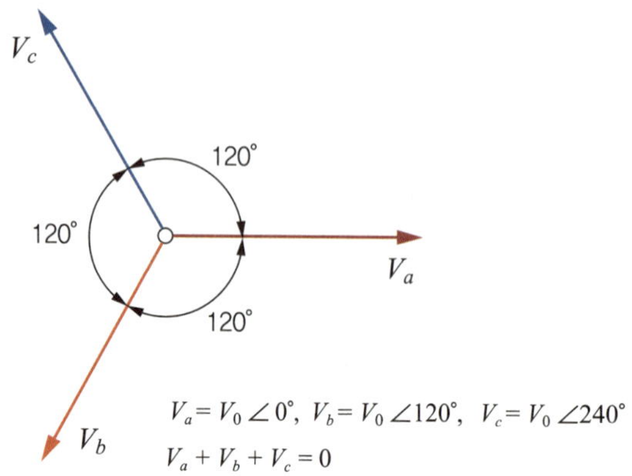

1) Y 결선(Star connection)

전압을 이용할 때 사용되는 결선 방법으로, 각 코일의 한 끝을 공통점에 접속하고 다른 한 끝 셋을 끌어낸 것이다. 선간 전압은 상전압의 배가 되어 삼각 결선보다 선간 전압이 높다. 발전기에 스타 결선을 사용하는 것은 선간 전압을 이용하기 때문이며, 저속 회전에서도 높은 전압과 중성점의 전압을 사용할 수 있는 장점이 있다. 성형 결선(星形結線)이라고도 한다. 항공기에서는 3상 4선식을 사용한다.

① 중성점을 이용할 수 있다(중성선은 기체에 접지시킨다).

② 선전류와 상전류는 같다.

③ 선간전압은 상전압의 $\sqrt{3}$ 배이고 위상이 30° 앞선다.

$$I_L = I_P$$
$$V_L = \sqrt{3}V_P$$

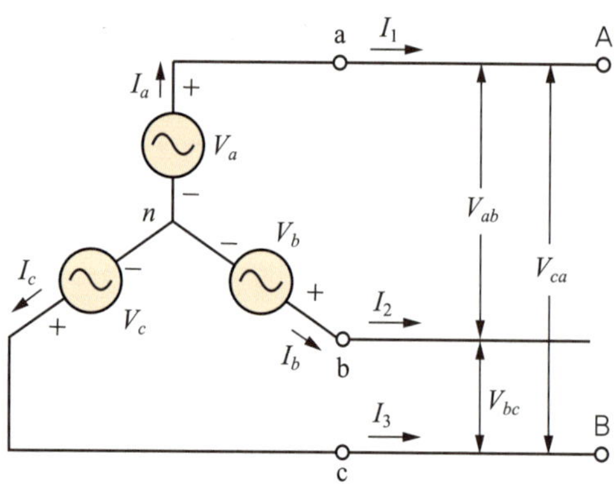

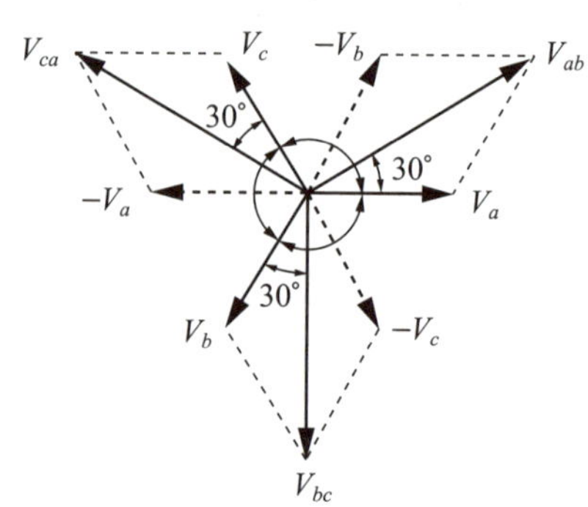

2) Δ 결선(Delta connection)

3개의 변압기 코일 또는 부하 등을 삼각 모양으로 결선하는 방식으로 선전압과 상전압은 같으나 선전류는 상전류보다 $\sqrt{3}$ 배 크며, 중성점이 없으므로 이상 전압이 발생할 수도 있다. 삼각 결선이라고도 한다.

① 선간전압과 상전압은 같다.

② 선전류는 상전류의 $\sqrt{3}$ 배이고 위상이 30° 뒤쳐진다.

$$I_L = \sqrt{3} I_P$$

$$V_L = V_P$$

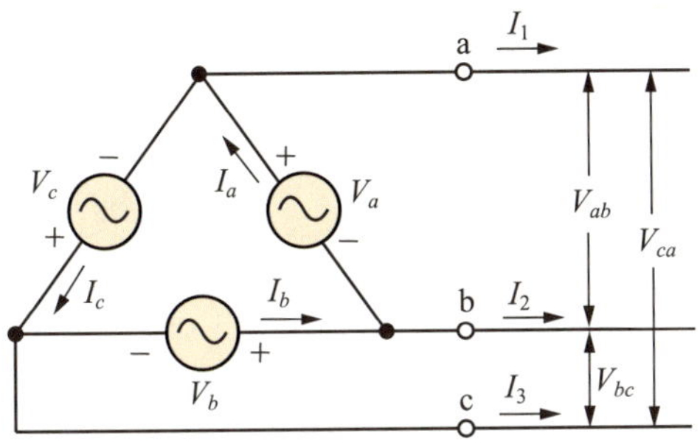

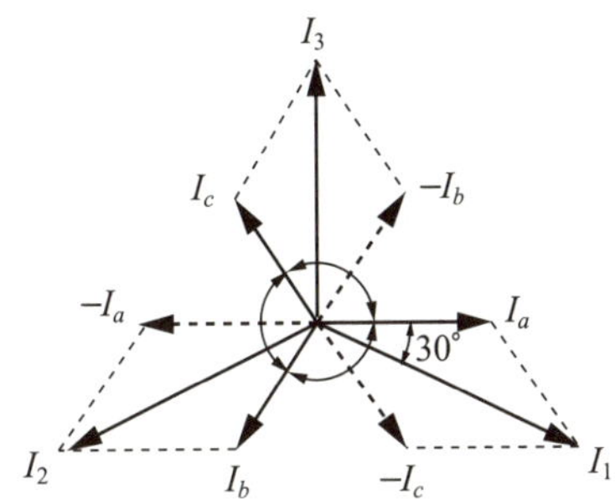

(7) 교류 전력(AC Power)

교류 전류가 단위 시간 동안 한 일의 양을 의미한다. 그러나, 직류 전력과는 달리 리액턴스에 의한 손실이 발생하므로, 직류 전력의 의미와는 다르다.

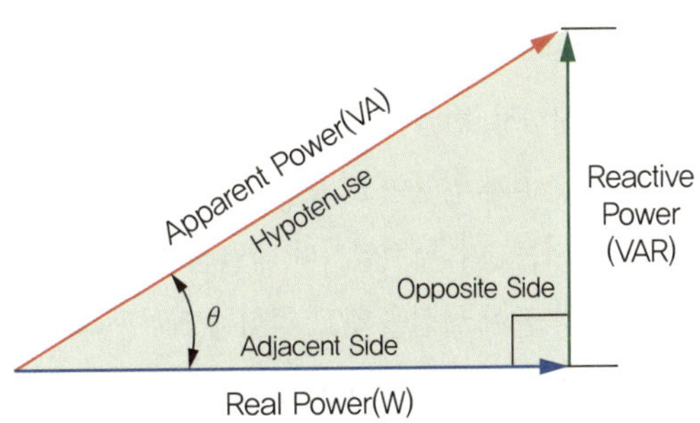

1) 피상전력(Pa : apparent)

교류의 부하 또는 전원의 용량을 표시하는 전력이다. 전원에서 공급되는 전력으로 단위는 볼트-암페어[VA]이다.

$$P_a = VI = I^2Z$$

2) 유효전력(Pe : effective)

전원에서 공급되어 부하에서 유효하게 이용되는 전력이다. 전원에서 부하로 실제 소비되는 전력으로 단위는 와트[W]이다.

$$P_e = VI\cos\theta = I^2R$$

3) 무효전력(Pr : reactive)

실제로는 아무런 일을 하지 않아 부하에서는 전력으로 이용될 수 없는 전력이다. 실제로는 아무 일도 할 수 없는 전력으로 단위는 바르[Var]이다.

$$P_r = VI\sin\theta = I^2X$$

4) 역률(Power factor)

직류회로에서는 전압과 전류와의 곱이 전력이 되나, 교류회로에서는 전류와 전압의 실효치와의 곱이 반드시 전력으로 되지는 않는다. 교류회로에서는 전압과 전류와의 곱을 피상전력이라 하고, 이에 역률을 곱해야 비로소 전력이 된다. 교류회로의 전압이나 전류는 정현파(사인파) 모양으로 변동하여 양자의 정현파 위상이 반드시 일치하지 않는 경우도 있기 때문이다. 위상각의 차이를 θ로 표시하고, 전압을 V, 전류를 I로 하면, 유효전력은 $VI\cos\theta$로 된다. 피상전력은 VI이므로, 유효전력을 피상전력으로 나눈 $\cos\theta$가 역률이고, 보통 퍼센트로 표시된다. $\theta=0$이면 $\cos\theta=1$이 되어 전력은 최대가 된다. 즉, 역률은 최고가 1이고 최저는 0이다. 전열기나 백열전구와 같이 전기에너지를 열에너지로 바꾸는 것에서는 역률은 1이 되나, 전동기나 변압기와 같이 철심을 갖고 철심에 교류전원으로부터 흘러 들어온 전류의 일부에 의하여 자속(磁束)을 발생시켜 에너지를 자기(磁氣)적으로 저장함으로써 동작하는 것 및 콘덴서와 같이 정전(靜電)적으로 에너지를 저장하는 것에서는 역률이 저하한다. 역률이 낮다는 것을 역률이 나쁘다고도 한다.

$$\cos\theta = \frac{VI\cos\theta}{VI}$$

PART

4 교류회로 기출문제

1. 대형 항공기에서 직류보다 교류를 많이 사용하는 이유가 아닌 것은?

① 전압의 변화를 쉽게 할 수 있다.

② 브러시 없는 전동기를 사용할 수 있다.

③ 같은 용량에서 볼 때 전선의 무게를 줄일 수 있다.

④ 유도작용으로 무선통신설비에 잡음 등의 장애를 줄여준다.

정답 ④

풀이

교류(Alternating current)는 시간에 따라 크기와 방향이 주기적으로 변하는 전류로서, 사인파형이 일반적이며, 전기화학적 작용이 적어서 도선의 부식이 쉽게 일어나지 않는 장점이 있고, 변압기를 이용하여 간단히 전압을 변경할 수 있다. 또한 교류전동기에는 정류자나 브러시가 없다. 도선의 길이와 저항의 크기는 비례하므로 직류 전압에 비해 교류 전압의 경우 변압을 할 수 있어 멀리까지 송신 가능하므로 전선의 무게를 줄일 수 있다. 교류는 주파수를 가지고 있어 무선 통신에 방해를 받기 쉽다.

2. 교류를 더하거나 빼는 데 편리한 교류의 표시 방법은 어느 것인가?

① 삼각함수 표시법

② 극좌표 표시법

③ 지수함수 표시법

④ 복소수 표시법

정답 ④

풀이

교류의 위상을 벡터의 방향으로 하는 것이나, 벡터는 곱하기, 나누기가 불가능하여 복소수를 사용한다. 벡터의 두 축의 성분인 실수와 허수를 갖고 있고, 식으로 표현하기 용이하다.

※ 페이저 : 정현파(교류파형은 삼각함수의 형태로 나타낼 수 있다)의 표시를 삼각함수에서 복소수로 나타낸 것을 말한다.

3. 교류에서 전압, 전류의 크기는 일반적으로 어느 값을 의미하는가?

① 최댓값 ② 순시값 ③ 평균값 ④ 실횻값

정답 ④

풀이

① 최댓값(Max value) : 정현파의 반주기 동안 최댓값으로 나타낸다.

② 순시값(Instantaneous value) : 정현파에서 시간에 따라 전압 또는 전류가 변하는 값으로, 순시값은 진폭, 주파수, 위상을 통해서 나타낼 수 있다.

③ 평균값(Average value) : 교류의 넓이와 동일한 면적을 가진 직류의 크기를 말하며, 정현파의 반주기 동안의 교류의 넓이를 시간으로 나눈 것이다.

④ 실횻값(Root-mean-square value) : 교류회로의 정현파의 실횻값 또는 유효값은 동일한 양의 열을 만들어내는 직류전압과 같다. 공칭전압이라고도 한다. 교류에서 특별한 언급이 없으면 전류 또는 전압에서 주어진 값은 실횻값이고, 실제로 전압과 전류의 실횻값이 사용된다. 교류전압계와 교류전류계도 실횻값을 측정한다. 저항 R에 대해 교류가 소비하는 전력과 동일한 양을 소비하는 직류의 크기를 말하며, 정현파의 한 주기 동안의 교류의 소비전력을 시간으로 나눈 것이다.

4. 최댓값이 141.4[V]인 정현파 교류의 실횻값은?

① 14.14[V]

② 10[V]

③ 141.4[V]

④ 100[V]

정답 ④

풀이

$$\text{실횻값}(V_s) = \frac{\text{최댓값}(V_{peak})}{\sqrt{2}} = \frac{141.4[V]}{\sqrt{2}} = 100[V]$$

5. 시간(T)이 0일 때, 순시값이 5[V]면, 회전각도(θ)는?

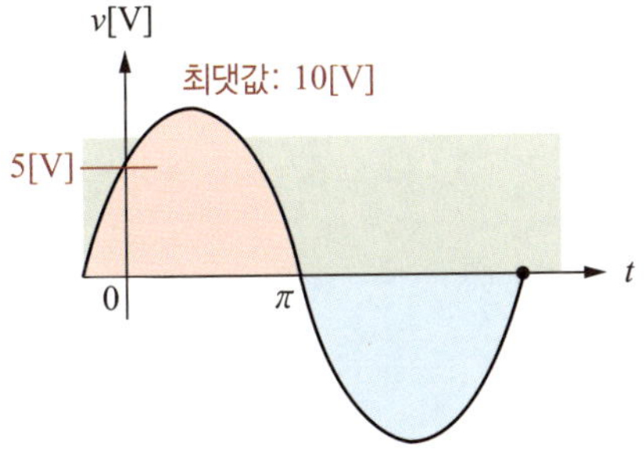

① 30°　　② 60°　　③ 90°　　④ 120°

정답 ①

풀이

$V = V_m \sin\theta = 5[V]$

$\sin\theta = \frac{5}{10} = \frac{1}{2}$

$\theta = \sin^{-1}\frac{1}{2} = 30°$

6. 교류회로에서 임피던스는?

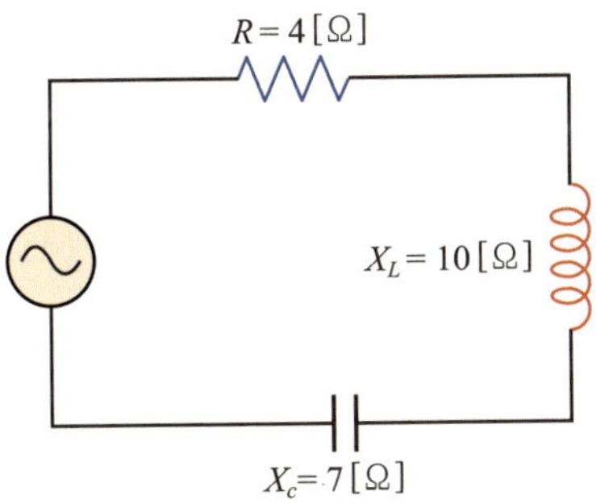

① 5[Ω]　　② 7[Ω]　　③ 10[Ω]　　④ 17[Ω]

정답 ①

풀이

$Z = \sqrt{R^2 + (X_L - X_C)^2} = \sqrt{4^2 + (10-7)^2} = 5[\Omega]$

7. 주파수가 100[Hz]이고 4[A]의 전류가 흐르는 교류회로에서 인덕턴스 0.01[H]인 코일의 리액턴스는?

① 6.28[Ω] ② 3.14[Ω] ③ 0.01[Ω] ④ 4[Ω]

정답 ①

풀이

$X_L = 2\pi f L = 2\pi \times 100[Hz] \times 0.01[H] = 2\pi[\Omega]$

8. 저항 30[Ω]과 리액턴스 40[Ω]을 병렬로 접속하고 양단에 120[V]의 교류전압을 가했을 때 전류는?

① 1[A] ② 3[A] ③ 5[A] ④ 7[A]

정답 ③

풀이

$$I = \frac{V}{Z} = \frac{V}{\frac{1}{\sqrt{\left(\frac{1}{R}\right)^2 + \left(\frac{1}{X}\right)^2}}} = \frac{120[V]}{\frac{1}{\sqrt{\left(\frac{1}{30[\Omega]}\right)^2 + \left(\frac{1}{40[\Omega]}\right)^2}}} = 5[A]$$

9. 10[mH]의 인덕턴스에 60[Hz], 100[V]의 전압을 가하면, 흐르는 전류는?

① 10[A] ② 27[A] ③ 60[A] ④ 100[A]

정답 ②

풀이

교류회로 내에서 전류의 크기를 산출하기 위해서는, 전류의 흐름을 제한하는 저항(R)과 전류의 흐름을 방해하는 요소인 리액턴스(X)를 모두 고려해야 한다(직류회로는 저항(R)만 고려한다).

$$I = \frac{V}{Z} = \frac{V}{\sqrt{R^2 + (X_L - X_C)^2}} = \frac{100[V]}{\sqrt{R^2 + \left(2\pi fL - \frac{1}{2\pi fC}\right)^2}[\Omega]}$$

$$= \frac{100[V]}{\sqrt{0^2 + \{(2\pi \times 60[Hz] \times 10 \times 10^{-3}[H]) - 0\}^2}[\Omega]} = 26.53[A]$$

10. **정전용량 10[F], 인덕턴스 0.01[H], 저항 5[Ω]이 직렬로 연결된 교류회로가 공진이 일어났을 때 전원전압이 20[V]라면 전류는?**

① 1[A] ② 2[A] ③ 4[A] ④ 8[A]

정답 ③

풀이

전기회로에 인가되는 전원의 주파수가 회로 자체의 고유 주파수와 일치하면 회로에는 큰 전기적 진동이 일어난다. 주파수 증가에 따라 유도 리액턴스는 증가하나, 용량 리액턴스는 감소한다. 이 같은 반대되는 특성으로 코일과 콘덴서의 결합에 의해 서로 같게 되는 주파수가 있다. 공진주파수라 하고, 유도 리액턴스와 용량 리액턴스가 같아진다.

$$X = X_L - X_C = 0$$

$$Z = \sqrt{R^2 + (X_L - X_C)^2} = \sqrt{5^2 + (0)^2} = 5[\Omega]$$

$$I = \frac{V}{Z} = \frac{20[V]}{5[\Omega]} = 4[A]$$

11. **정전용량 20[μF], 인덕턴스 0.01[H], 저항 10[Ω]이 직렬로 연결된 교류회로가 공진이 일어났을 때, 전원전압이 30[V]라면 전류는?**

① 3[A] ② 6[A] ③ 9[A] ④ 12[A]

정답 ①

풀이

전기회로에 인가되는 전원의 주파수가 회로 자체의 고유 주파수와 일치하면 회로에는 큰 전기적 진동이 일어난다. 주파수 증가에 따라 유도 리액턴스는 증가하나, 용량 리액턴스는 감소한다. 이 같은 반대되는 특성으로 코일과 콘덴서의 결합에 의해 서로 같게 되는 주파수가 있다. 공진주파수라 하고, 유도 리액턴스와 용량 리액턴스가 같아진다.

$$X = X_L - X_C = 0$$

$$Z = \sqrt{R^2 + (X_L - X_C)^2} = \sqrt{10^2 + (0)^2} = 10[\Omega]$$

$$I = \frac{V}{Z} = \frac{30[V]}{10[\Omega]} = 3[A]$$

12. 교류회로에서 흐르는 전류(I)는?

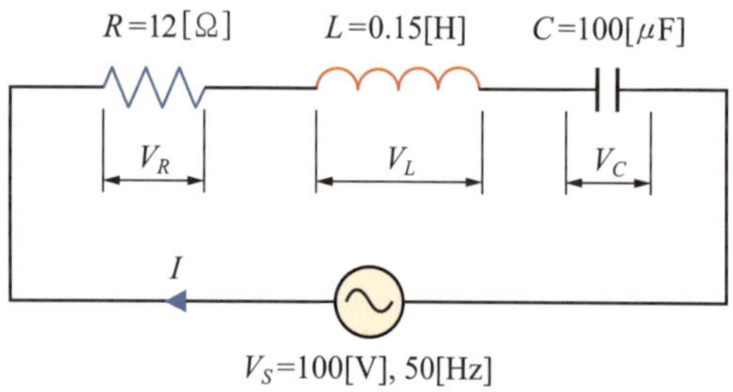

① 4.1[A] ② 2.2[A] ③ 3[A] ④ 8[A]

정답 ②

풀이

$$Z = \sqrt{R^2 + (X_L - X_C)^2} = \sqrt{R^2 + \left(2\pi fL - \frac{1}{2\pi fC}\right)^2}$$

$$= \sqrt{12^2 + \left\{(2 \times 3.14 \times 50 \times 0.15) - \left(\frac{1}{2 \times 3.14 \times 50 \times 100}\right)\right\}^2}$$

$$= 45.53\,[\Omega]$$

$$I = \frac{V}{Z} = \frac{100\,[V]}{45.53\,[\Omega]} = 2.196\,[A]$$

13. 대형 항공기에서 사용하는 교류 전력 방식으로 옳은 것은?

① 3상 △ 결선 방식이다. ② 3상 Y 결선 방식이다.

③ 3상 Y – △ 결선 방식이다. ④ 3상 2선식 Y 결선 방식이다.

정답 ②

풀이

항공기에는 3상 4선식 Y결선이 일반적으로 사용된다. a, b, c, N의 4개의 선이 있으며, N선(중성선)은 기체구조에 접지한다. 각 스테이터 코일을 a, b, c 상이라 하며 3상이다. 일반적으로 a상(적색), b상(황색), c상(청색), N상(녹색)으로 표시한다.

14. 델타(△) 결선에서 Rab = 5[Ω], Rbc = 4[Ω], Rca = 3[Ω] 일 때 등가인 Y결선 각 변의 저항은?

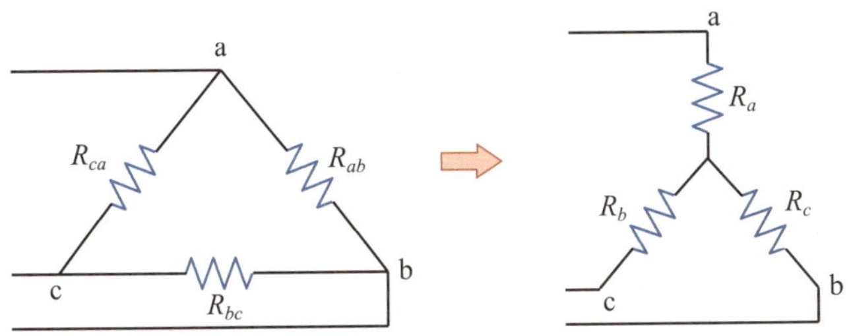

① R_a = 1[Ω], R_b = 2[Ω], R_c = 1[Ω]

② R_a = 1[Ω], R_b = 1.67[Ω], R_c = 1.25[Ω]

③ R_a = 3[Ω], R_b = 2[Ω], R_c = 1.5[Ω]

④ R_a = 1.25[Ω], R_b = 1.67[Ω], R_c = 1[Ω]

정답 ④

풀이

$$R_a = \frac{R_{ab} \times R_{ca}}{R_{ab} + R_{bc} + R_{ca}} = \frac{5 \times 3}{5+4+3} = 1.25\,[\Omega]$$

$$R_b = \frac{R_{ab} \times R_{bc}}{R_{ab} + R_{bc} + R_{ca}} = \frac{5 \times 4}{5+4+3} = 1.67\,[\Omega]$$

$$R_c = \frac{R_{bc} \times R_{ca}}{R_{ab} + R_{bc} + R_{ca}} = \frac{4 \times 3}{5+4+3} = 1\,[\Omega]$$

15. 교류회로에서 전압계는 100[V], 전류계는 10[A], 전력계는 800[W]를 지시하고 있다면 이 회로에 대한 설명으로 <u>틀린</u> 것은?

① 유효전력은 800[W]이다.

② 피상전력은 1[kVA] 이다.

③ 무효전력은 200[Var] 이다.

④ 부하는 800[W]를 소비하고 있다.

정답 ③

풀이

① 유효전력 : 직류 회로에서 전압과 전류에 의해 일어나는 전력. 단위는 와트(W). 전력계의 지시값은 유효전력을 의미하는 800[W]가 된다.

② 피상전력 : 교류회로에서 전압계는 실효 전압을 지시하고 전류계는 실효 전류를 지시하는데, 전압과 전류의 곱. 단위는 볼트암페어(VA). Pa = VI = 100[V] x 10[A] = 1000[VA] = 1[kVA]

③ 무효전력 : 교류회로의 리액턴스에 일어나는 전력으로 외부에는 어떤 일도 하지 않은 전력. 단위는 바르(Var). 피상전력과 유효전력의 비로 나타내는 역률을 이용하여 θ값을 알 수 있다. Pr = VIsinθ = 100[V] x 10[A] x sin(36.86) = 600[Var]

16. 교류발전기의 정격이 115[V], 1[kVA], 역률이 0.866이라면 무효전력(Reactive power)은?(단, 역률(Power factor) 0.866은 cos30°에 해당한다.)

① 500[W] ② 866[W] ③ 500[Var] ④ 866[Var]

정답 ③

풀이

무효전력(Reactive power) : 전기기기에 전압 V(실횻값)를 인가했을 때, 전류의 실횻값을 I, 전압과 전류의 위상차를 θ라 하면, 무효전력은 전압 V와 전류 Isinθ(전압과 직각분)를 곱한 것(단위는 [VAR])

P_a = (피상전력) = VI

$$\Rightarrow I = \frac{P_a}{V} = \frac{1000[VA]}{115[V]} = 8.7[A]$$

P_r = (무효전력) = VIsinθ = 115[V] × 8.7[A] × sin30° = 500[VAR]

17. 교류회로에서 피상전력이 100[kVA]이고 유효전력은 80[kW], 무효전력은 60[kVar]일 때 역률은 얼마인가?

① 1 ② 0.4 ③ 0.2 ④ 0.8

정답 ④

풀이

역률(Power factor) : 유효전력과 피상전력의 비. 교류회로의 능률을 나타내는 수치

$$P_f(\text{역률}) = \frac{P(\text{유효전력})}{P_S(\text{피상전력})} = \frac{80 \times 10^3[W]}{100 \times 10^3[VA]} = 0.8$$

18. **전원 전압 115/200[V]에 10[μF]의 콘덴서, 250[mH]의 코일이 직렬로 접속되어 있을 때, 이 회로의 공진 주파수를 구하면?**

① 0.04[Hz] ② 25.0[Hz]

③ 100.7[Hz] ④ 2500.0[Hz]

정답 ③

풀이

직렬공진회로에서 리액턴스 $X_L = X_C$ 는 동일할 때의 주파수를 말한다.

$2\pi f_0 L = \frac{1}{2\pi f_0 C}$ 에서 변환시키면,

$$f_0 = \frac{1}{2\pi\sqrt{LC}}[Hz] = \frac{1}{2\pi\sqrt{((250\times10^{-3}[H]\times(10\times10^{-6}[F]))}}[Hz] = 100.7[Hz]$$

19. **병렬 공진회로의 공진주파수는 약 몇 [kHz]인가?**

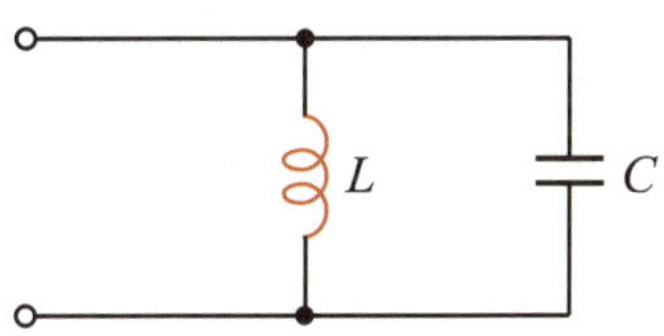

$L = 100\ \mu H$
$C = 250pH$

① 15.9[kHz] ② 31.8[kHz] ③ 318[kHz] ④ 1006.6[kHz]

정답 ④

풀이

병렬 공진회로 : 캐패시턴스, 인덕턴스가, 저항이 병렬로 연결된 회로를 말한다. 이 때, 전원의 주파수를 높이면, 유도 리액턴스는 비례하고, 용량 리액턴스는 반비례한다. 어느 주파수에서 회로의 리액턴스는 0이 된다. 이 주파수를 공진 주파수라고 한다.(단, 저항이 없거나 L, C에 비해 현저하게 낮은 경우이다.)

$$f_0 = \frac{1}{2\pi\sqrt{LC}}[Hz] = \frac{1}{2\pi\sqrt{((100\times10^{-6}[H]\times(250\times10^{-12}[F]))}} = 1006.6[Hz]$$

PART 5

Passive element

수동소자

5. 수동소자(Passive element)

전자 회로를 구성하는 소자 중, 증폭이나 전기 에너지의 변환과 같은 능동적 기능을 전기적 에너지를 소모, 저장 혹은 전달 할 뿐 다른 역할을 하지 않는 소자를 말한다. 이때, 수동소자는 수동적으로 작용할 뿐이므로, 외부전원 없이 단독으로 동작한다. 수동 소자의 예로 저항기, 축전기, 인덕터 등이 있다.

(1) 저항기(Resistor)

일정한 전기 저항값을 얻어 전류를 제한하기 위한 목적으로 사용되는 전자부품으로 수동소자이다. 저항기는 여러 방법으로 종류를 나누는데, 일반적으로 소모 가능한 최대 전력으로 분류하는 것이다. 저항기에 따라 최대 허용 전력이 다른 것은, 저항기에서 소모되는 전력이 열에너지로 전환되기 때문이다. 이 열에너지 때문에 저항기의 온도가 상승하는데, 허용 온도를 초과하는 경우 저항기가 타버리게 된다. 전기회로용 부품으로 전류의 제한, 전압의 분압 등의 용도로 사용된다.

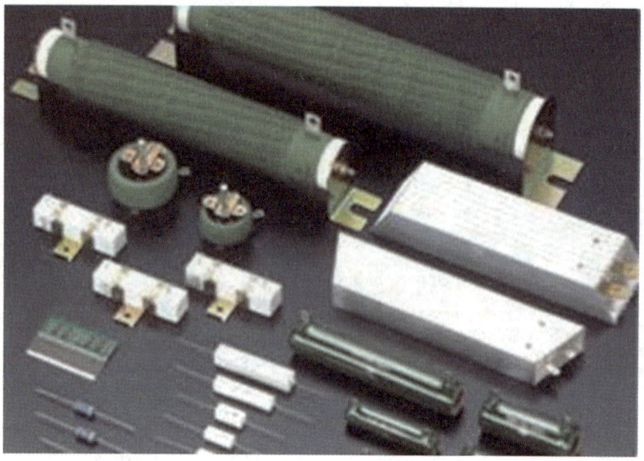

$$P = V \times I = \frac{V^2}{R} = I^2 \times R$$

P = 저항기에서 소모되는 전력
V = 저항기 양단에 걸린 전압
I = 저항기를 통해 흐르는 전류
R = 저항기의 저항

1) 고정 저항기

탄소피막, 솔리드, 권선, 금속피막, 어레이, 시멘트

2) 가변 저항기

가변, 반고정

3) 저항값 읽는 법

컬러 코드(Color code)는 금속피막 저항기, 산화금속피막 저항기, 탄소피막 저항기 등의 저항값 표시에 이용된다.

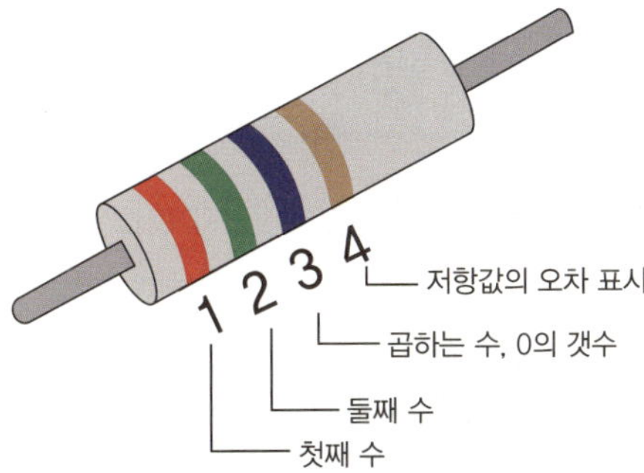

4) 칼라 코드 표

ICE(국제전기표준회의 : International Electrotechnical Commission)에 의한 국제 규격으로 작은 소자에 저항 값, 허용 오차 등을 기술할 수 없어 색상으로 표시한 방법이다.

① 4색 저항기

색	첫 번째 띠	두 번째 띠	세 번째 띠(단위)	4번째 띠(오차)	열계수
검정	0	0	$\times 10^0$		100ppm
갈색	1	1	$\times 10^1$	±1% (F)	50ppm
빨강색	2	2	$\times 10^2$	±2% (G)	15ppm
주황색	3	3	$\times 10^3$		25ppm
노랑색	4	4	$\times 10^4$		
초록색	5	5	$\times 10^5$	±0.5% (D)	
파랑색	6	6	$\times 10^6$	±0.25% (C)	
보라색	7	7	$\times 10^7$	±0.1% (B)	
회색	8	8	$\times 10^8$	±0.05% (A)	
흰색	9	9	$\times 10^9$		
금색			×0.1	±5% (J)	
은색			×0.01	±10% (K)	
없음				±20% (M)	

② 5색 저항기

색	첫 번째 띠	두 번째 띠	세 번째 띠	4번째 띠(단위)	5번째 띠(오차)
검정	0	0	0	×1	
갈색	1	1	1	$\times10^1$	±1% (F)
빨강색	2	2	2	$\times10^2$	±2% (G)
주황색	3	3	3	$\times10^3$	
노랑색	4	4	4	$\times10^4$	
초록색	5	5	5	$\times10^5$	±0.5% (D)
파랑색	6	6	6	$\times10^6$	±0.25% (C)
보라색	7	7	7	$\times10^7$	±0.1% (B)
회색	8	8	8	$\times10^8$	±0.05% (A)
흰색	9	9	9	$\times10^9$	
금색				×0.1	±5% (J)
은색				×0.01	±10% (K)
없음					±20% (M)

(2) 축전기(Capacitor)

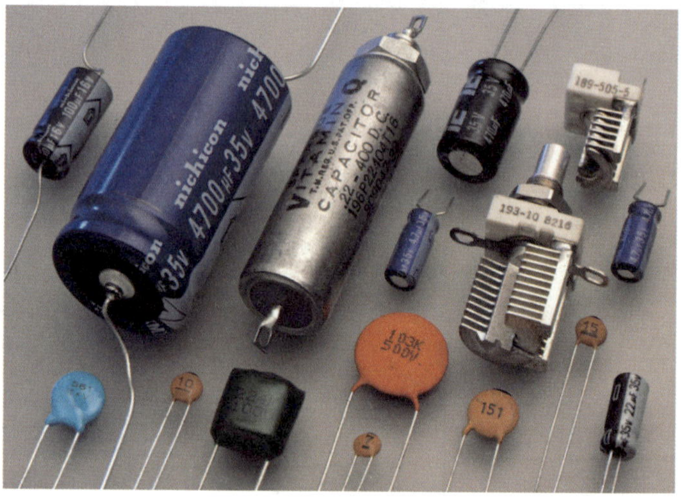

예전에는 콘덴서(Condenser)라 했으나 사용하지 않고, 두 도체 사이의 공간에 Electric field(전기장)를 모으는 역할을 한다. 전기를 저장하였다가 필요할 때 방전시키는 원리로 전기회로에 이용한다. 축전기에 직류전압을 가하면 전하가 완전히 충전될 때까지 아주 짧은 시간 동안 전류가 흐르고 더 이상 전류가 흐르지 않는다. 교류전압을 가하면 전하는 충·방전되면서 전류가 흐르며 축전기는 일종의 저항 역할을 하며, 리액턴스(Reactance)라 한다. 축전기는 전기 회로 내에서 직류는 차단하고 높은 주파수의 교류만을 통과시키는 주파수 필터의 역할 및 정류회로에서 리플 제거로도 사용된다. 보통 축전기는 극성을 구분하지 않으나, 극성이 있는 경우 극성 축전기(Polar capacitor)라고 한다. 또한 전기용량을 변화시킬 수 있는 축전기들 가변 축전기(Variable capacitor)라 하고, 대비하여 전기용량이 고정되어 있는 축전기를 고정 축전기(Fixed capacitor)라 한다.

1) 구조

2장의 얇은 금속도체와 그 사이에 있는 절연체로 구성된다.

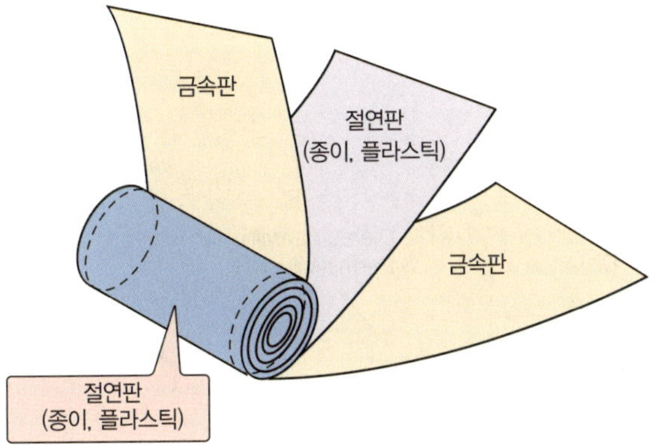

2) 충전된 전하량

캐패시터에 충전된 전하의 양(Q)은 정전용량(C)과 정격전압(V)에 비례한다.

① C가 크면 낮은 전압에서도 많은 전하를 축적

② C가 작으면 높은 전압에서도 적은 전하를 축적

③ 정격전압을 초과하면 절연이 파괴되어 통전

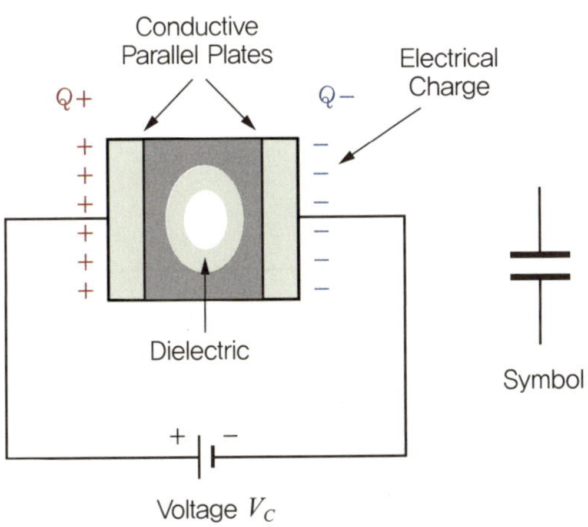

$$Q = CV$$

Q : 전하(A)

C : 정전용량(F)

V : 정격전압(V)

3) 정전용량(Capacitance)

정전용량(C)의 단위는 패러드(F)로 나타낸다.

① 절연체의 유전율에 비례

② 전극판의 면적에 비례

③ 전극판 사이의 거리에 반비례

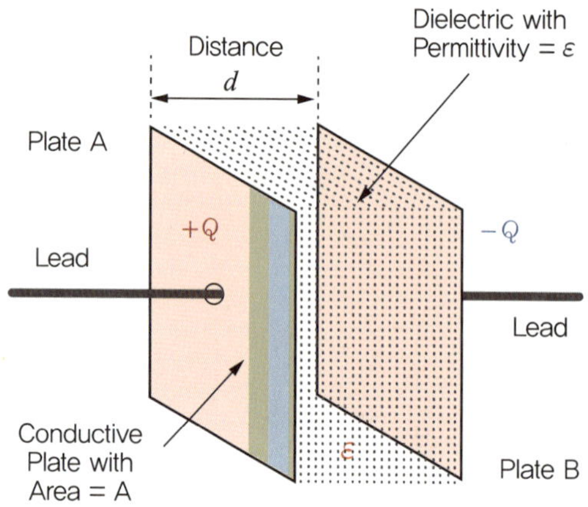

$$C = \varepsilon\frac{A}{d}\ \text{(Farads)}$$

4) 충전과 방전

① 교류의 경우 전류는 계속해서 흐르나, 직류의 경우는 콘덴서 전압이 일정하게 된 뒤에는 흐르지 않는다.

② 주파수가 높을수록 많은 전류가 흐른다.

③ 전류는 전압의 변화가 클수록 많이 흐르고, 또 정전용량이 클수록 많이 흐른다. 반대로 용량이 작을수록 전류는 흐르기 어렵게 된다.

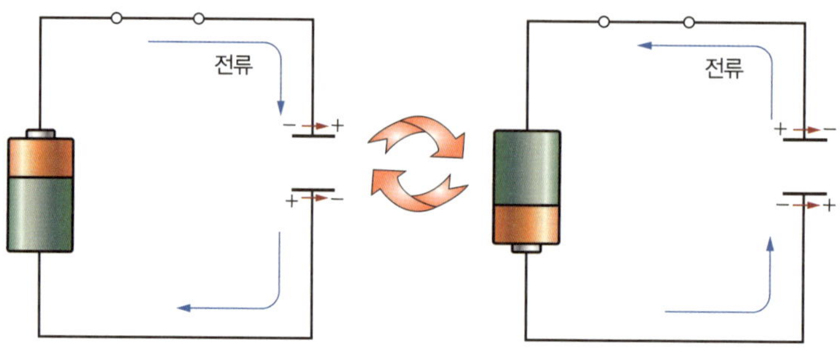

5) 직렬연결 시의 정전용량

① 축전기의 직렬접속은 정전용량을 감소

② 축전기 각각의 정전용량과 관계없이, 똑같은 양의 전하가 각 축전기에 충전된다.

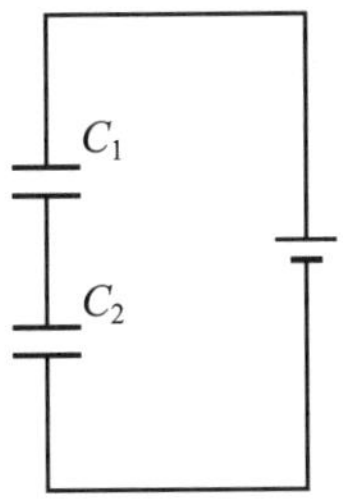

$$C_{EQ}=\frac{1}{\frac{1}{C_1}+\frac{1}{C_2}+\frac{1}{C_3}+\cdots}$$

6) 병렬연결 시의 정전용량

① 여러 개의 축전기를 병렬로 접속하면 전극판의 면적을 증가시키는 것과 동일

② 총 정전용량은 각 축전기 용량의 합과 동일

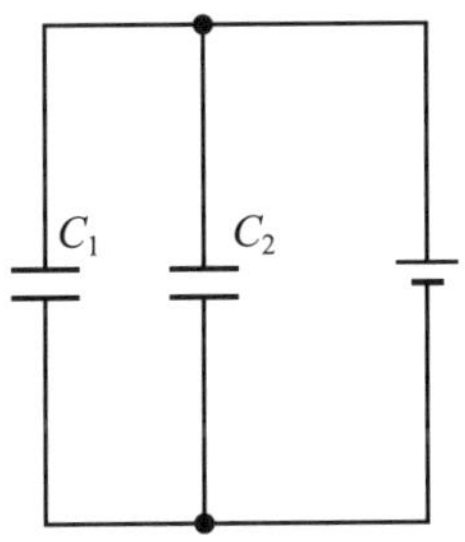

$$C_{EQ}=C_1+C_2+C_3+\cdots$$

(3) 변압기(Electric transformer)

Voltage Converter라고도 하며, 교류전력의 전압의 크기를 전자기 유도 현상을 이용하여 변환하는 전력기기 & 전자부품이다(전압뿐 아니라 전류도 변화한다). 교류전압의 변환(변압), 임피던스 매칭(출력과 입력 임피던스를 동일하게 맞춤) 등에 이용한다.

1) 원리

철심의 양쪽에 각각 코일을 감은 후, 한쪽에는 전원을 연결하고 다른 한쪽에는 부하를 연결한다. 전원을 연결한 코일에 전류가 흐르면 코일과 철심에 자기장이 형성된다. 전원에서 공급되는 전류가 시간에 따라 변한다면 자기장의 크기 또한 같이 변한다. 그리고 철심을 통해 자기장이 전달되어 반대편 코일을 통과하는 자기장의 세기도 시간에 따라 변한다. 반대편 코일에는 전자기 유도로 기전력이 생기고 유도 전류가 흘러 부하에 공급된다.

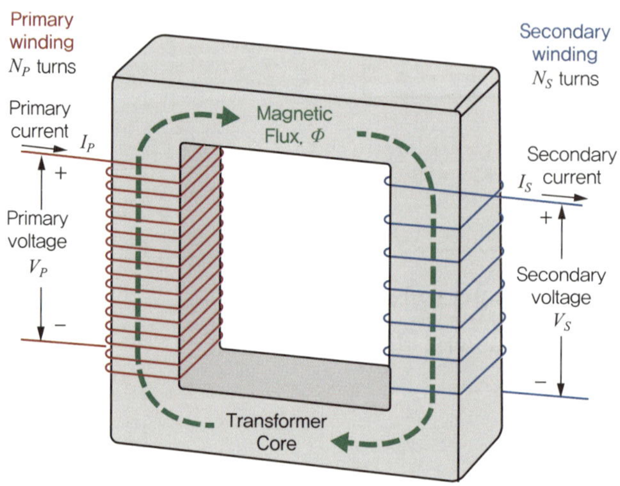

2) 변압비

코일의 감은 수와 유도 전압 및 유도 전류와의 관계이다. 전원이 연결된 쪽의 코일을 1차 코일이라 하고, 코일의 감은 수를 N_P, 걸린 전압을 V_P라 한다. 그리고, 반대편 코일을 2차 코일이라 하고, 코일의 감은 수를 N_S, 유도된 전압을 V_S라 한다. 이 때, 2차 전압의 크기는 패러데이의 법칙에 따라 코일의 감은 수의 상대적인 비율에 의해 정해진다. 열 손실을 무시한다면 에너지 보존의 법칙에 의해 1차 코일로 들어간 전력은 2차 코일로 나가는 전력과 같다. 1차 코일에 흐르는 전류를 I_P, 2차 코일에 유도된 전류를 I_S라고 하면, 전력은 전압과 전류의 곱으로 얻어지므로, 유도 전류 I_S를 구할 수 있다.

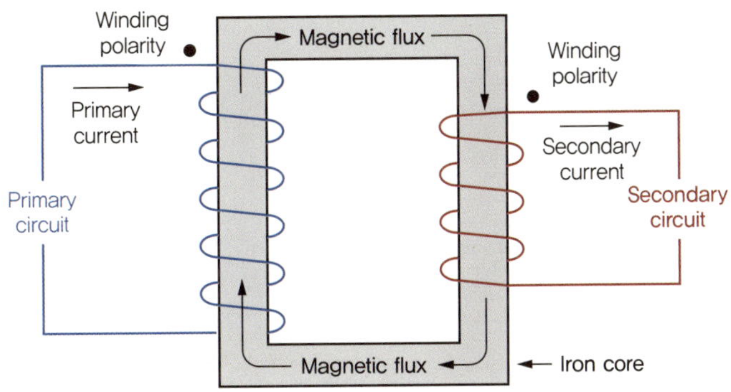

Turns ration

$$\text{Turns ration} = \frac{N_P}{N_S}$$

Voltage ratio

$$\text{Voltage ratio} = \frac{V_P}{V_S} = \frac{N_P}{N_S}$$

Current ration

$$\text{Current ration} = \frac{I_S}{I_P} = \frac{N_P}{N_S} = \frac{V_P}{V_S}$$

PART

5 수동소자 기출문제

1. 콘덴서의 용량과 가장 관계가 먼 것은?

① 극판의 넓이

② 극판간의 거리

③ 중간 매개체의 유전율

④ 중간 매개체의 절연율

정답 ④

풀이

정전용량 : 콘덴서가 전하를 축적하는 용량으로 캐패시턴스라고 한다.(기호 : C, 단위 : [F] 패럿). 정전용량 C는 유전체의 유전율 ε과 전극판의 면적 A에 비례하고 전극 사이의 거리 d에 반비례한다.

$C = \varepsilon\frac{A}{d}[F]$

2. 변압기(Transformer)는 어떠한 전기적 에너지를 변환시키는 장치인가?

① 전류 ② 전압 ③ 전력 ④ 위상

정답 ②

풀이

변압기(Transformer)는 교류(AC) 전압을 승압 또는 감압시키는 장치이다.

3. 전압을 높이거나 낮추는 데 사용되는 것은?

① 변압기 ② 트랜스미터 ③ 인버터 ④ 전압 상승기

정답 ①

풀이

① 변압기 : 상호 유도 원리를 이용하여 교류 전압을 더 높이거나 낮추는 데 사용되는 기기이다. 1차, 2차 두 개의 코일이 연철심 주위에 감겨 있다. 1차 코일에 교류 전압이 걸리면 교류 전류에 의하여 자속의 변화가 나타나고, 이것은 다시 2차 코일에 유도 기전력을 일으킨다. 2차 코일에 유도되는 기전력의 크기는 1차 코일보다 2차 코일의 감은 수를 많게 하거나 적게 하면 된다.

② 트랜스미터 : 전송하고자 하는 신호(영상, 음성, 데이터)를 전파에 실어 증폭한 후 안테나나 케이블을 통해 출력하는 장치이다. 송신기는 허가된 주파수의 전파를 만드는 발진부(Oscillator), 전기적 신호를 전파에 싣는 변조부(Modulator), 변조된 신호를 원하는 지역까지 전송하기 위한 증폭부(Amplifier) 등으로 구성된다. 송신기는 사용 주파수, 용도, 서비스 지역 등에 따라 출력에 차등을 두고 있다.

③ 인버터 : 항공기에서 직류전원을 교류전원으로 전환시켜 일부 계통에 사용된다. 입력된 직류전원에 발진회로를 접목하여 직류단속을 하여 교류신호로 바꾸고 변압기를 이용하여 전압 승압시킨다. 직류전동기와 교류 발전기를 조합하여 사용한다. 이 교류는 주로 계기, 무선, 레이더, 조명, 그리고 다른 부속품에서 사용된다. 인버터는 보통 400[Hz]의 주파수로 전류를 공급하기 위해 조립되었지만, 일부는 하나의 권선에 26[V] 교류 그리고 또 다른 권선에 115[V]로 1개 이상의 전압을 공급하기 위해 설계된다.

4. 변압기에 성층 철심을 사용하는 이유는?

① 동손을 감소시킨다.

② 유전체 손실을 적게한다.

③ 와전류 손실을 감소시킨다.

④ 히스테리시스 손실을 감소시킨다.

정답 ③

풀이

변압기 손실(철손) = 와전류 손실 + 히스테리시스 손실

① 히스테리시스 손실 : 변압기 철심을 자화할 때 자성체의 히스테리시스 현상(자계에 비해 자속밀도 유지)에 의한 손실

② 와전류 손실 : 자계 변화에 의해 변압기 철심이 유기되는 맴돌이 전류에 의한 손실. 이 손실을 감소시키기 위해 철심은 절연된 규소강(성층 철심)을 사용한다.

※ 동선(Copper loss) : 전기기기에 생기는 손실 중, 권선 저항에 의해서 생기는 줄 손(Joule loss).

PART 6

Active element

능동소자

(1) 반도체 개요

(2) 반도체 특징

(3) 반도체 구조

(4) 반도체 종류

· 기출문제

6. 능동소자(Active element)

전자 회로를 구성하는 소자 중, 전원 및 증폭기와 같은 전력의 공급원을 포함하는 회로 소자 입력 신호의 증폭 또는 발진 등을 작용할 수 있는 소자를 말한다. 이때, 에너지 보존 법칙이 성립해야 하므로 다른 전원 장치로부터 에너지를 얻어 작동한다. 능동소자는 전압원, 전류원, 저항 또는 축전기와 같은 수동 소자로 구성된 등가회로로 나타낼 수 있다.

(1) 반도체 개요

1) 도체(Conductor)

전기 또는 열에 대한 저항이 매우 작아 전기나 열을 잘 전달하는 물체이다. 은, 구리, 알루미늄 등이 있으며, 전도체라고 한다. 자유전자에 의해 전기가 전도되는데, 일반적으로 온도가 높아지면 전기를 잘 전달하지 못하고, 온도가 낮아질수록 잘 전달한다.

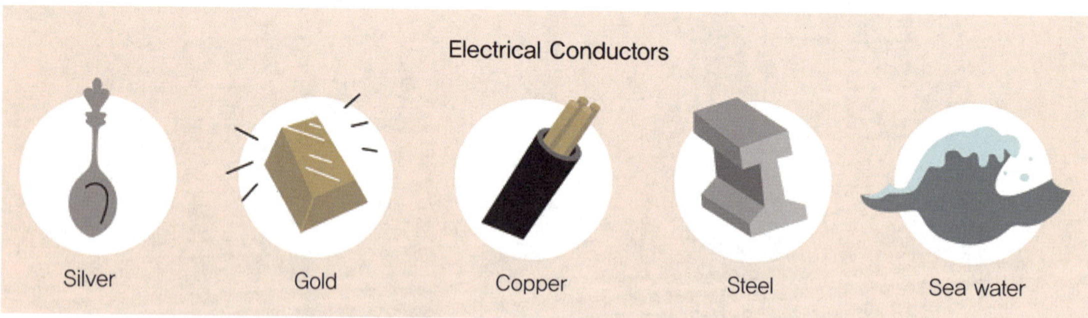

2) 절연체(Insulator)

전기 또는 열에 대한 저항이 매우 커서 전기나 열을 잘 전달하지 못하는 물체이다. 나무, 유리, 고무 등이 있으며, 부도체라고 한다. 실제로는 매우 적은 양의 열이나 전기를 전달한다. 고온이나 강한 자기장을 가하거나 불순물을 첨가하면 부도체도 전기를 전달할 수 있다.

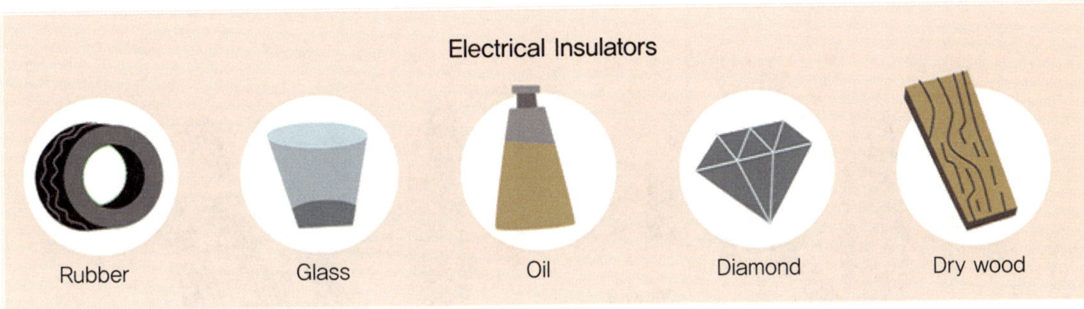

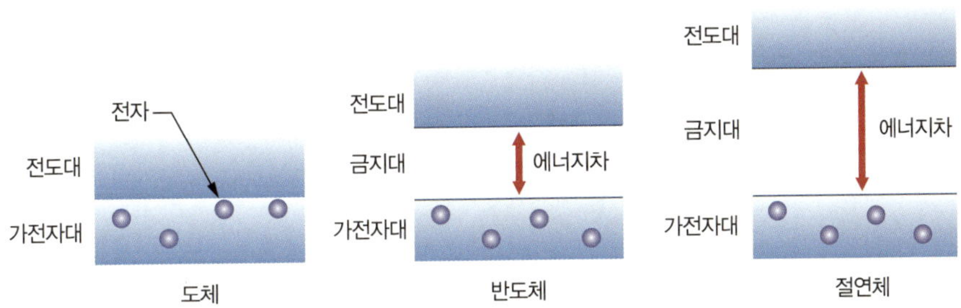

3) 반도체(Semi-conductor)

전기가 잘 통하는 도체와 통하지 않는 절연체의 중간적인 성질을 나타내는 물질이다. 반도체는 순수한 상태에서 부도체와 비슷한 특성을 보이지만, 불순물 첨가에 의해 전기전도도가 늘어나기도 하고 빛이나 열에너지에 의해 일시적으로 전기 전도성을 갖는다. 현재는 실리콘에 3족의 붕소(B)나 5족의 인(P) 등을 첨가하여 사용한다.

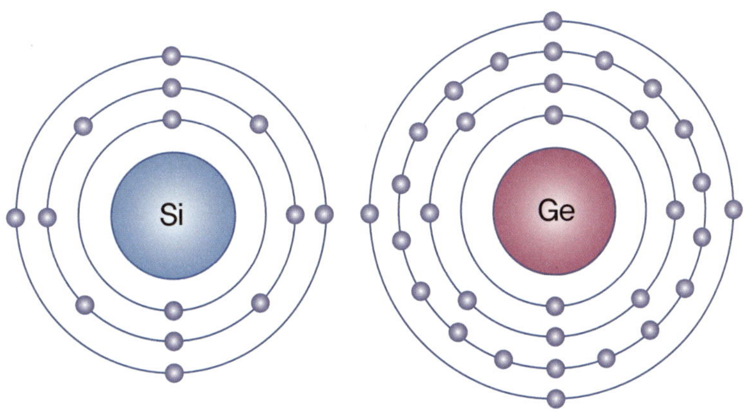

4) 초전도체(Super-conductor)

도체의 경우, 온도가 증가하면 전기저항 역시 증가하여 전기가 잘 흐르지 않고, 온도를 감소시키면 저항이 작아져 전도가 잘 일어난다. 즉, 매우 낮은 온도에서 전기저항이 0에 가까워지는 초전도 현상이 나타나는 도체이다. 내부에는 자기장이 들어갈 수 없고 내부에 있던 자기장도 밖으로 밀어내는 성질이 있다.

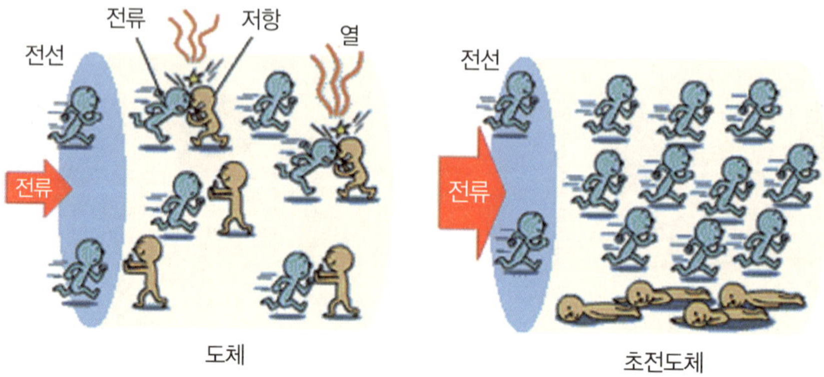

(2) 반도체 특징

1) 극히 소형이고 경량이다.

2) 내부 전력 손실이 매우 적다.

3) 예열을 요구하지 않고 바로 작동한다.

4) 기계적으로 강하고 수명이 길다.

5) 온도가 상승하면 특성이 매우 불량해진다.

6) 게르마늄은 85℃, 실리콘은 150℃ 이상되면 파손되기 쉽다.

7) 정격 전류 이상으로 흐르면 파괴되기 쉽다.

(3) 반도체 구조

1) 가전자(Valence)

원자핵 주위 궤도 중, 가장 바깥쪽 궤도에 돌고 있는 전자

2) 자유전자(Free electron)

원자핵에 가까울수록 전자를 당기고 있어 벗어나기 힘드나, 바깥쪽에 있는 전자들은 영향을 덜 받고 있어 어떤 충격(외부의 열 또는 빛)을 받으면 쉽게 이탈하는데, 이탈된 가전자를 의미

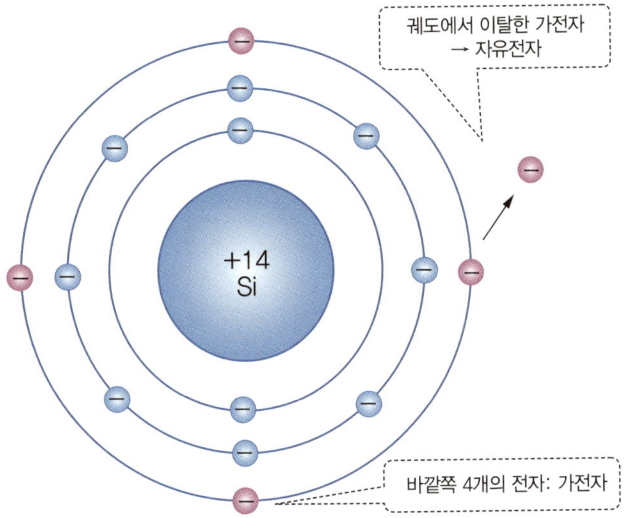

3) 정공(Hole)

가전자가 이탈되어 자유전자로 된 자리는 전기적으로 중성상태이나 양전기를 띠는 구멍

4) 캐리어(Carrier)

자유전자는 음의 전기를 운반하고 정공은 양의 전기를 운반하는 이송자

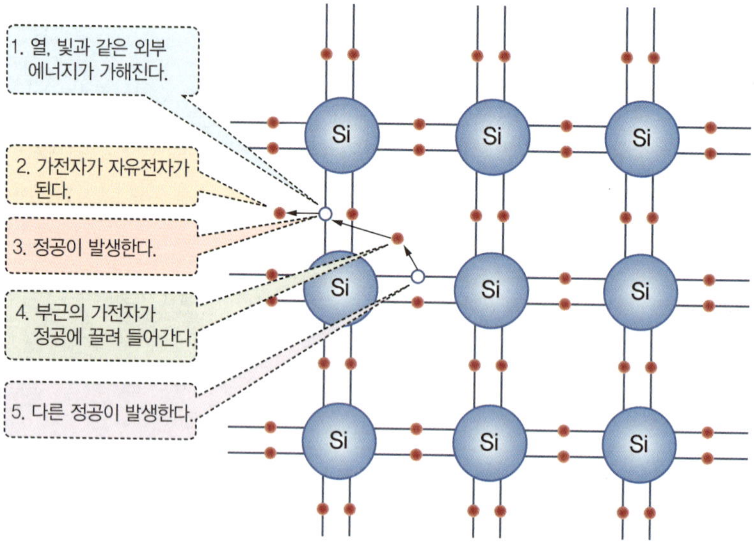

5) 도핑(Doping)

진성 반도체에 불순물을 주입하는 것

6) 억셉터(Acceptor)

전자를 받아들일 수 있는 정공

7) 도너(Donor)

전자를 추가로 제공하는 것

※ 공유결합(Covalent bond)

가전자가 8개가 되지 않은 원소들은 불안정하여, 각 원소들은 서로 공유하여 8개의 가전자를 보유하려고 한다.

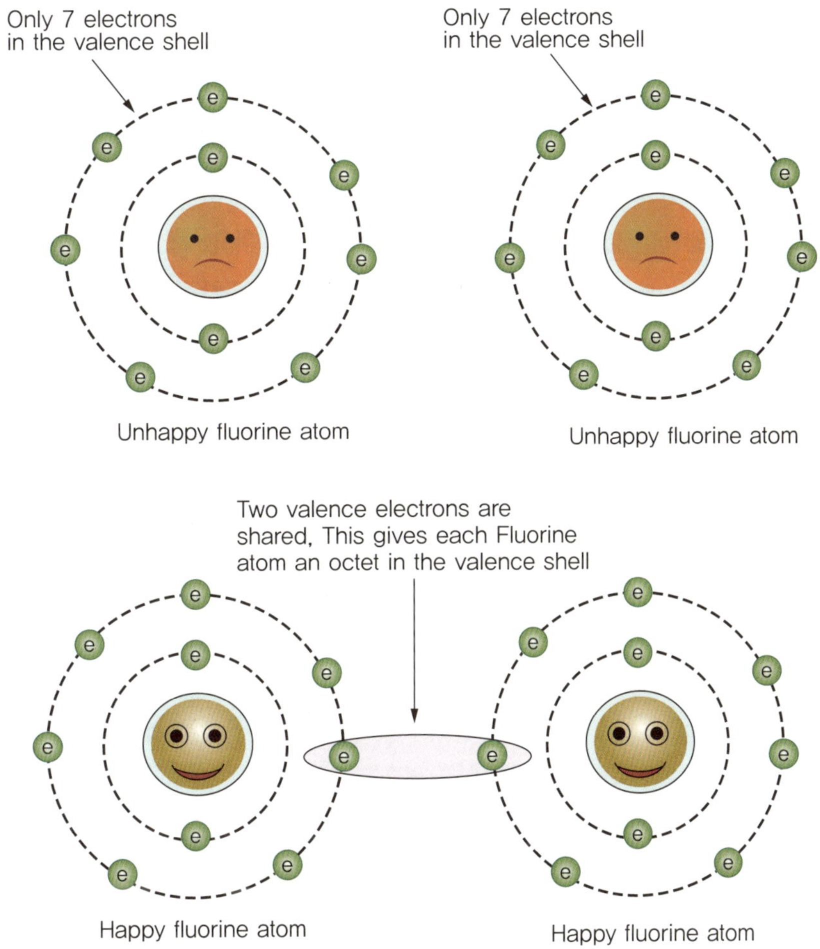

8) 진성 반도체(Intrinsic semi-conductor)

불순물을 첨가하지 않은 4족 원소로만 이루어진 순수한 반도체

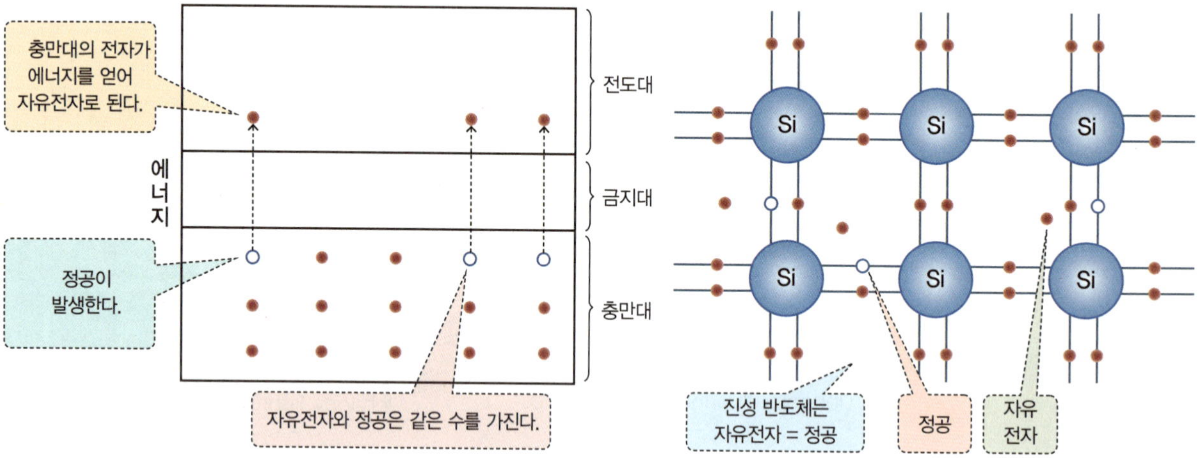

9) 불순물 반도체(Extrinsic semi-conductor)

불순물(3족 또는 5족 원소)이 첨가되어 도너 또는 억셉터로 작용하는 반도체

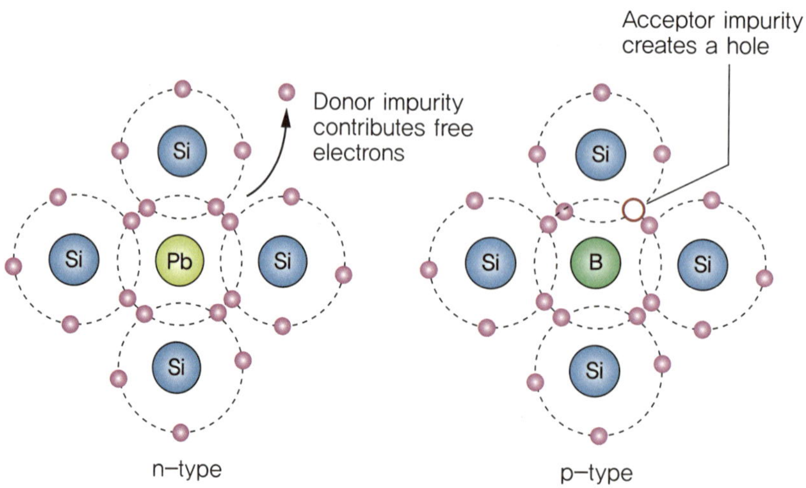

① **P형 반도체** : Si의 진성반도체 내에 가전자가 3가인 In(인듐)이나 B(보론)을 첨가하면 가전자가 하나 부족한 상태가 된다. 자유전자보다 양의 전기를 가진 정공의 농도가 높은 것을 의미한다.

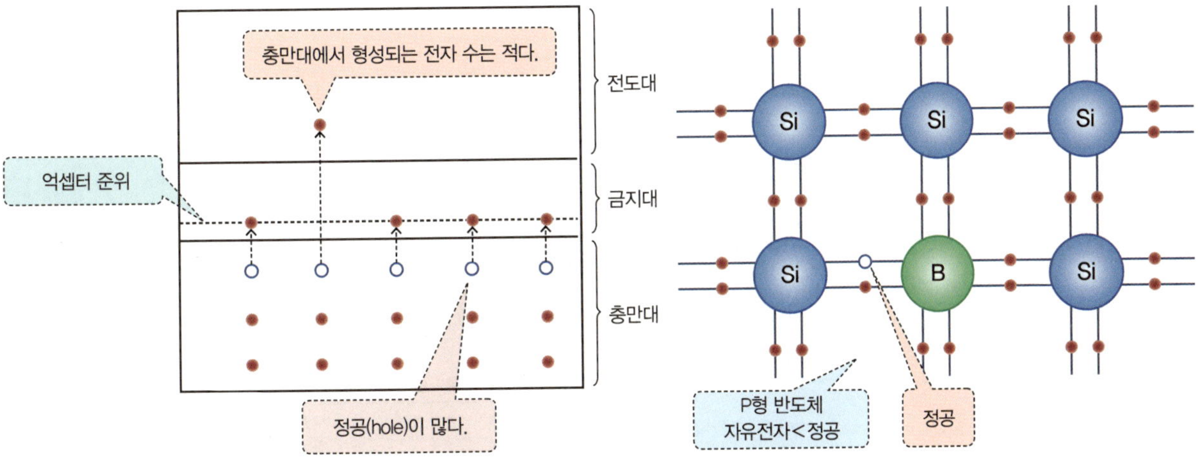

② **N형 반도체** : Si의 진성반도체 내에 가전자가 5가인 As(비소)나 P(인)을 첨가하면 가전자가 하나 남는(과잉) 상태가 된다. 자유전자보다 음의 전기를 가진 전자의 농도가 높은 것을 의미한다.

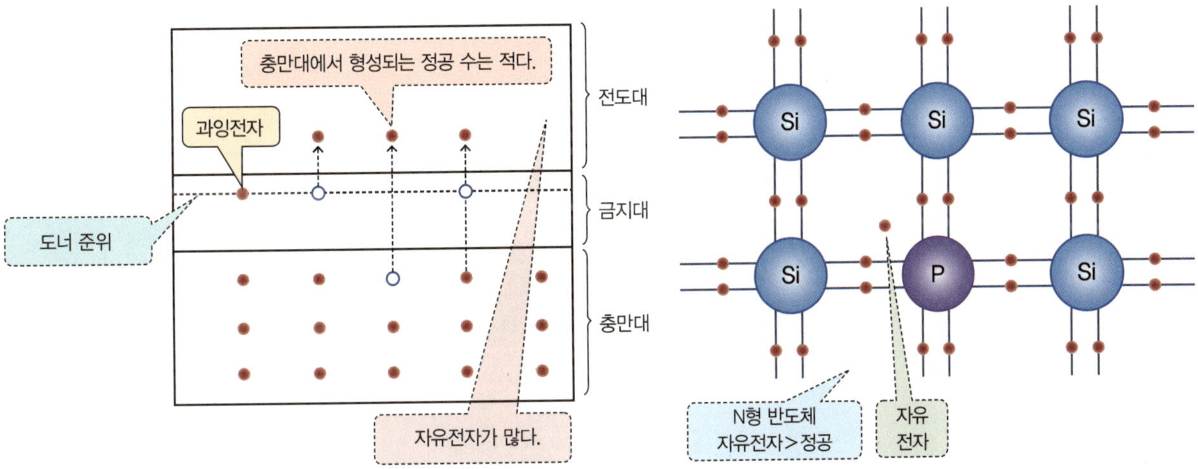

10) P-N 접합(P-N junction)

P형 반도체와 N형 반도체를 금속학적으로 접합한 것. 농도 차에 의해 P형의 정공과 N형의 전자는 확산하게 된다(P영역에는 정공, N영역에는 전자가 부족).

① **정방향 바이어스**(Forward bias) : P형에(+)전압과 N형에(-)전압을 걸어주는 것으로 P영역의 정공과 N영역의 전자가 중앙의 접합면 쪽으로 끌려온다(P영역에 걸린 양전하가 정공을 밀어내고, N영역에 걸린 음전하가 전자를 밀어낸다). 따라서, 공핍층(Depletion Layer)이 줄어들게 된다. 결국 접합면의 전위장벽이 줄어들고, 전기저항이 낮아져 전류가 흐르게 된다.

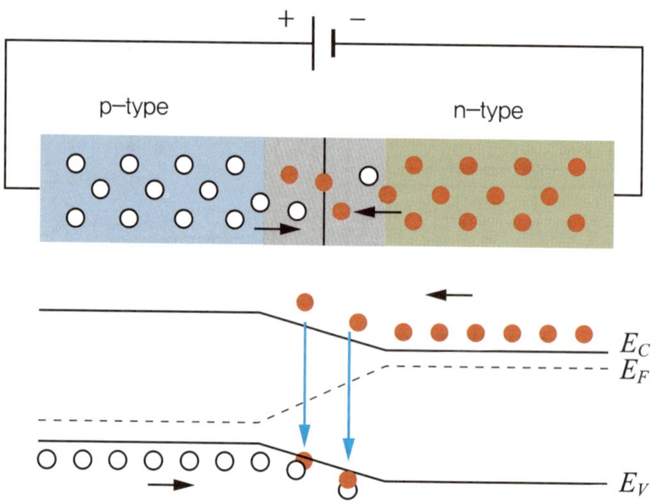

② **역방향 바이어스**(Reverse bias) : P형에(-)전압과 N형에(+)전압을 걸어주는 것으로 내부확산 전위장벽의 평형상태보다 높아져 캐리어들이 반대영역으로 움직일 수 없다. 결국, 전류가 흐르지 않는다(단, 높은 역방향 바이어스를 걸어주면 항복(Break Down)에 의해 역방향으로도 전류가 흐른다).

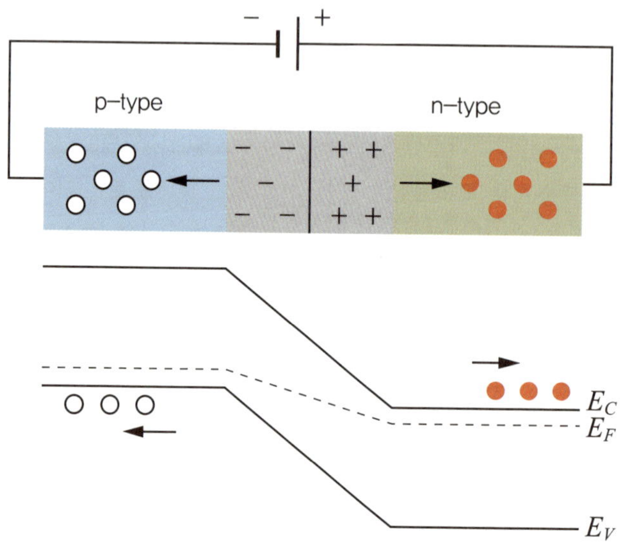

※ 공핍층(Depletion layer)

접합부의 좁은 영역에서 정공과 전자가 결합, 소멸하여 결핍한 영역이 발생하는 층(캐리어가 존재하지 않는 층). 공핍층 내의 +, - 이온 전하에 의해 양쪽 경계면에 내부전위장벽을 만들어 정공과 전자가 확산되는 것을 방지한다(전위장벽을 통과하기 위해서는 0.7V의 전압을 걸어 전기를 통과시킨다).

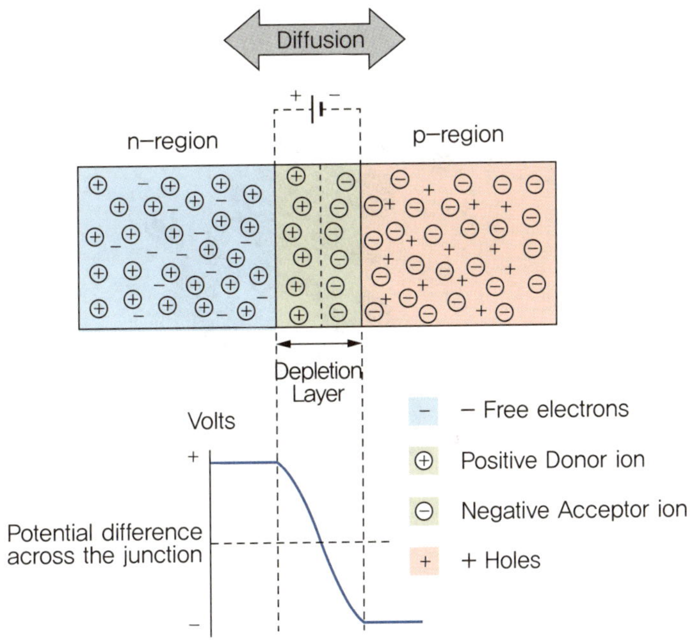

(4) 반도체 종류

1) 정류 다이오드(Rectifier diode)

PN접합으로 이루어진 기본적인 실리콘 다이오드로서 가장 중요한 기능인 한쪽으로 전류를 흐르게 하는 정류(整流) 작용이다. 전력제어 및 신호처리를 위해 역방향으로 전류를 흐르지 않게 한다.

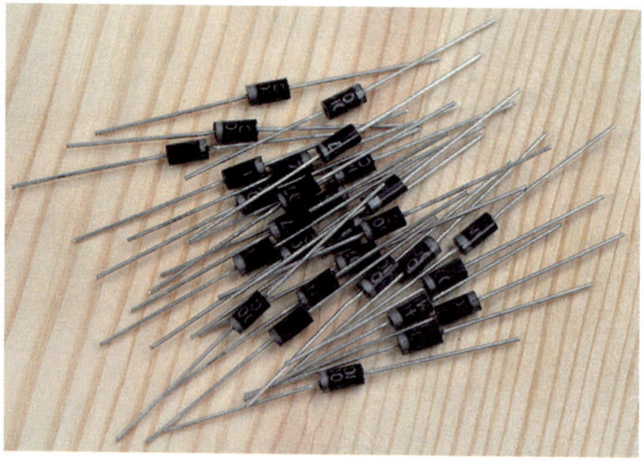

2) 정전압 다이오드(Zener diode)

불순물 농도를 높게 한 실리콘 다이오드에 역방향 바이어스 전압을 인가하면, 전압이 낮은 경우에는 역방향 전류는 거의 흐르지 않고, 어느 특정 전압이 걸리면 역방향으로 급격히 많은 전류가 흐르게 된다(제너 효과). 회로의 전압을 일정하게 유지하여 회로를 보호할 필요가 있는 회로에 주로 사용한다.

※ ZD 동작원리

일반 다이오드는 역방향으로 전압을 증가시키면 전압을 이기지 못하고 파괴된다(항복 : Break Down). 파손된 다이오드는 전류를 통과시키게 되어 불필요하다. 반면, 제너 다이오드는 항복 상태에서 파손되지 않아, 역방향으로 전압을 인가하여도 제너 전압을 넘어서면 전류를 통과시키고, 낮아지면 차단시킨다. 회로를 보호할 필요가 있는 회로에 병렬로 연결하여, 역방향 전압이 크게 들어오면, 전류를 바이패스시켜 과전류로부터 회로 또는 소자를 보호한다(단, 역방향 허용 최대 전류 값을 넘어서면 파괴되므로, 저항을 연결하여 전류를 제어한다).

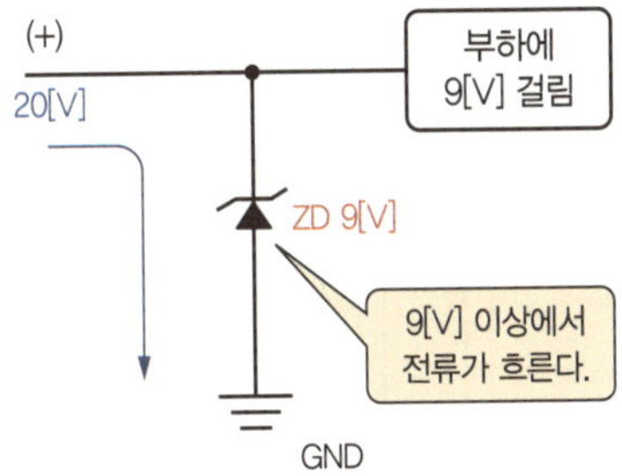

3) 발광 다이오드(LED, Light Emitting Diode)

반도체를 이용한 PN접합으로 이루어진 구조로 발광은 PN 접합에서 전자가 가지는 에너지가 직접 빛 에너지로 변환된다(열이나 운동 에너지 불필요). 전극으로부터 반도체에 주입된 전자와 정공은 PN 접합면을 넘어 재결합한다. 재결합 시, 상당한 에너지가 빛으로 방출된다. 역방향으로는 작동하지 않으며, 일반 다이오드보다 내압이 낮아 파괴된다(정류 작용 불가).

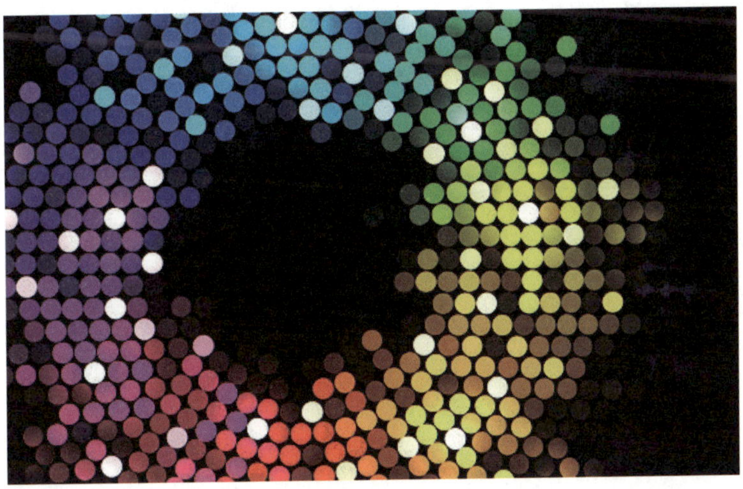

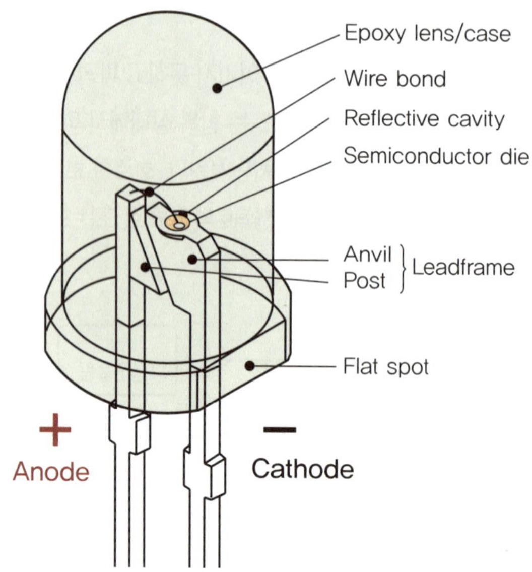
Epoxy lens/case
Wire bond
Reflective cavity
Semiconductor die
Anvil
Post
Leadframe
Flat spot
+
Anode
−
Cathode

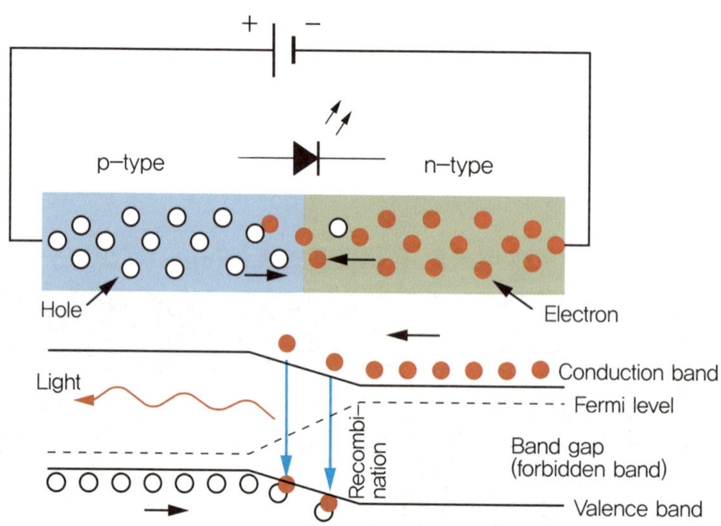
+
−
p–type
n–type
Hole
Electron
Light
Conduction band
Fermi level
Band gap
(forbidden band)
Recombi-
nation
Valence band

※ LED 사용상 주의점

① 정격 전압과 지정된 전류를 데이터 시트에서 확인할 것

② 정격 전류 및 전압을 고려하여 저항기와 직렬 연결해서 사용할 것

색상	구분	최소전압	최대전압	전류(일반)	전류(최대)
적	Red	1.8V	2.3V	20mA	50mA
등	Orange	2.0V	2.3V	30mA	50mA
황	Real Yellow	2.0V	2.8V	20mA	50mA
초	Emerald Green	1.8V	2.3V	20mA	50mA
초	Real Green	3.0V	3.6V	20mA	50mA
청	Sky Blue	3.4V	3.8V	20mA	50mA
청	Real Blue	3.4V	3.8V	20mA	50mA
자	Pink	3.4V	3.8V	20mA	50mA
백	White	3.4V	4.0V	20mA	50mA

4) 사이리스터(Thyristor)

실리콘 제어 정류기(SCR : Silicon Controlled Rectifier)로도 불리우며, 제어단자(G)로부터 음극(K)에 게이트 전류를 흘러주는 것에 의해 양극(A)에서 음극(K)로 도통시킬 수 있는 3단자 반도체 소자이다.(PNPN 4중 구조). P형 반도체로부터 게이트 단자를 내고 있는 것을 P게이트, N형 반도체로부터 게이트 단자를 내고 있는 것을 N게이트라 한다(PNP, NPN 트랜지스터를 조합). 최근에는 스위칭 주파수를 높게 얻을 수 있는 트랜지스터가 대두되고 있지만, 트랜지스터에 필적하는 스위칭 주파수를 가진 제품이나, 사이리스터의 특색인 큰 전력에도 견딜 수 있는 성능, 그리고 새로운 반도체 재료나 PIN접합으로 설계할 수 있는 등, 사이리스터의 매력은 크다. 게이트에 일정 전류를 통과시키면 양극과 음극이 도통(Turn on)한다. 정지(Turn off)시키기 위해서는, 전류를 일정치 이하로 해야 한다. 도통시키면 통과전류가 0이 될 때까지 도통 상태를 유지할 곳에 사용된다.(카메라의 스트로보 제어) 큰 전력을 제어할 경우 전류 0의 타이밍에 OFF가 되어 서지 방지가 우수하다.

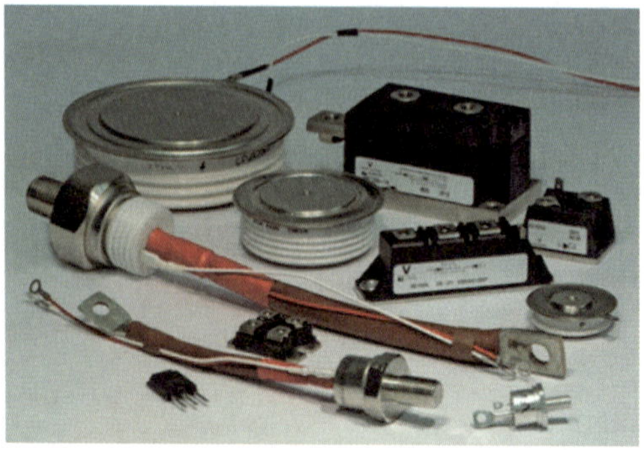

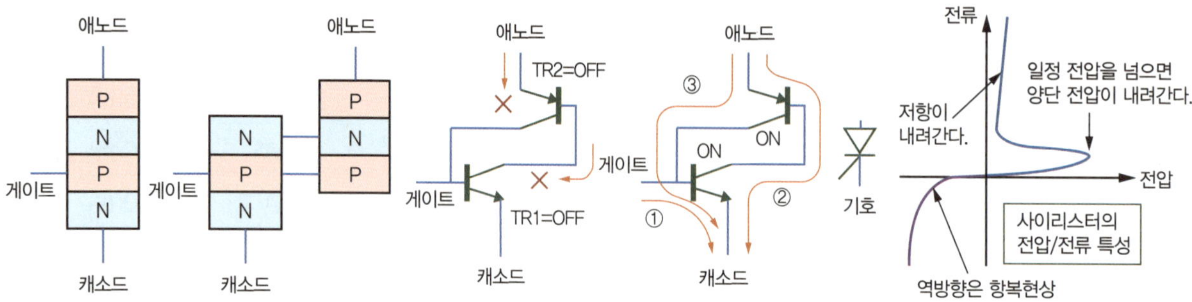

5) 트랜지스터(Transistor)

트랜지스터는 크게 접합형 트랜지스터(BJT : Bipolar Junction Transistors)와 전계효과 트랜지스터(FET : Field Effect Transistors)로 구분한다. 일반적으로 입력단, 공통단, 출력단으로 구성되어, 입력단과 공통단 사이에 전압(FET) 또는 전류(BJT)를 인가하면 공통단과 출력단 사이의 전기전도도가 증가하게 되고 이를 통해 그 들 사이의 전류 흐름을 제어한다. 아날로그, 디지털 회로에서 트랜지스터는 증폭기, 스위치, 논리회로, RAM 등을 구성하는 데 이용한다. N형과 P형 반도체가 P-N-P 또는 N-P-N의 접합구조를 가진 3단자 반도체로서, 전류증폭 및 스위칭 기능이 있다. 1970년대까지 게르마늄을 사용한 초기 트랜지스터는 제조가 간단해서 PNP형 TR이 많이 만들어졌다. 실리콘 TR이 주류가 되어, 고속 작동, 증폭률, 내전력 등의 특성이 우수한 NPN형 TR이 많이 사용된다.

※ 트랜지스터의 기능

① 증폭 작용 : E-B 사이에 작은 전류를 흘리면, E-C 사이에 그 몇 배의 전류를 흐르게 할 수 있다. E-B 사이의 작은 전류 변화가 E- C 사이의 전류에 커다란 변화가 되어 나타난다. E-B 사이의 전류를 입력 전류로 하여, E- C 사이의 전류를 출력 전류로 증폭작용을 얻을 수 있다. 콜렉터 전류(Ic)가 베이스 전류(Ib)의 몇 배가 되는지를 나타내는 직류전류 증폭률(Hfe)로 나타낸다.

② 스위칭 작용 : E-B 사이에 베이스 전류에 의해, E-C 사이에 보다 커다란 콜렉터 전류를 제어할 수 있는 구조를 이용한다. 베이스에 보내는 작은 신호에 의해 보다 커다란 전류를 제어할 수 있어, 릴레이 스위치 대신 이용하기도 한다. 일반적인 증폭작용과는 달리 직류전류 증폭률보다 작아도 사용된다(논리회로 등의 디지털 회로에 사용).

※ 트랜지스터의 종류

(1) 접합형 TR(BJT : Bipolar Junction Transistors)

① PNP형 TR : B와 C 사이에는 역방향 전압이 인가되어 전위 장벽이 높아 전류가 흐르지 않는다. E와 B 사이에는 정방향 전압이 걸려 있어 전위 장벽은 낮게 되어 있다. E의 p형에는 불순물 농도를 높게 하여 정공이 다수 발생하고 있다. B의 n형은 매우 얇아 불순물 농도가 낮아 전자는 극히 적다. E 내의 정공은 전위 장벽을 뛰어 넘어 확산에 따라 B로 이동하여 전자와 결합하여 소멸한다. 이 때의 소수의 전자는 전원의(-)극에서 계속 보급하므로 약한 B 전류가 흐른다. B의 전자와 결합하지 못한 E의 정공은 C의 전압에 의해 C로 이동하여 C 전류가 된다. E의 정공은 전원의(+)극에서 점차 보급되어 E 전류가 되어 대부분은 C 전류가 되고, B 전류가 되는 것은 극히 적다.

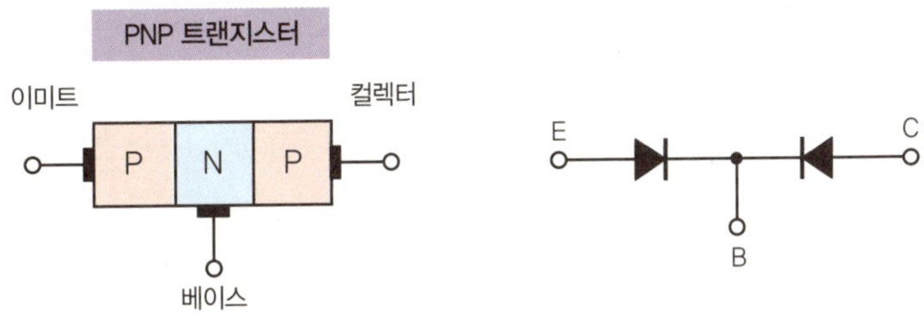

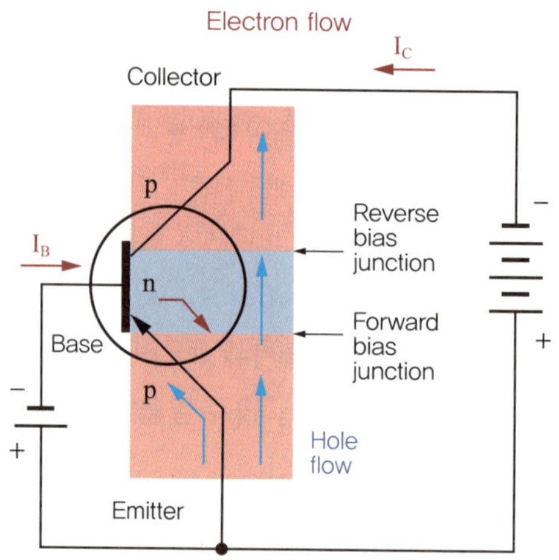

② NPN형 TR : C와 B 사이에 역방향 전압을 가하면 전위 장벽이 높아 전류는 거의 흐르지 않는다. E와 B에 정방향 전압을 가하면 전위 장벽은 낮아지고, E의 n형에서는 불순물의 농도를 높였기 때문에 전자가 많이 발생한다. B의 p형은 매우 얇기 때문에 불순물의 농도를 낮게 했으므로 정공이 적다. E 내의 전자는 전위 장벽을 뛰어 넘어 확산에 의해 B로 들어가 그 일부분의 B 정공과 결합하여 소멸한다. 이 소수의 정공은 전원의(+)극이 계속 보급하므로 약간의 B 전류가 된다. B의 정공과 결합하지 못한 E에서 온 전자는 C의 전압에 의해 C로 이동하여 C 전류가 된다. 통상 E 전류 중, 95~98%가 C 전류가 되고 나머지 2~5%가 B 전류가 된다.

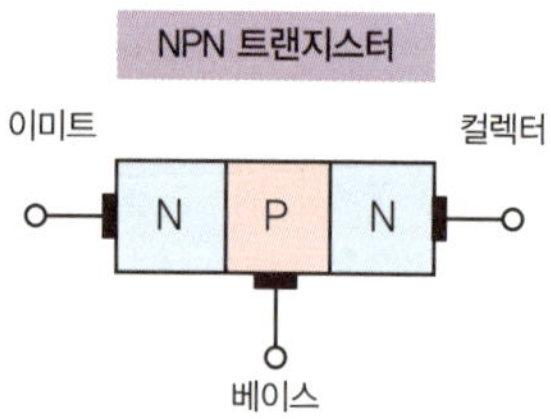

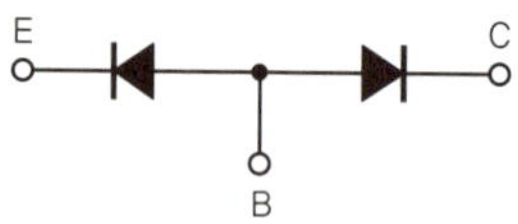

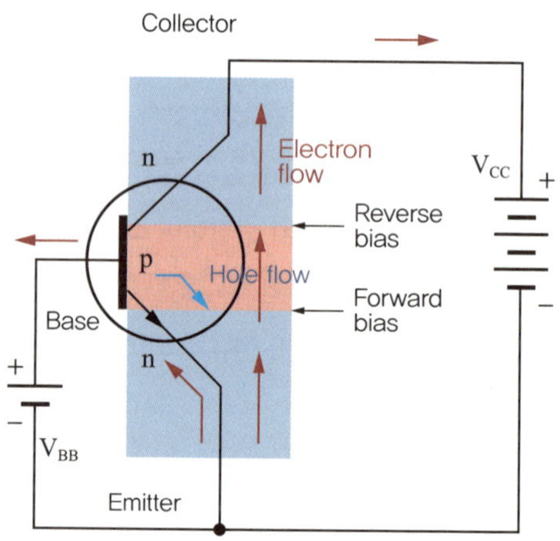

(2) 전계효과 TR(FET : Field Effect Transistors)

G(게이트), D(드레인), S(소스) 3개의 단자가 있고, G에 전압을 걸어 D, S 단자 사이에 전류를 제어하는 트랜지스터이다. BJT는 전자와 정공 2종의 캐리어의 움직임에 의해 동작하지만, FET는 전자 또는 정공 1종의 캐리어 움직임만으로 동작하는 유니 폴라 트랜지스터이다. FET는 주로 JFET(접합 FET)와 MOSFET로 구분된다.

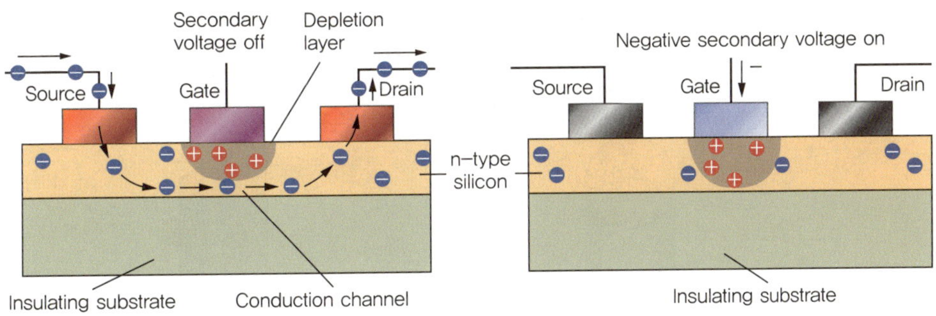

6) 서미스터(Thermistor)

전자부품으로 사용하기 쉬운 저항 값과 온도 특성을 가진 반도체 소자로서, 원료로는 크롬, 코발트, 망간, 니켈, 티탄 등의 산화물을 혼합하여 소결한 것이다. 일반 금속에서는 온도가 오르면 저항 값이 증가하는 것과는 반대로 온도가 오르면 저항 값이 감소하는 특성을 가지고 있다. 저항루프식 화재탐지기에서 센서로서 사용된다.

① NTC(Negative Temperature Coefficient) : **온도가 오르면 저항 값 감소.**

② PTC(Positive Temperature Coefficient) : **온도가 오르면 저항 값 증가.**(티탄산 바륨)

③ CTR(Critical Temperature Resistor) : **어떤 온도를 넘으면 저항 값 급격하게 감소.**

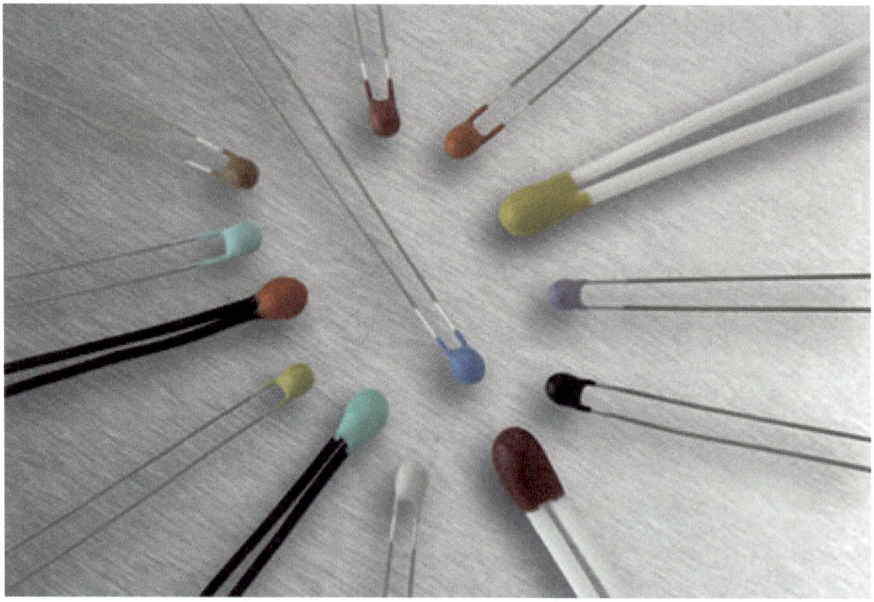

구슬형	칩형
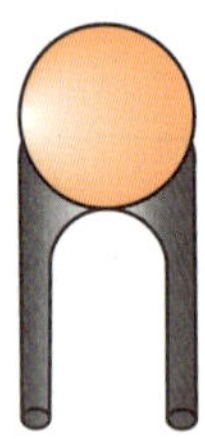	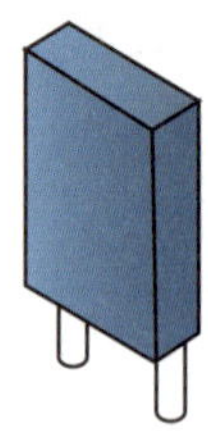
디스크형	막대형
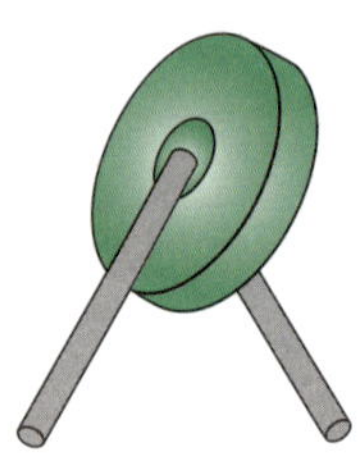	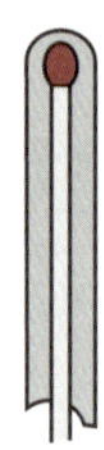

PART

6 능동소자 기출문제

1. 순수한 상태에서 부도체와 비슷한 특성을 보이지만, 불순물 첨가에 의해 전기전도도가 늘어나기도 하고 빛이나 열에너지에 의해 일시적으로 전기 전도성을 갖는 것은?

① 도체(Conductor)
② 절연체(Insulator)
③ 반도체(Semi-conductor)
④ 초전도체(Super-conductor)

정답 ③

풀이

① 도체(Conductor) : 전기 또는 열에 대한 저항이 매우 작아 전기나 열을 잘 전달하는 물체이다. 은, 구리, 알루미늄 등이 있으며, 전도체라고 한다. 자유전자에 의해 전기가 전도 되는데, 일반적으로 온도가 높아지면 전기를 잘 전달하지 못하고, 온도가 낮아질수록 잘 전달한다.

② 절연체(Insulator) : 전기 또는 열에 대한 저항이 매우 커서 전기나 열을 잘 전달하지 못하는 물체이다. 나무, 유리, 고무 등이 있으며, 부도체라고 한다. 실제로는 매우 적은 양의 열이나 전기를 전달한다. 고온이나 강한 자기장을 가하거나 불순물을 첨가하면 부도체도 전기를 전달할 수 있다.

③ 반도체(Semi-conductor) : 전기가 잘 통하는 도체와 통하지 않는 절연체의 중간적인 성질을 나타내는 물질이다. 반도체는 순수한 상태에서 부도체와 비슷한 특성을 보이지만, 불순물 첨가에 의해 전기전도도가 늘어나기도 하고 빛이나 열에너지에 의해 일시적으로 전기 전도성을 갖는다. 현재는 실리콘에 3족의 붕소(B)나 5족의 인(P) 등을 첨가하여 사용한다.

④ 초전도체(Super-conductor) : 도체의 경우, 온도가 증가하면 전기저항 역시 증가하여 전기가 잘 흐르지 않고, 온도를 감소시키면 저항이 작아져 전도가 잘 일어난다. 즉, 매우 낮은 온도에서 전기저항이 0에 가까워지는 초전도 현상이 나타나는 도체이다. 내부에는 자기장이 들어갈 수 없고 내부에 있던 자기장도 밖으로 밀어내는 성질이 있다.

2. 역방향 바이어스 전압을 인가하면, 전압이 낮은 경우에는 역방향 전류는 거의 흐르지 않고, 어느 특정 전압이 걸리면 역방향으로 급격히 많은 전류가 흐르게 되어, 회로의 전압을 일정하게 유지하여 회로를 보호해주는 소자는?

① 정류 다이오드(Rectifier diode)
② 정전압 다이오드(Zener diode)
③ 발광 다이오드(LED, Light Emitting Diode)
④ 사이리스터(Thyristor)

정답 ②

풀이

정류 다이오드(Rectifier diode)는 역방향으로 전압을 증가시키면 전압을 이기지 못하고 파괴된다.(항복 : Break down) 파손된 다이오드는 전류를 통과시키게 되어 불필요하다. 반면, 제너 다이오드는 항복 상태에서 파손되지 않아, 역방향으로 전압을 인가하여도 제너 전압을 넘어서면 전류를 통과시키고, 낮아지면 차단시킨다. 회로를 보호할 필요가 있는 회로에 병렬로 연결하여, 역방향 전압이 크게 들어오면, 전류를 바이패스 시켜 과전류로부터 회로 또는 소자를 보호한다.(단, 역방향 허용 최대 전류 값을 넘어서면 파괴되므로, 저항을 연결하여 전류를 제어한다.)

3. 제어단자(G)로부터 음극(K)에 게이트 전류를 흘려주는 것에 의해 양극(A)에서 음극(K)로 도통시킬 수 있는 PNPN 4중 구조의 3단자 반도체 소자는?

① Light emitting diode
② Field Effect transistors
③ Bipolar junction transistors
④ Thyristor

정답 ④

풀이

실리콘 제어 정류기(SCR : Silicon Controlled Rectifier) : 제어단자(G)로부터 음극(K)에 게이트 전류를 흘려주는 것에 의해 양극(A)에서 음극(K)로 도통시킬 수 있는 3단자 반도체 소자이다.(PNPN 4중 구조). P형 반도체로부터 게이트 단자를 내고 있는 것을 P게이트, N형 반도체로부터 게이트 단자를 내고 있는 것을 N게이트라 한다. 최근에는 스위칭 주파수를 높게 얻을 수 있는 트랜지스터가 대두되고 있지만, 트랜지스터에 필적하는 스위칭 주파수를 가진 제품이나, 사이리스터의 특색인 큰 전력에도 견딜 수 있는 성능, 그리고 새로운 반도체 재료나 PIN접합으로 설계할 수 있는 등, 사이리스터의 장점은 크다.

4. 이중 접합 트랜지스터(Bipolar junction transistors)의 주요 기능은?

① 증폭 및 스위칭 기능

② 정전 차폐 기능

③ 상호 유도 기능

④ 정전압 유지 기능

정답 ①

풀이

① 증폭 작용 : E-B 사이에 작은 전류를 흘리면, E-C 사이에 그 몇 배의 전류를 흐르게 할 수 있다. E-B 사이의 작은 전류 변화가 E-C 사이의 전류에 커다란 변화가 되어 나타난다. E-B 사이의 전류를 입력 전류로 하여, E-C 사이의 전류를 출력 전류로 증폭작용을 얻을 수 있다. 콜렉터 전류(IC)가 베이스 전류(IB)의 몇 배가 되는지를 나타내는 직류전류 증폭률(HFE)로 나타낸다.

② 스위칭 작용 : E-B 사이에 베이스 전류에 의해, E-C 사이에 보다 커다란 콜렉터 전류를 제어할 수 있는 구조를 이용한다. 베이스에 보내는 작은 신호에 의해 보다 커다란 전류를 제어할 수 있어, 릴레이 스위치 대신 이용하기도 한다. 일반적인 증폭작용과는 달리 직류전류 증폭률보다 작아도 사용된다.(논리회로 등의 디지털 회로에 사용)

5. Thermister의 설명으로 바른 것은?

① 온도가 증가하면 저항이 증가한다.

② 온도가 증가하면 저항이 감소한다.

③ 온도가 증가하면 저항이 증가했다가 감소한다.

④ 온도와 아무런 관계가 없다.

정답 ②

풀이

서미스터(Thermister) : 반도체의 일종으로 전기 저항이 온도의 상승에 따라, 현저하게 감소하는 회로용 소자. 니켈(Ni), 코발트(Co), 망간(Mn), 철(Fe), 구리(Cu) 등의 산화물을 소결해 만든 것. 도체와 절연물의 중간의 저항을 갖는다. 온도의 측정, 제어, 계측기의 온도 보상

6. 온도 보상용으로 쓰일 수 있는 소자로 가장 적합한 것은?

① 바리스터(Varistor)

② 서미스터(Thermister)

③ 제너다이오드(Zener diode)

④ 바렉터다이오드(Varactor diode)

정답 ②

풀이

① 바리스터(Varistor) : 배리어블 레지스터(Variable resistor)로, 양 끝에 가해지는 전압에 의해서 저항값이 변하는 비선형(非線形) 반도체 저항소자이다. 전압이 지나치게 클 때 상당히 증가된 전류를 전도하는 역할을 한다.

② 서미스터(Thermister) : 반도체의 일종으로 전기 저항이 온도의 상승에 따라, 현저하게 감소하는 회로용 소자. 니켈(Ni), 코발트(Co), 망간(Mn), 철(Fe), 구리(Cu) 등의 산화물을 소결해 만든 것. 도체와 절연물의 중간의 저항을 갖는다. 온도의 측정, 제어, 계측기의 온도 보상.

③ 제너다이오드(Zener diode) : 실리콘 다이오드의 일종. 전자 사태 항복 영역에서 역전압의 한정된 좁은 범위에서 역전류가 급격하게 증가한다. 다이오드를 흐르는 역전류가 어느 정도 변화하여도 다이오드 전압은 거의 일정하게 유지되므로 전압 기준 장치로 이용된다.

④ 바렉터다이오드(Varactor diode) : 가변용량다이오드로, pn접합의 장벽 용량에 가하는 역방향 전압의 크기에 따라서 공핍층의 두께를 변화시켜 정전 용량의 값을 가감하는 것. 정전 용량값의 전압 의존성은 접합 부근의 불순물 농도 분포에 따라 결정된다.

Memo

PART

7

Logic circuit

논리회로

7. 논리회로(Logic circuit)

디지털 회로를 구성하는 가장 기본적인 요소로, 하나 이상의 이진 입력 값에 대해 논리 연산을 수행하여 논리적 출력 값을 얻도록 하는 불 대수(Boolean algebra, 논리 대수)를 구현한 물리적 장치이다. 경우에 따라서 논리 게이트와 혼용하여 사용한다. 불 대수는 인간의 지식, 사고 및 논리 등을 수학적으로 표현하는 방법으로 OR(논리합), AND(논리곱), NOT(부정), NAND(부정논리곱), NOR(부정논리합) 등을 0과 1을 사용하여 나타낸다. 이를 디지털 회로 설계 및 분석에 활용할 수 있는데, 참(ON; 1)과 거짓(OFF; 0)을 표현하는 것일 뿐 실체 수치 표현과는 다른 의미이므로 수량은 나타낼 수는 없다.

(1) 아날로그와 디지털의 차이

1) 아날로그(Analog)

시간의 변화에 따라 연속적으로 변화하여 얼마든지 순간 상태값을 지시할 수 있는 형태로서 이때 상태값과 지시값을 서로 일치시킬 수 있다. 통상적으로 자연계에 존재하는 전기적 신호 내지는 인위적으로 만든 각종 센서가 감지한 물리량, 화학량, 전기량 등을 신호 처리한 결과가 아날로그 파형으로 검출된다. 자연계에는 아날로그만이 존재한다. 일상에서 얻어지는 수많은 양의 데이터를 읽고 처리해야 한다. 오차 또는 불량 데이터도 포함하게 되면 오작동으로 인해 이상이 발생한다. 따라서 컴퓨터의 입장에서 아날로그 신호의 처리는 매우 어렵게 되어 고난도의 하드웨어와 소프트웨어가 필요하게 된다.

2) 디지털(Digital)

전압의 변화가 시간의 변화에 따라 계단형식의 값을 취하는 회로로서 전기의 흐름의 유무에 따라 ON, OFF 또는 0, 1의 조합으로 처리하며 이를 2진법으로 표시하여 로직(IC)회로에 입력되면 입력신호에 따라 디지털 출력이 나오게 되고, 디지털 신호를 증폭하여 논리회로로 입력되어 처리되므로 디지털 계기를 사용하면 판독이 용이하다. 디지털 측정값은 저장이 가능하여 각종 제어회로를 쉽게 제어할 수 있어 많이 이용하고 있다. 디지털은 낮은 값과 높은 값 사이만 유지하므로 아날로그에 비해 신호처리가 단순화하여 약간의 불량 신호에도 영향을 미치지 않는다.

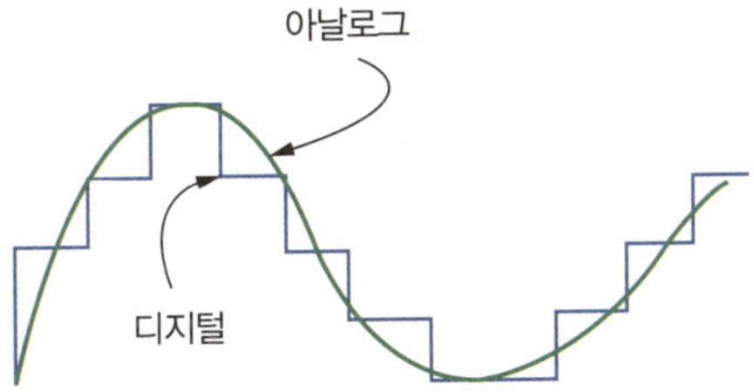

※ 잡음여유(Noise Immunity)

TTL이나 C-MOS는 입력과 출력 전압 사이에 차이가 있다. 입력과 출력 신호가 HIGH(1)가 되었던 LOW(0)가 되었던, 입력과 출력 사이 생기는 차이를 잡음여유라고 한다. TTL이나 C-MOS를 통과한 신호가 다음 IC나 소자의 입력으로 들어가는데, 이 때 잡음이 발생하게 된다. 잡음은 출력의 LOW 신호를 높이거나 HIGH 신호를 낮추게 되는데, 다음 IC나 소자로 신호가 입력되더라도 잘못된 신호가 들어가게 되고 회로가 이상 작동을 하게 된다. 이를 방지하기 위해 입력의 LOW 신호는 출력 시 더 낮추어 출력하게 되며, 입력의 HIGH 신호는 출력 시 더 높여서 출력시켜 주게 된다. 잡음여유가 큰 소자는 회로를 더욱 더 안정되게 만든다. 잡음여유라는 특징은 아날로그에 대한 디지털 회로의 커다란 특징이자 장점이다.

※ A/D & D/A Converter

아날로그 신호를 디지털 신호로 변환 또는 디지털 신호를 아날로그 신호로 변환하는 장치이다.

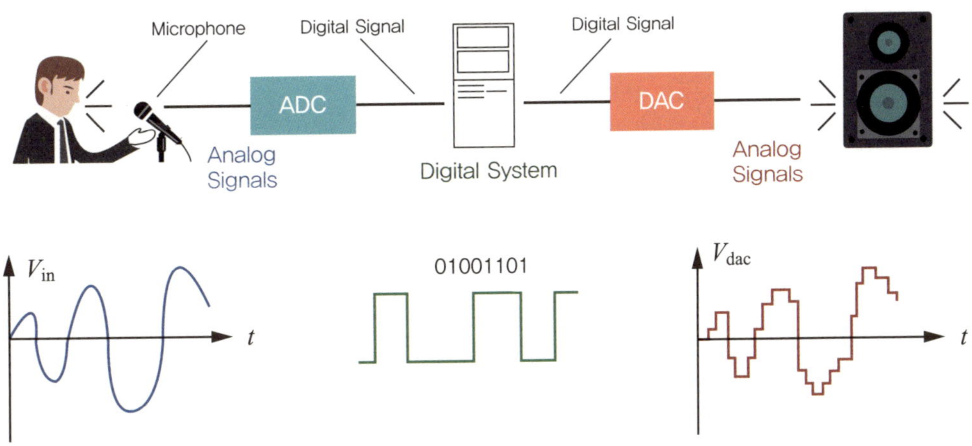

① **10진법** : 한자리의 수가 0부터 9로 증가하여 10으로 될 때마다 자리올림하여 표시하는 방법이다.

② **2진법** : 한자리의 수가 0부터 1로 증가하여 2가 될 때마다 자리올림하여 표시하는 방법이다.

③ **2개의 전압단계를 사용** : 반도체가 작동하기 어려운 전압레벨을 0.8[V] 이하로 하였고, 충분히 작동될 수 있는 전압을 2.5[V]로 정하여 이 두 전압 레벨을 가지고 0과 1이라고 정의한다. 0.8[V]에서 2.5[V] 사이의 전압을 Threshold Voltage(문턱 전압)이라 한다.

④ **BCD**(Binary-Coded Decimal) : 십진수를 이진코드로 표기한 것이다.

Decimal	Binary	Hexadecimal
0	0000	0
1	0001	1
2	0010	2
3	0011	3
4	0100	4
5	0101	5
6	0110	6
7	0111	7
8	1000	8
9	1001	9
10	1010	A
11	1011	B
12	1100	C
13	1101	D
14	1110	E
15	1111	F

⑤ **비트**(Bit) : 2진수의 각 자리를 말하며, 0과 1로 표현한다. 4자리면 4비트로 「0000」부터 「1111」까지 16종류의 숫자를 처리할 수 있고, 8자리면 8비트로 「00000000」부터 「11111111」까지 256종류의 숫자를 처리할 수 있는 컴퓨터이다.

⑥ **바이트**(Byte) : 1비트가 8자리 모인 8비트를 1바이트라 한다.

Decimal	Binary	Hexadecimal
0	0000 0000	00
1	0000 0001	01
2	0000 0010	02
3	0000 0011	03
4	0000 0100	04
5	0000 0101	05
6	0000 0110	06
7	0000 0111	07
8	0000 1000	08
10	0000 1010	0A
15	0000 1111	0F
16	0001 0000	10
32	0010 0000	20
64	0100 0000	40
128	1000 0000	80
192	1100 0000	C0
202	1100 1010	CA
240	1111 0000	F0
255	1111 1111	FF

(2) 집적회로(Integrated circuit)

다이오드, 트랜지스터, 저항기, 캐패시터 등을 하나의 실리콘 결정의 기판에 회로를 집적한 것이다. 몇 개에서 수천 개의 트랜지스터를 가로, 세로 몇 mm인 실리콘 칩 위에 형성한 것이며, 세라믹이나 플라스틱의 패키지 속에 들어 있다. HIGH와 LOW의 2가지 전기신호를 취급하여 이 2개의 레벨 사이를 스위칭하는 기능을 갖는다.

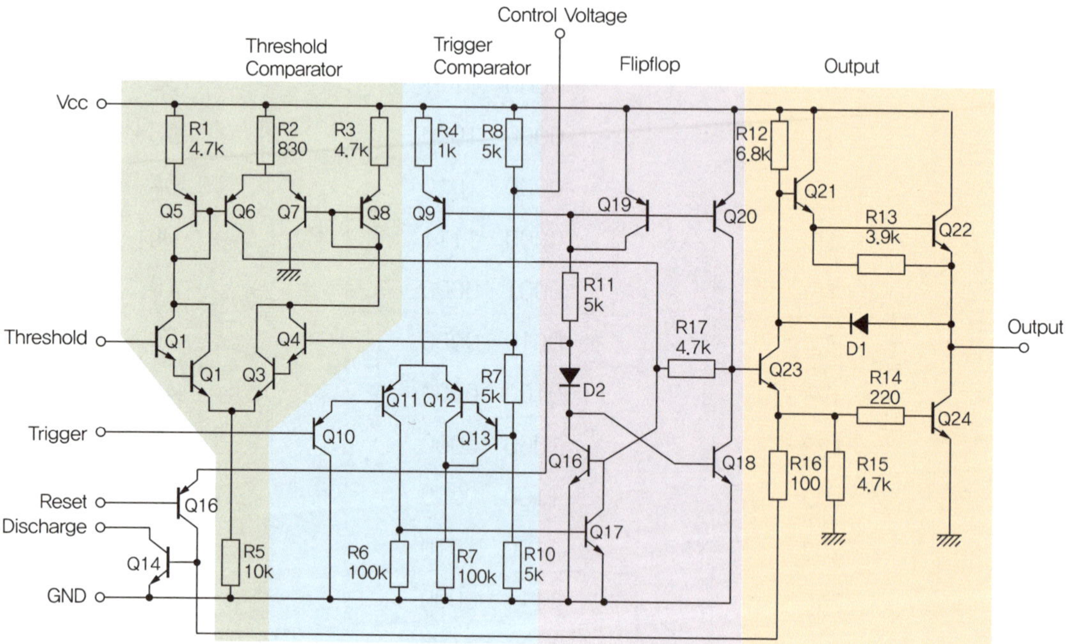

1) IC의 특징

① **장점** : 고장이 적고, 신뢰성이 좋고, IC의 대량 생산에 의해 가격이 저렴하고, 회로의 소형화 및 경량화가 가능하고, 신호전달을 고속화 할 수 있으며, 소비전력이 적다.

② **단점** : 열에 약하므로 작동온도가 약 30~80[℃] 정도이며, 용량이 큰 캐패시터는 IC화가 곤란하다.

2) IC pin map

보통 6개 내지 8개의 핀을 갖고 있다. 핀은 IC의 내부와 외부회로를 전기적으로 연결하기 위한 것이며, 한 개 한 개를 틀림없이 구별하여 정확하게 접속하기 위해서는 어떤 일정한 룰에 따라 이들 핀에 정리 번호를 붙인다. 핀 번호를 붙이는 방법은 IC를 위에서 볼 때, 표시가 있는 곳에서 반시계 방향으로 나열되어 있다.

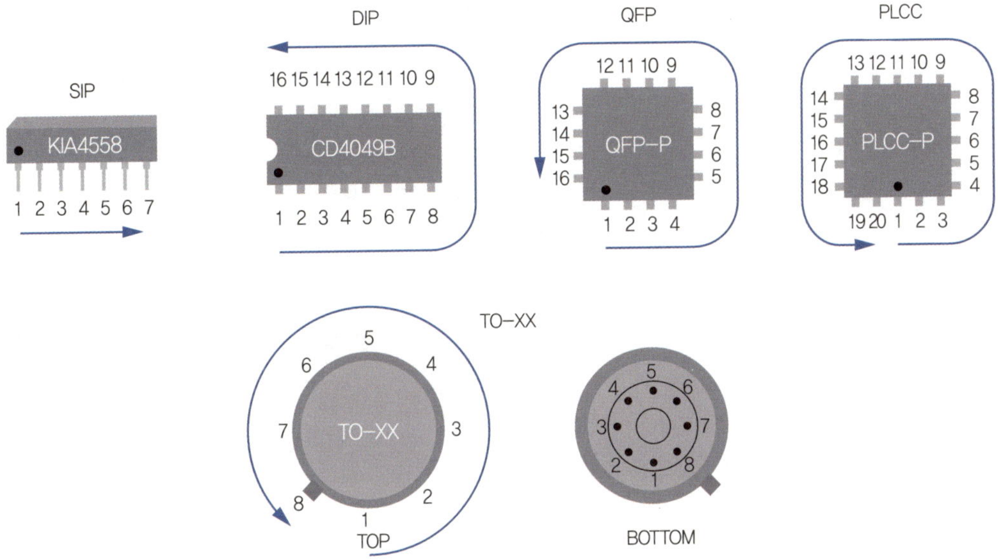

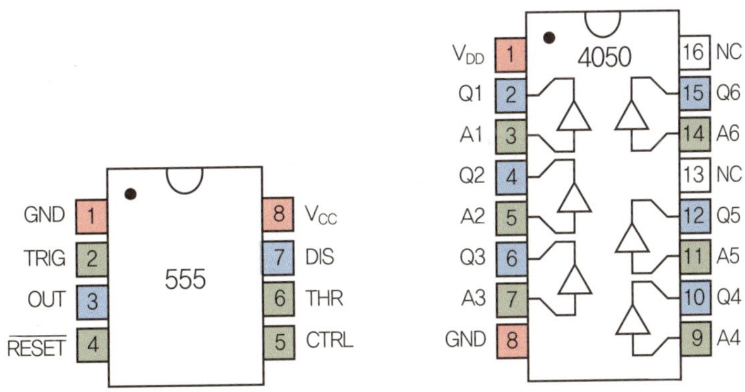

(3) 논리 대수(Logic algebra)

디지털 컴퓨터는 ON/OFF 유형의 동작 신뢰성을 가진 시스템이다. 컴퓨터 내부에서 여러 유형의 트랜지스터들이 ON/OFF 됨으로써 마치 스위치처럼 동작하게 된다. 컴퓨터에 의해 수행되는 많은 기능들은 논리게이트(Logic gate)라 불리는 상호 연결된 많은 스위치에 의해 수행된다. 이러한 상호연결들은 논리규칙들을 수행하기 위해 설계되어지며, 원하는 계산들이 실행된다. 많은 ON/ OFF소자를 포함한 시스템의 논리적 분석을 위한 수학적 표기를 불 대수(Boolean algebra)라 한다.

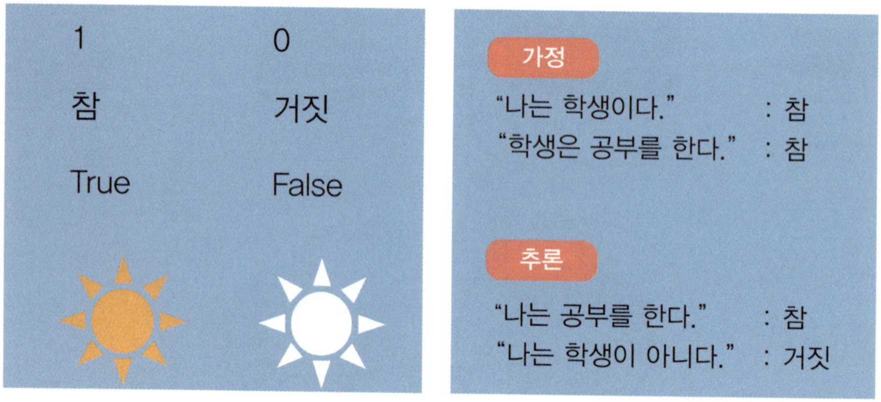

(4) 논리 회로(Logic circuit)

항공기에서 밸브의 개폐, 스위치의 ON/OFF, 모터의 회전/정지 등을 0과 1의 2개의 값으로 표시하는 것을 논리라고 한다. 기본 논리회로에는 AND회로, OR회로, NOT회로의 3개의 기본회로와 NAND회로, NOR회로가 있다.

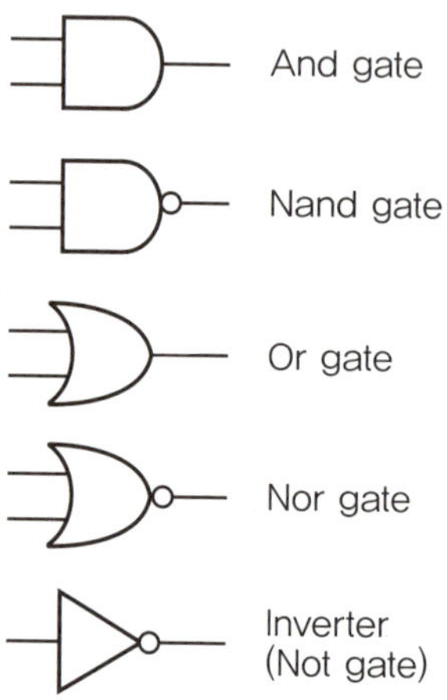

AIRCRAFT LOGIC CIRCUIT

LANDING GEAR WARNING CIRCUIT

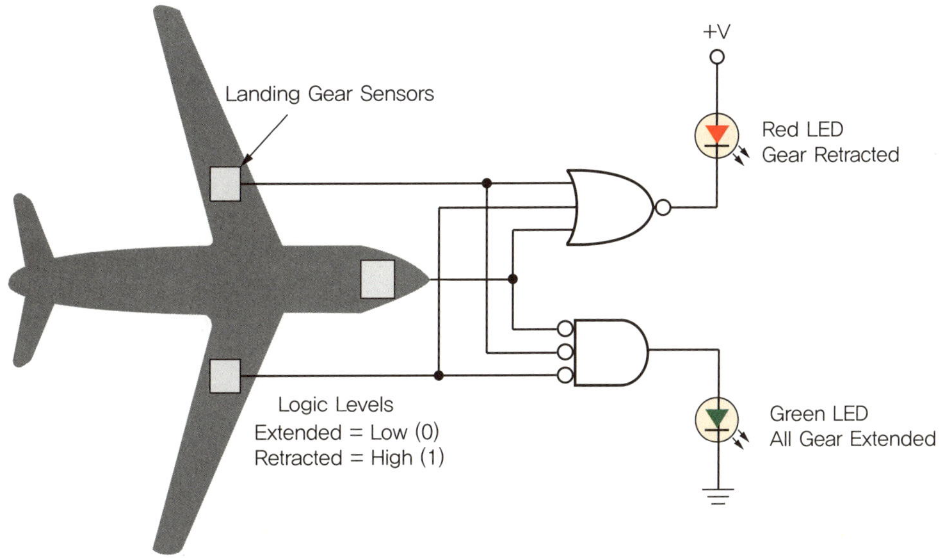

1) AND 회로(논리곱)

입력신호 A와 B 양쪽 모두 1의 신호로 되었을 때, 출력에 1의 신호로 되는 회로이다.

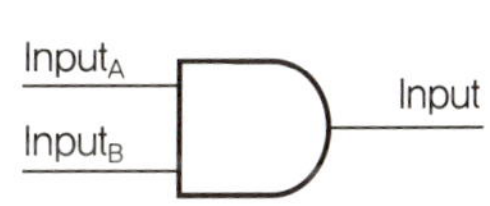

The AND gate

Input		Output
A	B	
0	0	0
0	1	0
1	0	0
1	1	1

2) OR 회로(논리합)

입력신호 A와 B 어느 한쪽이 1의 신호로 되었을 때, 출력에 1의 신호로 되는 회로이다.

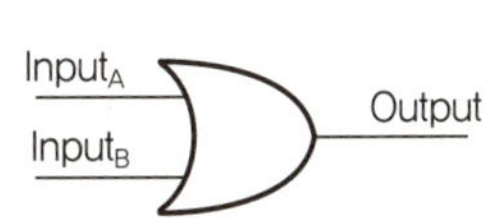

The OR gate

Input		Output
A	B	
0	0	0
0	1	1
1	0	1
1	1	1

3) NOT 회로(부정)

입력신호가 0이면 출력에 1의 신호가 되고, 1이면 출력에 0의 신호가 되는 회로이다.

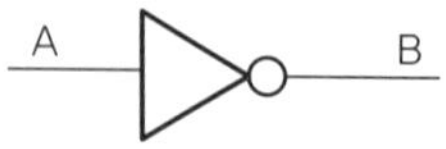

The NOT gate

Input	output
A	B
1	0
0	1

4) NAND 회로(논리곱 부정)

AND회로와 반대로 출력 신호가 되는 회로이다.

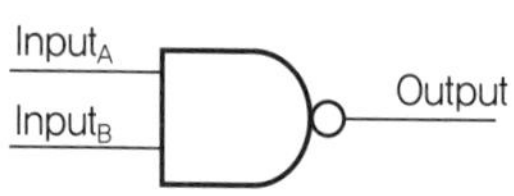

The NAND gate

Input		Output
A	B	
0	0	1
0	1	1
1	0	1
1	1	0

5) NOR 회로(논리합 부정)

OR회로와 반대로 출력 신호가 되는 회로이다.

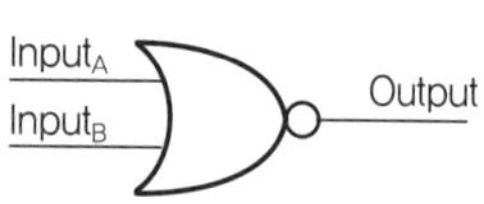

Input		Output
A	B	
0	0	1
0	1	0
1	0	0
1	1	0

6) XOR 회로(배타적 논리합)

Exclusive OR gate의 줄임말로 OR 게이트와 동일하게 작동하지만, 입력값이 동일한 경우에는 1을 출력하지 않는다는 의미이다. 입력값이 서로 다르면 1을 출력하고, 같으면 0을 출력한다.

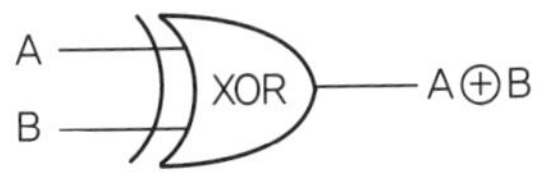

Input		Output
A	B	
0	0	0
0	1	1
1	0	1
1	1	0

7) XNOR 회로(배타적 논리합 부정)

XOR gate 뒤에 NOT gate를 붙여 출력값이 정반대가 된다. 입력값이 동일하면 1을 출력하고, 다르면 0을 출력하므로, 비교 게이트나 일치 확인 게이트라고도 불린다.

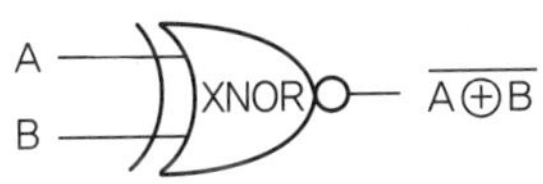

Input		Output
A	B	
0	0	1
0	1	0
1	0	0
1	1	1

PART 7

논리회로 기출문제

1. 제시된 회로도에서 S/W1과 2를 모두 ON을 하면, LAMP가 ON이 되는데, 어떤 조건식을 갖는 회로도인가?

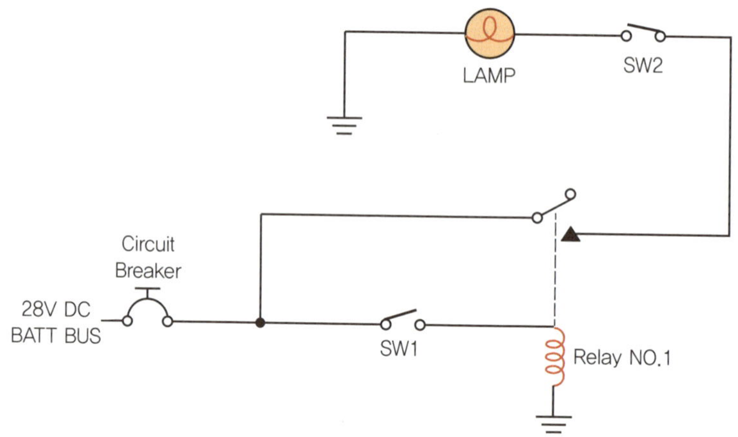

① AND gate circuit
② OR gate circuit
③ NAND gate circuit
④ NOR gate circuit

정답 ①

풀이

① S/W 1과 S/W 2를 ON시키면, LAMP는 ON 되어야 한다.
- BATTERY BUS에서 전원이 공급되어 RELAY의 COM 접점과 S/W 1으로 전류가 흐른다.
- S/W 1을 ON으로 하면, RELAY의 COIL에서 GRD로 전류가 흘러 RELAY는 동작하게 된다.
- 동작된 RELAY의 COM과 NO 접점을 통해 S/W 2로 전류가 흐른다.
- S/W 2를 ON으로 하면, LAMP를 통해 GRD로 전류가 흘러 ON 상태가 된다.

② S/W 1 또는 S/W 2를 OFF 시키면, LAMP는 OFF 되어야 한다.
- BATTERY BUS에서 전원이 공급되어 RELAY 의 COM 접점과 S/W 1으로 전류가 흐른다.
- S/W 1을 OFF로 하면, RELAY의 COIL에서 GRD로 전류가 흐르지 않아 RELAY는 동작하지 않게 된다.
- 동작되지 않아 RELAY의 COM과 NC 접점이 연결되어 있어 S/W 2로 전류가 흐르지 않는다.

- 반대로, S/W 2를 OFF로 하면, LAMP를 통해 GRD로 전류가 흐르지 않아 OFF 상태가 된다.

③ 회로차단기를 OFF 시키면, LAMP는 OFF 되어야 한다.

- BATTERY BUS로부터 메인 전원이 공급되고 있는 C/B를 OFF하면, 회로 전체에 전류가 흐르지 않아 모두 OFF 상태가 된다.

따라서, 2개의 조건을 모두 만족해야 결과가 나오는 AND 회로가 된다.

2. 제시된 회로도에서 S/W1 또는 2를 ON하거나 모두 ON을 하면, LAMP가 ON이 되는데, 어떤 조건식을 갖는 회로도인가?

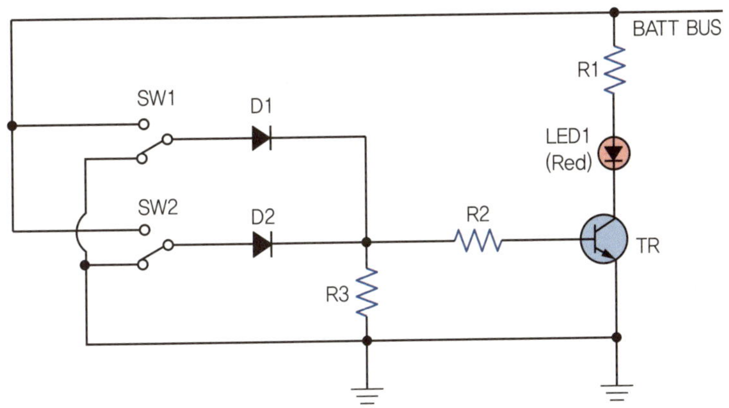

① NOT gate circuit

② XOR gate circuit

③ OR gate circuit

④ NOR gate circuit

정답 ③

풀이

① S/W 1과 S/W 2를 ON시키면, LED는 ON되어야 한다.

- BATTERY BUS에서 전원이 공급되어, R 1과 S/W 1, 2로 분기되어 전류가 흐른다.
- R 1은 LED를 지나 TR(NPN)의 COLLECTOR 접점으로 흐른다.
- S/W 1, 2를 모두 ON으로 하면, COM 접점에서 DIODE 1, 2를 통해, 분기되어 R 2, 3에 흐른다.
- R 2를 통해 TR의 BASE 접점으로 흐르게 되면, COLLECTOR에서 EMITTER로 전류가 흐르게 된다.
- R 3와 EMITTER를 통해 나온 전류는 GRD로 흘러 LED는 ON 상태가 된다.

② S/W 1 또는 S/W 2를 ON 시키면, LED는 ON 되어야 한다.

- BATTERY BUS에서 전원이 공급되어, R 1과 S/W 1, 2로 분기되어 전류가 흐른다.
- R 1은 LED를 지나 TR(NPN)의 COLLECTOR 접점으로 흐른다.
- S/W 1을 ON, S/W 2를 OFF로 하면, COM 접점에서 DIODE 1을 통해, 분기되어 R 2, 3에 흐른다.
- R 2를 통해 TR의 BASE 접점으로 흐르게 되면, COLLECTOR에서 EMITTER로 전류가 흐르게 된다.
- R 3와 EMITTER를 통해 나온 전류는 GRD로 흘러 LED는 ON 상태가 된다.
- S/W 1을 OFF, S/W 2를 ON으로 하면, COM 접점에서 DIODE 2를 통해, 분기되어 R 2, 3에 흐른다.
- R 2를 통해 TR의 BASE 접점으로 흐르게 되면, COLLECTOR에서 EMITTER로 전류가 흐르게 된다.
- R 3와 EMITTER를 통해 나온 전류는 GRD로 흘러 LED는 ON 상태가 된다.

③ S/W 1과 S/W 2를 OFF 시키면, LED는 OFF되어야 한다.

- BATTERY BUS에서 전원이 공급되어, R 1과 S/W 1, 2로 분기되어 전류가 흐른다.
- R 1은 LED를 지나 TR(NPN)의 COLLECTOR 접점으로 흐른다.
- S/W 1, 2를 모두 OFF로 하면, COM 접점으로 전류가 흐르지 않아, R 2를 통해 TR의 BASE 접점으로 흐르지 않게 되어, COLLECTOR에서 EMITTER로 전류가 흐르지 않는다. 전류는 GRD로 흐르지 않아 LED는 OFF 상태가 된다.

따라서, 2개의 조건 중 어느 하나라도 만족하면 결과가 나오는 OR 회로가 된다.

Memo

PART 8

Measuring device

측정기기

8. 측정기기(Measuring device)

(1) 직류측정계기

1) 전류계(Ammeter)

전원을 인가한 상태에서 부하에 직렬로 연결하여 전류를 측정한다. 전류계의 감도보다 큰 전류를 측정하려면 션트저항(분류기)을 전류계에 병렬로 연결하여 대부분의 전류를 션트저항으로 흐르게 하고, 전류계에는 감도보다 적은 전류가 흐르게 한다.

※ 감도

눈금 끝까지 바늘이 움직이는 데 필요한 전류의 세기. 전류계에 사용되는 다르송발 계기의 감도는 보통 10[mA]이다.

2) 전압계(Voltmeter)

전원을 인가한 상태에서 부하에 병렬로 연결하여 전압을 측정한다. 전압계의 감도보다 큰 전압을 측정하려면 직렬저항(배율기)을 전압계에 직렬로 연결하여 대부분의 전압이 직렬저항에서 강하되고, 전압계에는 감도보다 작은 전압이 걸리게 한다.

3) 저항계(Ohmmeter)

전원을 차단한 상태에서 부하에 병렬로 연결하여 저항을 측정한다. 전원(보통 전지)과 가동 코일형 전류계가 직렬로, 또는 병렬로 접속된 구조이다. 단독의 저항계도 있으나, 전류, 전압 측정과 하나의 세트 속에 조립되어 만능형으로 제공되는 VOM 또는 멀티미터를 주로 사용한다. 절연저항과 같이 특히 고저항을 측정하는 절연저항계, 권선저항을 측정하는 저저항계도 있다(단선 또는 단락 체크).

4) 분류기(Shunt)

전류계에 병렬로 접속시켜서 전류의 측정 범위를 넓히기 위한 일종의 저항기이다. 만일 10[mA] 이하의 전류를 측정할 수 있는 전류계로 20[mA]의 전류를 측정하려면 측정범위를 2배로 확대하여 20[mA]의 전류계로 만들어서 측정해야 한다.

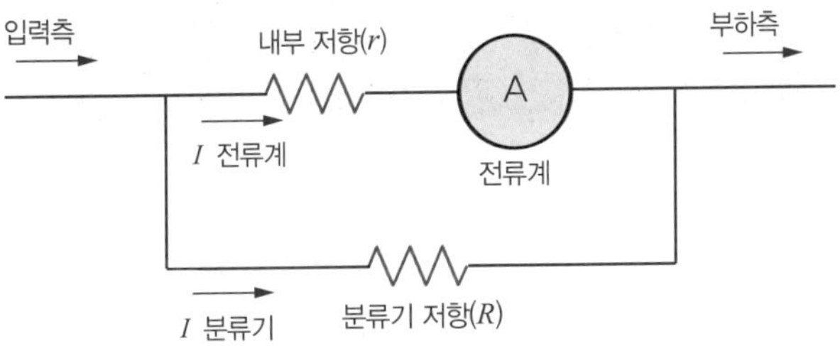

측정하고자 하는 전류를 I, 전류계의 내부 저항값을 r, 분류기의 저항값을 R이라고 하면, $I = I_{전류계} + I_{분류기}$ 이고, 두 저항이 병렬연결이므로 양단의 전압은 같다.

$$I_{전류계} \times r = I_{분류기} \times R$$

5) 배율기(Multiplier)

분압기(Voltage divider)라고도 하며, 전압계에 직렬로 접속시켜서 전압의 측정 범위를 확대하기 위하여 사용되는 일종의 고저항의 저항기이다.

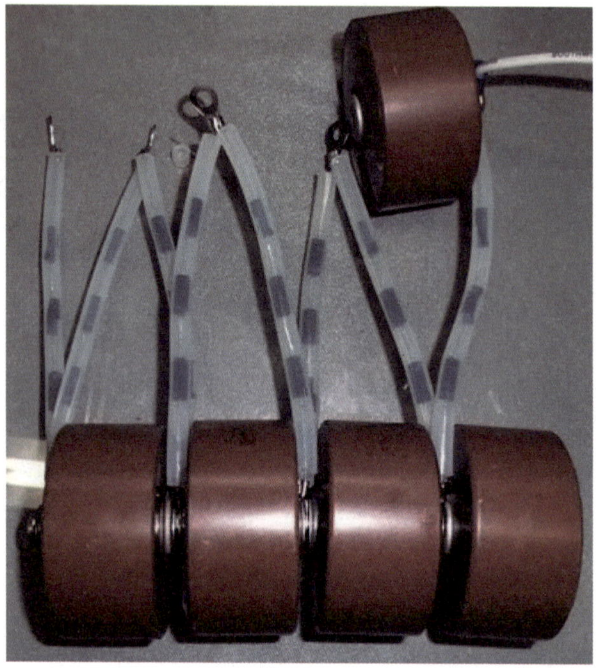

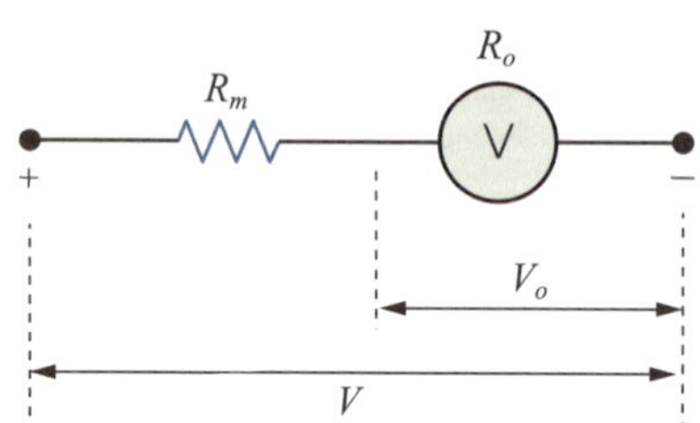

측정하고자 하는 전압을 V, 전압계의 내부 저항값을 R_0, 배율기의 저항값을 R_m이라고 하면, $I = I_{배율기} + I_{전압계}$ 이고, 두 저항이 직렬연결이므로 양단의 전압은 다르다.

$$V = \left(1 + \frac{R_m}{R_0}\right) \times V_0$$

6) 멀티미터(Multi-Meter)

멀티 테스터 또는 볼트-옴 미터(VOM). 여러가지의 측정 기능을 결합한 전자 계측기이다. 전압, 전류, 전기저항을 측정하는 능력은 기본적으로 가지는 기능이며, 기기에 따라 기타 측정 기능이 추가된다. 또한, 선로나 회로가 고장이 있는지, 2곳의 접점을 연결하여 도통 체크도 한다. 아날로그 멀티미터(Analogue Multimeters)와 디지털 멀티미터(Digital Multimeters : DMM 또는 DVOM)가 있다.

Meter leads

- **Red meter lead**
  Is connected to voltage/Resistnace or amperage port
  Is considered the positive connection

- **Probes**
  Are the handles used to hold
  tip on the tested connection

- **Tips**
  Are at the end of the probe and
  provides a connection point

- **Black meter lead**
  Is always connected to the common port
  Is considered the negative connection

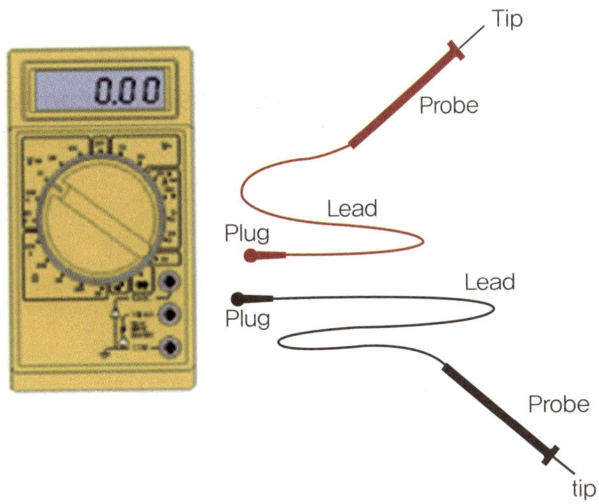

※ 저항, 전압, 전류 측정방법

Measuring current, voltage, and resistance

Ammeter:
- measures current (A)
- connected **in series**

(current must go through instrument)

Voltmeter:
- measures potential difference (V)
- connected **in parallel**

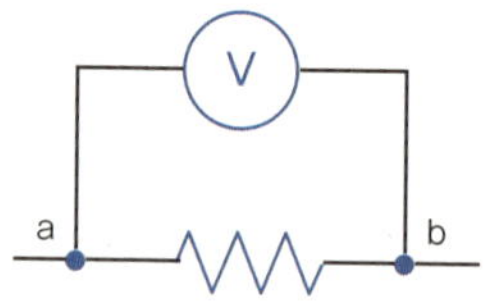

Ohmmeter:
- measures resistance of an isolated resistor (not in a working circuit)

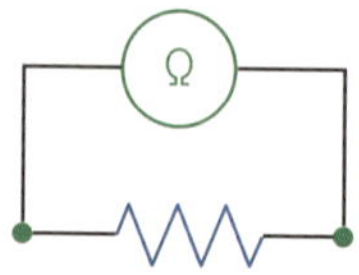

1) 저항 측정

① 2개의 Lead 선을 손이 닿지 않게 겹친 후, 0[Ω] ADJ 다이얼을 돌려 0[Ω] 조정을 해준다(디지털 멀티미터는 0Ω 조정 불필요).

② 측정하고자 하는 Load(부하)와 병렬 연결시킨다(반드시 전원 차단 또는 단선 후 측정할 것).

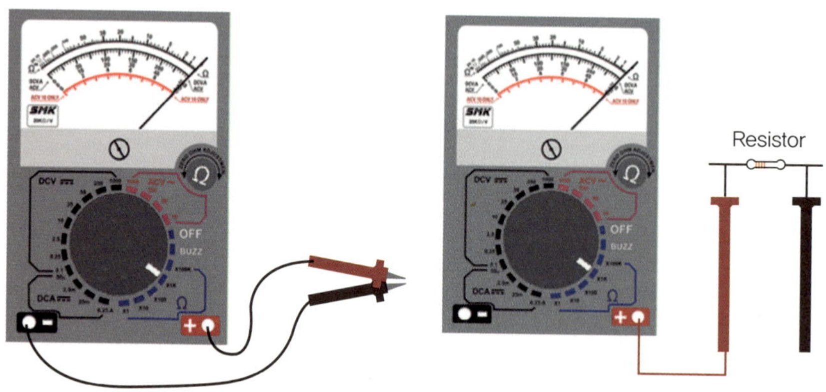

③ 낮은 배율 x1부터 큰 배율 x10k 순으로 바꾸며, 읽기 쉬운 배율에 놓는다(바늘이 스케일의 중앙 정도 위치).

④ 측정값에 배율을 곱하면 저항값이 나온다.

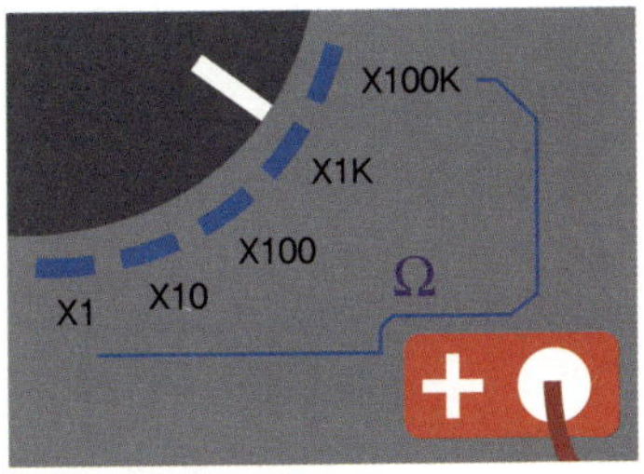

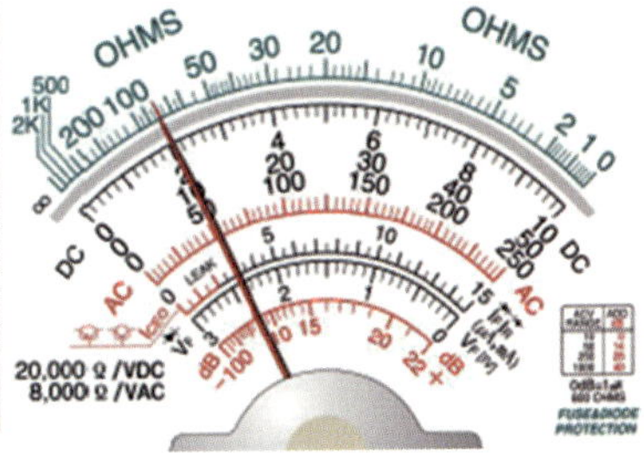

2) 전압 측정

① 측정하고자 하는 회로 또는 Load(부하)와 병렬 연결시킨다.

② 회로에 전원을 인가하여, 전압을 걸어준다.

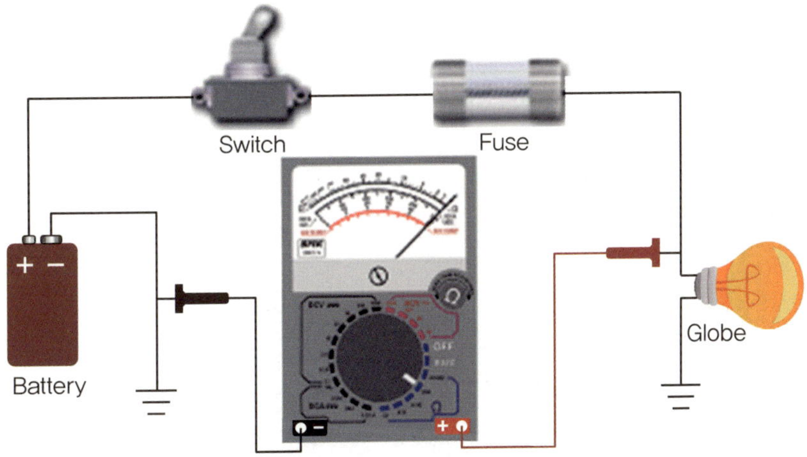

③ 측정하고자 하는 전압이 AC(교류) 또는 DC(직류)인지 확인하고, 셀렉터를 맞게 조정한다.

④ 큰 배율부터 낮은 배율 순으로 바꾸며, 셀렉터의 배율과 눈금의 배율을 비교하여 측정값을 읽는다.

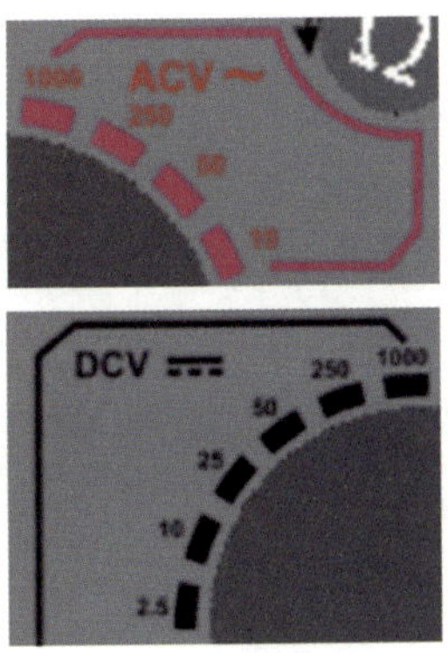

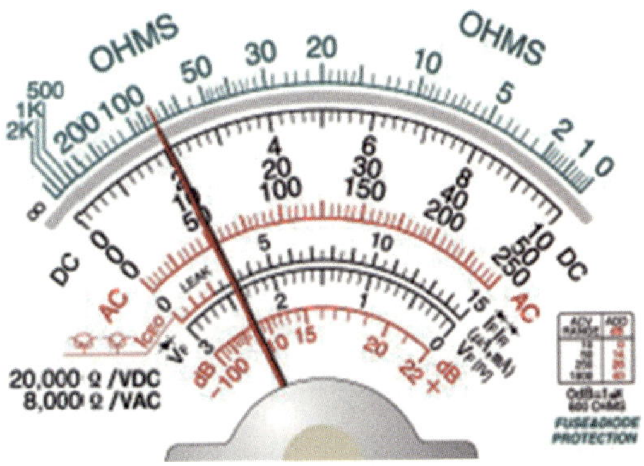

3) 전류 측정

① 전자기기 또는 회로의 전원을 차단한다.

② 측정하고자 하는 Load(부하)와 반드시 직렬 연결시킨다(短絡에 주의할 것).

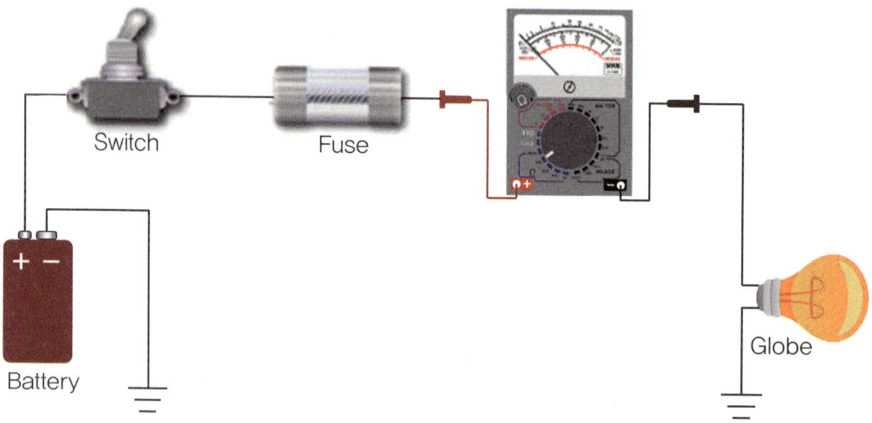

③ 전자기기 또는 회로의 전원을 넣어 전압을 인가한다.

④ 큰 배율부터 낮은 배율 순으로 바꾸며, 셀렉터의 배율과 눈금의 배율을 비교하여 측정 값을 읽는다.

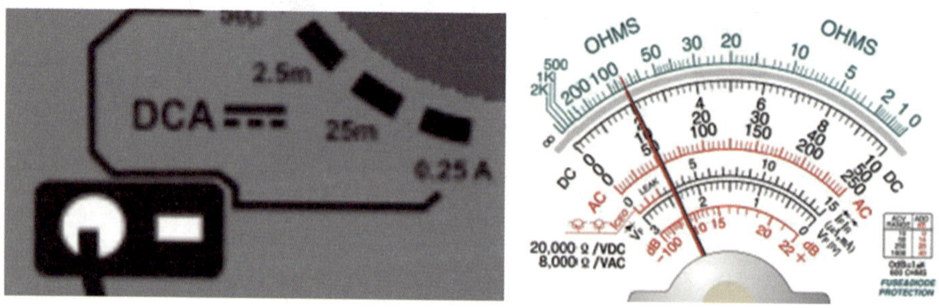

※ 절연저항 측정방법

1) 절연저항(Insulation resistance)

절연체에 고전압을 가하면, 표면과 내부에 매우 작은 누설 전류가 흐른다. 이 때의 전압과 전류의 비로 구한 저항을 절연 저항이라 한다. 전류가 절연체의 표면에 흐르면 표면 절연 저항, 내부에 흐르면 체적 절연 저항으로 구분한다. 온도나 습도의 증가에 따라 감소하고, 단위는 M[Ω]이다. 전류가 도체에서 절연체를 통하여 새면, 보통보다 낮은 저항이 되며, 감전이나 과열에 의해 큰 화재가 발생한다.

2) 절연저항계(Mega ohm meter)

일반적으로 메거(Megger)로 불리우며, 옥내 배선 또는 전기 기기의 절연 저항을 측정할 때 사용하는 장비이다. 수동식은 발전기의 원리를 이용해 손잡이를 돌려 전기를 발생시켜 측정하고, 자동식은 버튼을 눌러 측정한다. 일반적으로는 500[V]이며, 특고압으로 1000[V]까지 측정 가능하다. 때문에 그에 비례해서 저항 값도 1[MΩ](1,000,000[Ω]) 단위부터 시작된다. 각 단자 사이에는 높은 전압이 나타나므로 측정할 때 감전에 유의해야 한다.

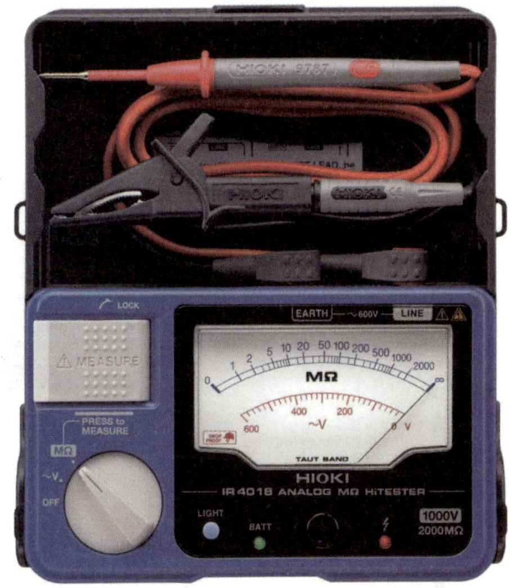

3) 측정 절차

① Megger의 Battery 용량을 체크한다.

② Megger의 Line 리드선과 Earth 리드선을 접촉시키지 않은 상태에서 지시 값이 ∞[Ω]인지 확인한다.

③ Line 리드선과 Earth 리드선을 접촉시켜 Power ON을 눌러 지시 값이 0인지 확인한다. 일치하지 않으면, Zero[Ω] ADJ를 맞춘다.

④ 반드시 측정하고자 하는 곳의 전원을 차단하고 Line 리드선을 전원부에, Earth 리드선을 접지부에 연결시키고 Power ON을 눌러 절연저항을 측정한다.

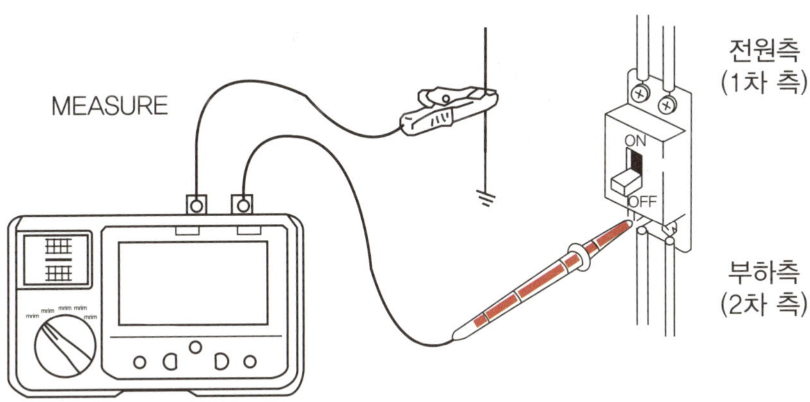

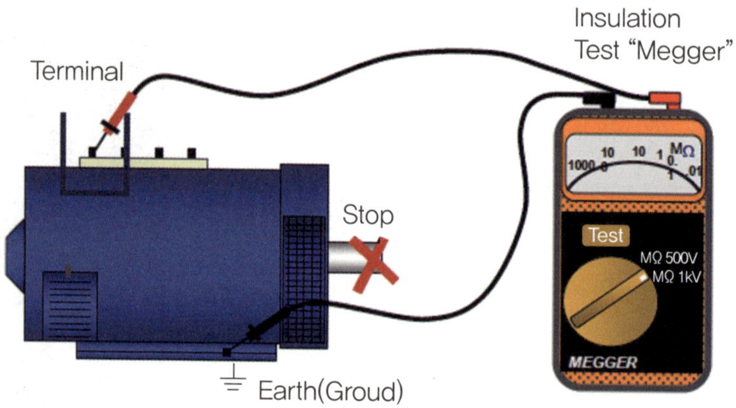
Insulation
Test "Megger"
Terminal
Stop
Earth(Groud)
Test
MΩ 500V
MΩ 1kV
MEGGER

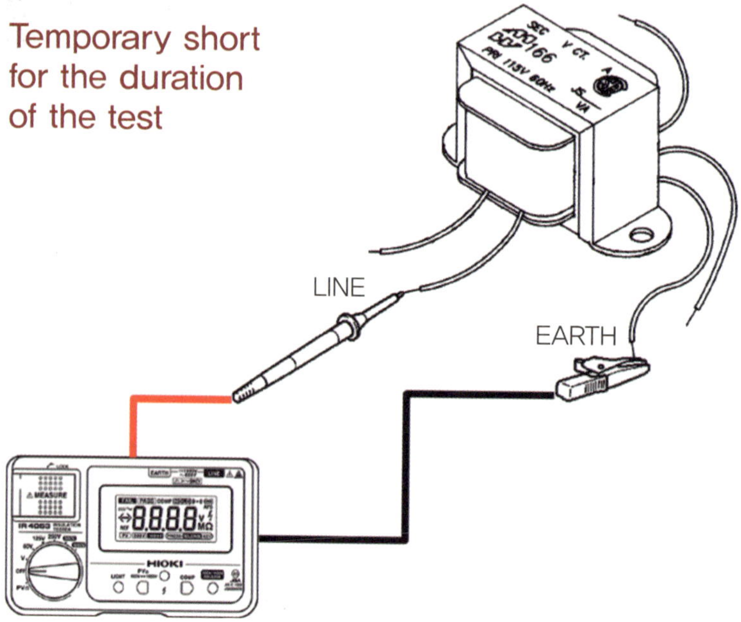
Temporary short
for the duration
of the test
LINE
EARTH
HIOKI

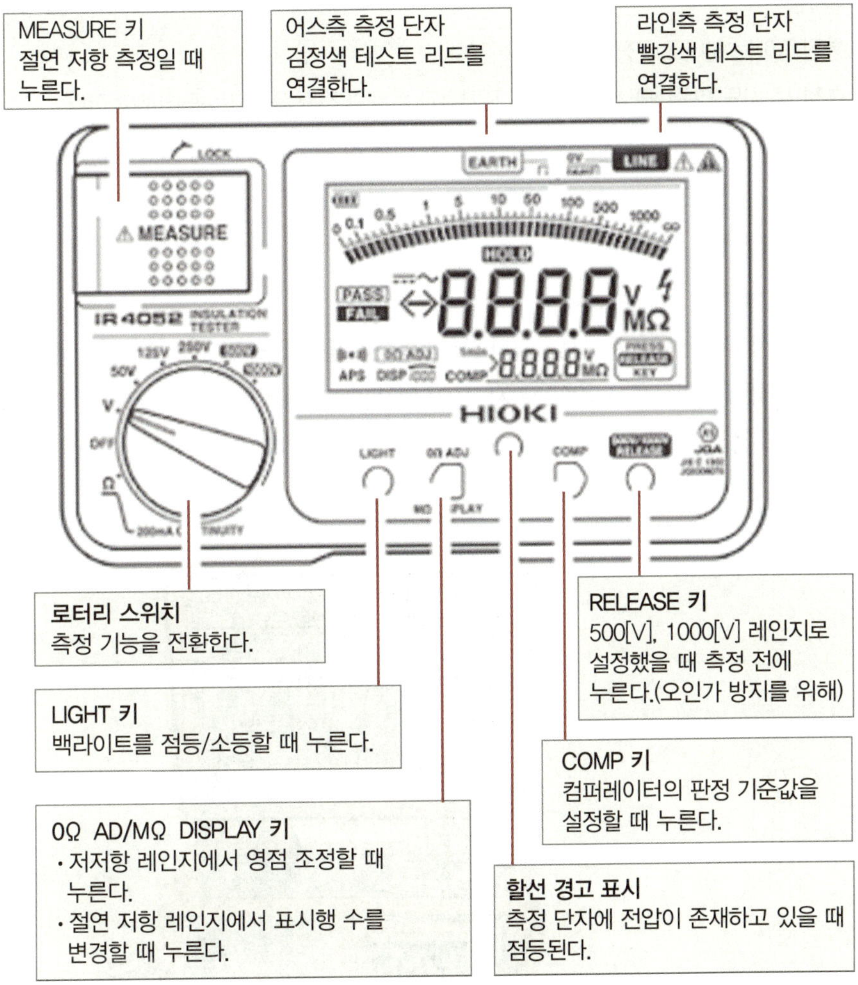

정격 측정 전압	사용 예
25V/50V	전화 회선용 기기, 전화 회선 전로의 절연 측정
100V/125V	100V 계의 저전압 배전로 및 기기의 유지, 관리
	제어 기기의 절연 측정
250V	200V 계의 전압 전로 및 기기의 유지, 관리
500V	600V 이하의 저전압 전로 및 기기의 유지, 관리
	600V 이하의 저전압 전로의 준공 시의 검사
1000V	600V를 초과하는 회로 기기의 절연 측정
	상기 사용 전압의 높은 고전압 설비(예를 들면 고압 케이블, 고전압 기기, 고전압을 사용하는 통신 기기 및 전로)의 절연 측정

4) 주의사항

① 통전 중에는 절대로 측정을 해서는 안 된다.

② 측정 시, 차단기를 OFF시켜야 하며, 전기전자 용품의 전원 플러그는 탈착해야 한다.

③ 측정하기 위해 Power ON을 누를 때, 연결된 Line 리드선을 만지거나 접촉해서는 안된다.

※ 권선저항 측정방법

1) 권선저항(Windings resistance)

변압기 및 3상 유도 전동기 등에서 코일의 단선 또는 단락을 확인하고 고장 및 화재를 방지하기 위함이다. 1[Ω] 이하(대용량)에는 켈빈 브리지 또는 더블 브리지, 1[Ω] 이상(소용량)에는 휘트스톤 브리지를 사용한다. 변압기에서 고압측은 멀티미터로 측정하고 저압측에서는 저저항계([mΩ]미터)로 측정한다. 3상의 권선저항 값을 비교하여 동일하면 정상이다(저항이 같아도 절연이 0에 가까우면 소손 상태).

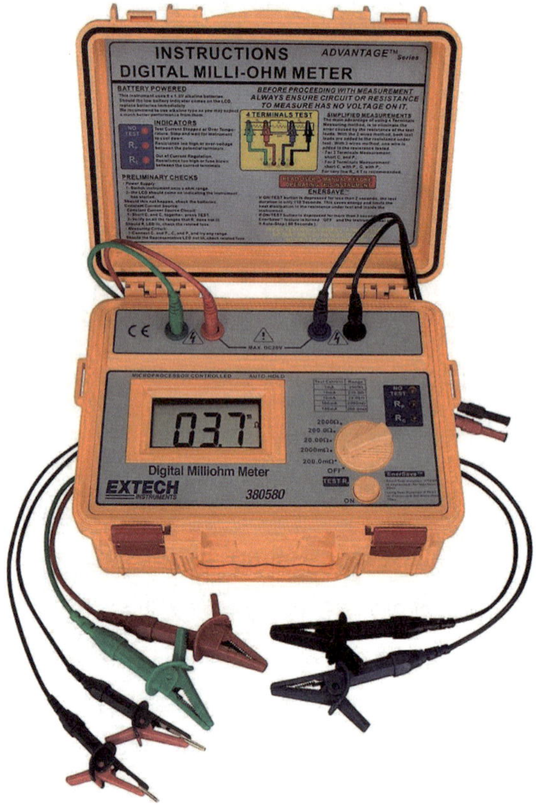

2) 측정 절차

반드시 측정하고자 하는 곳의 전원을 차단하고 Line 리드선과 Earth 리드선을 각 권선의 양단에 연결시키고 권선저항을 측정한다.

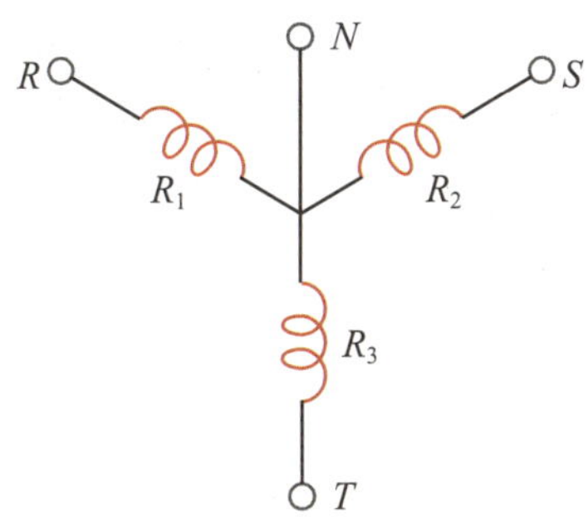

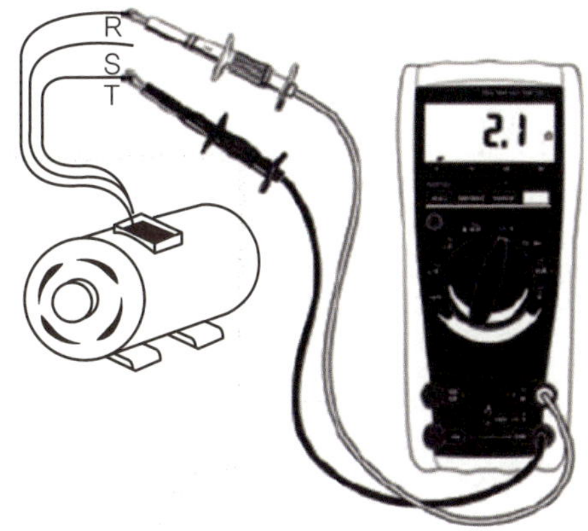

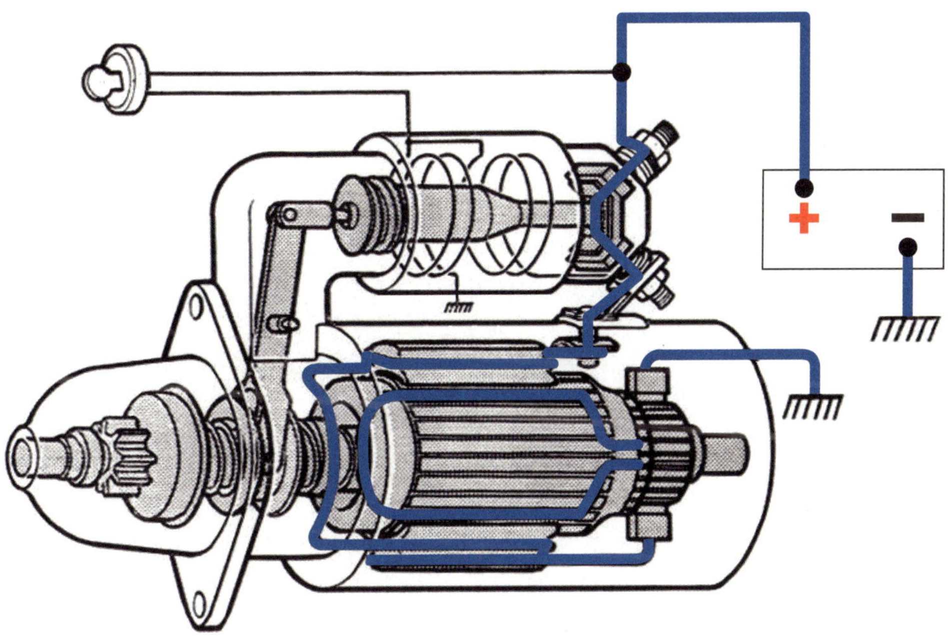

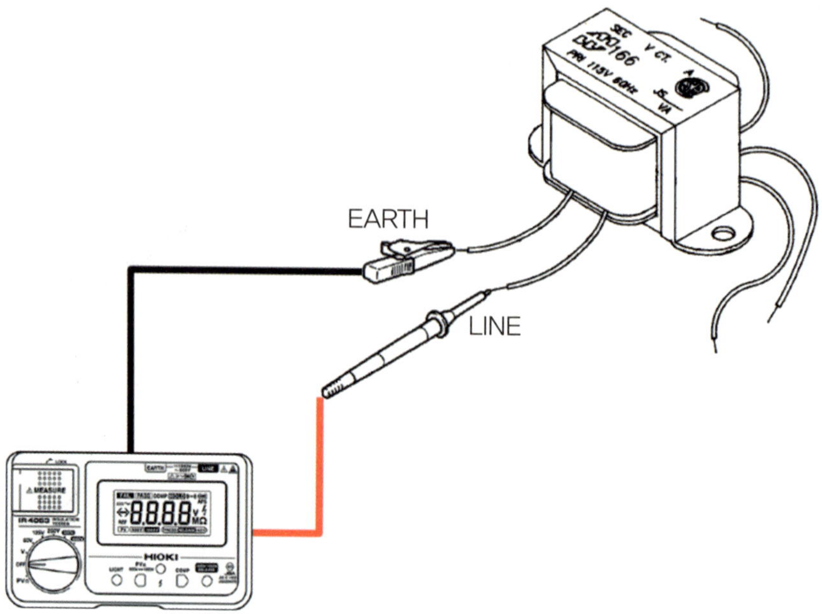

(2) 교류측정계기

1) 교류전류계

2개의 공심전자석을 고정계자로, 가동코일을 직렬로, 저항코일을 병렬로 접속한 계기로 부하에 직렬 연결하여 사용한다.

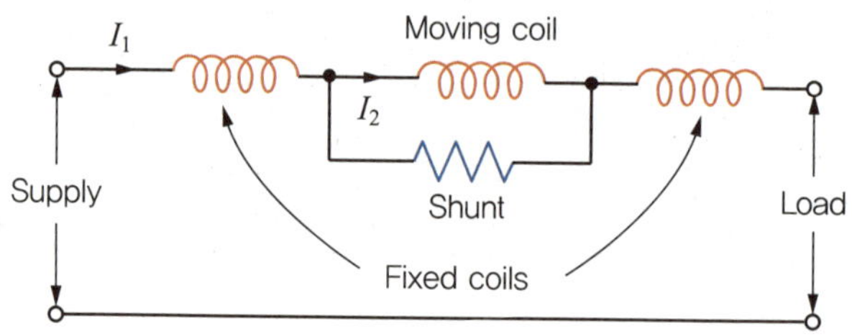

※ 공심(空心) 코일(Air-core coil)

코일(Coil)은 인덕턴스를 가진, 전선을 감은 수동 소자이다. 인덕터(Inductor)라고도 한다. 전자기 유도에 의한 자력선을 사용하기 위해 전선으로 감은 것을 권선이라고 한다. 전선을 원통형태로 감아서 원통 내부가 비어 있거나 베이클라이드 같은 비자성체로 전선을 보관·유지하는 코일이다. 주위를 둘러싸는 도체에 전기가 흐르게 해서 자기장을 발생시킨다. 내구력이 크고 유도 계수가 작기 때문에 주로 고주파용으로 사용된다. 주위의 물체나 코일의 간격(피치)로 인하여 유도 계수가 변동되기 쉽다. 그리고 원형판 주위에 홀수각으로 깎아서 전선을 감은 평면상의 코일이 있으며 이것은 거미집의 형태와 비슷해서 스파이더 코일이라고 불린다.

2) 교류전압계

고정계자코일, 가동코일, 저항코일을 직렬로 접속한 계기로 부하에 병렬 연결하여 사용한다.

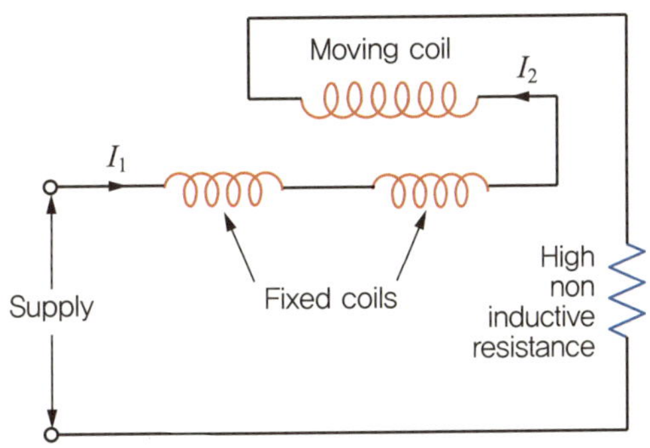

3) 교류전력계

2개의 고정계자코일(전류코일)을 직렬로, 가동코일(전압코일)과 저항코일은 병렬로 부하에 연결하여 사용한다.

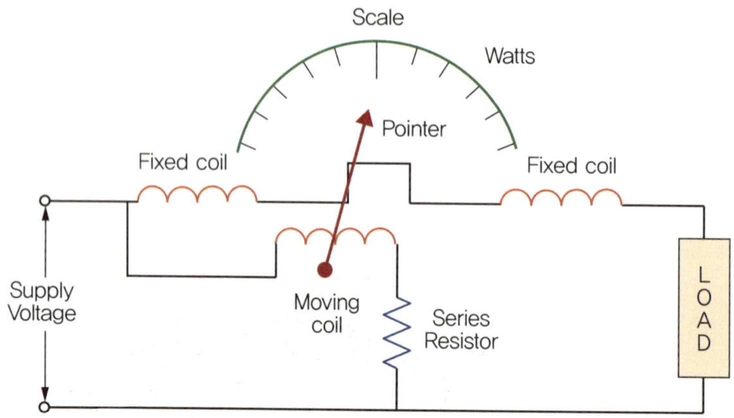

4) 주파수계기

코일에 60[Hz] 교류가 흐르면 전자석은 진동체를 120번 끌어당긴다. 진동체의 진동은 스프링을 통해 120[Hz]에 해당되는 진동편을 진동시킨다.

※ 진동편형계기

가는 금속 조각을 고유 진동수의 순으로 배열한 다음 코일이 흐르는 전류로 구동하여 진동하도록 한 주파수계기로 항공기의 계전기에서 많이 사용된다.

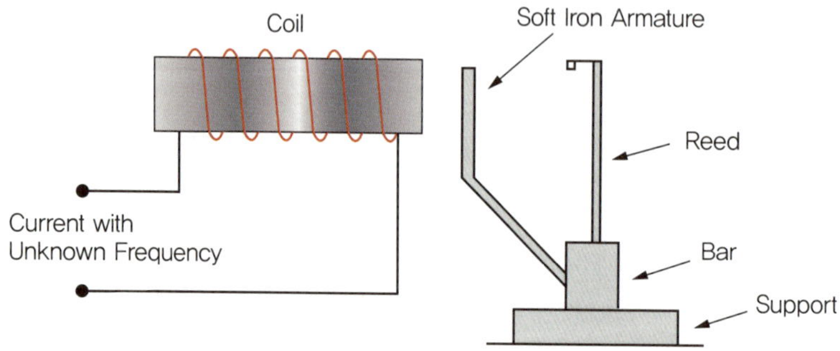

5) 오실로스코프(Oscilloscope)

특정 시간 간격(대역)의 전압 변화를 볼 수 있는 장치이다. 주로 주기적으로 반복되는 전자 신호를 표시하는데 사용하고, 시간에 따라 변화하는 신호를 주기적이고 반복적인 하나의 전압 형태로 파악할 수 있다.(신호의 입력은 2개 또는 4개의 신호를 동시에 표시.) 일반적으로 오실로스코프는 전자적 신호의 특정 파형 관찰에 이용되고, 대부분의 기기에는 사용자가 눈으로 신호를 파악할 수 있도록 시간과 전압에 따른 눈금도 표시되어 있다. 파형의 전압 최소/최대치, 주기적 신호의 빈도, 펄스 간의 시간, 관련 신호 간의 시차 등을 분석할 수 있다. 멀티미터가 전압, 전류, 저항 등의 신호의 크기만 표시한다면, 오실로스코프는 신호의 시간적 변화에 따른 신호 모양까지를 표시하므로 회로 설계자에게 신호처리 시 많은 정보를 준다. 오실로스코프는 전자공학의 핵심 장비로, 모든 산업에서 측정 장비로 사용된다.

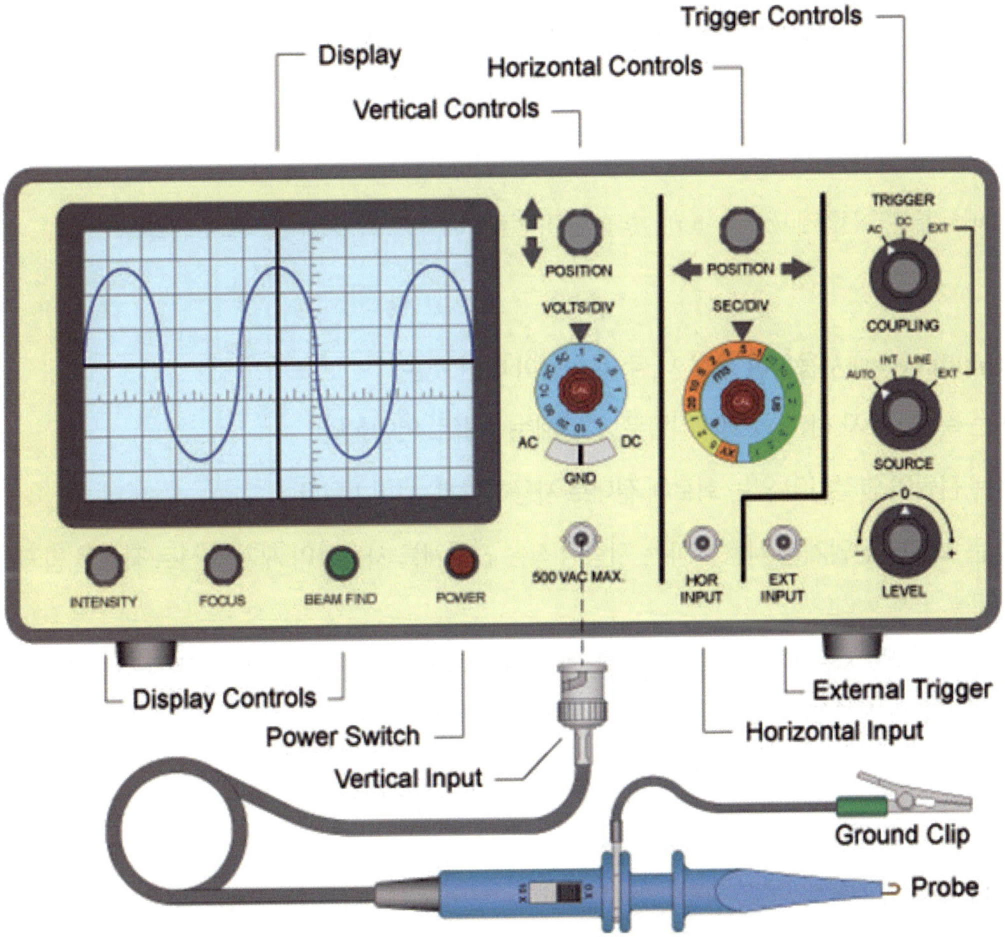

PART

8 측정기기 기출문제

1. 전원회로에서 전압계(Voltmeter)와 전류계(Ammeter)를 부하로 연결하는 방법으로 옳은 것은?

① 전압계와 전류계 모두 직렬연결 한다.

② 전압계와 전류계 모두 병렬연결 한다.

③ 전압계는 병렬, 전류계는 직렬연결 한다.

④ 전압계는 직렬, 전류계는 병렬연결 한다.

정답 ③

풀이

전기회로 내에서 부하와 전압계(Volt meter)는 병렬 연결, 전류계(Ampere meter)는 직렬로 연결해야 한다.

2. 멀티미터(Multimeter) 사용하여 측정 시, 주의 사항이 아닌 것은?

① 전류계는 측정하고자 하는 회로에 직렬로, 전압계는 병렬로 연결한다.

② 저항계는 전원이 연결되어 있는 회로에 절대로 사용하여서는 아니 된다.

③ 저항이 큰 회로에 전압계를 사용할 때는 저항이 작은 전압계를 사용하여 계기의 션트 작용을 방지해야 한다.

④ 전류계와 전압계를 사용할 때는 측정 범위를 예상해야 하지만, 그렇지 못할 때는 큰 측정 범위부터 시작하여 적합한 눈금에서 읽게 될 때까지 측정범위를 낮추어 간다.

정답 ③

풀이

전류계는 회로와 직렬, 저항계와 전압계는 병렬로 연결한다. 저항계는 테스터기에서 전류가 흘러나오기 때문에 전원이 연결되어 있는 회로에 연결해서는 안 된다. 회로 내에 과전류와 과전압이 있을 수 있기에 전류계와 전압계는 테스터기의 큰 측정 범위부터 시작해서 지시값을 읽을 수 있을 때까지 낮추어 측정한다. 분류기(션트저항기)는 전류계에 병렬로 연결하고, 배율기는 전압계에 직렬로 연결하여 사용한다.

3. 회로에서 B와 C단자 사이가 단선되었다면 저항계(Ohm-meter)에 측정된 저항값은?

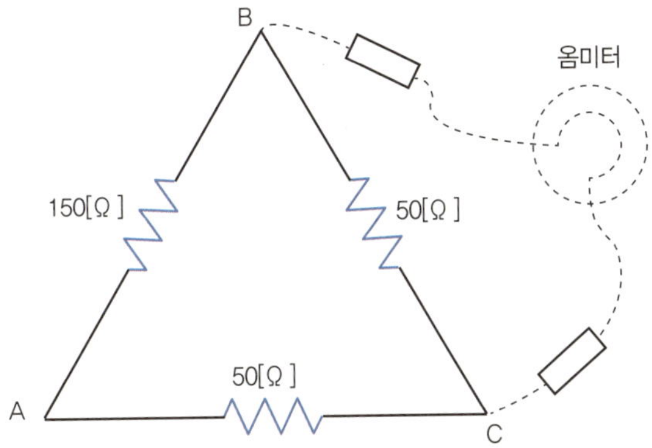

① 200[Ω]
② 250[Ω]
③ 50[Ω]
④ 150[Ω]

정답 ①

풀이

코일 결선 시, BC가 단선되어 측정된 선간저항은 A-B, A-C의 저항을 더하면 된다.

150[Ω] + 50[Ω] = 200[Ω]

4. 감도가 10[mA]이고 내부저항이 2[Ω]인 계기로 50[V]까지 측정할 수 있는 전압계를 만들기 위해서 배율기는 몇 [Ω]으로 해야 하는가?

① 4.998[Ω]
② 49.98[Ω]
③ 499.8[Ω]
④ 4998[Ω]

정답 ④

풀이

50[V] 전압 측정 시, 전압계는 V=IR에 의해서 10[mA] x 2[Ω] = 0.02[V]까지만 분담이 가능하므로, 배율기의 분담전압은 나머지 49.98[V]가 된다. 전압계와 배율기는 직렬접속이고, 전압계의 내부저항 2[Ω]와 분담전압 0.02[V]이므로, 배율기의 저항 Rm = 2[Ω] × (49.98[V] / 0.02[V]) = 4998[Ω]이 된다.

5. 내부저항이 5[Ω]인 배율기를 이용한 전압계에서 50[V]의 전압을 5[V]로 지시하려면 배율기 저항은?

① 5[Ω] ② 50[Ω] ③ 55[Ω] ④ 45[Ω]

정답 ④

풀이

50[V] 전압 측정 시 전압계는 5[V]까지만 분담이 가능하므로 , 배율기의 분담전압은 나머지 45[V]가 된다. 전압계와 배율기는 직렬접속이고, 전압계의 내부저항 5[Ω]에 분담전압 45[V]이므로,

$$R_m = r_0\left(\frac{V - V_0}{V_0}\right) = 5[\Omega] \times \left(\frac{50[V] - 5[V]}{5[V]}\right) = 45[\Omega]$$

6. Full deflection current 10[mA], 내부저항이 4[Ω]인 검류계로 28[V]의 전압측정용 전압계를 만들려면 약 몇 [Ω]의 직렬저항을 이용해야 하는가?

① 2600[Ω] ② 2800[Ω] ③ 3000[Ω] ④ 3200[Ω]

정답 ②

풀이

검류계 내부저항이 있기 때문에 외부에 직렬로 저항을 연결하면 보다 높은 전압을 측정할 수 있다. 직렬 저항이므로 전류는 동일하게 흐른다는 조건으로 계산한다.

$$V = \frac{V}{I} = \frac{28[V]}{10 \times 10^{-3}[A]} = 2800[\Omega]$$

7. 5[A]/50[mV]인 분류기저항 양단에 걸리는 전압이 0.04[V]인 경우 이 회로의 전원버스에 흐르는 전류는?

① 1[A] ② 2[A] ③ 3[A] ④ 4[A]

정답 ④

풀이

분류기와 전류계는 병렬구조이므로, 양단에 걸리는 전압 및 내부저항도 동일하다.

분류기(Shunt) : $R = \frac{V}{I} = \frac{50[mV]}{5[A]} = \frac{50 \times 10^{-3}[V]}{5[A]} = 0.01[\Omega]$

$$I = \frac{V}{R} = \frac{0.04[V]}{0.01[\Omega]} = 4[A]$$

8. 감도 20[mA]이고 내부 저항은 10[Ω]이며 200[A]까지 측정할 수 있는 전류계를 만들 때 분류기(Shunt)는 약 몇 [Ω]인가?

① 0.001[Ω] ② 0.01[Ω] ③ 0.1[Ω] ④ 1[Ω]

정답 ①

풀이

$V = IR = 20[mA] \times 10[\Omega] = 0.2[V]$

$R = \frac{V}{I} = \frac{0.2[V]}{200[A]} = 0.001[\Omega]$

9. 분류기(Shunt)에 대한 설명 내용으로 가장 올바른 것은?

① 저항 전압 등의 전류를 측정할 수 있는 메타

② 축전지가 충전되는가를 알기 위한 Ammeter

③ 계기보호용으로 삽입된 회로상의 휴즈

④ 전류계 외측에 대부분의 전류를 by-pass시키는 금속저항체

정답 ④

풀이

분류기(Shunt) : 전류계의 측정범위를 확대하기 위해 전류계에 병렬로 접속하여 사용하는 저항기. 전류계보다 큰 전류를 션트저항기를 통해 바이패스 시킨다. 즉, 저항에 걸리는 전압이 동일하다는 조건으로 계산한다.

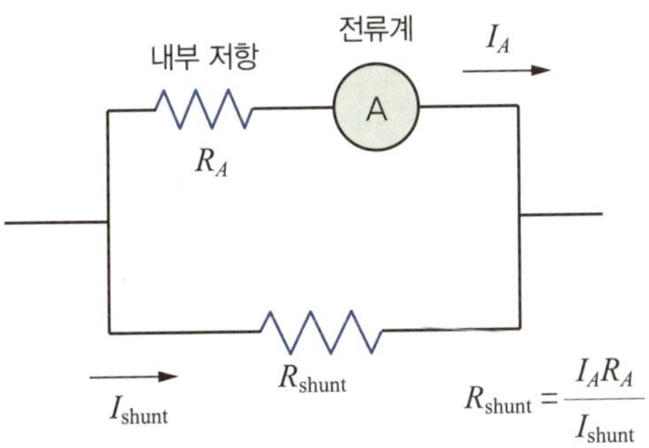

10. 500[MHz]의 고주파를 측정할 수 있는 장치는 무엇인가?

① Multimeter

② Wheatstone bridge

③ Oscilloscope

④ Galvanometer

정답 ③

풀이

① 멀티미터(Multimeter) : 전압, 전류, 전기저항을 측정하는 기능이며, 장치에 따라 기타 측정 기능이 추가되기도 한다. 아날로그 멀티미터(Analogue multimeters)와 디지털 멀티미터(DMM)가 있다.

② 휘스톤 브릿지(Wheatstone bridge) : 미지의 저항을 측정하는 회로이다. 아래 그림에서 R1, R2의 저항값은 이미 알고 있으며, R3는 가변 저항으로 저항값을 변화시킬 수 있는 저항이다. Rx는 측정하고자 하는 미지의 저항이다.

③ 오실로스코프(Osciloscope) : 특정 시간 간격(대역)의 전압 변화를 볼 수 있는 장치이다. 주로 주기적으로 반복되는 전자 신호를 표시하는 데 사용한다. 이 기기를 활용하면 시간에 따라 변화하는 신호를 주기적이고 반복적인 하나의 전압 형태로 파악할 수 있다. 대부분의 오실로스코프에는 사용자가 눈으로 신호를 파악할 수 있도록 시간과 전압에 따른 눈금도 표시되어 있다. 이는 파형의 전압 최소/최대치, 주기적 신호의 빈도, 펄스 간의 시간, 관련 신호 간의 시차 등을 분석할 수 있게 한다.

④ 검류계(Galvanometer) : 전기회로의 매우 작은 전류, 전압, 전기량을 측정하는 기구. 비교적 큰 전류의 크기를 측정할 때는 전류계를 사용하지만, 매우 작은 전류를 측정할 때는 검류계를 이용한다.

11. 전원의 주파수를 측정하는 데 사용되는 BRIDGE 회로는?

① Wien bridge

② Maxwell bridge

③ Synchro bridge

④ Wheatstone bridge

정답 ①

풀이

① 윈 브릿지(Wien bridge) : 저항 R와 정전 용량 C로 이루어진 일종의 브리지 회로

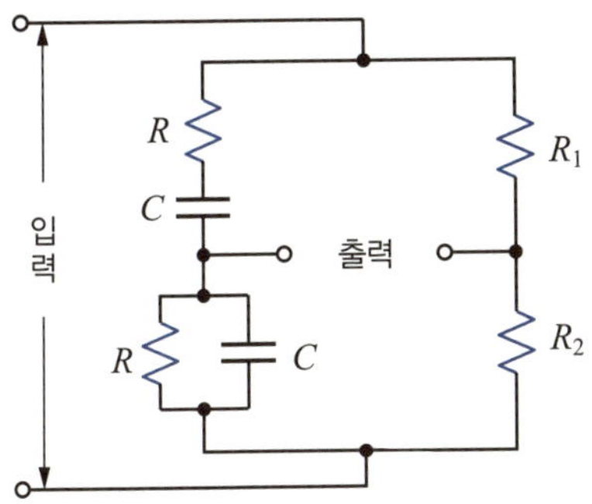

② 맥스웰 브릿지(Maxwell bridge) : 브리지에 인덕턴스를 포함한 것으로, 교류를 가하여 미지의 인덕턴스를 측정하는 브리지 회로

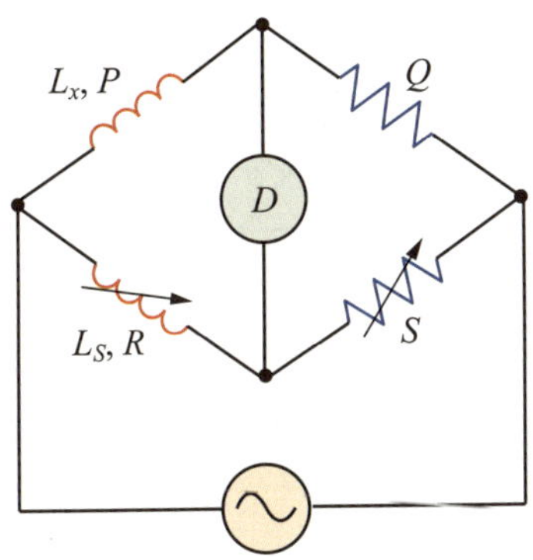

③ 휘스톤 브릿지(Wheatstone bridge) : 미지의 저항을 측정하는 회로이다. 아래 그림에서 R1, R2의 저항값은 이미 알고 있으며, R3는 가변 저항으로 저항값을 변화시킬 수 있는 저항이다. Rx는 측정하고자 하는 미지의 저항이다.

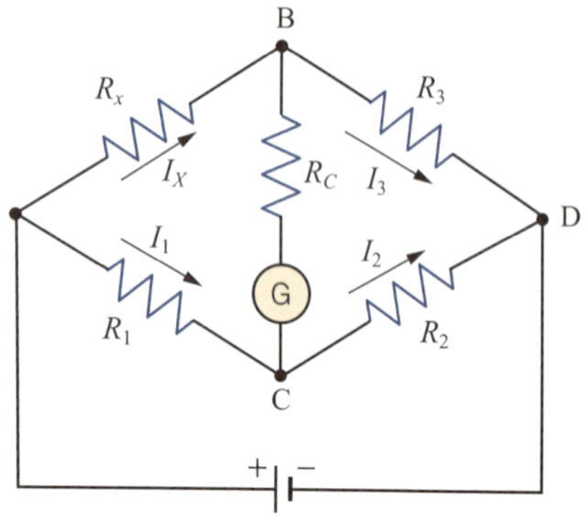

12. 전류계(Ammeter)에 사용되는 션트(Shunt) 저항은 다르송발(D'Arsonval)계기와 어떻게 연결되는가?

① 직렬

② 병렬

③ 직렬과 병렬 동시에

④ 션트(Shunt)저항은 필요 없다.

정답 ②

풀이

다르송발(D'Arsonval) 계기 : 영구자석 가동코일형 계기로서, 영구자석 사이에 놓인 가동코일에 전류가 흐르면 반발력이 생겨 움직이는 것을 이용해 전류나 전압을 측정할 수 있는 계기이다. 그러나 높은 전류나 전압을 가동코일에 바로 인가하면 계기가 손상될 가능성이 높기 때문에 저항을 설치하여 저항과 전압을 나누어 주는 것이다. 전류계는 가동코일형 계기와 저항을 병렬로 연결하는 방식을 사용하고, 전압계는 가동코일형 계기와 저항을 직렬로 연결하는 방식을 사용한다. 소형으로 저렴하게 만들 수 있기 때문에 소형 테스트기나 전류계, 전압계 등에 많이 사용한다. 단점은 계기 지침의 중간 부분은 정확한 편이나 끝부분으로 갈수록 오차가 커지므로 측정 범위를 가능하면 지침이 중간에 올 수 있도록 설정하는 것이 좋다.

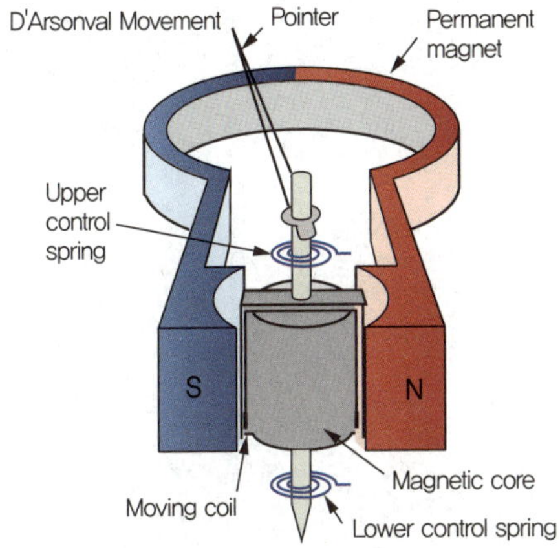
D'Arsonval Movement
Pointer
Permanent magnet
Upper control spring
S
N
Magnetic core
Moving coil
Lower control spring

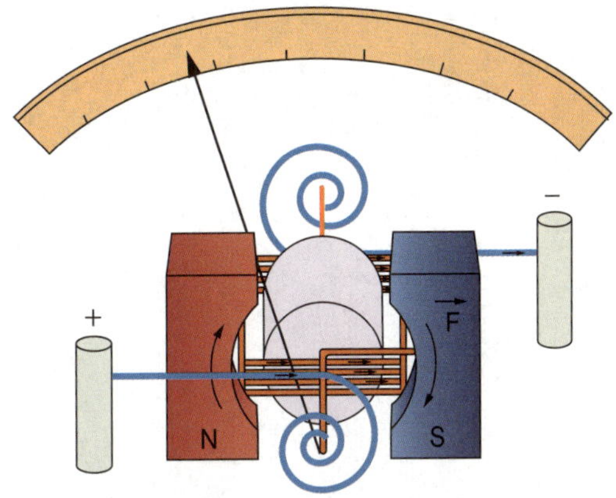
−
+
F
N
S

PART 9

Electric power system - Battery

전력계통 - 축전지

9. 전력계통(Electric power system) - 축전지(Battery)

(1) 전지 종류

1) 1차 전지(건전지)

한번만 사용하는 전지로 수은전지, 망간전지, 알칼라인망간전지, 리튬전지가 있다.

2) 2차 전지(축전지)

재충전하여 여러 번 사용하는 전지로 니켈 카드뮴(Ni-cd), 니켈수소(Ni-CD), 납축전지(Lead_Acid), 리튬이온(Li-ion), 리튬폴리머 등이 있다.

(2) 축전지(Battery)

종류에는 건식과 습식이 있는데, 건식을 일반적으로 건전지라 부른다(사용이 간편하지만 일회용이라는 단점으로 항공기에서는 사용하지 않고, 재충전이 가능한 축전지를 사용한다). 대부분의 항공기 Battery는 Ni-Cd(니켈 카드뮴) 형식이다(소형기에는 황산납 형식이다). 고가이며 무겁고 Cell Imbalance로 인한 단점이 있지만, 고출력 안정성과 높은 용량의 강점으로 널리 사용되고 있다. 지상전원 및 비상전원용으로 사용한다.

항공기는 Multi-Cell 구조로 Cell은 전지의 최소 단위를 말하며, 제조사마다 Cell당 전압이 다르나 일반적으로 1.2[V] ~ 1.3[V]를 유지하고 있어, 24[V]를 사용하는 항공기의 경우 19 ~ 20개의 Cell로 구성되어 있다. 기종에 따라 내부 온도를 모니터링하기 위한 센서가 장착되어 있기도 한다.

1) 축전지 사용 목적

① 시동기(Starter)의 구동 전원으로 사용한다.

② 엔진 정지 시, 전자장비 전원 공급으로 사용한다.

③ 메인 발전기 고장 시, 임시적으로 비행을 위한 전원으로 사용한다.

④ 발전기에서 생산된 전기를 축전지에 충전시키거나, 발전기 출력이 저하되면 축전지에서 방전시켜서 출력을 조절한다.

(3) 항공기 전원 공급원

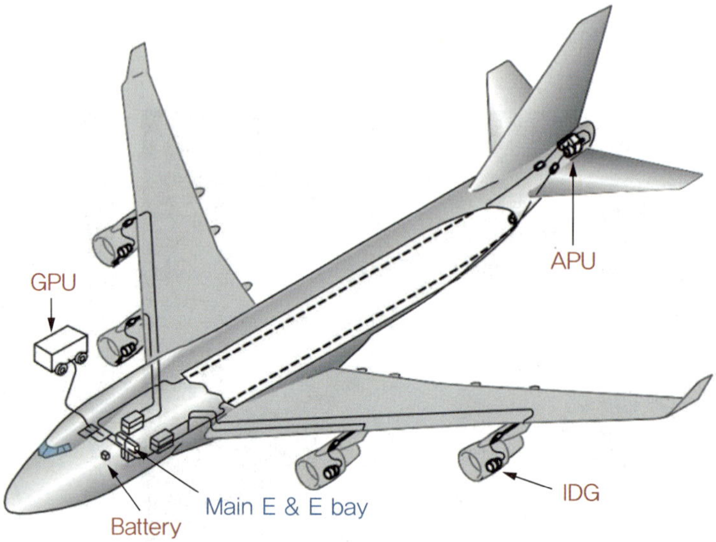

1) 메인 배터리

항공기가 지상에 주기되어 있을 때, 엔진 또는 APU가 동작하지 않을 때, 발전기가 작동하지 않을 때, 항공기가 항공기 지상동력장치(GPU, 공항에서 제공하는 전력공급장치)에 연결되어 있지 않을 때, 항공기에 전력을 공급한다. 발전기가 모두 고장을 일으켜 발전기로부터 전력을 공급받을 수 없을 때, 항공기의 부족한 전력을 채우고 계통에 공급한다. 비상 시에 사용하는 대기전력(Standby power)이다.

2) APU 배터리

항공기가 지상에 주기되어 있을 때, 엔진 또는 APU가 동작하지 않을 때, 발전기가 작동하지 않을 때, 항공기가 항공기 지상동력장치(GPU, 공항에서 제공하는 전력공급장치)에 연결되어 있지 않을 때, 시동 전동기에 전력을 공급한다. APU를 사용 중일 때, 제어 장치에 전력을 공급한다.

※ RAT(Ram air turbine)

항공기 동체 하부에 설치되어 비상 시, 전원으로 사용될 수 있도록 유압펌프 또는 발전기에 연결된 소형 풍력 터빈이다. 1차 전원 및 보조 동력이 모두 손실되면 RAT는 중요계통(비행제어 유압장치, 비행필수계기)에 전력을 공급한다. 일부 RAT는 유압동력만 만들며, 그 후 발전기 전력을 공급하는 데 사용된다.

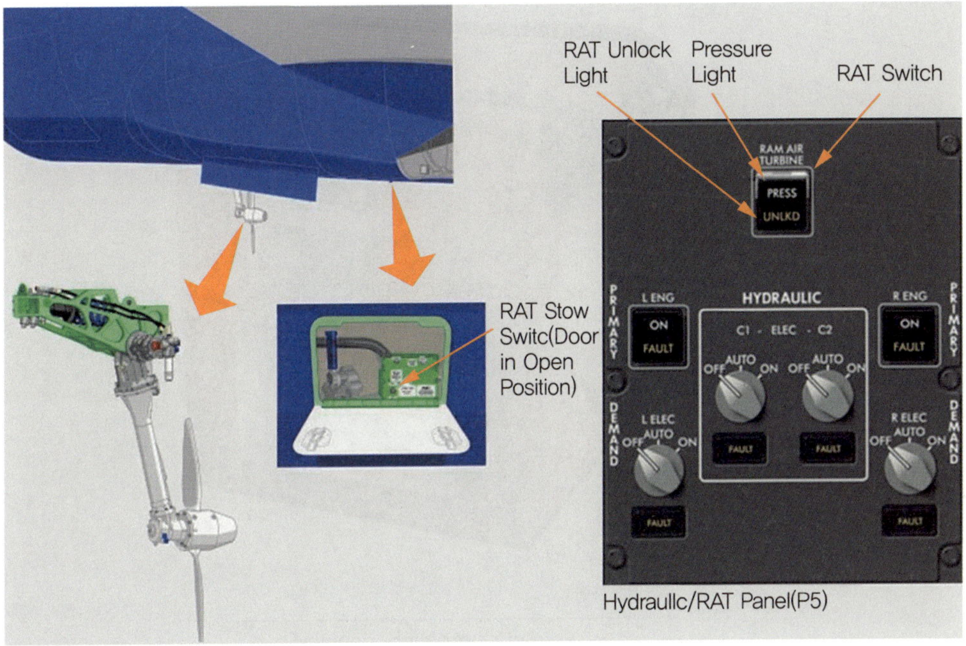

(4) 납산축전지(Lead acid battery)

항공기에서 사용된 황산납축전지는 자동차축전지와 비슷하다. (+)극에는 산화납, (-)극에는 납, 전해액으로는 황산수용액이 사용된다. 방전 시에 (+)극에서는 환원, (-)극에서는 산화 반응이 일어난다. 납산축전지에는 전해액을 보충 및 관리해야 하는 보수형과, 사용 수명까지 보수가 필요하지 않은 무보수 밀폐형이 있다. 최근에는 관리의 용이성으로 인해 무보수 밀폐형 축전지를 사용한다.

1) 특징

대형전지 제조에 용이하고, 값이 비교적 저렴하고, 수명은 내개 10 ~ 20년 정도이다. 예비전원이나 비상 조명, 자동차의 SLI(Starting, Lighting & Ignition, 시동 및 조명, 점화 등)으로 아직도 널리 사용된다. 전 세계적으로 리튬전지가 발달하는 추세에도 불구하고, 납산축전지의 생산량이 줄어들지 않는 이유이다. 그러나 충전시간이 길고, 자기 방전(Self-discharge)으로 황산화(Sulfation)가 발생한다.

2) 구조

양(+)극으로 쓰이는 이산화 납판과 음(-)극으로 쓰이는 납판이 전해액(황산+증류수)에 잠겨 있는 구조이다. 구형 납 축전지는 밀폐 상태가 안 좋아 주기적으로 진한 황산을 채워 넣어주어야 했지만 현재 시판 중인 납 축전지는 내부가 완전히 밀폐되어 황산 누출의 위험이 없다.

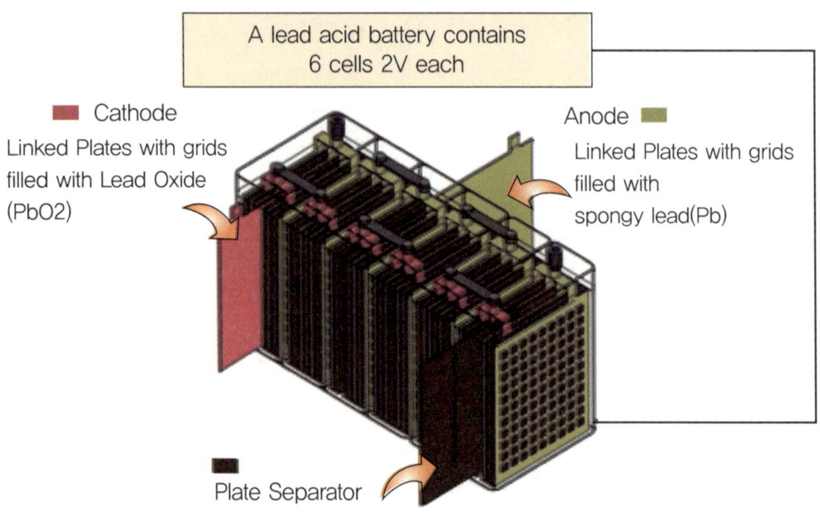

① **셀**(Cell)

각각의 양극판은 항상 2개의 음극판 사이에 배치되기 때문에, 항상 양극판보다 음극판이 1개 더 있다. 즉 각각의 셀의 끝단에 있는 판은 음극판이다. 판 사이에는 각 셀의 접촉 및 셀의 단락 방지를 위해 양극판과 음극판을 보호하는 다공성 격리판(Separator)이 있다. 셀당 2[V]의 기전력을 생성한다. 12[V] 축전지는 6개의 셀이고, 24[V] 축전지는 12개의 셀로 구성된다.

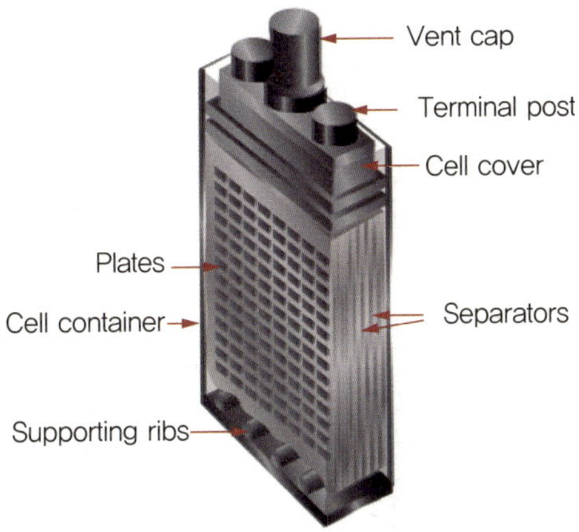

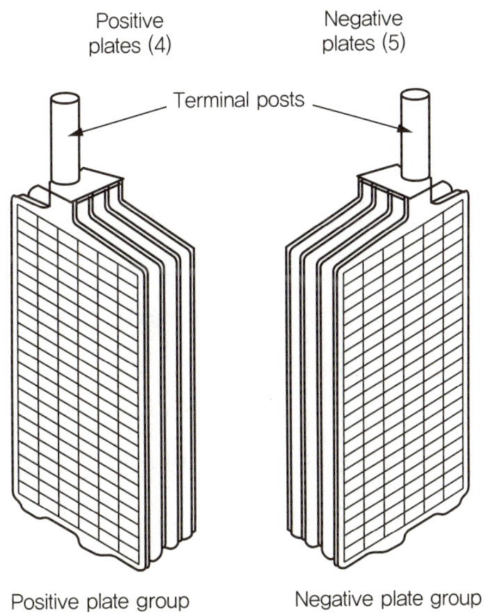

② **리브**(Rib)

격리판과 양 극판에 대해 하부에 수직으로 장착되어 있다. 전해액이 극판 주위에 자유롭게 순환하도록 한다.

③ Vent cap(=Plug)

각각의 셀은 Terminal post와 Vent plug의 구멍을 경질 고무로 덮여 있다. 구멍은 전해액의 농도를 시험하고 물을 보충하기 위한 입구이다. Vent cap은 비행기의 비행위치에 관계없이, 전해액 누출이 최소로 내부가스가 셀에서 새어 나오게 한다. 수평비행 시, 납추는 작은 구멍을 통해서 가스의 배출을 가능하게 하고, 배면비행 시, 배출 구멍은 납추에 의해 덮여 전해액 누설을 막는다.

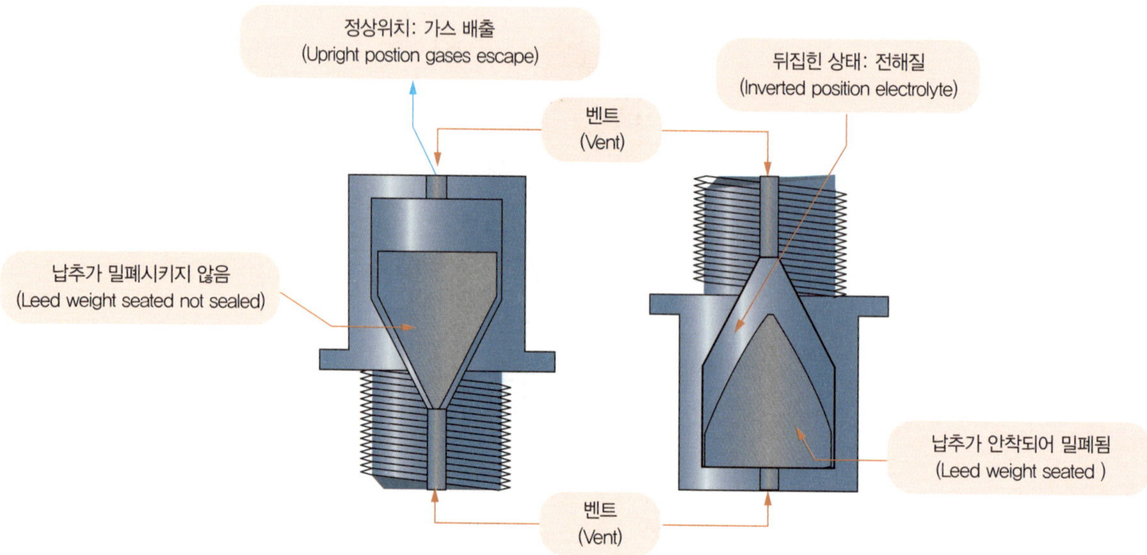

④ 전해액

완충된 축전지에서 전해액은 부피로 약 30[%]의 황산과 70[%]의 증류수이며, 비중이 1.3이다. 방전 시, 비중은 1.3 이하로 떨어진다. 항공기 배터리는 대개 적은 용량이지만, 과부하를 받게 되어 충전상태에 대해 명시된 값은 높을수록 좋다. 액체비중계 시험은 항공기에 장착된 모든 축전지에서 주기적으로 실시된다.

※ 비중(Specific gravity)

기준이 되는 물질의 밀도에 대한 상대적인 비를 나타낸다. 일반적으로 액체의 경우 1기압하에서 4[℃] 물을 기준으로 하고, 기체의 경우에는 21[℃] 공기를 기준으로 한다.

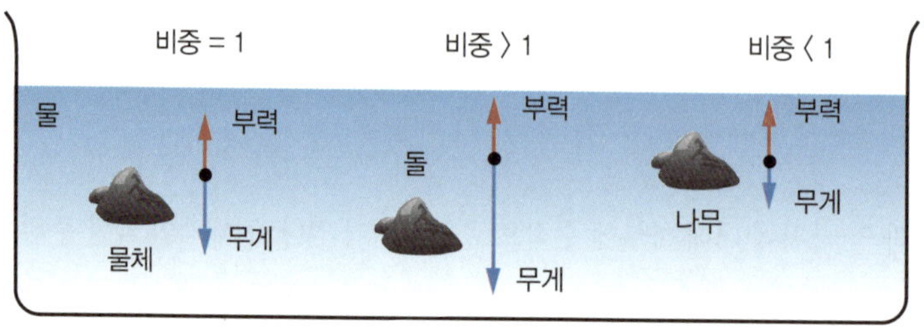

㉠ 전해액의 비중 : 묽은 황산의 비중은 물보다 크다.(물은 1)

- 방전 시 : 황산은 소비되고, 물은 생성된다.(비중 감소)
- 충전 시 : 물은 소비되고, 황산은 생성된다.(비중 증가)

1.3과 1.275 사이 : 높은 충전상태

1.275와 1.24 사이 : 중간 충전상태

1.24과 1.2 사이 : 낮은 충전상태

㉡ 전해액의 온도와 비중

- 전해액의 온도가 높으면, 황산이온 팽창으로 비중이 감소한다.
- 전해액의 온도가 낮으면, 황산이온 수축으로 비중이 증가한다.

전해액의 비중과 온도는 반비례 관계이다. 온도가 높아지면 비중은 낮아지고, 온도가 낮아지면 비중은 높아진다. 그 이유는 묽은 황산의 체적이 온도에 따라 팽창 또는 수축하여 단위 체적당 중량이 변화하기 때문이다. 비중측정 시, 온도가 변화할 때 실제의 비중에서 변화한다. 온도가 21 ~ 32[℃](70 ~ 90[℉]) 사이라면, 비중변화는 작아 보정은 필요없다. 온도가 90[℉] 이상이거나 또는 70[℉] 이하일 때, 보정계수를 적용해야 한다. 일부 액체비중계는 관 안쪽에 보정눈금이 있거나, 제조사의 보정표를 참고해서 전해액의 보정을 해야 한다.

Electrolyte Temperature		Points to Subtract From or Add to Specific Gravity Readings
℃	℉	12volt
+60	+140	+0.024
+55	+130	+0.020
+49	+120	+0.016
+43	+110	+0.012
+38	+100	+0.008
+33	+90	+0.004
+27	+80	0
+23	+70	-0.004
+15	+60	-0.008
+10	+50	-0.012
+05	+40	-0.016
-02	+30	-0.020
-07	+20	-0.024
-13	+10	-0.028
-18	0	-0.032
-23	-10	-0.036
-28	-20	-0.040
-35	-30	-0.044

또한 황산이 납을 산화시켜 방전이 일어나는데, 온도가 낮은 겨울에는 산화가 원활하지 못하여 배터리 용량이 감소한다.

BATTERY STATE - OF - CHARGE(SoC) TABLE
(Temperature Compensated)

Electrolyte Temperature		Standard(Sb/Sb) Battery					AGM/Gel Cell(Ca/Ca) Battery				
		Open Circuit Voltage					Open Circuit Voltage				
Degrees Fahrenheit	Degrees Celcius	100% SoC	75% SoC	50% SoC	25% SoC	0% SoC	100% SoC	75% SoC	50% SoC	25% SoC	0% SoC
120	48.9	12.663	12.463	12.253	12.073	11.903	12.813	12.613	12.413	12.013	11.813
110	43.3	12.661	12.461	12.251	12.071	11.901	12.811	12.611	12.411	12.011	11.811
100	37.8	12.658	12.458	12.248	12.068	11.898	12.808	12.608	12.408	12.008	11.808
90	32.2	12.655	12.455	12.245	12.065	11.895	12.805	12.607	12.405	12.005	11.805
80	26.7	12.650	12.450	12.240	12.060	11.890	12.800	12.600	12.400	12.000	11.800
70	21.1	12.643	12.443	12.233	12.053	11.883	12.793	12.593	12.393	11.993	11.793
60	15.6	12.634	12.434	12.224	12.044	11.874	12.784	12.584	12.384	11.974	11.784
50	10	12.622	12.422	12.212	12.032	11.862	12.772	12.572	12.372	11.072	11.772
40	4.4	12.606	12.406	12.196	12.016	11.846	12.756	12.556	12.356	11.956	11.756
30	-1.1	12.588	12.388	12.178	11.998	11.828	12.738	12.538	12.338	11.938	11.738
20	-6.7	12.566	12.366	12.156	11.979	11.806	12.716	12.516	12.316	11.916	11.716
10	-12.2	12.542	12.342	12.132	11.952	11.782	12.692	12.492	12.292	11.892	11.692
0	-17.8	12.516	12.316	12.106	11.926	11.756	12.666	12.466	12.266	11.866	11.666

ⓒ 전해액 보충

- 자연감소 시 : 물이 증발한 것이므로, 증류수만 보충한다.
- 다량누설 시 : 누설된 전해액과 같은 비중의 전해액을 보충한다.

높이는 극판에서 10 ~ 12[mm]로 유지하고, 누설되거나 피부에 닿은 곳은 알칼리 성분(중탄산나트륨)으로 중화시키고 물로 세척한다.

ⓓ 전해액 제작

산화되지 않는 용기를 사용해서 증류수(70%)에 황산(35%)을 조금씩 부어 섞는다(황산에 증류수를 부으면 심한 열이 발생하여 위험하다).

3) 화학반응

셀 내부는 황산과 60[°F]에서 비중 1.27의 증류수로 구성된 전해액으로 채워진다. 다른 이온과 결합이 자유로운 양의 수소이온과 음의 황산염이온(SO_4)을 포함하고 있으며 새로운 화합물을 형성한다. 방전되었을 때, 전자는 음극판을 떠나 양극판의 이산화납(PbO_2)에서 음의 산소이온과 양의 납이온으로 분해하게 한다. 음의 산소이온은 황산으로부터 양의 수소이온과 결합하고 물(H_2O)을 형성한다. 음의 황산염이온은 양쪽 판에서 납이온과 결합하고 황산납($PbSO_4$)을 형성한다. 방전 후, 비중은 약 1.15으로 바뀐다.

$$\underset{\text{양극}}{PbO_2} + \underset{\text{전해액}}{2H_2SO_4} + \underset{\text{음극}}{Pb} \underset{\text{CHARGE}}{\overset{\text{DISCHARGE}}{\rightleftharpoons}} \underset{\text{양극}}{PbSO_4} + \underset{\text{전해액}}{H_2O} + \underset{\text{음극}}{PbSO_4}$$

LEAD DIOXIDE + DILUTE SULPHURIC ACID + LEAD ⇄ LEAD SULPHATE + WATER + LEAD SULPHATE

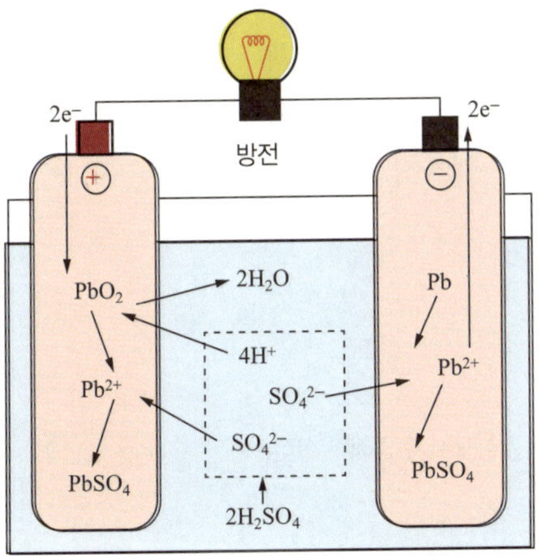

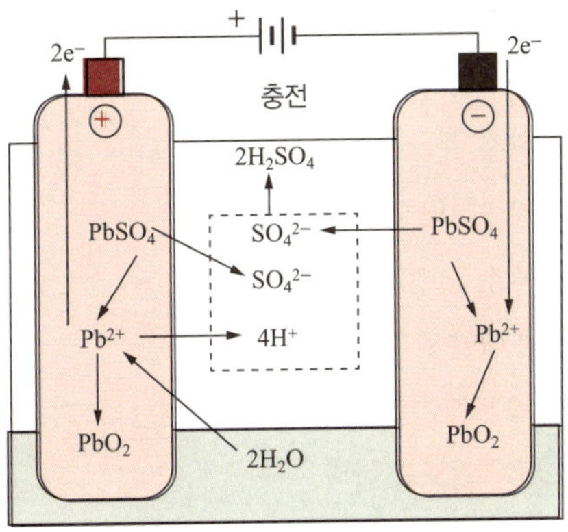

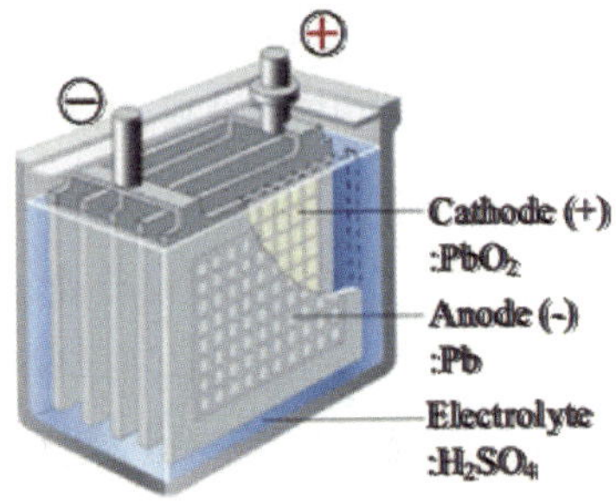

4) 시험방법

배터리의 충전상태는 전해액의 밀도로 지시되고 액체의 비중은 물과 비교해서 무게를 측정하는 액체비중계로서 점검된다. 일반적으로 액체비중계(Hydrometer)는 유리관 내에는 1.1 ~ 1.3 범위의 눈금이 있다. 전해액은 밀도에 의해 결정되고 관 안으로 끌어올려진 높이만큼 지시된 측정값은 전해액의 비중이다.

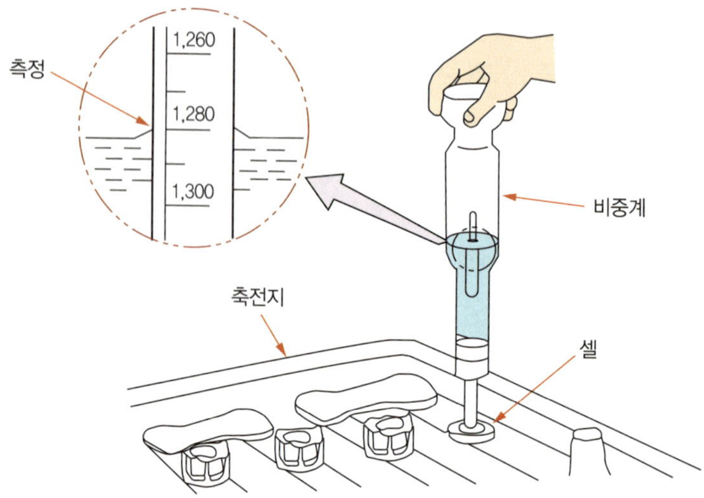

5) 충전 시 주의사항

① 통풍이 잘되는 곳에서 수행해야 한다.

② 충전 중 축전지에 충격을 가하지 말아야 한다.

③ 터미널 단자 배선을 반대로 연결하면 안된다.

④ 충전기(Battery charger)의 접지선을 접지해야 한다.

⑤ 전해액 비중조정은 충전 후에 해야 한다.

⑥ 화기 접근 및 스파크 발생에 주의해야 한다.(충전 시 발생하는 수소가스가 폭발성으로 주의해야 한다.)

⑦ 전해액 온도가 45[℃] 이상 되지 않도록 한다.

(5) 니켈 카드뮴 축전지(Nickel cadmium battery)

현재 터보프롭과 터보제트 항공기에 사용되는 가장 일반적인 축전지이다. 전압강하(Voltage drop) 없이 고속으로 전기를 제공하고 충전 시간을 단축시키는 높은 충전 속도를 가지고 있다. 단, 배터리가 과열로 인해 파손될 우려가 있다. 전해액으로 알칼리 용액을 사용하기 때문에 알칼리 축전지라고 불리며, 일반적으로(+)극에는 수산화 니켈을 사용한다. (-)극에 철을 사용하지만, 일반적으로 많이 쓰이는 금속은 카드뮴을 사용한 니켈-카드뮴(Ni-Cd)전지이다.

1) 특징

전해액이 화학반응에 참여하지 않아 용량변화가 없기 때문에 가혹한 조건에서도 장기간 사용 가능하다.(납산 축전지의 2~3배로 약 30년) 유지보수 비용이 적다. 전류 사용대비 용량 감소가 적어 성능이 우수하고, 충·방전 시 전압의 변화가 적다. 재충전 시간이 짧다. 진동에 강하고 자기 방전이 적고 내구성이 우수하다. 각종 무기나 로켓용, 중요한 예비전원에 사용되고 있다. 저온에서의 안정성 때문에 전기차나 하이브리드 자동차에 적용되기도 한다. 가격이 비교적 비싸다. 자원부족으로 대량생산이 어렵다. 에너지 밀도가 낮다.(셀당 전압 1.2~1.25[V]으로, 12[V]는 직렬로 10개, 24[V]는 직렬로 19개 연결)

2) 구조

일반적으로 스테인리스강, 티타늄의 금속 케이스에 다수의 셀이 들어 있다. 셀은 12[V] 또는 24[V]를 얻기 위해 직렬로 연결된다. 셀은 높은 전도성의 니켈 구리에 의해 연결된다. 내부의 셀은 격막, 라이너(Liner), 스페이서(Spacer), 덮개(Cover assembly)에 의해 고정된다. 니켈카드뮴축전지는 과충전 상황 시, 생산된 가스의 배출과 정상작동 시, 냉각을 위해 환기장치를 갖추고 있다. 항공기용은 배기식 셀(Vented cell)이다. 과충전 또는 과방전되었을 때 발생된 산소가스와 수소가스를 배출시키는 배출밸브(Vent valve) 또는 저압 방출밸브(Low pressure release valve)를 갖추고 있어 축전지의 과도한 충전, 방전, 음전하 충전에 의해 손상되지 않게 한다. 상태를 감시하는 결함 보호장치(Fault protection system)를 갖추고 있다.

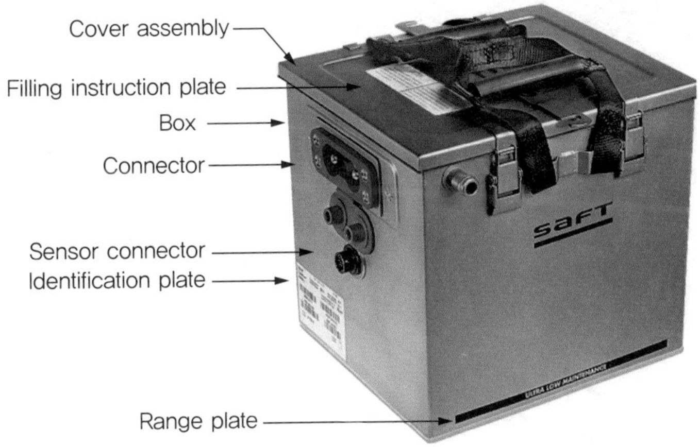

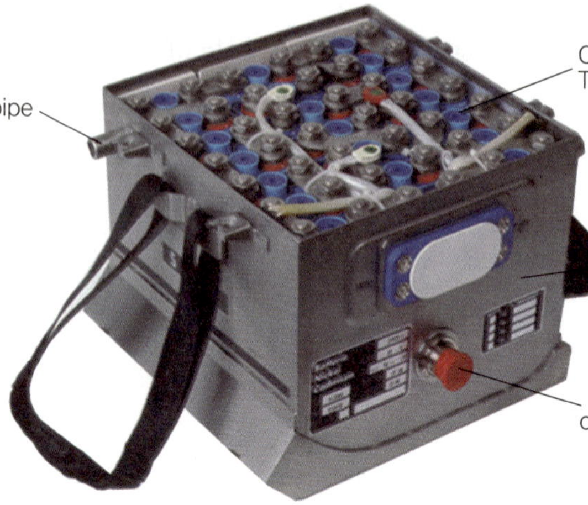
Vent pipe
Cell
Terminals
Container
Main
connector

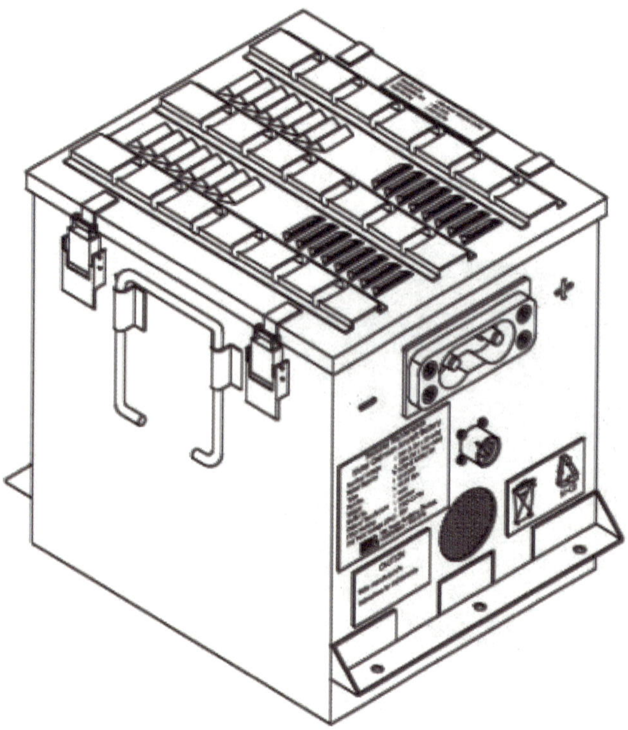

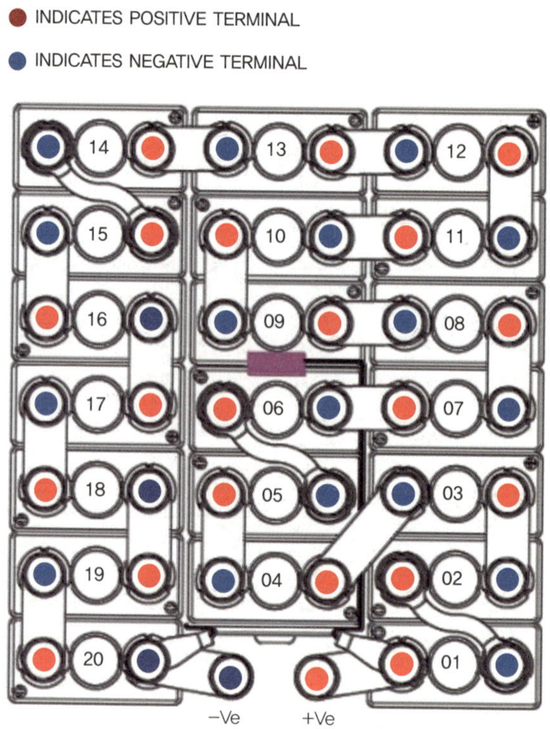
INDICATES POSITIVE TERMINAL
INDICATES NEGATIVE TERMINAL
14
13
12
15
10
11
16
09
08
17
06
07
18
05
03
19
04
02
20
01
−Ve
+Ve

① **셀**(Cell) : 충전된(+)극판에는 수산화니켈(NiOOH), (-)극판에는 스펀지 카드뮴(Cd)이다.

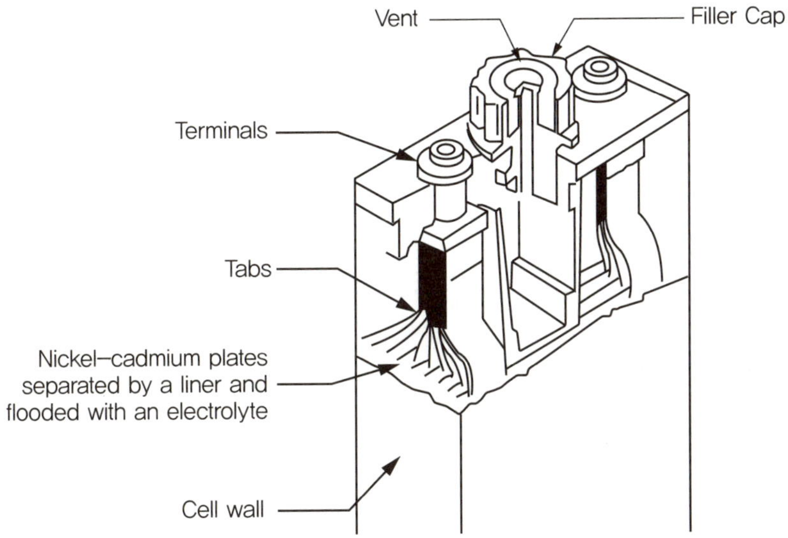

② **전해액** : 20~34%의 수산화칼륨(KOH)을 순수한 증류수로 희석한 수산화칼륨용액이다. 화학반응에 참여하지 않고 통전 역할만 한다. 충·방전 시, 비중의 변화가 거의 없다.(비중 1.24 ~ 1.3)

③ **화학반응**

양극 음극 양극 음극

$$Ni(OH)_3 + Cd \underset{\text{DISCHARGE}}{\overset{\text{CHARGE}}{\leftrightarrows}} Ni(OH)_2 + CdOH$$

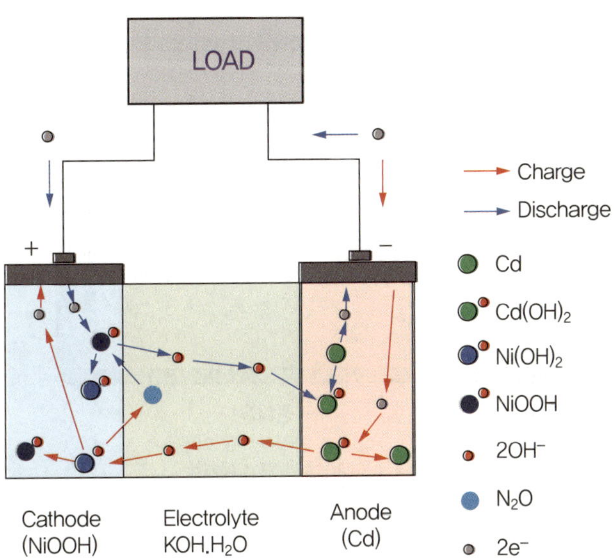

4) 취급 시 주의사항

① 납산축전지와 분리해서 보관한다(전해액이 반대의 성질).

② 수산화칼륨이 독성 및 부식성이 강하다(아세트산, 레몬주스, 붕산염으로 중화).

③ 전해액이 이산화탄소와 결합하여 탄산칼륨을 생성하므로 세척 시 캡을 막아야 한다.

5) 충전 시 주의사항

① 완전방전 후, 재충전 시 각 셀을 단락시켜 전위차를 0[V]로 한다.

② 완충 후 3~4시간 경과 전에 물을 넣어서는 안 된다.

③ 과충전, 고온, 전해액의 과다 등으로 탄산칼륨이 발생한다.

(6) 리튬 이온 축전지(Lithium ion battery)

현재는 상용 및 항공기에서도 사용되고 있다. FAA는 항공기에 사용할 리튬이온을 인증하여 B787기에 탑재되었다. 최근 에너지저장장치(ESS)에도 사용되고, 스마트폰에도 사용되기 때문에 전 세계적으로 많이 생산량이 빠르게 늘고 있는 축전지이다. 가장 가벼운 금속으로 단위 무게당 큰 에너지 밀도(Ni-Cd 전지에 비해 약 2배의 용량)와 자기 방전이 적다.(Ni-Cd 전지에 비해 약 3배) 수명이 매우 길고 내구성이 좋다. 충·방전 효율이 높다. 최근 ESS에 사용된 축전지의 폭발 사고가 발생하는데, 전해액이 가연성이고 충격에 약하기 때문이다.

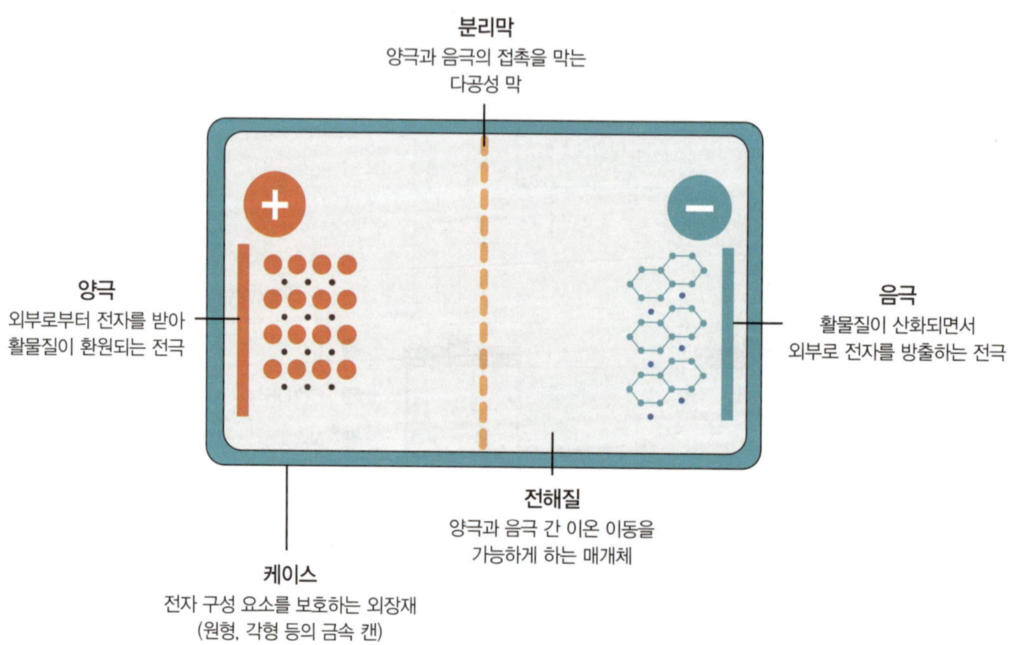

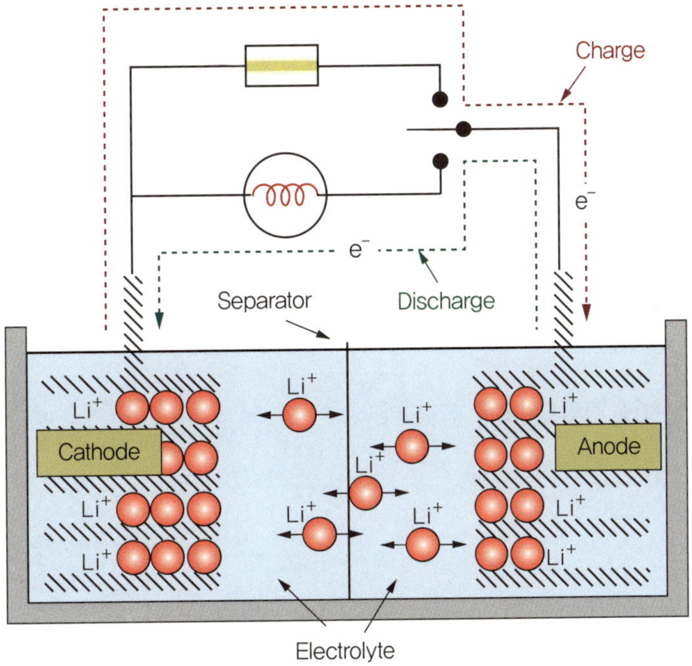

※ 축전지 전압

배터리 전압은 내부 화학 재료에 따라 달라진다.

배터리명	전압
망간, 알칼라인	1.5[V]
Silver Oxide	1.55[V]
Zinc Air	1.4[V]
Ni-cd, Ni-MH	1.2[V]
리튬이온	3[V]

(7) 축전지 용량(정격)

완충된 상태에 있는 축전지를 어떤 일정한 전류로 방전 완료 전압까지 방전시켰을 때, 그동안 축전지로부터 얻을 수 있는 총전기량 또는 전력량이다.

1) 단위

[AH](암페어시) = [A](방전전류) × [H](방전시간)

2) 방전율

항공기 축전지는 5시간을 정격용량으로 제정되었다.

3) 용량의 3요소

① 셀당 극판수

② 전해액량

③ 극판의 넓이 또는 크기(병렬연결)

4) 온도

방전전류가 크면 축전지에 열이 발생하여 내부저항이 증가하고, 효율과 용량이 감소한다.

5) 직렬연결

셀을 추가하여 연결할수록 전압이 증가한다. 단, 용량은 동일하게 유지된다.

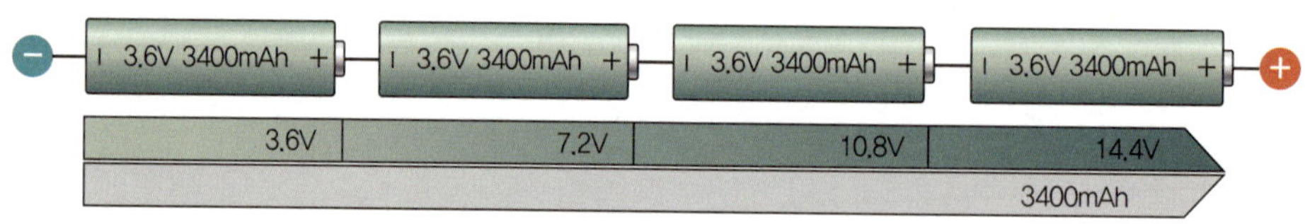

불량 셀은 전압을 낮추고 장비를 조기에 차단시킨다.

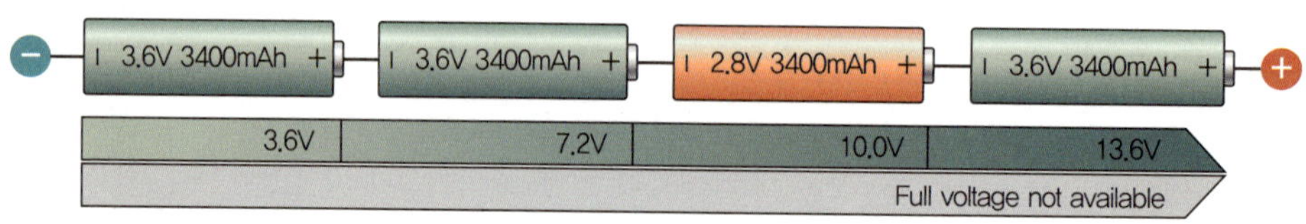

6) 병렬연결

전압이 동일하게 유지되며 용량과 구동 시간은 증가된다.

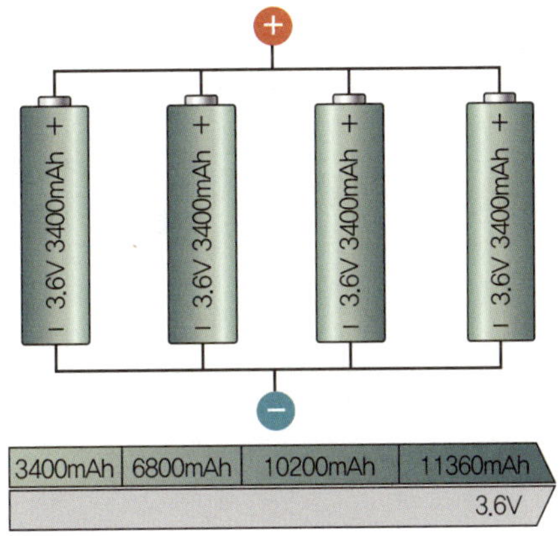

전압에 영향을 미치지 않지만, 용량 감소로 구동시간이 줄어든다.

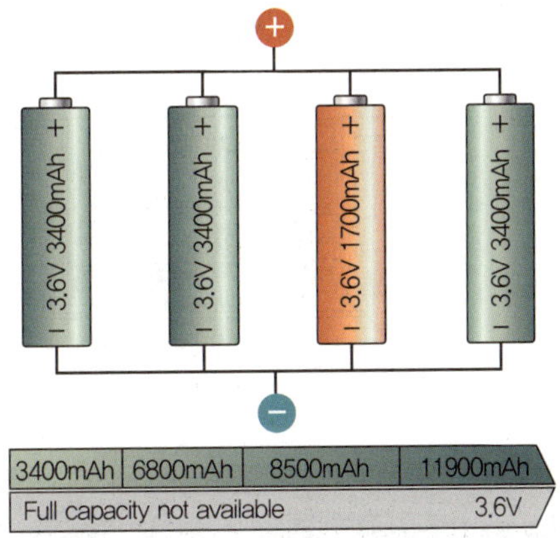

※ 축전지 위치(B737)

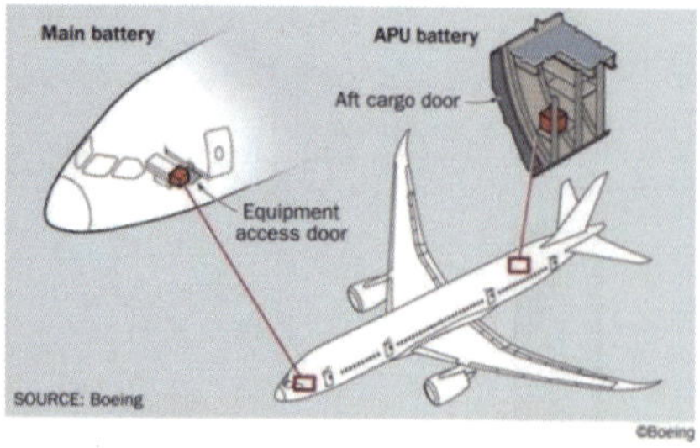
Main battery
APU battery
Aft cargo door
Equipment access door
SOURCE: Boeing
©Boeing

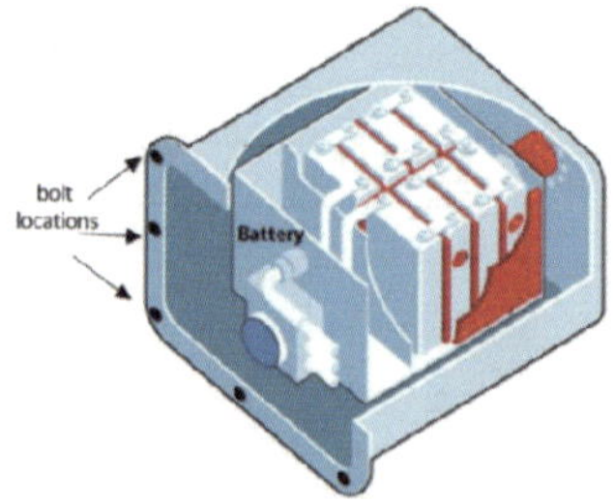
bolt locations
Battery

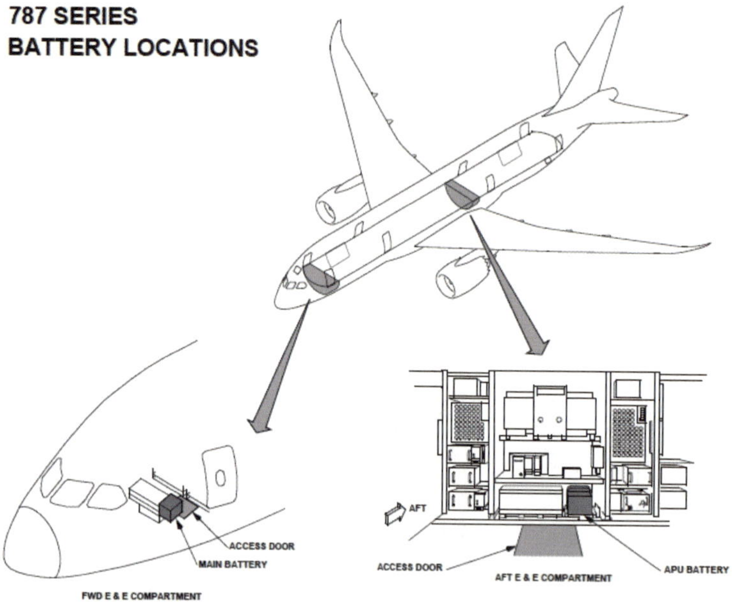
787 SERIES
BATTERY LOCATIONS
ACCESS DOOR
MAIN BATTERY
FWD E & E COMPARTMENT
AFT
ACCESS DOOR
AFT E & E COMPARTMENT
APU BATTERY

(8) 축전지 충전방법

1) 정전압 충전법

항공기 내에서 축전지는 항공기 발전기계통으로부터 직류로서 충전된다. 발전기전압이 전압조절기의 사용으로 유지된다. 조절된 전압을 배터리에 넣는다. 충전 시작단계에서 전류는 높지만, 자동적으로 배터리가 완전히 충전되었을 때 약 1[A]로 충전전류는 감소된다. 가스발생이 거의 없고, 충전능률도 우수하다. 충전완료시간을 예측할 수 없어 과정 중에 충전 상태를 확인해서 과충전을 방지해야 한다. 여러 개의 축전지를 동시에 충전하려면 용량에 관계없이 병렬로 연결하여 충전한다.

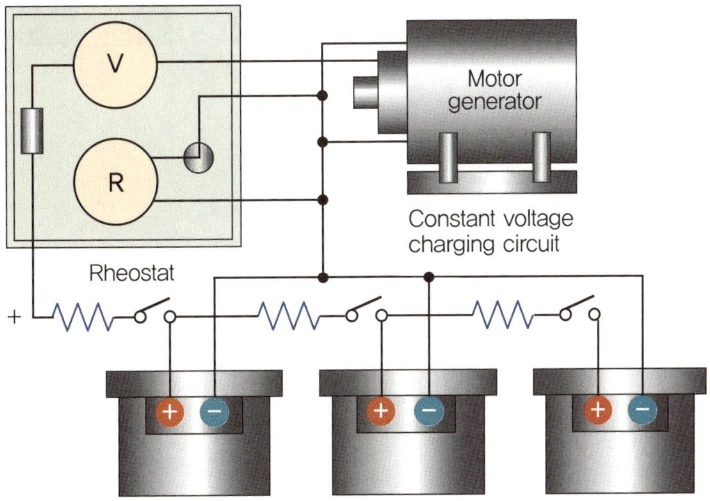

2) 정전류 충전법

충전기(Battery charger)를 통해 일정한 전류를 계속 흘리면서 충전하는 방법으로, 배터리가 충전됨에 따라 전압이 높아지기 때문에 전류를 공급하는 쪽의 전압을 계속 높여야 한다. 충전가스를 많이 발생시키며, 충전완료시간을 예상할 수 있지만, 충전 소요시간이 길다. 예상시간을 주의하지 않으면 과충전의 우려가 있다. 충전전류는 축전지 용량의 10% 정도로 한다. 여러 개의 축전지를 동시에 충전할 경우, 전압에 상관없이 용량이 작은 것부터 직렬로 연결하여 충전한다. 단, 용량과 전압이 다른 경우, 전압이 2배이고 용량이 절반인 축전지는 병렬로, 전압이 절반이고 용량이 2배인 축전지는 직렬로 연결하여 충전한다.

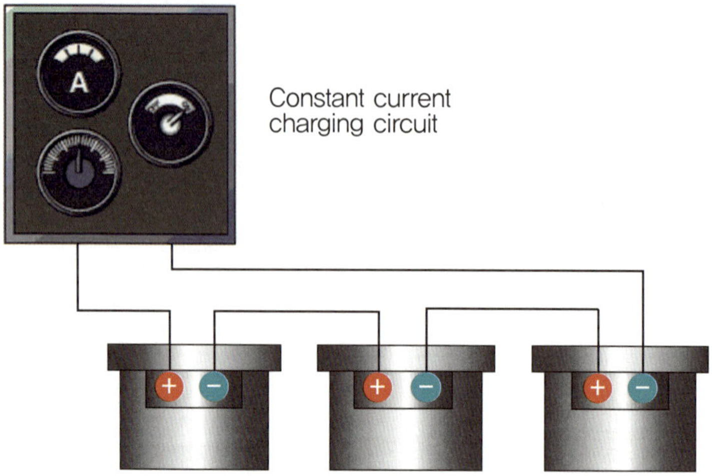

※ 축전지 단자 식별

1) 양극단자는(+), POS, 적색으로 표시되어 있다.

2) 음극단자는(-), NEG, 흑색으로 표시되어 있다.

3) 양극단자의 지름이 음극단자보다 크다.

4) 장탈 시(-)단자를 우선 분리하고, 장착 시(+)단자를 우선 연결한다.

PART

9 전력계통 – 축전지 기출문제

1. 납산 축전지(Lead acid battery)의 양극판과 음극판의 수에 대한 설명으로 옳은 것은?

① 같다.

② 양극판이 한 개 더 있다.

③ 양극판이 두 개 더 있다.

④ 음극판이 한 개 더 있다.

정답 ④

풀이

양극판이 음극판보다 더 활성적이므로 양극판을 보호하고 용량을 증대시킬 목적으로 음극판을 1장 더 두고 있다. 그러므로 양극판은 항상 음극판 사이에 있게 되며, 각 셀의 양면에는 음극판이 있게 된다.

2. 납산 축전지(Lead acid battery)에서 사용되는 전해액은?

① 수산화칼륨 용액

② 불산 용액

③ 수산화나트륨 용액

④ 묽은 황산 용액

정답 ④

풀이

납산 축전지를 충, 방전시키면 내부에서는 양극판과 음극판이 전해액과 화학반응을 일으킨다. 충, 방전 작용은 양극판의 활성물질인 과산화납과 음극판의 활성물질인 해면상납 및 전해액인 묽은 황산에 의하여 형성된다.

3. 황산 납 축전지(Lead acid battery)의 충전 작용의 결과로 나타나는 현상은?

① 전해액 속의 황산의 양은 줄어든다.

② 물의 양은 증가하고 전해액은 묽어진다.

③ 내부 저항은 증가하고 단자 전압은 감소한다.

④ 양극판은 과산화납으로, 음극판은 해면상납이 된다.

정답 ④

풀이

납산 축전지를 충, 방전시키면 내부에서는 양극판과 음극판이 전해액과 화학반응을 일으킨다. 충전 작용은 양극판의 활성물질인 과산화납과 음극판의 활성물질인 해면상납이 전해액인 묽은 황산에 의하여 형성된다. 충전 시에는 황산의 양이 증가하고 물의 양은 감소한여 비중은 커진다.

4. 납산 축전지의 셀당 전압은?

① 1.1[V] ② 2.2[V] ③ 3.3[V] ④ 4.4[V]

정답 ②

풀이

항공기용 황산납 축전지의 cell 당 전압은 2[V]이다.

5. 항공기에 많이 사용되는 납축전지의 전압과 셀의 수를 옳게 짝지어진 것은?

① 12[V] – 2개, 24[V] – 4개 ② 12[V] – 4개, 24[V] – 8개

③ 12[V] – 6개, 24[V] – 12개 ④ 12[V] – 12개, 24[V] – 24개

정답 ③

풀이

항공기용 황산납 축전지의 cell 당 전압은 2[V]이다. 12[V]는 6개의 셀이 직렬로 연결되어 있고, 24[V]는 12개의 셀이 직렬로 연결되어 있다.

6. 24[V] 납산축전지(Lead acid battery)를 장착한 항공기가 비행 중 모선(Main base)에 걸리는 전압은 몇 [V]인가?

① 12[V] ② 14[V] ③ 24[V] ④ 28[V]

정답 ④

풀이

축전지에 공급되는 전압은 전압강하를 고려하여 12[V] 축전지의 경우는 14[V]이고, 24[V] 축전지의 경우는 28[V]이다.

7. 납산축전지(Lead acid battery) 에 사용되는 전해액의 비중은 온도에 따라 변화하여 비중계를 사용시 온도를 고려해야 하지만 일정한 온도 범위에서는 비중의 변화가 적기 때문에 고려하지 않아도 되는데 이러한 온도범위는?

① 0~30[℉] ② 30~60[℉] ③ 70~90[℉] ④ 100~130[℉]

정답 ③

풀이

전해액의 비중은 온도변화에 따라 변동한다. 따라서, 비중계를 사용할 때에는 전해액의 온도를 고려해야 한다. 측정한 비중에서 축전지의 충·방전 상태를 판단할 경우에는 표준온도 20[℃]일 때 비중값으로 환산하여야 한다. 하지만, 전해액의 온도에 따른 비중은 21~32[℃](70~90[℉])에서는 변화가 적기 때문에 굳이 표준온도로 환산(수정)할 필요는 없다.

8. 황산납축전지 캡(Cap)의 용도가 아닌 것은?

① 외부와 내부의 전선연결 ② 전해액의 보충, 비중측정

③ 충전 시 발생되는 가스배출 ④ 배면비행 시 전해액의 누설방지

정답 ①

풀이

전해액은 강한 부식성이 있어 취급 시에는 보안경, 고무장갑, 고무 앞치마 등을 착용하고, 피부에 닿았을 때는 중화제로 세척한다. 완전히 충전된 후 3~4시간 방치한 후, 레벨 조절을 위해 물 또는 전해액을 규정 레벨까지 보충한다. 전해액을 만들기 위해서는 증류수에 수산화칼륨을 조금씩 부어 섞는다. 전해액이 공기 중의 이산화탄소와 결합하여 흰색의 탄산칼륨을 만들 수 있으므로 축전지 세척 시 캡을 꼭 막는다. 외부의 축전지 단자(Battery terminal)와 축전지 내부의 과산화납과 연결되어 있기에 산화되기 쉬어 부식이 발생한다. 부식을 제거하지 않고 방치해두면 충,방전 작용이 원활히 이루어

지지 않아 축전지 수명이 단축된다. 만약 부식이 발생하였을 때는 부식물을 깨끗이 제거한 다음 그리스(Grease)를 얇게 발라주어야 한다.

① 캡(Cap) : 비중측정 및 증류수 보충

② 벤트 : 캡 위에 구멍 2곳이 있고, 충전 시 발생하는 가스배출

③ 납추 : 캡 내부에 위치하고, 기울어지면 닫혀서 전해액이 새어나오는 것을 방지

9. 황산납 축전지(Lead acid battery)의 과충전 상태를 의심할 수 있는 증상이 아닌 것은?

① 전해액이 축전지 밖으로 흘러나오는 경우

② 축전지에 흰색 침전물이 너무 많이 묻어 있는 경우

③ 축전지 셀 케이스가 부풀어 오른 경우

④ 축전지 윗면 캡 주위에 약간의 탄산칼륨이 있는 경우

정답 ②

풀이

축전지 셀의 케이스가 구부러졌거나 찌그러진 경우는 축전지가 과충전 되었거나 열에 의하여 변형된 것이므로 셀을 교환해야 한다. 탄산칼륨의 결정체가 너무 많이 형성되어 있을 때에는, 과충전되었거나 온도와 전해액이 너무 높아 흘러나온 경우이다. 이 때에는 전해액의 높이를 점검하고, 축전지를 깨끗이 닦아낸 다음에 정전류 충전법에 의하여 재충전한다. 전해액이 공기 중의 이산화탄소와 결합하여 흰색의 탄산칼륨을 만들 수 있으므로 축전지 세척 시 캡을 꼭 막는다. 외부의 축전지 단자(Battery terminal)와 축전지 내부의 과산화납과 연결되어 있기에 산화되기 쉬어 부식이 발생한다. 부식을 제거하지 않고 방치해두면 충,방전 작용이 원활히 이루어지지 않아 축전지 수명이 단축된다. 만약 부식이 발생하였을 때는 부식물을 깨끗이 제거한 다음 그리스(Grease)를 얇게 발라주어야 한다.

10. 연축전지(Lead-acid battery)에 대한 설명으로 가장 올바른 것은?

① 축전지의 충전상태는 전해액의 온도를 측정한다.

② 축전지 여러 개를 충전할 때 정전류법은 병렬로 연결하여 충전한다.

③ 축전지 여러 개를 충전할 때 정전압법은 병렬로 연결하여 충전한다.

④ 정전류법으로 충전할 때에는 반드시 시작 전에 캡을 닫아 놓아야 한다.

정답 ③

풀이

① 정전류 충전법 : 충전기에 직렬로 연결해서 용량이 작은 것부터 충전하는데, 충전전류는 축전지 용량의 10% 정도로 한다. 충전 완료 시간을 미리 예측할 수 있어 과충전의 위험을 예방할 수 있으나 지나치면 과충전의 염려가 있다. 또한 충전 시간이 길며, 가스 발생량이 많아 폭발 위험성이 크다.

② 정전압 충전법 : 구동발전기 또는 전압이 일정하게 조절되는 축전지를 사용한다. 축전지에 공급되는 전압은 전압강하를 고려해서 12[V] 축전지는 14[V], 24[V] 축전지는 28[V]이다. 축전지 여러 개를 동시에 충전하려면 병렬로 연결한다. 규정 용량의 충전 완료 시간을 미리 예측할 수 없기 때문에, 일정 시간 간격으로 충전 상태를 확인하여 축전지가 과충전 되지 않도록 주의해야 한다. 충전 초기에 전류값이 커서 열로 인한 극판 손상 우려가 있다. 그러나 충전이 진행됨에 따라 차츰 전류가 감소하여 가스발생이 거의 없어지며 충전능률도 우수해 진다.

11. 니켈-카드뮴 축전지에 대한 설명으로 틀린 것은?

① 전해액은 질산계의 산성액이다.

② 진동이 심한 장소에 사용 가능하고, 부식성 가스를 거의 방출하지 않는다.

③ 과부하 특성이 좋고 큰 전류 방전 시 안정된 전압을 유지한다.

④ 한 개의 셀(Cell)의 기전력은 무부하 상태에서 1.2~1.25[V] 정도이다.

정답 ①

풀이

전해액은 비중 1.30의 알칼리성인 수산화칼륨(KOH)을 사용한다. 화학반응에 관여없이 극판 사이의 도체로 사용되므로 비중 변화는 없어 가혹한 조건에서도 장기간 사용 가능하다(납산 축전지의 2 ~ 3배로 약 30년). 유지보수 비용이 적다. 전류 사용대비 용량 감소가 적어 성능이 우수하고, 충방전 시 전압의 변화가 적다. 가스의 발생이 거의 없고 재충전 시간이 짧다. 진동에 강하고 자기 방전이 적고 내구성이 우수하다. 1셀의 기전력은 무부하 상태에서 1.3~1.4[V]지만, 부하가 가해지면 1.2[V]로 안정된다.

12. 니켈-카드뮴 축전지의 특성에 대한 설명으로 옳은 것은?

① 양극은 카드뮴이고 음극은 수산화니켈이다.

② 방전 시 수분이 증발되므로 물을 보충해야 한다.

③ 충전 시 음극에서 산소가 발생되고, 양극에서 수소가 발생된다.

④ 전해액은 KOH이며 셀당 전압은 약 1.2~1.25[V] 정도이다.

정답 ④

풀이

전해액은 비중 1.30의 수산화칼륨(KOH)을 사용한다. 화학반응에 관여없이 극판 사이의 도체로 사용되므로 비중 변화는 없다. 니켈-카드뮴 축전지의 기본 단위는 셀(Cell)이고, 셀당 전압은 1.2~1.25[V]이고, 내부 저항을 고려해서 12[V] 축전지는 10개의 셀을, 24[V] 축전지는 19개의 셀을 직렬로 연결해서 사용한다. 대형 항공기에서는 20셀 또는 22셀의 축전지를 사용한다. 1셀의 기전력은 무부하 상태에서 1.3~1.4[V]지만, 부하가 가해지면 1.2[V]로 안정된다.

13. 니켈-카드뮴 축전지의 특성이 아닌 것은?

① 고온 특성이 양호하다.

② 고부하 특성이 좋다.

③ 큰 전류를 일시에 공급해도 안정된 전압을 유지한다.

④ 진동이 심한 장소에도 사용할 수 있다.

정답 ③

풀이

고부하 특성이 좋고 큰 전류 방전 시에도 안정된 전압을 유지한다. 저온 특성이 양호하여 -40℃에도 규정용량의 75%는 방전할 수 있다. 진동에 강하며 부식성 가스를 거의 방출하지 않는다.

14. NI-Cd 축전지에 대한 설명 중 가장 올바른 것은?

① 전해액의 부식성이 적어 안전하다.

② 단위 Cell 당 전압은 연 축전지보다 높다.

③ 방전할 때는 음극판이 3수산화니켈이 된다.

④ 연 축전지에 비해 수명이 길다.

정답 ④

풀이

〈NI-Cd 축전지의 특징〉

① 전해액이 화학반응에 참여하지 않아 수명이 길다.(납산축전지의 2~3배)

② 유지보수비가 적게 든다.

③ 고율방전 시 성능이 우수하다.

④ 충방전 시 전압의 변화가 적다.

⑤ 재충전 소요시간이 짧다.

⑥ 고부하에서도 내구성이 좋다.

⑦ 가격이 비싸다.

⑧ 자원부족으로 대량생산이 어렵다.

⑨ 에너지 밀도가 낮다.(셀당 전압이 1.2~1.25V)

15. 장시간 사용하지 않고 저장되었던 니켈-카드뮴 축전지의 전해액 높이에 대한 설명으로 옳은 것은?

① 정상보다 낮게 나타낸다.

② 정상보다 높게 나타낸다.

③ 정상 상태의 높이를 나타낸다.

④ 온도에 따라서 높게 또는 낮게 나타낸다.

정답 ①

풀이

장시간 미사용 시, 방전되어 전해액이 극판에 흡수되어 액면이 낮아진다..

16. 알칼리 축전지(Ni-Cd)의 전해액 점검사항으로 옳은 것은?

① 온도와 점도를 정기적으로 점검하여 일정수준 이상 유지해야 한다.

② 비중은 측정할 필요가 없지만 액량은 측정하고 정확히 보존하여야 한다.

③ 일정한 온도와 염도를 유지해야 한다.

④ 비중과 색을 정기적으로 점검해야 한다.

정답 ②

풀이

양극(+)판에 수산화니켈2, 음극(-)판에 카드뮴, 전해액에 수산화칼륨을 사용한 축전지로서, 전해액은 비중 1.30의 수산화칼륨(KOH)을 사용한다. 화학반응에 관여하지 않아 극판 사이의 도체로 사용되므로 비중 변화는 없어 비중은 측정할 필요는 없다. 과충전 시 음극판에서 수소가스와 양극판에서 산소가스가 발생하여 상호 재결합으로 물이 만들어진다. 그러나, 재결합보다 가스발생 속도가 빠르면 압력으로 인해 안전밸브(Cell relief valve)가 열리고, 물이 분출되어 액량에 변화가 생기고, 충방전 상태를 확인할 수 있다. 납산축전지보다 무게에 비해 효율이 좋고 수명이 길고 저항이 작아 큰 전류를 필요로 하는 곳이나 비행기의 시동 시 사용되며, 전기 자동차에도 사용된다. 니켈-카드뮴 축전지의 기본 단위는 셀(Cell)이고, 셀당 전압은 1.2~1.25[V]이고, 내부 저항을 고려해서 12[V] 축전지는 10개의 셀을, 24[V] 축전지는 19개의 셀을 직렬로 연결해서 사용한다. 대형 항공기에서는 20셀 또는 22셀의 축전지를 사용한다. 1셀의 기전력은 무부하 상태에서 1.3~1.4[V]지만, 부하가 가해지면 1.2[V]로 안정된다.

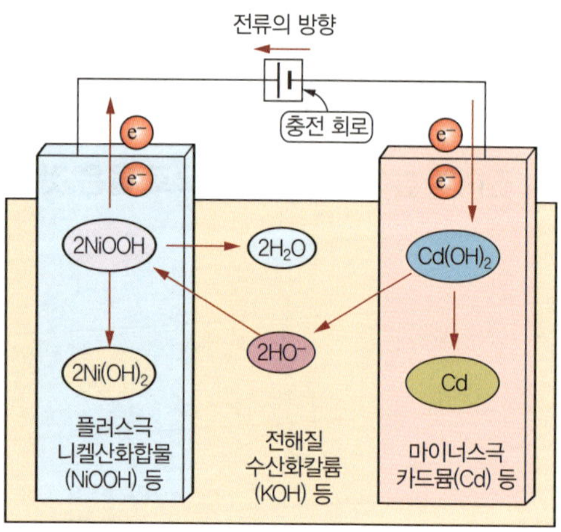

플러스극에서의 반응: $2Ni(OH)_2+2OH^- \rightarrow 2NiOOH+2H_2O+2e^-$
마이너스극에서의 반응: $Cd(OH)_2+2e^- \rightarrow Cd+OH^-$
전체의 반응 식: $2Ni(OH)_2+2Cd(OH)_2 \rightarrow 2NiOOH+Cd+2H_2O$

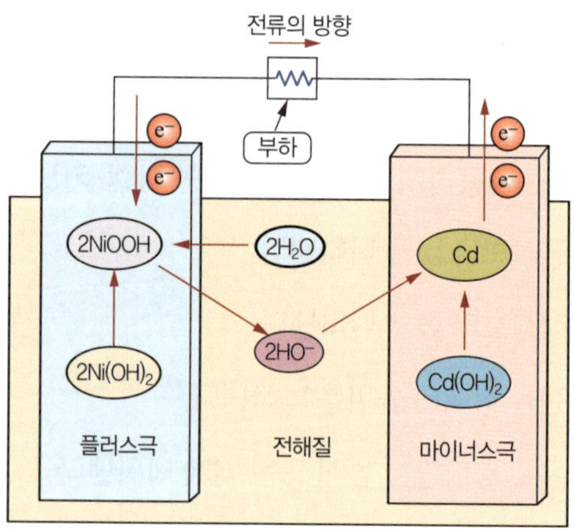

플러스극에서의 반응: $2NiOOH+2H_2O+2e^- \rightarrow 2Ni(OH_2)+2OH^-$
마이너스극에서의 반응: $Cd+2OH^- \rightarrow Cd(OH)_2+2e^-$
전체의 반응 식: $2NiOOH+Cd+2H_2O \rightarrow 2Ni(OH)_2+2Cd(OH)_2$

17. **일반적으로 니켈-카드뮴 축전지의 1셀 당 기전력은 약 몇 [V]인가?**

① 1[V] ② 1.2~1.3[V] ③ 1.5[V] ④ 2[V]

정답 ②

풀이

니켈-카드뮴 축전지의 기본 단위는 셀(Cell)이고, 셀당 전압은 1.2~1.25[V]이고, 내부 저항을 고려해서 12[V] 축전지는 10개의 셀을, 24[V] 축전지는 19개의 셀을 직렬로 연결해서 사용한다. 대형 항공기에서는 20셀 또는 22셀의 축전지를 사용한다.

18. **니켈-카드뮴 축전지에서 24[V]축전지는 몇 개의 셀을 직렬로 연결하였는가?**

① 12개 ② 15개 ③ 17개 ④ 19개

정답 ④

풀이

니켈-카드뮴 축전지의 기본 단위는 셀(Cell)이고, 셀당 전압은 1.2~1.25[V]이고, 내부 저항을 고려해서 12[V] 축전지는 10개의 셀을, 24[V] 축전지는 19개의 셀을 직렬로 연결해서 사용한다. 대형 항공기에서는 20셀 또는 22셀의 축전지를 사용한다.

19. **항공기의 니켈-카드뮴(Nickel-Cadmium) 축전지가 완전히 충전된 상태에서 1셀(Cell)의 기전력은 무부하에서 몇 [V]인가?**

① 1[V]
② 1.2~1.3[V]
③ 1.3~1.4[V]
④ 1.5[V]

정답 ③

풀이

니켈 카드뮴 축전지 1셀의 기전력은 무부하 상태에서 1.3~1.4[V]이나, 부하가 가해진 경우 1.2[V]로 안정되므로, 통상 기전력은 1.2[V]가 되고, 용량의 90% 이상 방전될 때까지 이 전압을 유지한다.

20. Ni-Cd 축전지의 취급 방법과 가장 관계가 먼 것은?

① 전해액인 수산화칼륨은 부식성이 매우 크므로 취급 시에 보안경, 고무장갑, 고무 앞치마 등을 착용한다.

② 수산화칼륨의 중화제로는 아세트산, 레몬주스가 있다.

③ 전해액을 만들 때는 수산화칼륨에 물을 조금씩 떨어뜨려 섞어야 한다.

④ 완전히 충전된 후 3~4시간이 지나기 전에 물을 첨가해서는 안 된다.

정답 ③

풀이

전해액은 강한 부식성이 있어 취급 시에는 보안경, 고무장갑, 고무 앞치마 등을 착용하고, 피부에 닿았을 때는 중화제(아세트산, 레몬주스, 붕산염용액)로 세척한다. 완전히 충전된 후 3~4시간 방치한 후, 레벨 조절을 위해 물 또는 전해액(수산화칼륨)을 규정 레벨까지 보충한다. 전해액을 만들기 위해서는 납산축전지와 동일하게 증류수에 수산화칼륨을 조금씩 부어 섞는다. 전해액이 공기 중의 이산화탄소와 결합하여 흰색의 탄산칼륨을 만들 수 있으므로 축전지 세척 시 캡을 꼭 막는다.

21. 항공기에 사용되는 니켈-카드뮴 축전지의 방전상태를 측정하는 장비로 가장 적합한 것은?

① 저항계(Ohmmeter)　② 전압계(Voltmeter)

③ 와트미터(Wattmeter)　④ 전류계(Ammeter)

정답 ②

풀이

니켈-카드뮴 축전지의 방전상태를 확인하기 위해서는 셀의 단자전압을 측정해야 하므로 전압계가 필요하다.

22. 축전지의 충전 방법으로 정전류 충전법과 정전압 충전법의 설명이 틀린 것은?

① 충전 시간이 길며 과충전의 염려가 있다.

② 충전이 진행됨에 따라 가스발생이 거의 없어지며 충전 능률도 우수해진다.

③ 충전 완료시간을 미리 예측할 수 있다.

④ 초기 과도한 전류로 극판 손상의 위험이 없다.

정답 ④

풀이

① 정전류 충전법 : 충전기에 직렬로 연결해서 용량이 작은 것부터 충전하는데, 충전전류는 축전지 용량의 10% 정도로 한다. 충전 완료 시간을 미리 예측할 수 있어 과충전의 위험을 예방할 수 있으나 지나치면 과충전의 염려가 있다. 또한 충전 시간이 길며, 가스 발생량이 많아 폭발 위험성이 크다.

② 정전압 충전법 : 구동발전기 또는 전압이 일정하게 조절되는 축전지를 사용한다. 축전지에 공급되는 전압은 전압강하를 고려해서 12[V] 축전지는 14[V], 24[V] 축전지는 28[V]이다. 축전지 여러 개를 동시에 충전하려면 병렬로 연결한다. 규정 용량의 충전 완료 시간을 미리 예측할 수 없기 때문에, 일정 시간 간격으로 충전 상태를 확인하여 축전지가 과충전 되지 않도록 주의해야 한다. 충전 초기에 전류값이 커서 열로 인한 극판 손상 우려가 있다. 그러나 충전이 진행됨에 따라 차츰 전류가 감소하여 가스발생이 거의 없어지며 충전능률도 우수해 진다.

23. 축전지에서 용량의 기호는?

① Ah ② Wh ③ Vh ④ h

정답 ①

풀이

축전지 용량의 크기를 결정하는 요소에는 극판의 크기(면적), 극판의 두께, 극판의 수, 전해액의 양 등이 있다. 축전지 용량의 단위는 암페어시(Ah)로 표시한다.

축전지 용량(Ah) = 방전전류(A) × 방전시간(H)

24. 항공기용 축전지에 적용하는 방전율(Dischrge rate)은?

① 1시간 방전율 ② 3시간 방전율

③ 5시간 방전율 ④ 8시간 방전율

정답 ③

풀이

I[A]의 전류를 t(시간) 연속하여 공급하는 것을 용량 It[Ah]로 표시한다. 이 때의 t를 방전율이라 한다. 항공기의 경우는 방전율을 5시간으로 규정하고 있다.

25. **항공기 부품을 사용하기 위하여 4셀 14.8[V]과 2200[mAh]의 축전지를 사용하였다면 1셀의 전압과 용량으로 옳은 것은?**

① 3.7[V], 2200[mAh]
② 7.4[V], 2200[mAh]
③ 14.8[V], 1100[mAh]
④ 14.8[V], 2200[mAh]

정답 ①

풀이

4개 셀의 전압이 14.8[V]면, 셀당 전압은 3.7[V]가 된다.([Ah] : 암페어아우어. 방전 시간당 흐르는 방전 전류). 따라서, 2200[mAh] 또는 2.2[Ah]가 된다.

26. **항공기에서 사용되는 축전지의 전압은?**

① 발전기 출력 전압보다 높아야 한다.

② 발전기 출력 전압보다 낮아야 한다.

③ 발전기 출력 전압과 같아야 한다.

④ 발전기 출력 전압보다 낮거나, 높아도 된다.

정답 ②

풀이

항공기에서는 엔진 정지 시의 전원, 또는 비상용 전원으로 축전지를 탑재하고 있다. 엔진 가동 중 축전지를 충전하기 위해 발전기와 병렬 운전된다. 또 축전지 전압보다 발전기 출력 전압이 낮으면 역전류로 인하여 고장날 수 있어, 자동적으로 역전류를 차단하는 역류차단장치도 설치되어 있다.

27. **소형 항공기의 직류 전원계통에서 메인 버스(Main bus)와 축전지 버스 사이에 접속되어 있는 전류계의 지침이 "+"를 지시하고 있는 의미는?**

① 축전지가 과충전 상태

② 축전지가 부하에 전류 공급

③ 발전기가 부하에 전류 공급

④ 발전기의 출력 전압에 의해서 축전지가 충전

정답 ④

풀이

소형항공기에는 12[V]가 사용된다. 발전기에는 전압 조정기가 있어 엔진의 회전수가 변하거나 부하가 변동해도 전원 전압을 14[V]로 유지한다. 이는 축전지를 충전하기 위해 정격전압에 의해 약 2[V] 높은 전압을 유지하게 되어 있다. 배선 방식은 축전지와 직류발전기의(-)단자를 직접 기체에 연결하는 접지귀환방식이다. 축전지는 발전기와 병렬로 연결되어, 고장 시 비상전원이 되고, 엔진 스타터의 전원으로 사용된다. 메인 버스와 축전지 버스는 전류계에 연결되어 발전 전압이 높게 충전하면 전류계는(+)를, 축전지가 부하에 전류를 공급하고 있을 때는(-)를 지시한다.

28. 소형항공기의 12[V] 직류전원계통에 대한 설명으로 틀린 것은?

① 직류발전기는 전원전압을 14[V]로 유지한다.

② 배터리와 직류발전기는 접지귀환방식으로 연결된다.

③ 메인 버스와 배터리 버스에 연결된 전류계는 배터리 충전 시(-)를 지시한다.

④ 배터리는 엔진시동기(Starter)의 전원으로 사용된다.

정답 ③

풀이

소형항공기에는 12[V]가 사용된다. 발전기에는 전압 조정기가 있어 엔진의 회전수가 변하거나 부하가 변동해도 전원 전압을 14[V]로 유지한다. 이는 축전지를 충전하기 위해 정격전압에 의해 약 2[V] 높은 전압을 유지하게 되어 있다. 배선 방식은 축전지와 직류발전기의(-)단자를 직접 기체에 연결하는 접지귀환방식이다. 축전지는 발전기와 병렬로 연결되어, 고장 시 비상전원이 되고, 엔진 스타터의 전원으로 사용된다. 메인 버스와 축전지 버스는 전류계에 연결되어 발전 전압이 높게 충전하면 전류계는(+)를, 축전지가 부하에 전류를 공급하고 있을 때는(-)를 지시한다.

29. 축전지 터미널(Battery terminal)에 부식을 방지하기 위한 방법으로 가장 적합한 것은?

① 납땜을 한다.

② 증류수로 씻어낸다.

③ 페인트로 엷은 막을 만들어 준다.

④ 그리스(Grease)로 얇은 막을 만들어 준다.

정답 ④

풀이

축전지 단자(Battery terminal)은 과산화납과 연결되어 있기에 산화되기 쉬어 부식이 발생한다. 부식을 제거하지 않고 방치해두면 충,방전 작용이 원활히 이루어지지 않아 축전지 수명이 단축된다. 만약 부식이 발생하였을 때는 부식물을 깨끗이 제거한 다음 그리스(Grease)를 얇게 발라주어야 한다.

30. 내부저항이 2[Ω]인 축전지에서 가장 큰 전력을 흡수할 수 있는 부하 저항 값을 구하고, 그 때에 흡수되는 전력을 구하면?

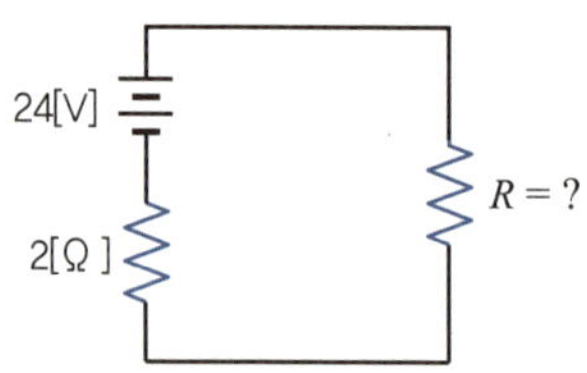

① 2[Ω], 144[W]

② 4[Ω], 64[W]

③ 1[Ω], 64[W]

④ 2[Ω], 72[W]

정답 ①

풀이

최대 전력 공급의 원리 : 전력(P)을 최대로 하는 조건은 부하저항(R)과 전원의 내부저항(R)이 같아졌을 때 부하에 공급되는 전력이 최대가 된다.

따라서, R = r이 되어, 부하 저항값은 2[Ω]이 된다.

회로 내의 합성저항 : $R_t = R + r = 2[\Omega] + 2[\Omega] = 4[\Omega]$

흡수 전력 : $P = VI = \frac{V^2}{R_t} = \frac{24^2[V]}{4[\Omega]} = 144[W]$

31. **항공기 주전원 고장 시에 대비한 비상전원(Emergency battery)에 대한 설명 중 <u>틀린</u> 것은?**

① 비상전원은 운항에 필수적인 항법, 통신장치에 전력을 공급한다.

② 비상전원을 위해 AC 115V 단상 전력이 공급될 수 있다.

③ 비상전원은 엔진 점화 시 사용될 수 있다.

④ 비상전원은 3시간 이상 공급할 수 있는 용량이어야 한다.

정답 ②

풀이

대형 항공기에서는 메인 엔진에 장착된 IDG를 통해 3상 AC 전원이 주전원으로 공급된다. AC 계통에 사용되거나, TRU를 통해 DC 계통에 사용된다. 또한, 비상전원인 축전지에 충전을 위해 3상 115[V] AC가 BATT charger에 공급된다. 주전원의 고장 등으로 비상시에 battery로부터 Static Inverter를 통해 24[V]의 직류 전원을 정상 전력에 손실이 있는 비상상황 동안 교류 대기전원 버스(AC standby bus)에 공급하기 위한 단상 또는 3상 115[V] AC 전원으로 변환시킨다. 인버터에서의 전원 공급은 조종실의 상부 패널(Overhead panel)의 battery switch와 standby power switch에 의해서 제어된다. 항공기 APU의 가동을 위해 APU BATT를 통해 전원을 공급받기도 하고, 운항에 필수적인 계통에 비상전원을 공급한다. 축전지는 5시간 방전율을 기준으로 한다.

PART 10

Electric power system - Generator

전력계통 - 발전기

(1) 직류발전기 구성
(2) 직류발전기 종류
(3) 직류발전기 조정기(DC generator control unit)
(4) 직류발전기 병렬운전(Parallel generator operation)
(5) 직류발전기 특징
(6) 교류발전기(Alternator)
(7) 교류발전기의 분류
(8) 여자기(Exciter)
(9) 교류발전기 구성
(10) 교류발전기 출력주파수
(11) 교류발전기 전압조정기
(12) 교류발전기 병렬운전
(13) 교류발전기 특징
(14) 교류발전기 점검
· 기출문제

10. 전력계통(Electric power system) - 발전기(Generator)

※ 발전기 개요

기계적 에너지를 전기적 에너지로 변환시키는 장치이다.

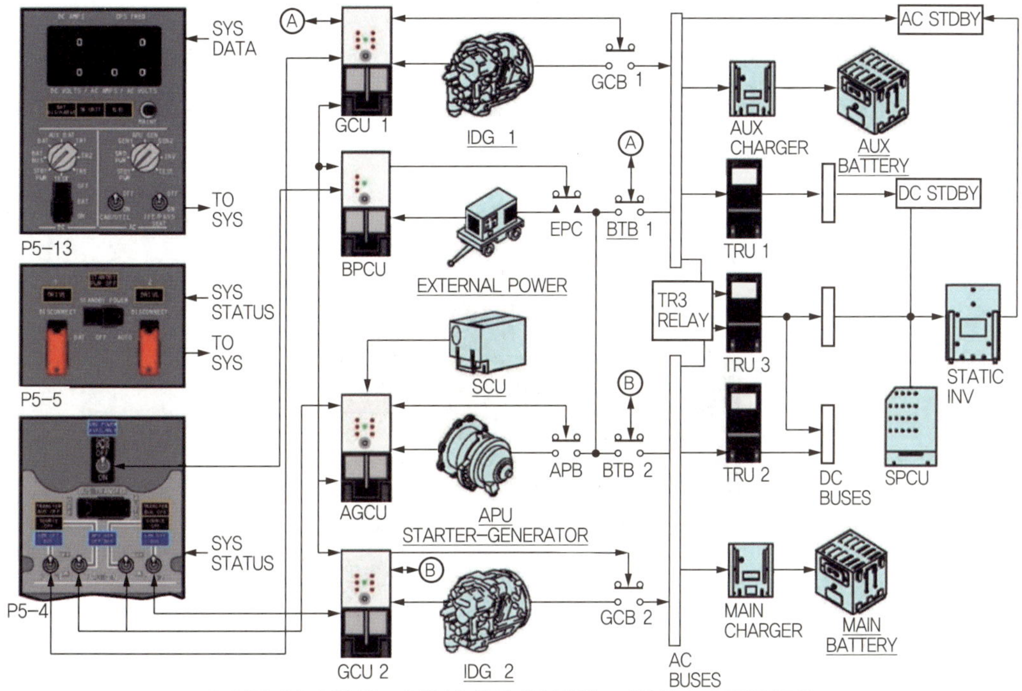

ELECTRICAL POWER – POWER AND CONTROL – GENERAL DESCRIPTION

1) 플레밍의 오른손 법칙

① **엄지** : 힘(도체의 회전방향)

② **검지** : 자기장(자기력선의 방향)

③ **중지** : 전류(유도기전력의 방향)

2) 동작원리

자기장 내에서 도체를 움직이면 자속의 변화에 의해 기전력이 유도된다. 자력선 내에 도체(코일)에 의해 끊어지면, 전압이 도체에 유도되어 기전력이 발생한다. 유도전압의 세기는 자속, 회전속도, 권선수에 의해서 달라진다. 도체가 자력선과 수직이 되면, 자력이 통과되어 유도전압은 발생하지 않는다.

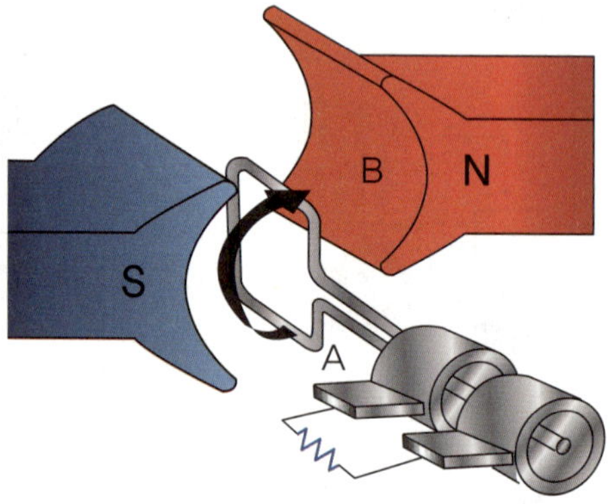

※ 직류 전원(DC power)

소형 항공기에서 주로 공급하는 방식이며, 전압강하를 고려하여 직류 28[V] 축전지가 사용된다. 대형 항공기에서는 2대의 축전지를 병렬로 연결해서 main bus의 각 부하에 사용한다. 지상 주기 시에 외부 전원에 의해 전원을 공급받지만, **정상 시**(주 엔진 동작)**에 AC 발전기를 통해 축전지 전원을 공급**받는다. **비상 시**(AC 발전기 고장)**에는 축전지로부터 대기 전원을 공급**받는다.

(1) 직류발전기 구성

오래된 항공기에서는 교류발전기 대신 직류발전기를 사용해왔다. 직류로 공급되어 정류가 불필요하고, 안정적이다. 교류발전기보다 크고 무겁다. 효율이 떨어지고 회전당 전류가 감소하여 전압강하가 크다. 주요 부분은 필드(계자) 프레임 또는 요크와 내부에 연결된 계자 권선, 회전하는 전기자와 전기자 권선, 정류자와 브러시 어셈블리로 구성된다.

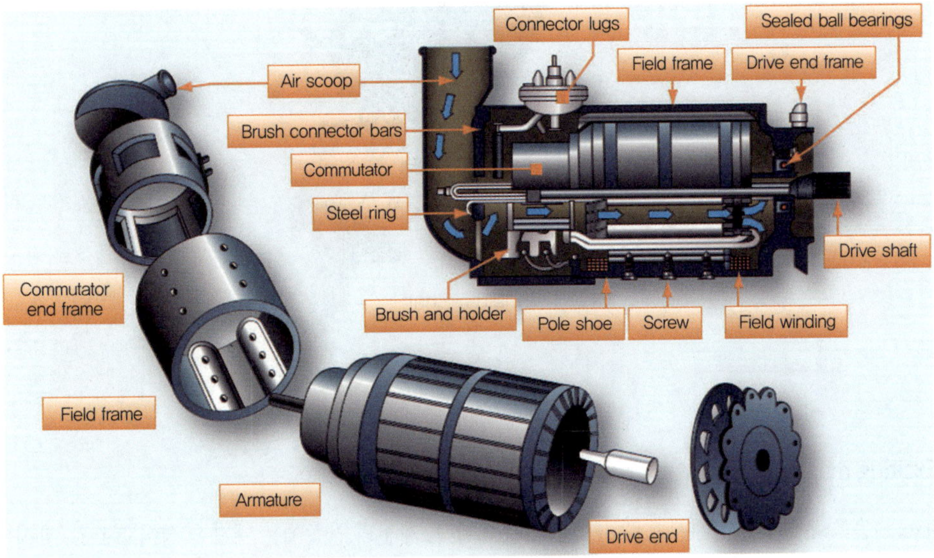

1) 전기자(Armature)

축에 전기자 권선, 전기자 철심 및 정류자가 일체로 설치되어 있다. 전기자축의 양단은 하우징에 압입된 베어링에 지지되어, 회전할 수 있는 구조이다. 전기자 철심(Armature core)은 와전류를 감소시키고, 동시에 자력선을 잘 통과시키도록 하기 위해서 얇은 강판(두께 약 0.3~1.0[mm])을 각각 절연, 성층하여 제작한다. 그리고 철심의 원둘레 부분에는 전기자 코일이 설치되는 홈이 가공되어 있다. 전기자 권선(Armature winding)은 절연 처리된 4각형 단면의 코일로서 루프(Loop)를 형성한다. 루프의 한쪽 끝은 N극, 다른 한쪽 끝은 S극이 되도록 철심의 홈에 끼워져, 양단은 각각 정류자에 납땜되어 있다.

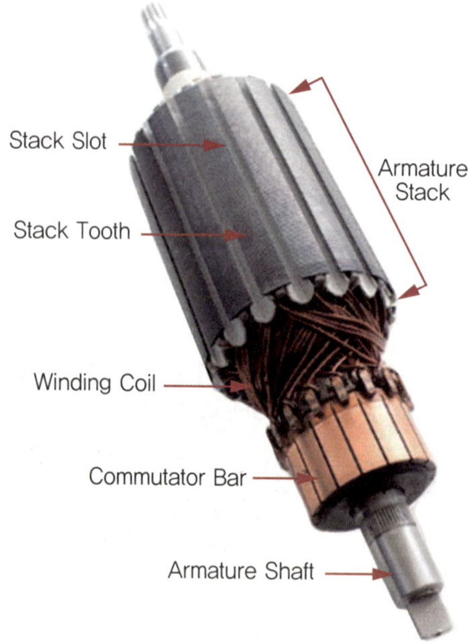

2) 계자(Exciting magnetic field)

계철(Yoke)은 하우징의 원통부분으로 자력선의 통로이다. 계철의 안쪽에는 계자 철심이 볼트로 고정되어 있다. 계자 철심(Pole shoe)에는 계자 권선(Field winding)이 감겨 있으며, 계자 권선에 전류가 흐르면 계자 철심은 전자석이 된다. 계자 철심의 개수에 따라 전동기의 자극수가 결정된다. 계자 권선은 계자자속을 발생시킨다. 발전기 특성은 계자 권선과 전기자 권선의 접속방법에 따라 결정된다.

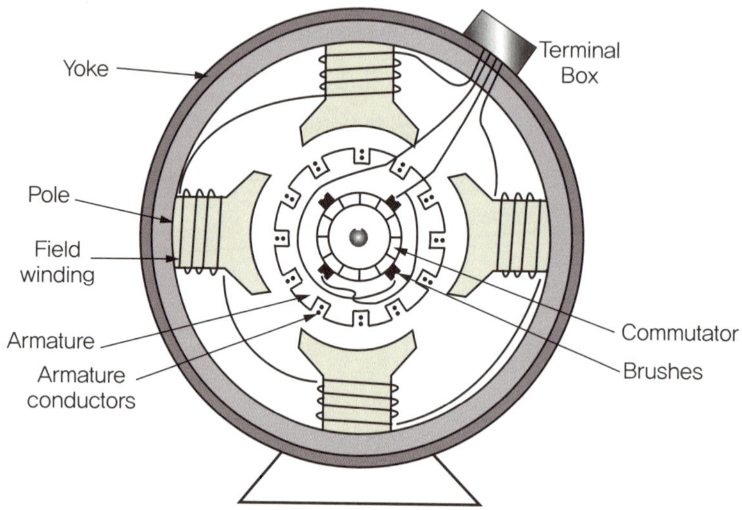

※ 계자 플래싱(Field flashing)

발전기에서 처음 발전을 시작할 때, 계자에 남아있는 잔류자기에 의존하는데 만약 잔류자기가 남아있지 않으면, 발전이 안되므로 외부전원(배터리)을 잠시 흘려주는 것이다.

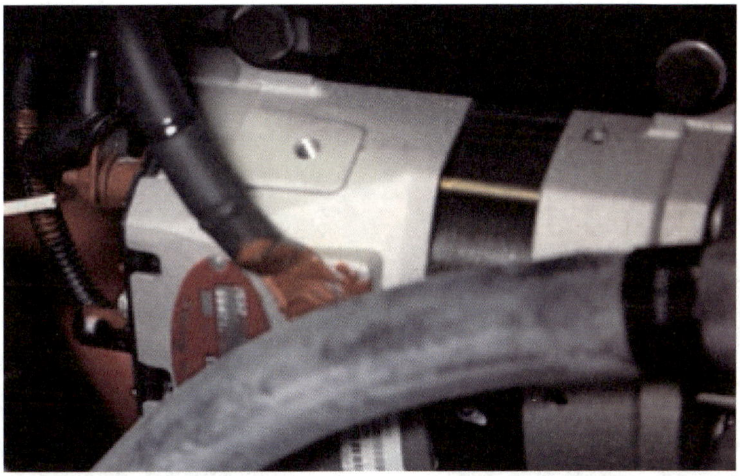

3) 정류자(Commutator)

전기자의 끝에 위치하며 얇은 구리로 구성된다. 브러시와 정류자 표면의 전기적 접점을 형성하여 전기자 권선에 전류를 공급한다. 정류자와 브러시는 전기자 권선에 흐르는 전류의 방향을 교대로 그리고 연속적으로 변환시켜, 전기자가 항상 똑같은 방향으로 회전하도록 한다. 정류자에 오일 또는 그리스를 사용해서는 안되며, 세척 시 표면손상에 주의해야 한다.

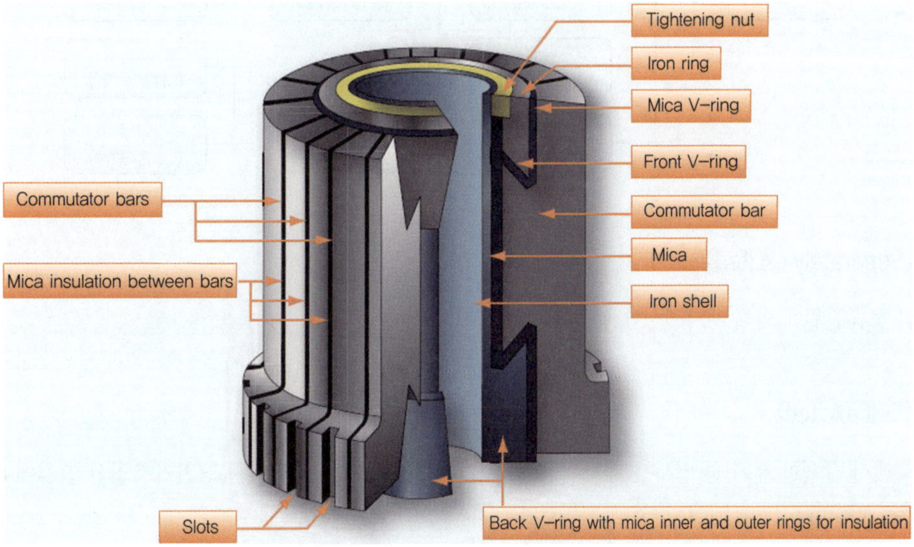

4) 브러시(Brush)

브러시는 구리 또는 흑연으로 된 직육면체로서 브러시 홀더에 끼워져, 홀더 스프링의 장력에 의해 정류자편에 접촉, 밀착된다. 전기자 코일에서 정류자를 거쳐, 브러시를 통해 전류를 공급한다. 일반적으로 4개의 브러시 중 2개는 (+)극, 2개는 (-)극이다. (+)극 브러시는 절연된 홀더에, (-)극 브러시는 접지된 홀더에 끼워진다. 발전기 수명은 대부분 브러시와 베어링의 마모 정도에 따라 결정된다. 전기자의 회전으로 정류자와 브러시 사이의 마찰이 적어야 해서 브러시 재료는 카본으로 정류자의 과도한 마모를 방지한다.

(2) 직류발전기 종류

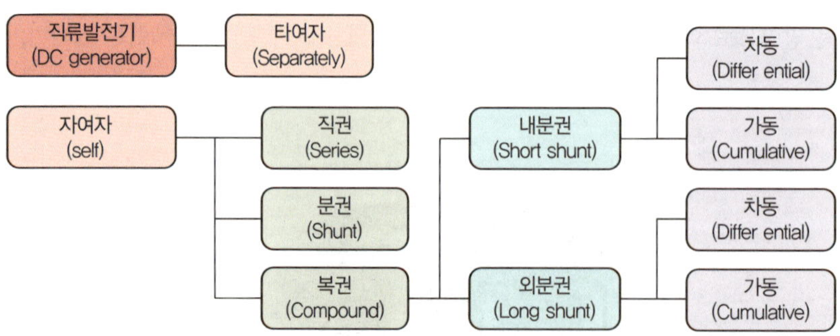

1) 타여자(Separately excited)

독립된 직류전원에 의해 계자권선에 공급하는 방식이다.

2) 자여자(Self excited)

전기자에서 발생한 전기 중 일부를 계자권선에 공급하는 방식이다. 계자권선과 전기자권선 연결에 따라 직권, 분권, 복권으로 분류된다.

① **직권식 직류발전기**(Series – wound DC generator)

계자 권선이 전기자 권선과 직렬연결된 구조이다. 부하 전류가 증가함에 따라 유도전압이 증가하거나, 전류가 감소함에 따라 전압도 감소하여 전기자 저항에 의한 전압강하가 크다. 무부하 시 전원공급이 되지 않아 발전불가이다. 전압 조절이 용이하지 못해 항공기에서는 사용하지 않는다.

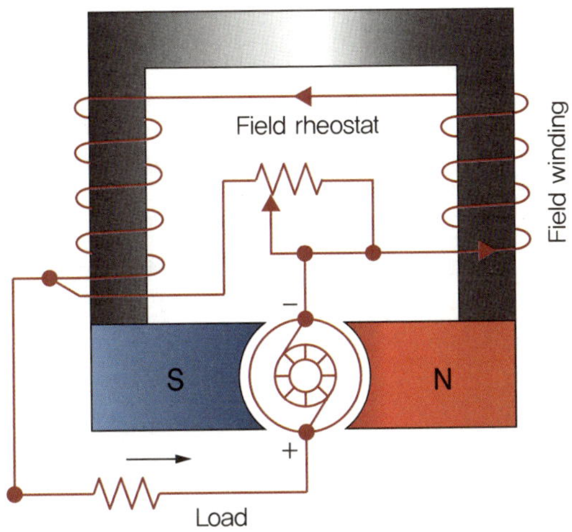

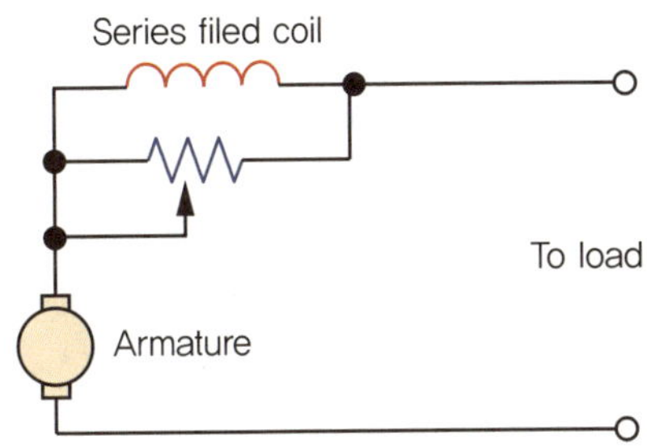

② **분권식 직류발전기**(Shunt – wound DC generator)

계자 코일이 전기자 코일과 병렬연결된 구조이다. 별도의 여자전원이 없어도 되고 계자 저항에 의해 어느 정도 전압조정이 가능하다. 부하전류가 바뀌어도 단자전압은 거의 일정하다. 계자조정기에 의해 여자전류를 증감하여 단자전압을 쉽게 조절할 수 있다. 축전지의 충전에 사용하는 이외에 전기자 저항을 적게 하여 정전압 발생에 사용한다.

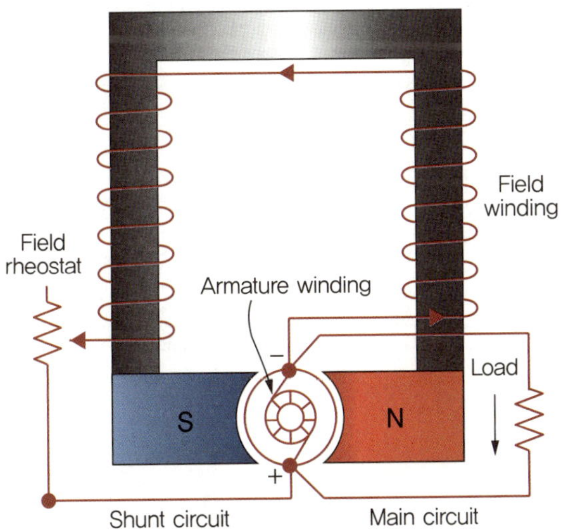

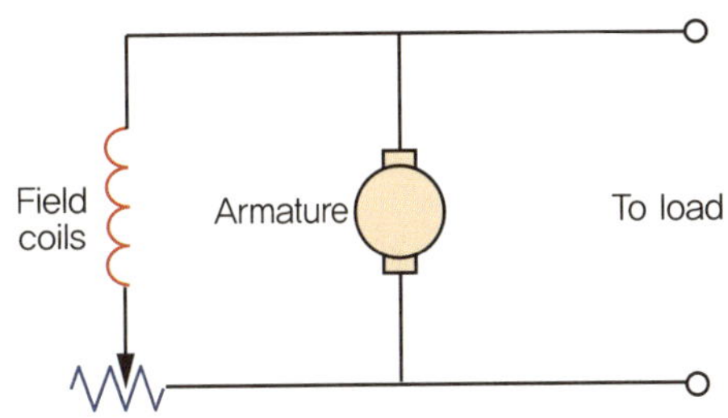

③ **복권식 직류발전기**(Compound – wound DC generator)

전기자 코일에 계자 코일이 직렬 및 병렬 연결된 구조이다. 전압 및 부하전류의 양쪽에 비례한다. 분권코일과 직권코일의 기자력(起磁力)이 같은 방향으로 작용하는 가동(加動)복권발전기와 반대방향으로 작용하는 차동(差動)복권발전기가 있다. 가동식은 분권발전기에 비해 부하전류의 증대에 따르는 전압강하가 적고, 정전압성이 개선된다.

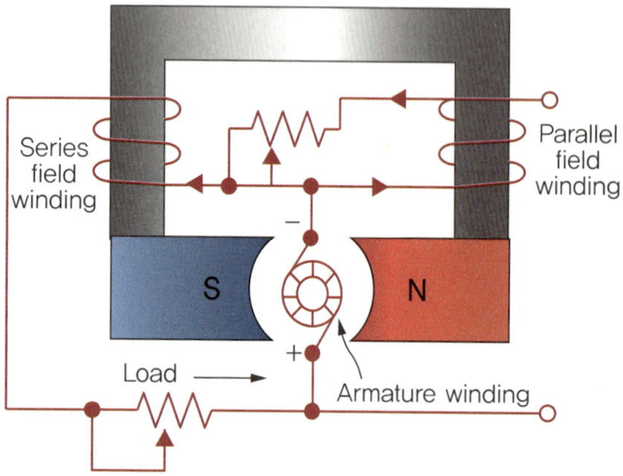

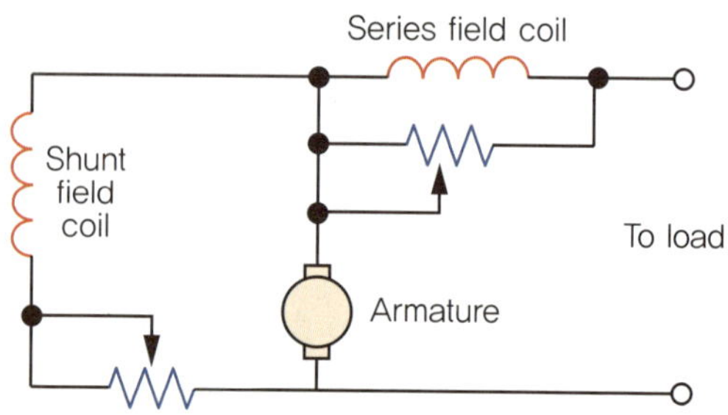

(3) 직류발전기 조정기(DC Generator control unit)

항공기 전기장치의 효율적인 작동을 위해 발전기의 안정적인 전압공급이 중요하다. 출력전압을 간단하게 제어하기 위해서는 계자전류에 가변저항기를 연결하여 전류를 제어해서 자기력을 변화시켜 전압을 조절한다. 일반적인 발전기 제어 회로는 발전기 출력 전력을 제어하기 위해 발전기장으로 흐르는 전류를 수정한다. 비행 변수와 전기 부하가 변화함에 따라 GCU는 전기 시스템을 모니터링하고 적절한 시스템 전압과 전류를 보장하도록 적절히 조정해야 한다. 일반적인 발전기 제어는 전압 조절기 또는 GCU라고 한다. 대부분의 저출력 발전기는 구형 항공기에서 발견되기 때문에 시스템의 제어 시스템은 전기장치들이다. 전압 조절기의 가장 일반적인 유형은 카본파일(Carbon pile) 조정기와 3유닛 조정기다. 이 장치는 각각 가변 저항기를 사용하여 전류를 제어한다. 필드 전류를 제어한 다음 제네레이터 출력을 제어한다.

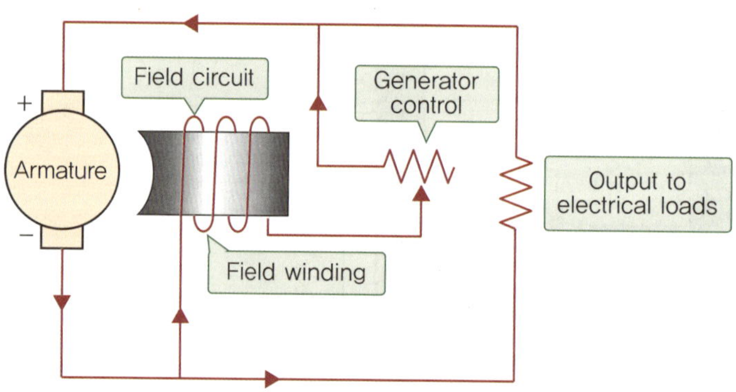

1) 카본파일 전압조정기(Carbon pile voltage regulator)

카본 디스크 스택(탄소 덩어리)을 통해 필드 전류를 전송하여 DC 발전기 출력을 제어한다. 탄소 디스크는 계자와 직렬로 되어 있다. 카본 디스크의 저항이 증가하면 필드 전류가 감소하고 제네레이터 출력이 감소한다. 카본 디스크의 저항이 감소하면 필드 전류가 증가하고 제네레이터 출력이 상승한다. 전압 코일은 발전기 출력 리드와 병렬로 설치된다. 전압 코일은 발전기 출력 전압이 변화함에 따라 강도를 증가시키거나 감소시키는 전자석처럼 작용한다. 전압 코일의 자력은 카본 파일의 압력을 제어한다. 카본 파일의 압력은 탄소의 저항을 제어하며, 탄소 저항은 전류를 제어하고, 전류의 저항은 발전기 출력을 제어한다. 카본 파일은 정확한 전압 조절을 위해 정기적인 정비를 필요로 한다.

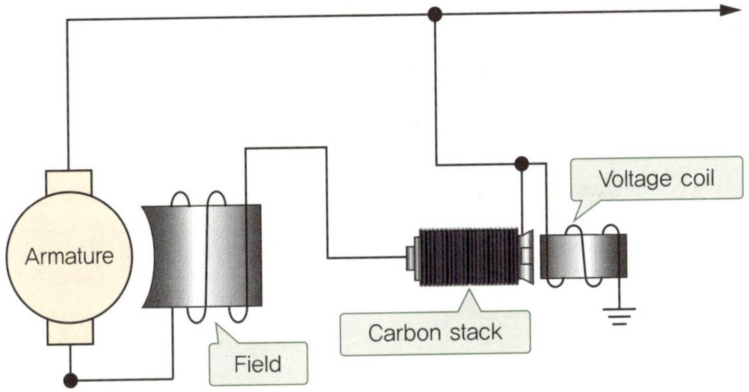

2) 3유닛 조정기(Three unit regulator)

DC 발전기와 함께 사용되는 3유닛 조정기는 3개의 개별 장치로 구성된다. 일반적인 3유닛 조정기는 단일 하우징에 장착된 3개의 릴레이로 구성된다. 3개의 릴레이는 발전기 출력을 모니터링하고 시스템 요구에 따라 릴레이 접점을 열거나 닫는다. 3개의 모든 조정기가 함께 작동하여 발전기 출력을 제어한다. 센서를 통해 발전기 출력을 감시하고 비행 변수에 필요한 경우 항공기 부하에 대한 전력을 제어한다.

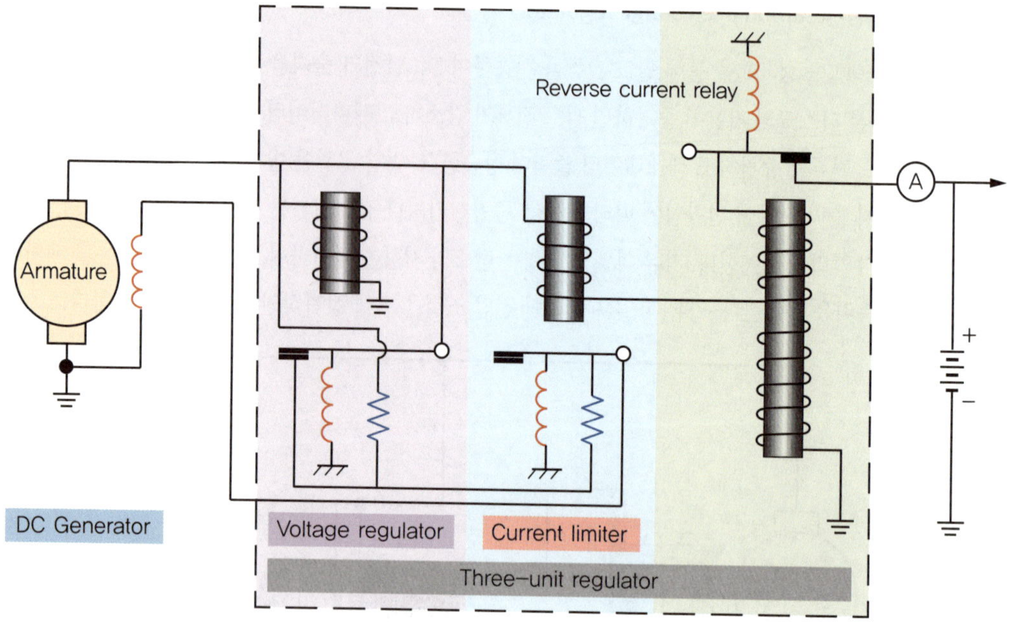

① **전압조정기**(Voltage regulator)

3유닛 조정기의 전압조정기 섹션은 발전기 출력 전압을 제어하는 데 사용된다. 발전기 출력을 모니터링하고 필요에 따라 전류를 제어한다. 조정기가 시스템 전압이 너무 높다고 감지할 경우, 릴레이가 열린 지점을 감지하고 필드 회로의 전류가 저항기를 통과해야 한다. 저항기는 전류를 감소시켜 발전기 출력을 낮춘다. 발전기 필드 전류가 흐를 때마다 발전기 출력이 감소한다는 것이다. 전압 코일은 발전기 출력과 병렬로 연결되어 있어 시스템의 전압을 측정한다. 전압이 미리 정해진 한계를 벗어나면 전압 코일이 강한 자석이 되어 접점을 연다. 접점이 열려 있는 경우 필드 전류가 저항기를 통과해야 하므로 필드 전류가 감소한다. 점선 화살표는 릴레이 지점이 열려 있을 때 전압 조절기를 통과하는 전류를 나타낸다. 전압 조절기는 2개의 위치(접점 개방 및 폐쇄)만 있으므로, 정확한 전압 제어를 유지하기 위해 장치를 지속적으로 조정해야 한다. 정상적인 시스템 작동 중에는 접점들이 일정한 간격으로 개폐되고 있어 진동형 조정기라고 한다. 접점이 진동(개폐)하면 필드 전류가 상승하고 하강하며 필드 자력은 평균적으로 정상 발전기 출력 전압을 유지하는 레벨로 바뀐다. 계통에 더 많은 발전기 출력이 필요하면 접점은 더 길게 닫힌 상태로 유지되며, 그 반대의 경우도 동일하다.

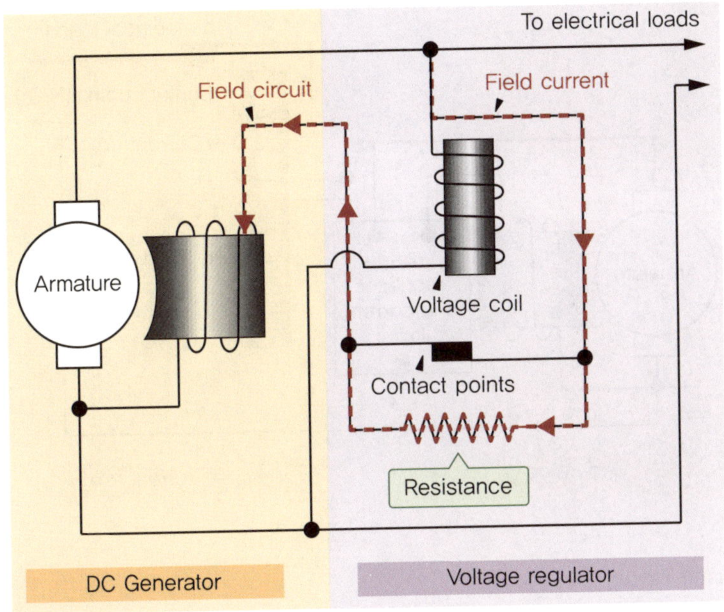

② **역전류차단기**(Reverse current cutout relay)

전류가 배터리에서 발전기에 공급되는 것을 방지하기 위해 사용된다. 역전류는 배터리를 방전시킬 수 있으며, 정상 작동과 반대된다. 역전류 차단 릴레이는 전압 코일과 전류 코일을 모두 포함하고 있다. 전압 코일은 발전기 출력과 병렬로 연결되며, 발전기 출력이 작동 전압에 도달할 때마다 통전된다. 전압 코일에 전원이 공급되면 접점이 닫히고 전류가 항공기 전기부하로 흐를 수 있다. 접점은 닫혀 있고 전류가 발전기에서 항공기 전기 부하로 흐르고 있다. 전류가 부하로 흐를 때 전류 코일에 전원이 공급되고 접점이 닫힌 상태를 유지한다. 계통 고장으로 발전기 출력이 없으면, 릴레이의 자력이 상실되어 접점이 열린다. 접점이 열린 상태에서 발전기는 자동으로 항공기 전기 계통과 분리되어 부하 버스에서 발전기로 역류하는 것을 방지한다.

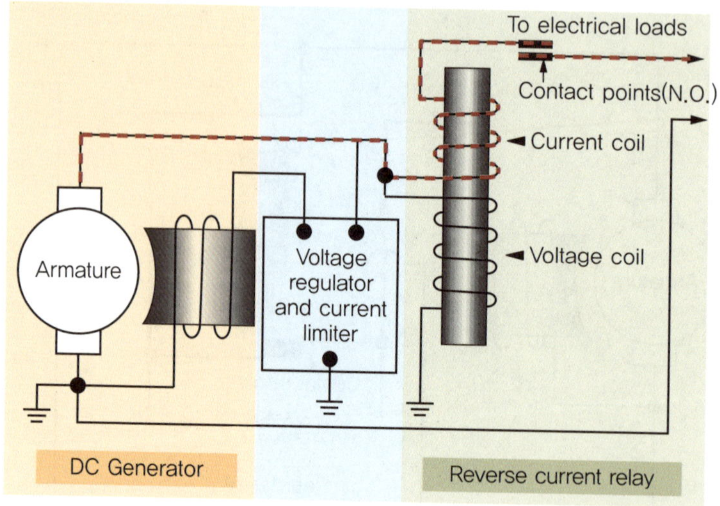

③ **전류제한기**(Current limiter)

발전기 출력 전류를 제한하도록 설계되었고 발전기 출력에 관하여 직렬로 코일이 연결된 릴레이를 포함한다. 모든 발전기 출력 전류가 릴레이의 전류 코일을 통과해야 한다. 발전기 출력 전류가 증가하면 릴레이 접점이 개방되고 출력 전류가 감소된다. 전압조정기의 릴레이와는 달리 전류제한기는 일반적으로 정상 비행 중에 닫혀 있다는 점에 유의해야 한다. 극한 전류 부하 시에만 전류 제한기 지점이 열려 있어야 하며, 이때 필드 전류가 낮아지고 발전기 출력이 한계치 이내로 유지된다.

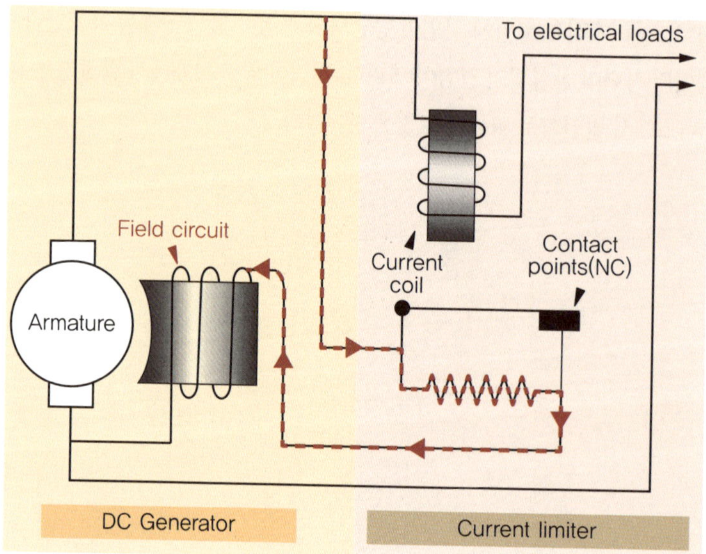

(4) 직류발전기 병렬운전(Parallel generator operation)

직류발전기의 병렬운전 조건은 출력전압을 동일하게 하는 것으로, 2개 이상의 발전기제어장치/발전기 계통이 항공기 전기 계통으로 전류를 공급하기 위해 함께 작동한다. Equalizing bus와 보정기(Compensator) 사이의 전압을 비교하고 차이를 증폭시킨다. GCU의 전압조정회로를 통해 Bus에서 부하에 균등하게 분배될 때까지 전압을 조정한다.

※ 균압 모선(Equalizing bus)

각 발전기 부담이 달라질 때, 계자에 흐르는 전류의 차이로 계자 권선의 전압강하가 달라져 단자전압의 불균형을 방지하기 위함이다. 계자전류가 달라지면 유도 기전력도 달라진다. 발전기에 부담하는 부하의 단자전압에 불균형의 발생을 막기 위해, 균압 모선으로 연결하여 계자 권선에 걸리는 전압을 같게 하여 전류도 동일하게 한다.

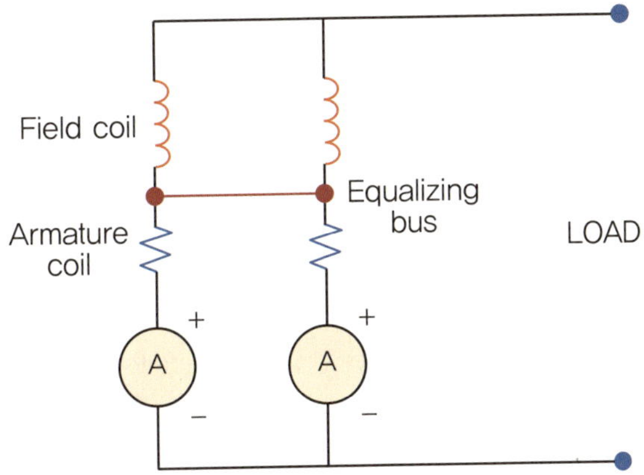

1) 운전조건

① **극성이 같을 것 :** 극성이 다르면 폐회로가 형성되어 발전 전류가 다른 발전기로 흘러 들어가게 된다.

② **단자전압이 같을 것 :** 전류는 전위가 높은 곳에서 낮은 곳으로 흐른다. 전압이 낮은 발전기로 거꾸로 전류가 역류하게 된다.

③ **용량은 상이해도 가능**(부하 분담은 용량에 비례) **:** 용량문제는 전류를 누가 더 많이 발생시키냐 차이로 결정된다. 작은 발전기에 큰 전류가 발생하지 않도록 용량에 따라 부담을 조절해줘야 한다.

④ **외부특성곡선이 수하특성일 것**(특성곡선이 동일) **:** 발생하는 단자전압이 같아야 하기 때문에 특성곡선도 비슷해야 한다.

(5) 직류발전기 특징

1) 회전속도 범위가 제한적이다.

정류장치인 정류자는 작동 중 브러시와 마찰하여 회전한다. 허용 최대 회전속도를 초과하면 정류자가 과열되고 브러시의 수명이 단축되며 전기자에 기계적인 부하가 증가한다.

2) 엔진 공회전 시에는 발전이 어렵다.

Idle 상태에서는 발전 전압이 매우 낮다. 따라서 공회전 중 전기장치를 많이 사용할 경우 배터리의 충전이 어렵게 되며 방전속도가 빨라진다.

3) 구조적으로 출력을 증가시키기 위해서는 크기와 중량이 매우 커야 한다.

4) 정류자의 브러시 마모가 커서 비교적 자주 수리를 해야 한다.

(6) 교류발전기(Alternator)

역학적(회전) 에너지를 전기 에너지로 전환하여 교류 기전력을 일으키는 발전기이다. 전자기 유도작용을 응용한 것으로, 간단히 교류기(交流機)라고도 한다. 교류 발전기는 단상과 3상이 있으나 항공기에 있는 발전기는 모두 3상이며, 동기속도라는 일정한 속도로 회전하므로 3상 동기발전기(Three-phase synchronous generator)라 한다.

※ 단상 교류발전기(Single phase alternator)

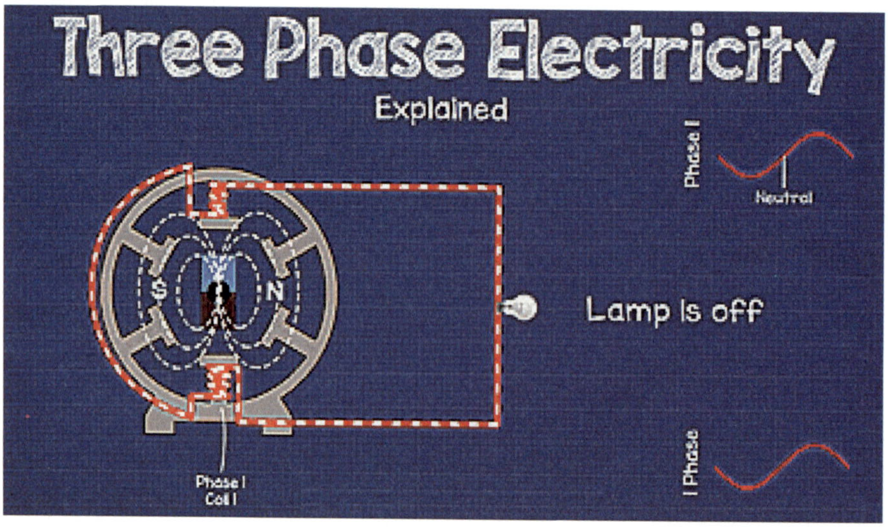

※ 3상 교류발전기(Three phase alternator)

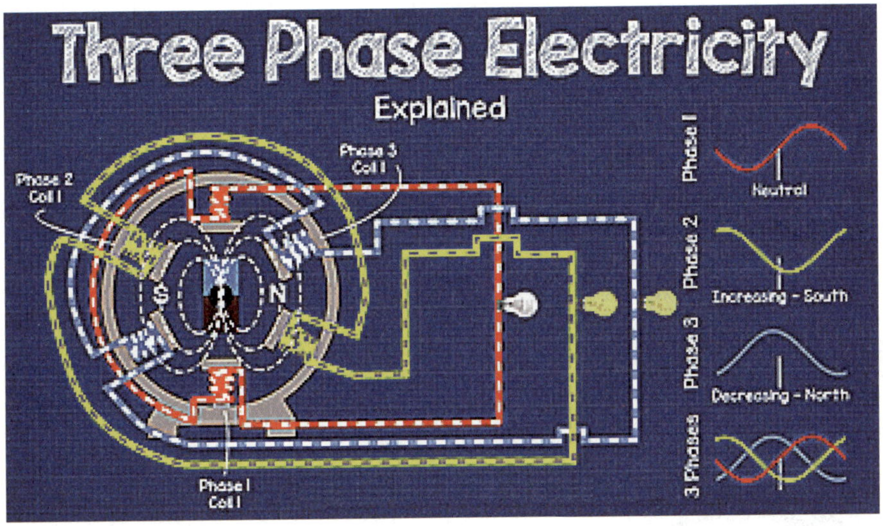

※ 교류 전원(AC Power)

과거에는 직류발전기를 사용하였으나, 소형에서 대형화가 되면서 소비전력의 증가로 인하여 현대 대부분의 항공기에는 교류 전원 공급방식이다. 3상 115[V] 400[Hz]의 교류 전원을 사용한다. 메인 엔진에 의해 구동되는 AC 발전기에 의해서 각 부하 계통에 공급된다.(직류 전원은 AC 전원을 Transformer rectifier unit에 의해 정류되어 공급된다.) 지상 주기 시에는 외부 전원(GPU) 또는 보조 엔진(APU)로부터 공급받는다.

(7) 교류발전기의 분류

1) 회전 계자형

전기자 권선을 고정시키고 계자 권선을 회전시키는 발전기로서, 전기자 권선이 고정되어 있으므로 원심력을 받지 않으며, 절연하기 쉽다. 고전압, 대용량 발전기에 사용한다.

2) 회전 전기자형

계자 권선이 고정되어 있고, 전기자 권선이 회전하는 발전기로서 저전압, 소용량에 사용한다.

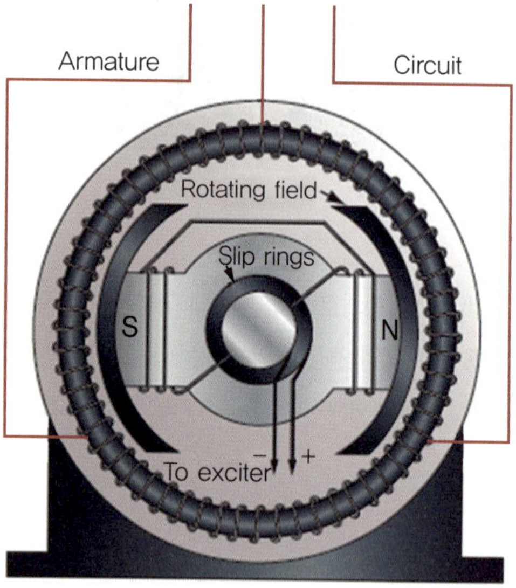

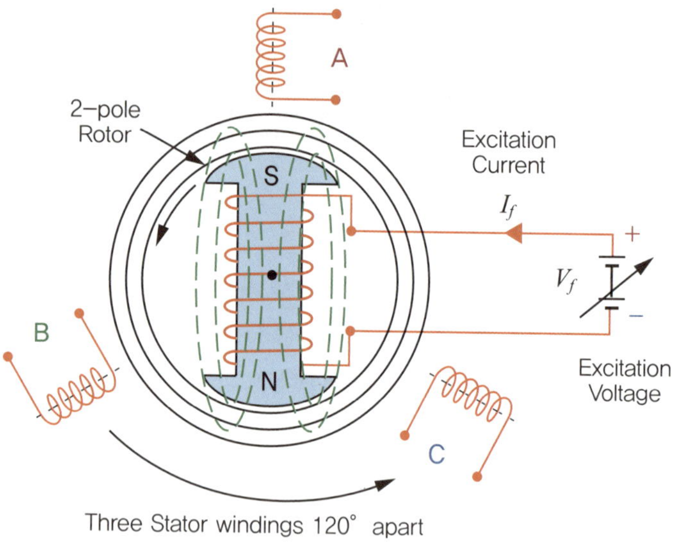

(8) 여자기(Exciter)

1) 정류기(Rectifier) 여자

주 발전기가 발생한 전력의 일부를 반도체 정류기(다이오드)를 사용하여 정류한 후, 계자 권선에 공급하는 방식으로 자여자 교류발전기(Self excited alternator)라 한다.

2) 브러시리스(Brushless) 여자

동기 발전기 축단에 필요한 용량의 회전 전기자형의 교류 발전기를 사용하고 발생된 교류를 회전자상에 설치된 반도체 정류기(다이오드)를 사용하여 정류한 후, 계자 권선에 공급하는 방식이다.

(9) 교류발전기 구성

동작 원리 및 구조는 직류발전기와 거의 유사하며, 고정자, 회전자, 슬립 링, 브러시 및 기타 부품으로 구성되어 있고, 회전자를 계자권선 또는 전기자권선으로 사용하는 것으로 분류된다. 보편적으로 항공기에 사용되는 교류발전기는 슬립 링의 서비스 수명이 짧아 고전압 교류발전기는 일반적으로 고정자에 전기자권선, 회전자에 계자권선으로 한다. 회전자의 계자권선에 공급되는 전압과 전류가 상대적으로 작다.

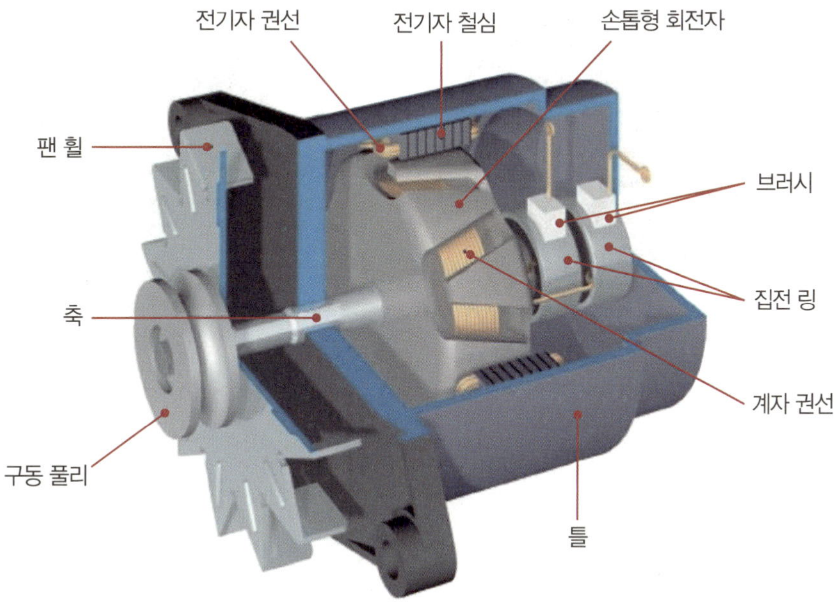

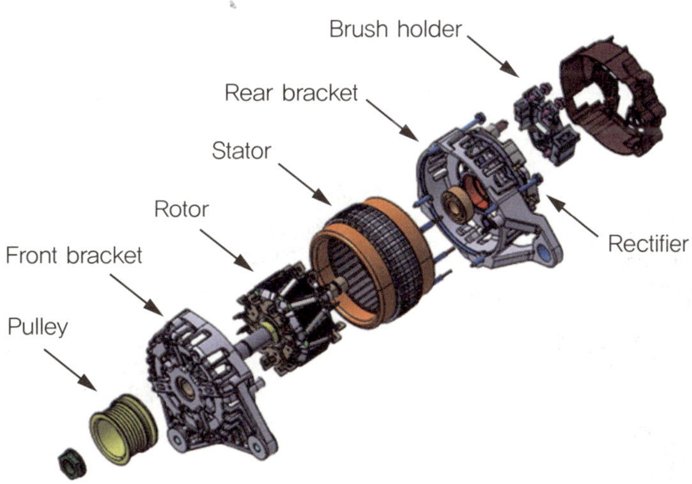

1) 고정자(Stator)

회전하지 않고 고정되어 있는 부분으로 자계 내에서 전기자 권선에 전압이 유도되어 교류전기가 발생된다. 철심과 코일로 구성되어 있다. 철심은 얇은 철판을 여러 장 겹쳐서 고정하고, 그 안쪽에는 코일(전기자 권선)이 들어가는 홈(Slot)이 24또는 36개가 있으며, 작동 중에는 회전자의 자극에서 나온 자속의 통로가 된다.

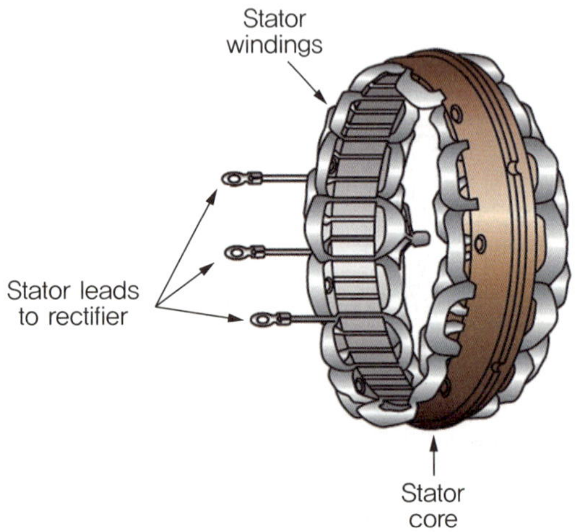

Stator

2) 회전자(Rotor)

자극이 되는 철심, 여자 전류가 흐르는 계자 권선과 축 및 슬립 링 등으로 구성되어 있다. 철심은 4개 또는 6개의 자극을 서로 맞대어 조립한 것으로, 8개 또는 12개의 극을 형성하고 있다. 작동 시에는 슬립 링에 접촉된 브러시를 통하여 여자 전류가 흘러서 한쪽 철심은 N극, 다른 한쪽 철심은 S극으로 자화되어 전자석이 된다. 회전하면서 자속을 끊어 고정자의 전기자 권선에 교류가 발생되도록 한다. 선간전압이 높은 Y결선(스타결선) 방식을 사용한다.

Rotor

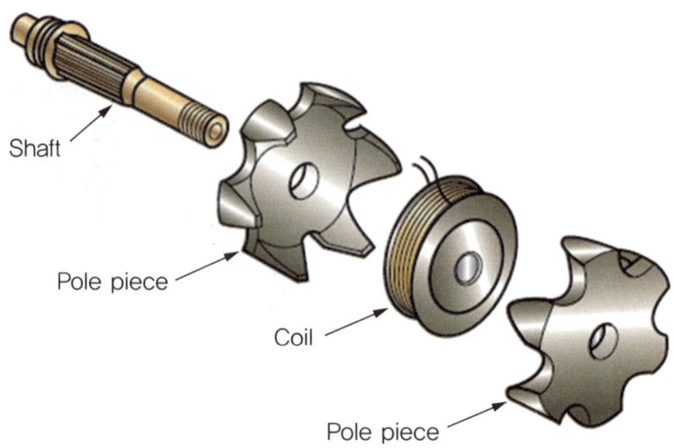

3) 정류기(Rectifier)

정류 다이오드(6개)에 의해 3상교류가 직류로 정류된다. 형식에 따라서는 별도로 설치된 여자 다이오드(3개)가 회전자 권선에 여자전류를 공급한다. 주로 실리콘 다이오드를 사용한다.

rectifier

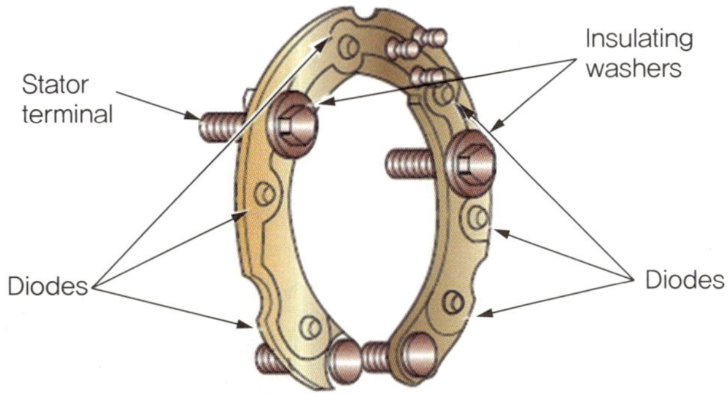

Rectifier with built-in diodes

4) 슬립 링과 브러시(Slip ring & brush)

회전자 축의 한쪽에 설치된 2개의 슬립 링은 회전자 축과는 절연되어 있으며, 각각 여자코일의 양끝과 연결되어 있다. 이 슬립 링에 브러시가 접촉된다. 슬립 링은 회전자의 회전속도와 같은 속도로 회전한다. 브러시를 통해 전류를 공급받아, 이를 여자코일에 전달한다. 그러나 슬립 링은 요철(凹凸)이 없으며, 흐르는 전류에 비해 아주 적어 마모도 현저하게 적다. 브러시 홀더(Brush holder)에 들어 있는 카본 브러시(Carbon brush)는 슬립 링과 접촉, 슬립 링을 통해 여자코일에 여자전류를 공급한다. 여자코일을 사용하지 않는 발전기에는 카본 브러시와 슬립 링도 없다.

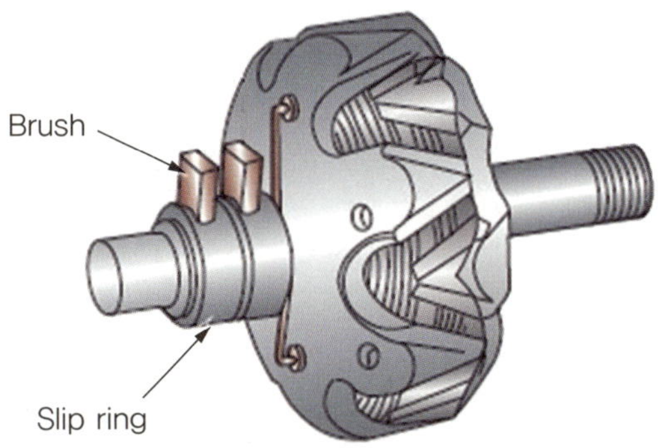

※ 항공기용 교류발전기

항공기에서 사용하고 있는 교류발전기는 브러시가 없는 발전기(Brushless generator)를 사용한다. 영구자석 발전기, 여자 발전기, 주 발전기로 3개의 기본 구조를 가지고 있다. 브러시 없이 발전기의 출력이 발생되기 때문에 안정된 출력을 유지할 수 있다.

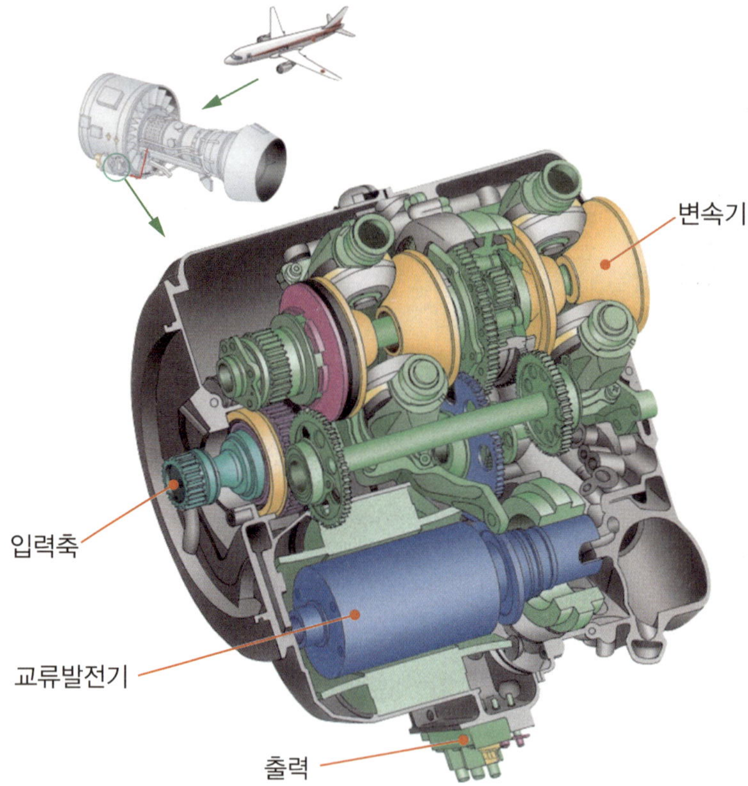

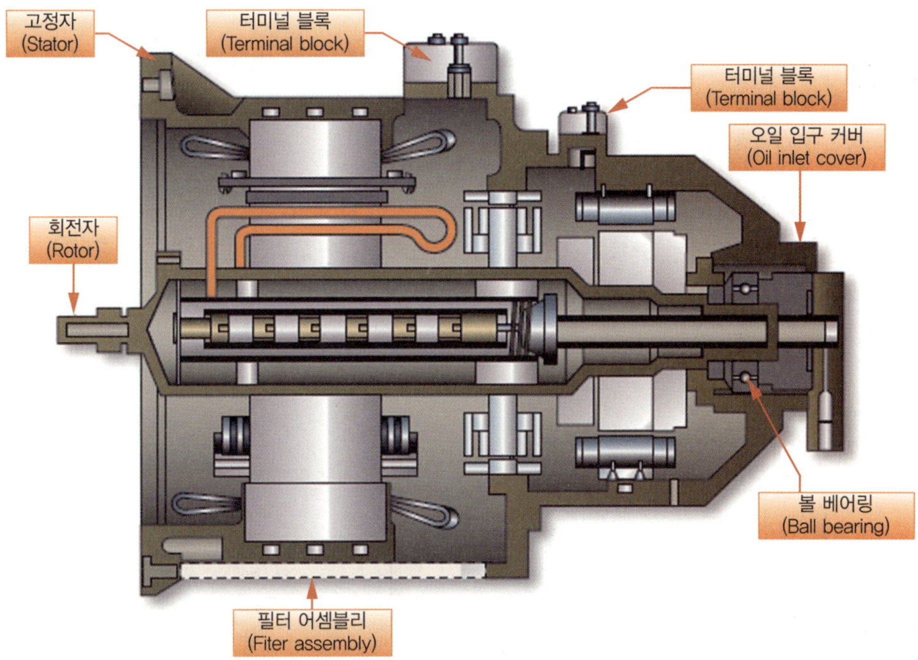

엔진이 구동되어 발전기가 정격으로 회전하면, 영구자석 발전기는 교류 3상 80[V]의 출력을 내보내어, 발전기 제어장치(GCU, generator control unit) 내에 있는 정류기에 의해 직류로 바뀌어 여자 발전기의 계자 권선에 공급한다. 주 발전기의 출력 전압을 일정하게 유지시키기 위해 전압 조절기(Voltage regulator)에 의해 전압을 제어한다. 여자 발전기에 전기자 권선의 3상 출력은 회전자축 내에 있는 정류자(6개의 다이오드)에 의해서 직류로 만들어지고, 주 발전기 계자 권선을 여자시킨다. 주 발전기의 전기자 권선은 3상 115/200[V], 400[Hz]의 기전력이 출력된다.

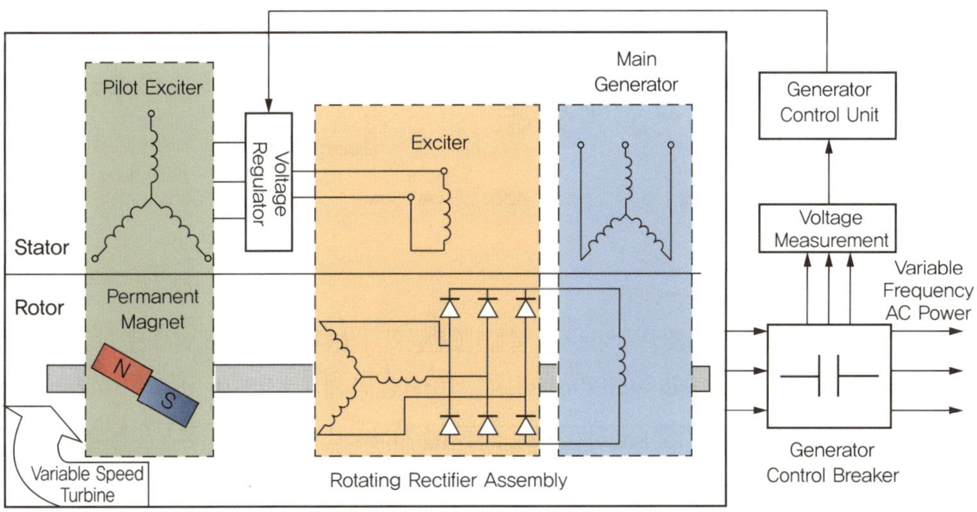

※ 인버터(Inverter)

일반적으로 메인 버스에서 나오는 항공기의 직류(DC)를 교류(AC)로 변환하여 다른 전자적 요구에 사용할 수 있다. 변환된 AC는 일반적으로 적절한 변압기, 스위칭 및 제어 회로의 사용을 결합한 항공기용 24[V] 시스템이다. 출력 전류가 기기, 무선 장비, 착륙 및 내비게이션 조명, 연료 게이지, 피토관 히터 및 기타 부속품에서 사용할 수 있도록 버스 바의 회로 차단기를 통과해야 한다. 충전된 배터리에서 시작하여 릴레이, 오실레이터, 앰프 등을 거쳐 사용 가능한 AC 전압으로 나타난다. 인버터에는 회전식과 정지식 두 가지의 기본적인 유형이 있다. 각각은 단일상 또는 다중상일 수 있다. 다상 인버터는 단상 인버터보다 가볍지만 다상 출력을 분산시키고 부하를 균형 있게 유지하는 데 복합적인 문제가 있다. 단상 전력 공급은 하나의 뚜렷한 파동 주기를 가지고 있지만, 다상은 더 많은 주기를 가지고 있다.

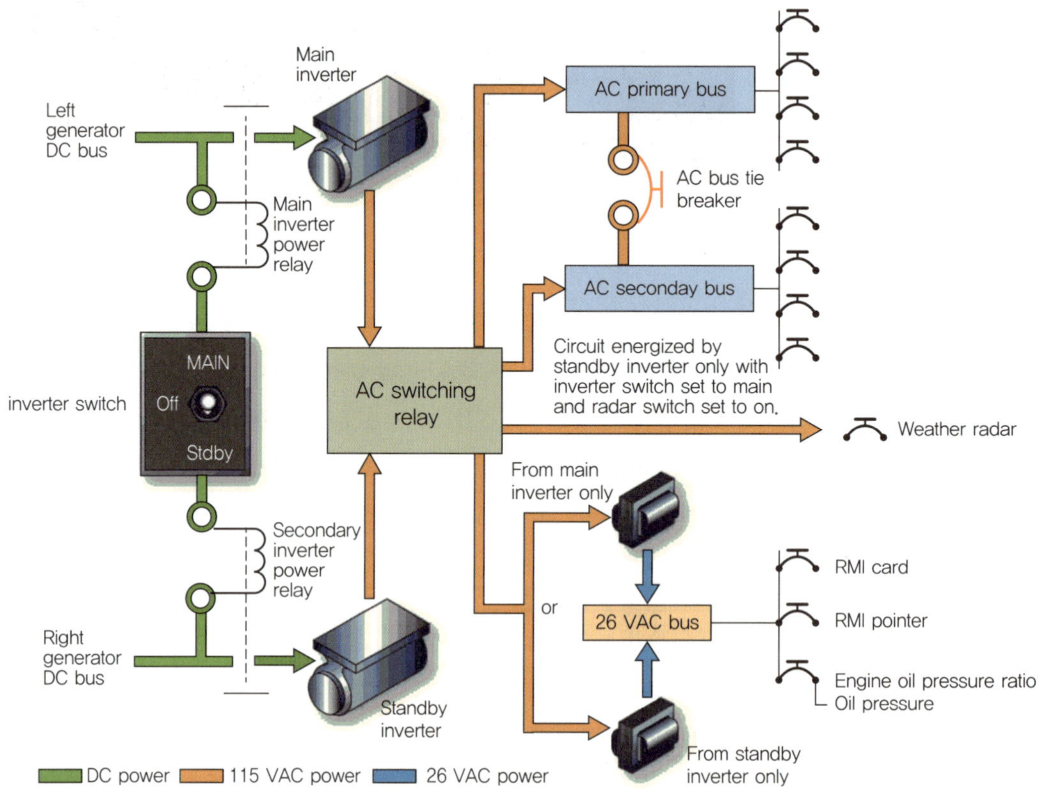

1) 회전식 인버터(Rotary inverter)

스타 결선의 AC발전기를 구동하는 4극 복합 DC전동기가 있다. 출력은 26[V] 또는 115[V] AC로 출력되는 단상 또는 3상일 수 있다. 로터리 인버터는 신뢰성이 떨어지고, 무게가 초과되며, 비효율적이기 때문에 주로 구형 항공기에 국한된다. AC발전기를 회전시키는 DC전동기를 사용하고, 일반적으로 전압 안정성을 보장하기 위해 전압 조절기 회로를 포함한다.

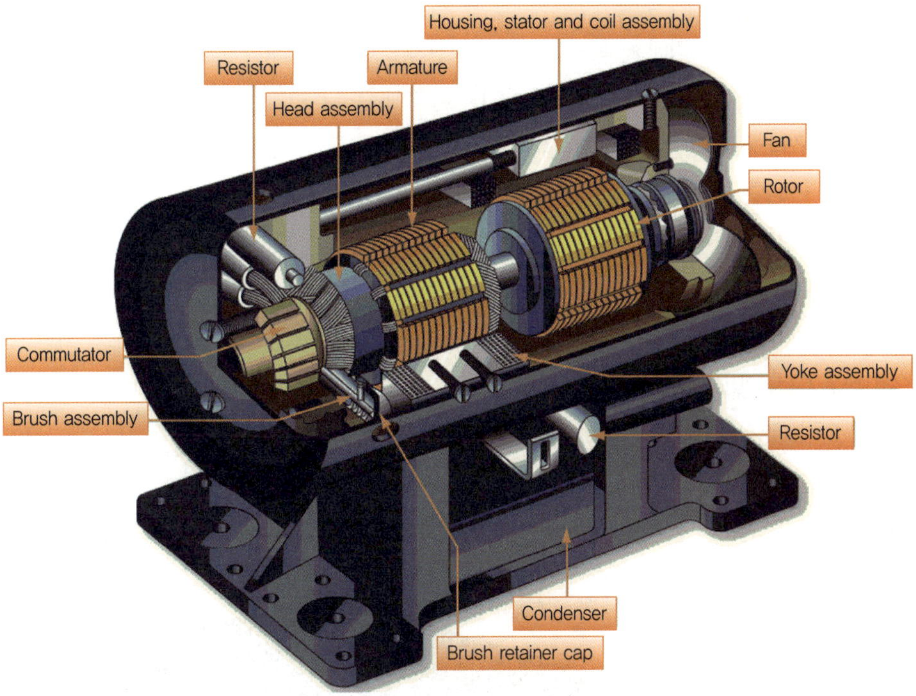
Housing, stator and coil assembly
Resistor
Armature
Head assembly
Fan
Rotor
Commutator
Yoke assembly
Brush assembly
Resistor
Condenser
Brush retainer cap

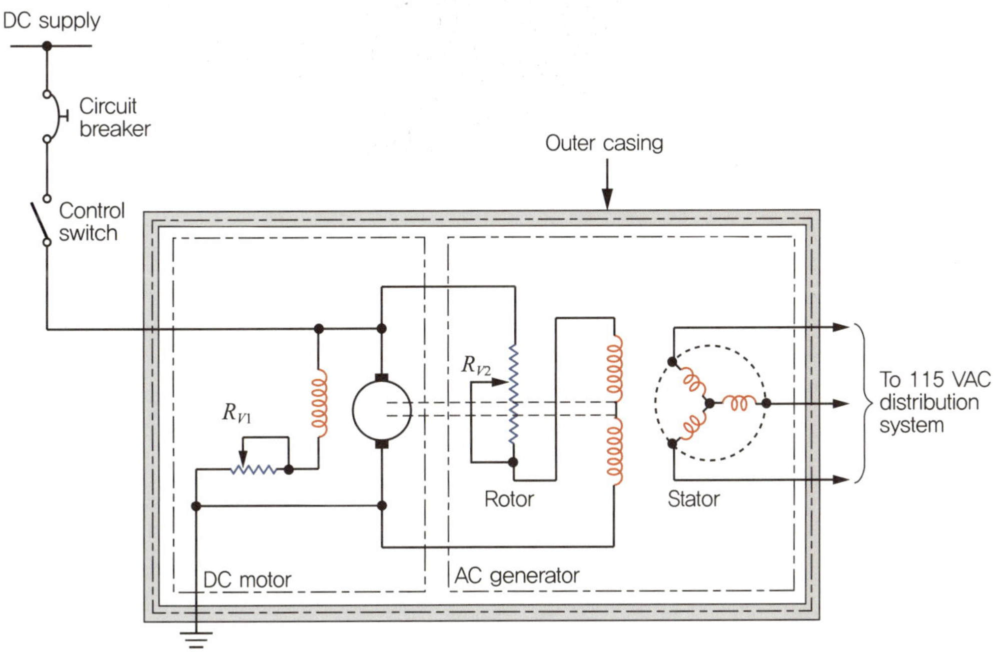
DC supply
Circuit breaker
Control switch
Outer casing
R_{V1}
R_{V2}
Rotor
Stator
To 115 VAC distribution system
DC motor
AC generator

2) 정지식 인버터(Static inverter)

대부분의 현대 항공기에 사용된다. 정지식은 전자 소자를 이용하여 움직이는 부품이 없다는 것을 의미하며, DC를 AC전원으로 변환하기 위해 전자 회로(발진 회로)를 사용한다. 변환된 출력은 변압기를 통해 원하는 AC출력 전압까지 상승시킨다. 정지식 인버터는 회전식 인버터보다 매우 작고, 훨씬 가볍다.

〈정지식 인버터의 특징〉

① 고효율

② 낮은 유지 보수 및 장기간 사용

③ 예열 기간이 필요하지 않음

④ 극소음으로 작동

⑤ 부하 변경에 대한 신속한 대응

올바른 유형의 인버터를 얻으려면 시스템 부하를 계산해야 한다.

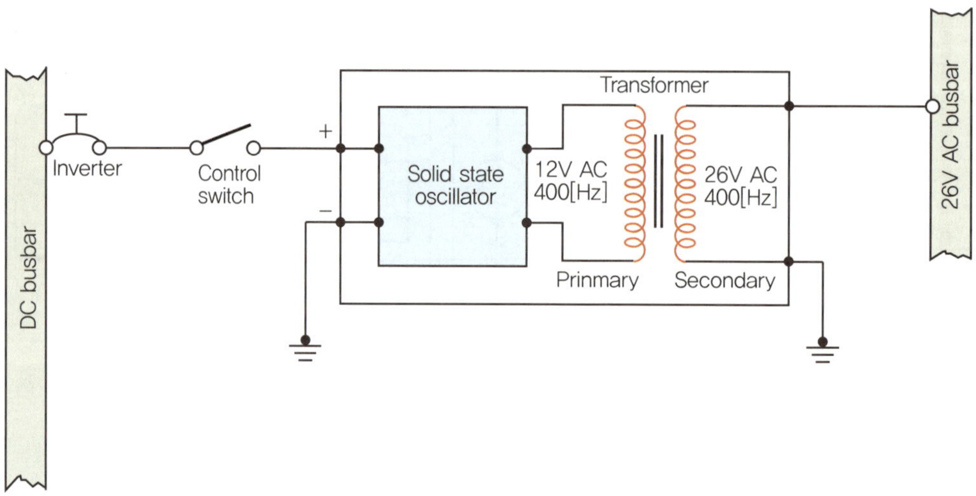

※ 변압 정류기(Transformer rectifier unit)

항공기에 장착된 TRU는 일반적으로 115[V], 400[Hz]의 3상 AC로 공급되어, DC 28[V] 변환을 위해 1차 및 2차 변압기 권선 및 정류기로 구성된다. 3상 스타-스타 결선 변압기를 통해 강하되고, 6개의 다이오드의 정류 작용에 의해 DC 28[V]로 변경된다. TRU에서 나오는 출력은 항공기의 DC BUS bar에 공급된다. TRU는 많은 양의 전력을 변환하며, 많은 열을 방출해야 하며, 따라서 공기로 냉각된다. 열 스위치를 배치하여 과열을 감지한다.

1) 과열(Overheat)

작동 시, 대부분의 TRU는 자동 온도 조절 시스템의 공기에 의해 냉각된다. 냉각 팬의 고장으로 TRU가 과열될 경우(150°~200°), Flight deck에 경고등이 켜지고, 자동 또는 수동으로 분리한다.

2) 역전류(Reverse current)

TRU가 다른 전원과 병렬로 작동할 때, TRU에 있는 정류기는 역류 전류를 그 안으로 흐르게 할 수 있다. 심지어 화재 및 고장에 의해 감지하도록 설계되어, 역전류가 약 1[A]에 도달했을 때, 역류 보호를 위해 TRU는 DC BUS bar에서 자동으로 분리된다.

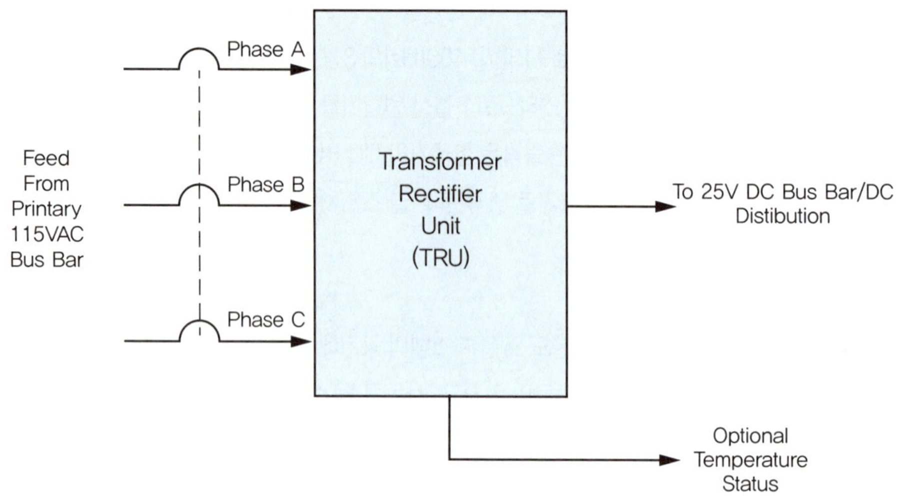
Phase A
Feed
From
Printary
115VAC
Bus Bar
Phase B
Phase C
Transformer
Rectifier
Unit
(TRU)
To 25V DC Bus Bar/DC
Distibution
Optional
Temperature
Status

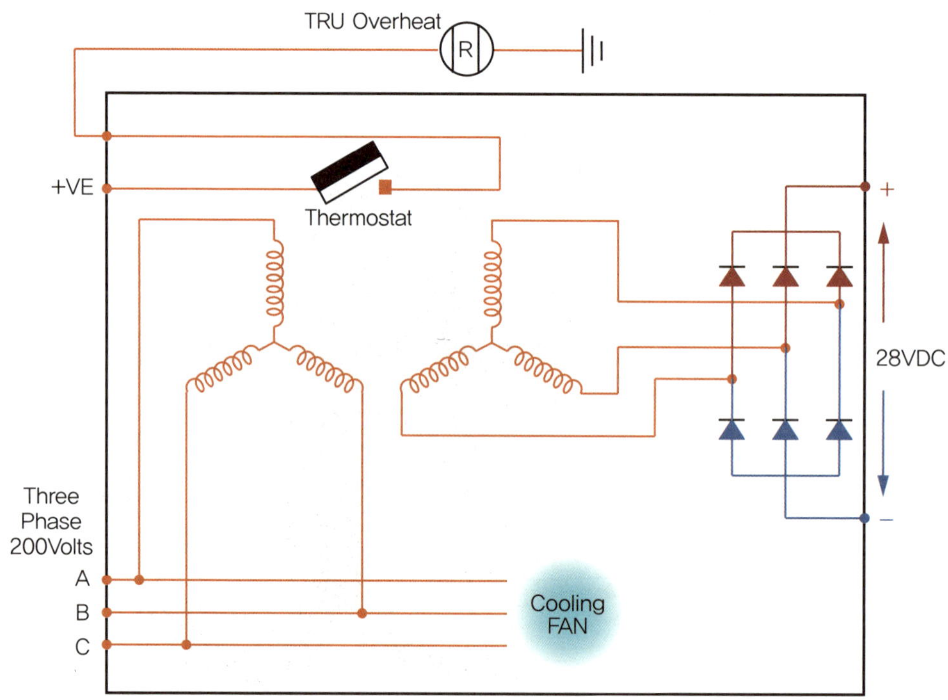
TRU Overheat
R
+VE
Thermostat
+
28VDC
−
Three
Phase
200Volts
A
B
C
Cooling
FAN

※ 정속구동장치(Constant speed drive)

항공기 교류발전기와 주엔진은 상호 연결되어 있다. 엔진의 출력이 변화에 따라서 구동축의 회전수도 변하게 된다. 회전수에 의해 교류발전기의 회전자(계자)의 회전속도도 변하게 되어, 전기자의 출력(전압과 전류)이 변하게 된다. 그러나, 출력주파수가 400[Hz]로 일정하게 유지되어야 한다. 따라서, 엔진의 구동축과 교류발전기축 사이에 CSD를 설치하여 엔진의 회전수와 관계없이 항상 일정한 회전수를 교류발전기축에 전달하여 출력주파수를 일정하게 유지시킨다. 유압장치, 차동기어장치, 거버너, 오일 등으로 구성되어 있다.

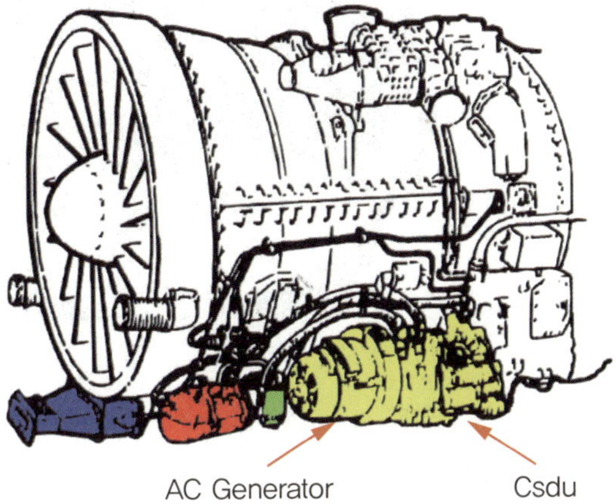

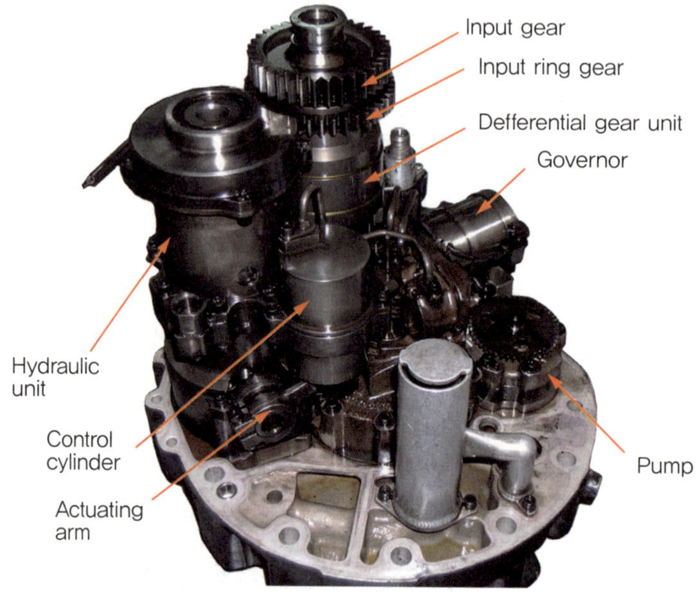

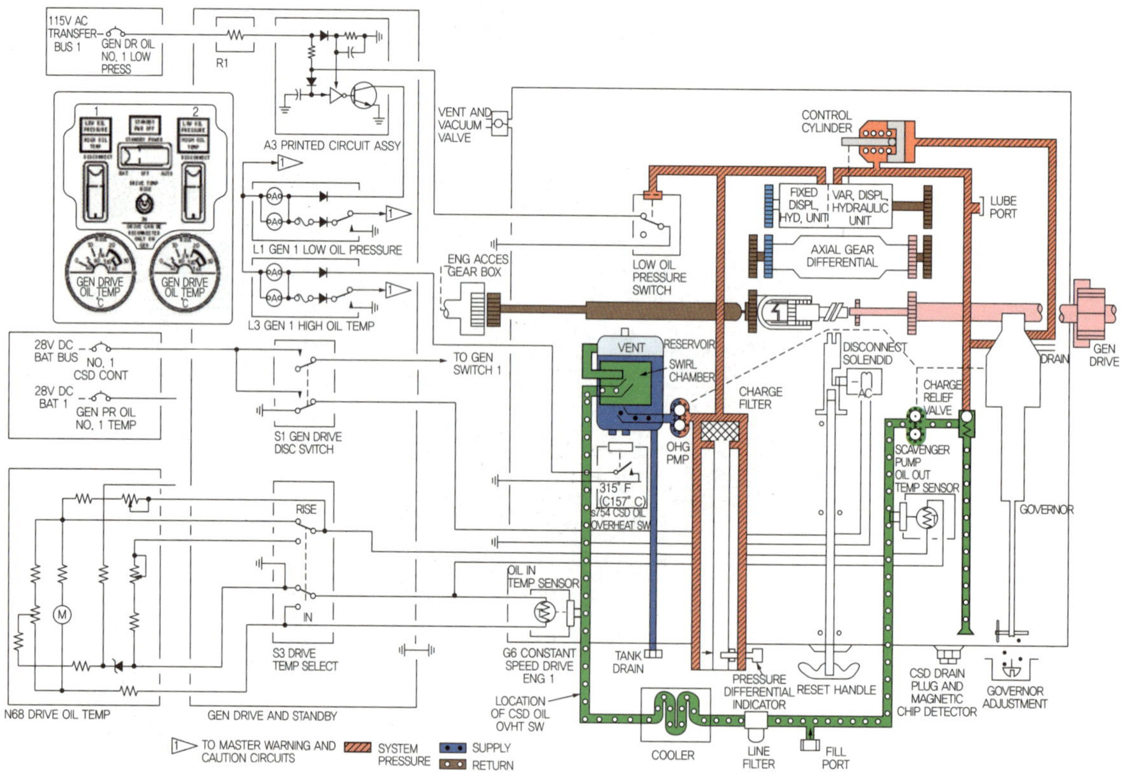

Constant Speed Drive Schematic Diagram

※ 통합구동발전기(Integrated Drive Generator)

IDG는 AC 발전기와 CSD(Constant Speed Drive)로 구성되어, 항공기의 모든 시스템에 전력을 공급한다. CSD는 엔진의 가변 입력을 발전기의 고정 회전 속도로 맞춰주어, 400[Hz]의 고정된 주파수를 제공할 수 있다. 유압 유체인 오일은 IDG의 중요한 구성 요소 중 하나로서, 오일은 냉각과 윤활에 사용되며, 또한 CSD가 발전기의 회전 속도를 기계적으로 조절하는 데도 사용된다. IDG는 엔진 액세서리 변속 장치에 의해 구동된다(엔진 나셀에서 접근할 수 있다). IDG의 신뢰성과 효율성은 오일 사용의 청결성과 정확한 레벨에 따라 결정된다. 오일 레벨은 오일 레벨을 나타내는 시각 유리에 의해 확인된다. 오일의 청결성은 항공기 유지관리 설명서에 기술된 것과 같이 예방조치를 취함으로써 보장된다. 오일을 물이나 먼지로 오염시키면 필터 막힘이 조기에 발생할 수 있다. 이로 인하여 IDG의 과도한 마모 및 과열 상태를 유발시킨다. 기름통과 공구는 깨끗하고 건조한 환경에 보관해야 하고, IDG를 Servicing할 때는 새 오일 캔을 사용하는 것이 바람직하다. AIRBUS사의 A310, A320 제품군, A320neo, A330, A330neo, A340 및 BOEING사의 B737NG, B747, B757, B767, B777 등의 항공기에는 통합 드라이브 제너레이터(IDG)가 사용된다. 이 장치는 동일한 케이스 안에 있는 CSD와 오일 냉각 발전기이고, 엔진의 라인 교체형 발전 유닛(LRU)이기 때문에 문제 해결이 간단하다.

〈IDG의 특징〉

① 별도의 CSDU 및 발전기보다 무게가 감소된다.

② 크기가 작다.

③ 생산 비용이 더 비싸다.

④ 고장나면 두 부품(CSDU 및 발전기)을 모두 교체해야 한다.

⑤ 서비싱이 더 어렵다.

IDG
Variable-Speed Shaft
Constant Speed
Generator
3-phase
115Vac
400Hz
Constant Speed Drive

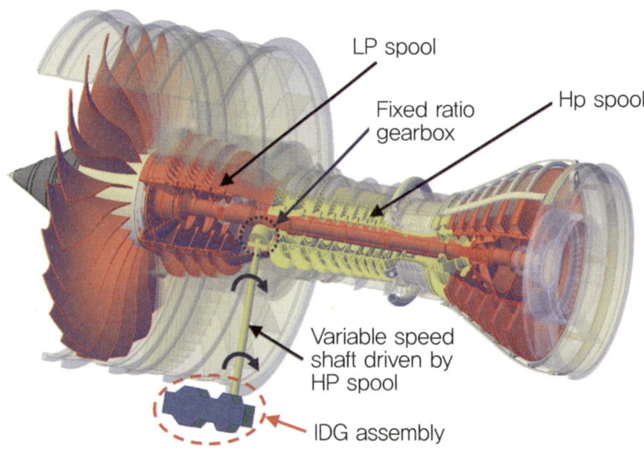
LP spool
Fixed ratio gearbox
Hp spool
Variable speed shaft driven by HP spool
IDG assembly

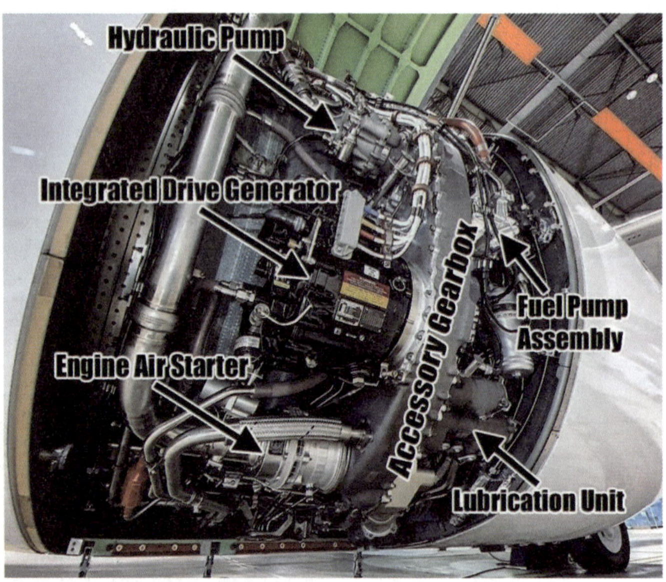
Hydraulic Pump
Integrated Drive Generator
Accessory Gearbox
Fuel Pump Assembly
Engine Air Starter
Lubrication Unit

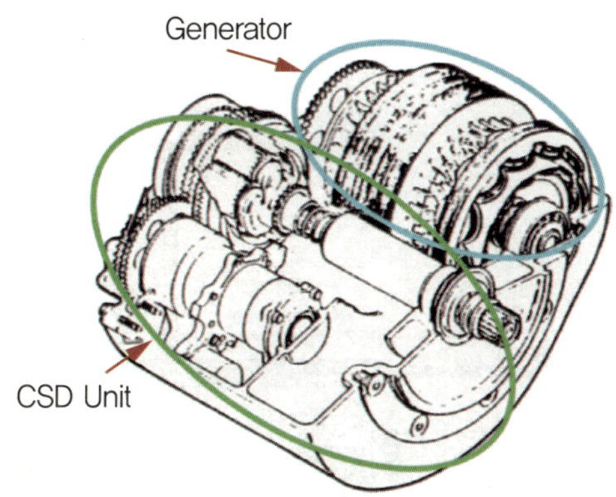
Generator
CSD Unit

※ IDG의 작동원리 순서 ※

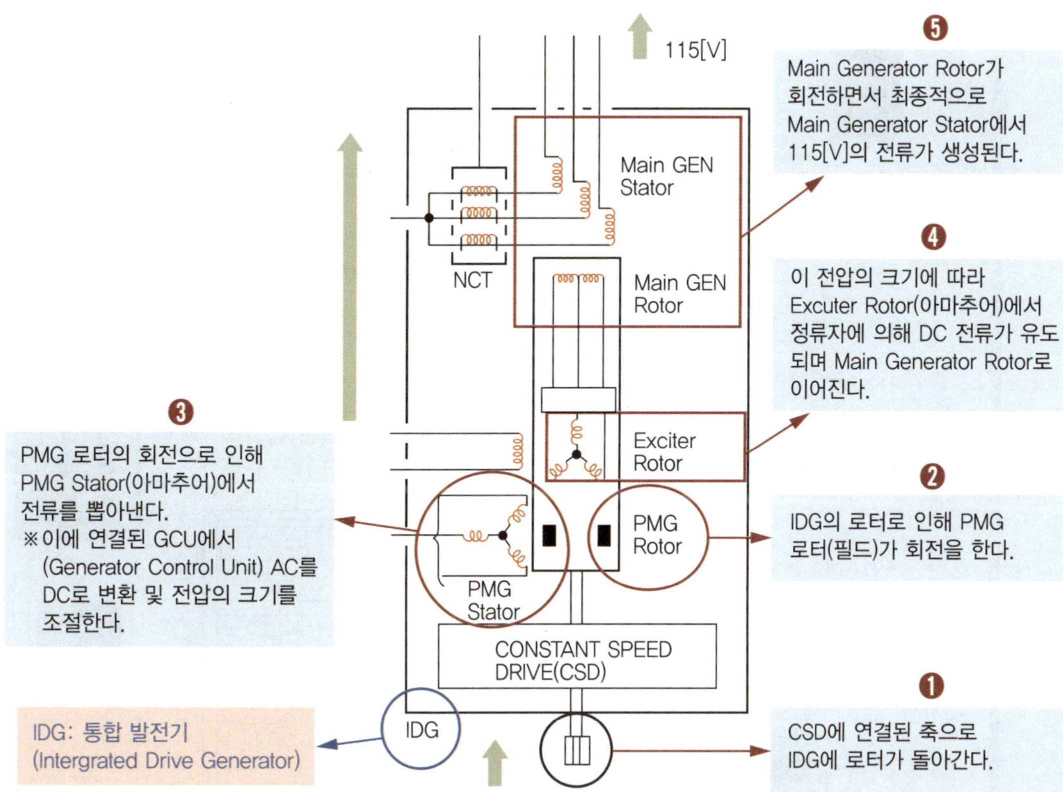
115[V]
❺
Main Generator Rotor가 회전하면서 최종적으로 Main Generator Stator에서 115[V]의 전류가 생성된다.
Main GEN Stator
NCT
Main GEN Rotor
❹
이 전압의 크기에 따라 Excuter Rotor(아마추어)에서 정류자에 의해 DC 전류가 유도되며 Main Generator Rotor로 이어진다.
❸
PMG 로터의 회전으로 인해 PMG Stator(아마추어)에서 전류를 뽑아낸다.
※이에 연결된 GCU에서 (Generator Control Unit) AC를 DC로 변환 및 전압의 크기를 조절한다.
Exciter Rotor
❷
PMG Rotor
IDG의 로터로 인해 PMG 로터(필드)가 회전을 한다.
PMG Stator
CONSTANT SPEED DRIVE(CSD)
❶
CSD에 연결된 축으로 IDG에 로터가 돌아간다.
IDG
IDG: 통합 발전기 (Intergrated Drive Generator)

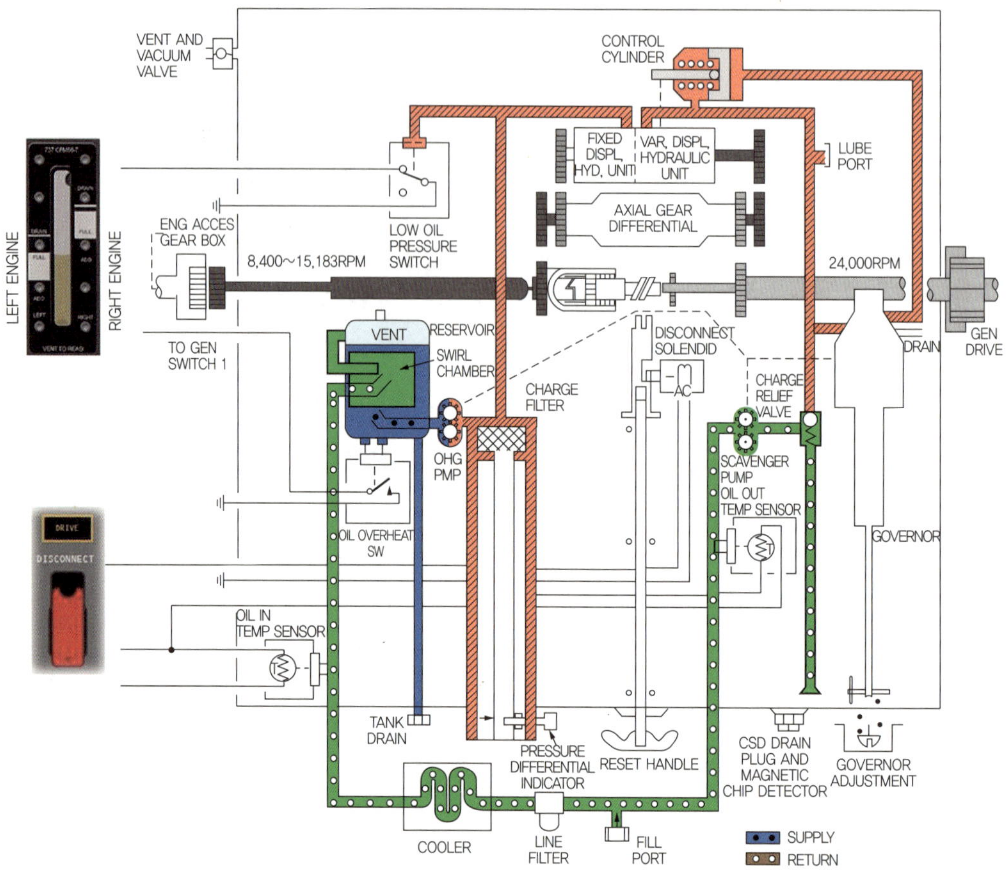
VENT AND
VACUUM
VALVE
CONTROL
CYLINDER
FIXED
DISPL.
HYD. UNIT
VAR. DISPL.
HYDRAULIC
UNIT
LUBE
PORT
AXIAL GEAR
DIFFERENTIAL
LEFT ENGINE
RIGHT ENGINE
ENG ACCES
GEAR BOX
LOW OIL
PRESSURE
SWITCH
8,400~15,183RPM
24,000RPM
GEN
DRIVE
DRAIN
TO GEN
SWITCH 1
VENT
RESERVOIR
SWIRL
CHAMBER
CHARGE
FILTER
DISCONNECT
SOLENOID
AC
CHARGE
RELIEF
VALVE
OHG
PMP
SCAVENGER
PUMP
OIL OUT
TEMP SENSOR
OIL OVERHEAT
SW
GOVERNOR
DRIVE
DISCONNECT
OIL IN
TEMP SENSOR
TANK
DRAIN
PRESSURE
DIFFERENTIAL
INDICATOR
RESET HANDLE
CSD DRAIN
PLUG AND
MAGNETIC
CHIP DETECTOR
GOVERNOR
ADJUSTMENT
COOLER
LINE
FILTER
FILL
PORT
SUPPLY
RETURN

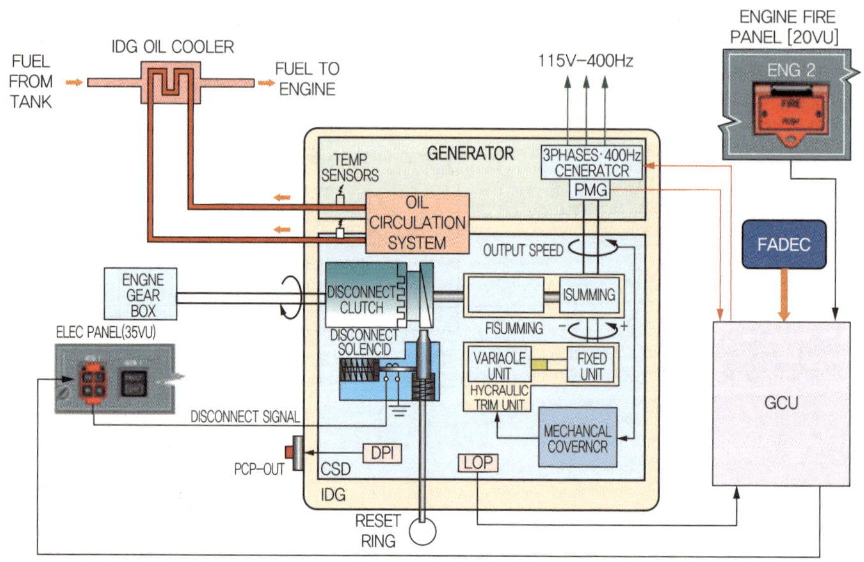
FUEL
FROM
TANK
IDG OIL COOLER
FUEL TO
ENGINE
115V-400Hz
ENGINE FIRE
PANEL [20VU]
ENG 2
GENERATOR
TEMP
SENSORS
3PHASES·400Hz
CENERATCR
PMG
OIL
CIRCULATION
SYSTEM
OUTPUT SPEED
FADEC
ENGNE
GEAR
BOX
DISCONNECT
CLUTCH
ISUMMING
FISUMMING
ELEC PANEL(35VU)
DISCONNECT
SOLENCID
VARIAOLE
UNIT
FIXED
UNIT
HYCRAULIC
TRIM UNIT
GCU
DISCONNECT SIGNAL
MECHANCAL
COVERNCR
PCP-OUT
DPI
CSD
LOP
IDG
RESET
RING

CHECKING IDG OIL (CFM56-5B)

- IDG oil level can be check on the righthand side of the fan cowl.
- Make sure that the engine shutdown occured not less than 5 minutes before you do this procedure.

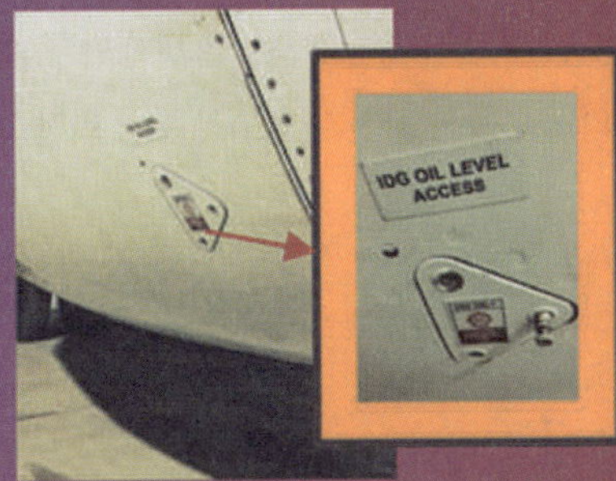

- Loosen the 3 quick release fastener with a cross point/ phillips screwdriver

- Check the IDG oil level through the sight glass

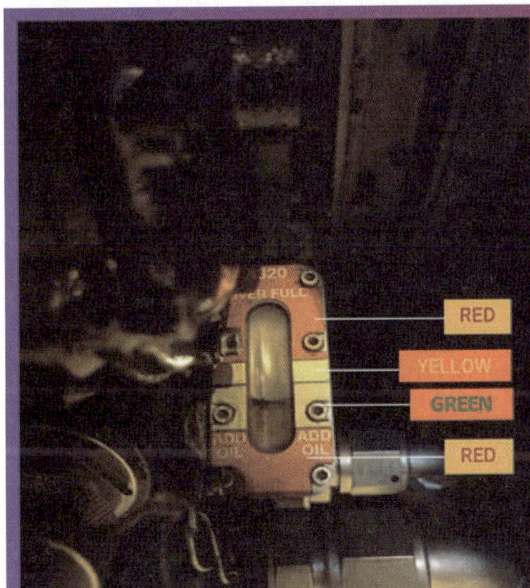

- (COLD OIL/IDG) OIL LEVEL MUST BE AT OR NEAR THE LINE BETWEEN THE YELLOW BAND AND THE GREEN BAND.
- (HOT OIL) OIL CAN BE IN THE GREEN BAND OR THE. YELLOW BAND

- (COLD OIL/IDG) THE OIL LEVEL MUST NOT BE IN THE YELLOW BAND BUT IT CAN BE IMMEDIATELY ABOVE THE LOWER LIMIT OF THE YELLOW BAND BECAUSE OF THE AIRCRAFT RAMP ANGLE.

- (AT ALL TIMES HOT OR COLD OIL/IDG) THE OIL LEVEL MUST NOT BE IN THE RED BAND.

NOTE: REFER TO AMM 12-13-24 FOR THE SERVICING PROCEDURE

(10) 교류발전기 출력주파수

교류발전기 전압의 주파수는 회전자의 회전 속도와 극 수에 달려 있다. 계자의 극수가 2개이고, 1회전 하면 전기자에 유도되는 기전력은 1주기를 발생한다. N회전시키면, N주기를 발생한다. 주파수는 전압 또는 전류가 1초 동안 반복되는 횟수로 정의된다. 교류발전기의 계자의 극수를 P, 회전자(계자)의 분당 회전수를 N, 교류발전기의 주파수를 f로 나타낼 수 있다.

$$f = P \times N = \frac{P}{2} \times \frac{N}{60} = \frac{PN}{120} [Hz]$$

f = Frequency, [Hz]

N = synchronous speed, [rpm]

P = number of poles

※ 일반적인 발전기 전압조정

엔진의 회전속도가 증가하면, 발전기의 출력전압과 전류는 모두 증가한다. 계자를 제어하는 장치가 없다면, 권선은 소손으로 고장이 발생하게 된다. 발전기가 회전하기 시작하면, 계자프레임의 잔류자기 때문에 계자권선에 전류가 흐르게 되어 출력전압은 더욱 상승하게 된다. 시스템이 요구하는 출력전압에 도달하면, 실제로 계자회로의 가변저항인 전압 조절기는 자동으로 계자전류를 감소시키고, 조절된 레벨 이상으로 출력전압이 상승하는 것을 방지한다. 출력전압은 흐름이 허용되는 계자전류의 양을 제어하여 비교적 일정하게 유지된다.

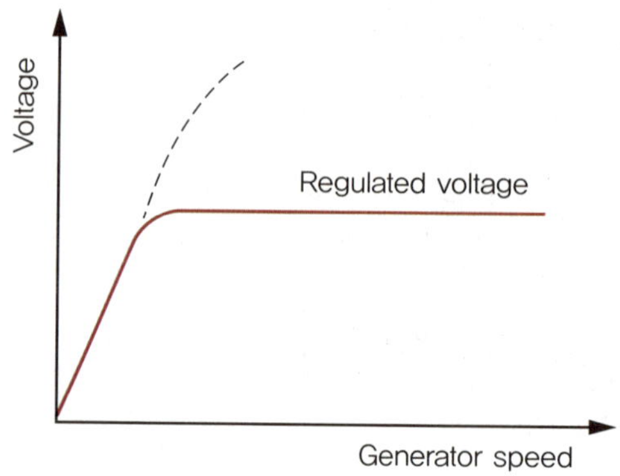

(11) 교류발전기 전압조정기

엔진의 회전속도가 증가하면, 발전기의 출력전압과 전류는 모두 증가한다. 교류발전기의 경우, 전압조정기만 필요로 한다. 출력전압이 규정보다 증가하면, 회전자(계자)권선에 직렬로 저항기를 넣어 전류를 감소시켜 전압을 낮추고, 출력전압이 규정보다 감소하면, 저항기를 빼내어 규정 전압으로 회복시킨다.

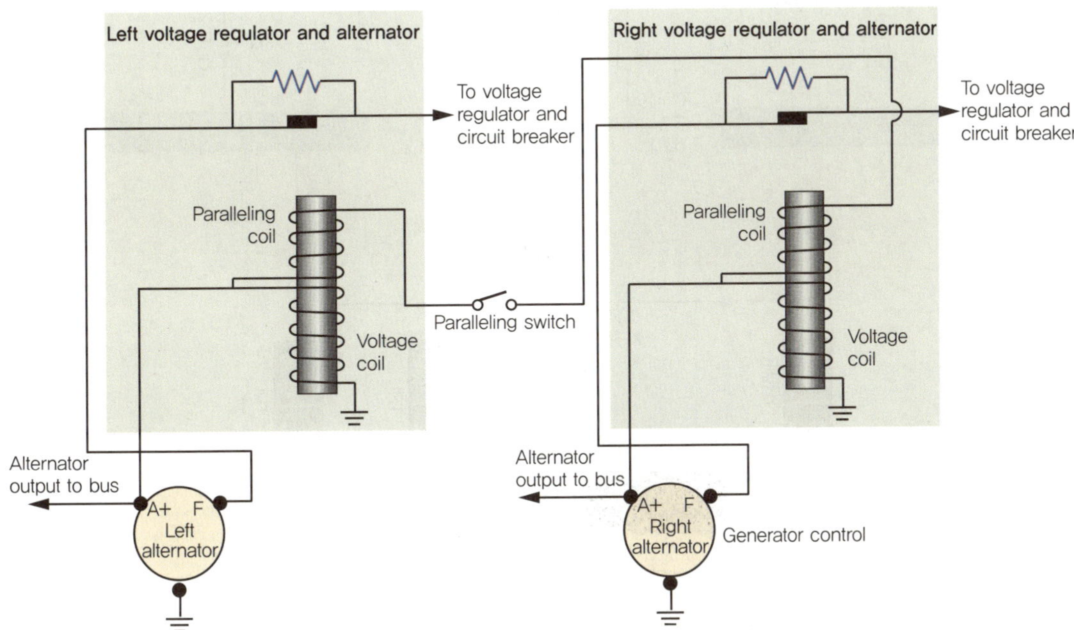

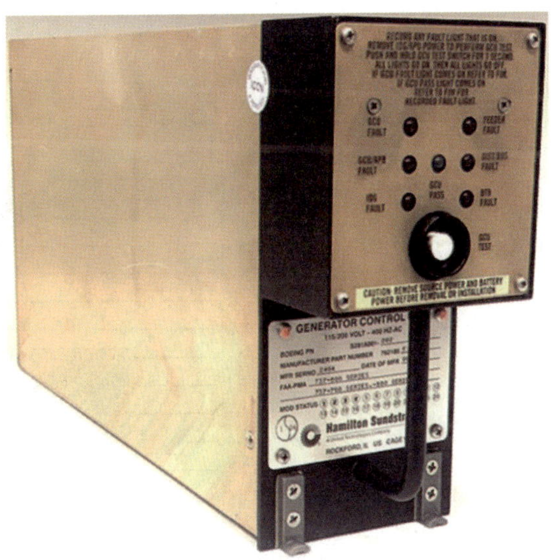

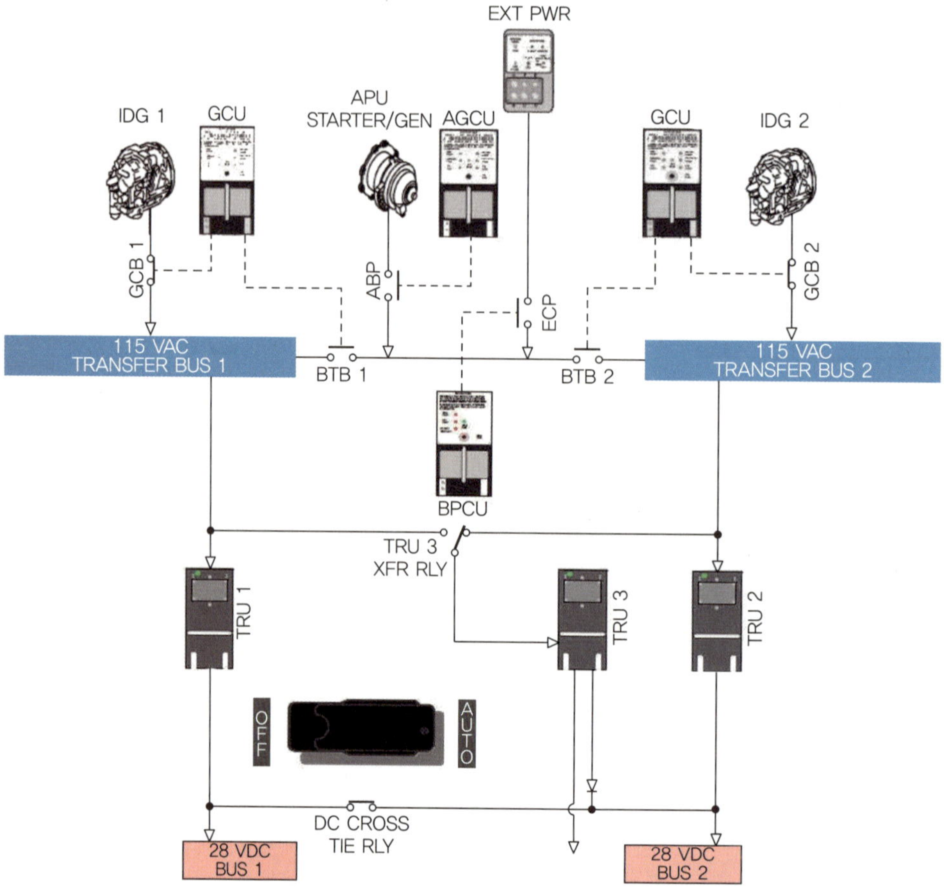
EXT PWR
APU
STARTER/GEN
AGCU
IDG 1
GCU
GCU
IDG 2
GCB 1
ABP
ECP
GCB 2
115 VAC
TRANSFER BUS 1
BTB 1
BTB 2
115 VAC
TRANSFER BUS 2
BPCU
TRU 3
XFR RLY
TRU 1
TRU 3
TRU 2
OFF
AUTO
DC CROSS
TIE RLY
28 VDC
BUS 1
28 VDC
BUS 2

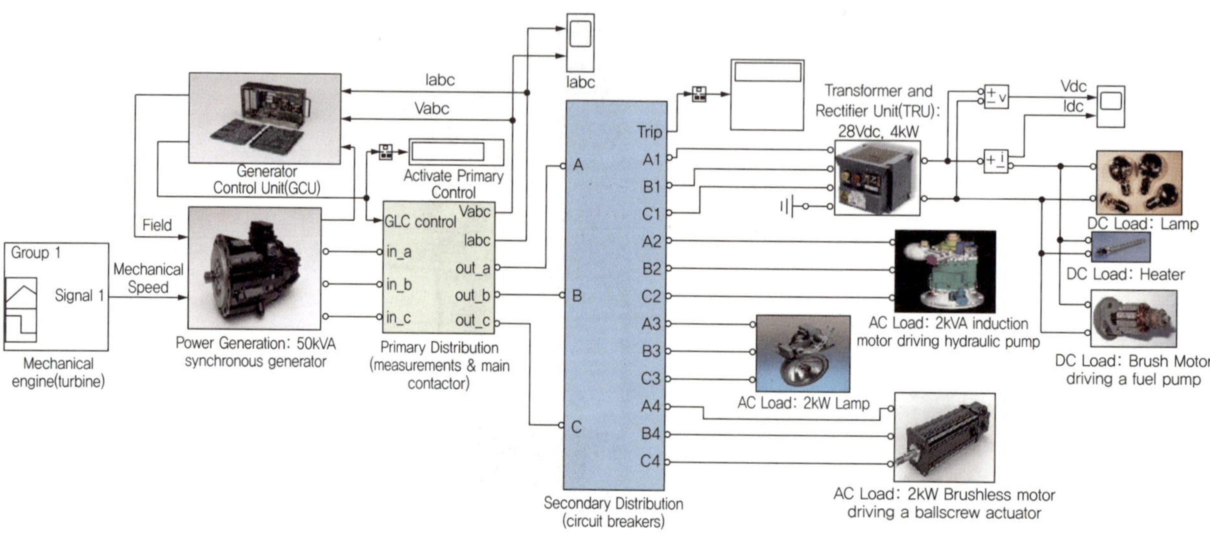
Iabc
Vabc
Iabc
Generator
Control Unit(GCU)
Activate Primary
Control
Field
GLC control
Vabc
Iabc
in_a
in_b
in_c
out_a
out_b
out_c
Group 1
Signal 1
Mechanical
Speed
Mechanical
engine(turbine)
Power Generation: 50kVA
synchronous generator
Primary Distribution
(measurements & main
contactor)
Trip
A
B
C
A1
B1
C1
A2
B2
C2
A3
B3
C3
A4
B4
C4
Secondary Distribution
(circuit breakers)
Transformer and
Rectifier Unit(TRU):
28Vdc, 4kW
Vdc
Idc
DC Load: Lamp
DC Load: Heater
AC Load: 2kVA induction
motor driving hydraulic pump
DC Load: Brush Motor
driving a fuel pump
AC Load: 2kW Lamp
AC Load: 2kW Brushless motor
driving a ballscrew actuator

1) Transistor voltage regulator

현대 항공기의 교류발전기 계통은 출력전압을 제어하기 위해서 트랜지스터를 사용하여 실제로 전류의 흐름을 제어하고, 전자기 코일은 전압을 감지하는 데 사용된다. 트랜지스터 전압조정기는 진동형과는 다른 반도체 상태로서, 조정기 자체에 움직이는 부품이 없다. 출력전압은 제너다이오드에 의해 감지된다.

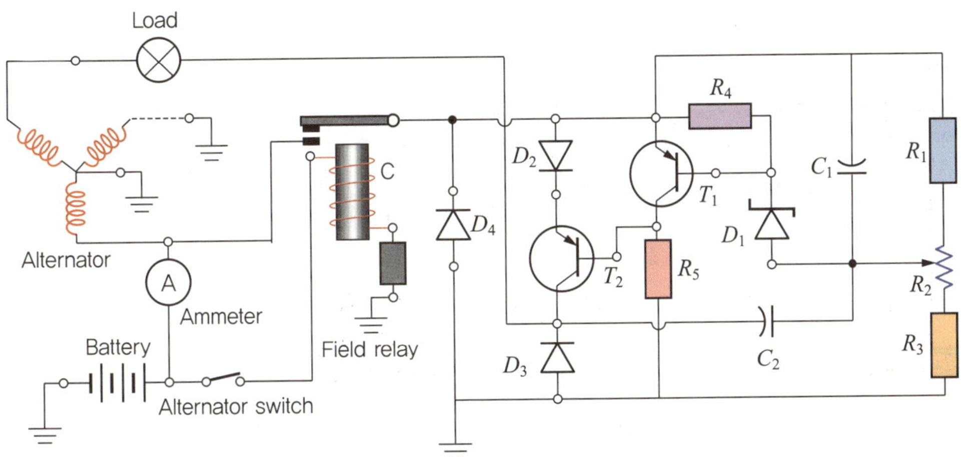

2) Carbon-pile voltage regulator

릴레이식과 함께 구형 항공기에서 사용하는 방식으로 계자권선과 직렬로 연결하여, 카본파일(카본 판 적층)에 접촉압력을 가하면 간격이 좁아져 접촉저항이 감소하고, 접촉압력을 줄이면 접촉저항은 증가하게 하여 가변저항과 같은 역할로 계자전류를 제어한다.

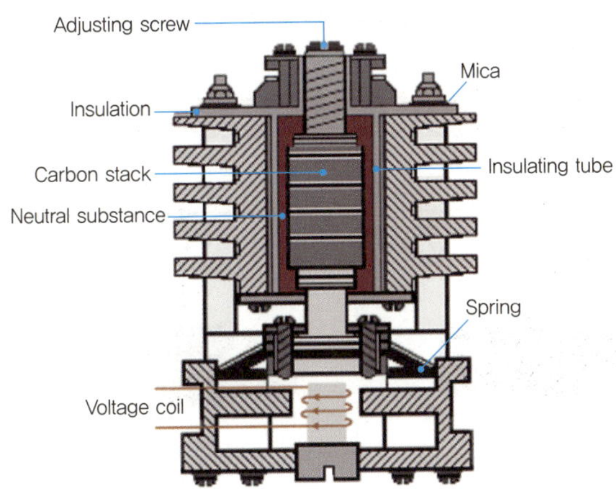

(12) 교류발전기 병렬운전

교류발전기가 병렬로 작동할 때, 전압, 속도, 주파수를 동기화되지 않으면, load bus를 통해 중대한 손상을 초래한다. 병렬운전을 위해서는 각 발전기의 유효전력과 무효전력을 일정하게 유지할 수 있도록 제어해야 한다. 발전기 출력을 일정하게 유지하기 위해서 리액턴스(X)로 소모되는 전력을 일정하게 갖도록 제어해야 한다. 유효전력은 CSD 또는 IDG의 회전수를 변화시켜 제어하고, 무효전력은 교류발전기의 여자전류를 변화시켜 제어한다. 각 발전기의 출력전압, 주파수, 위상이 동일하도록 제어한다.

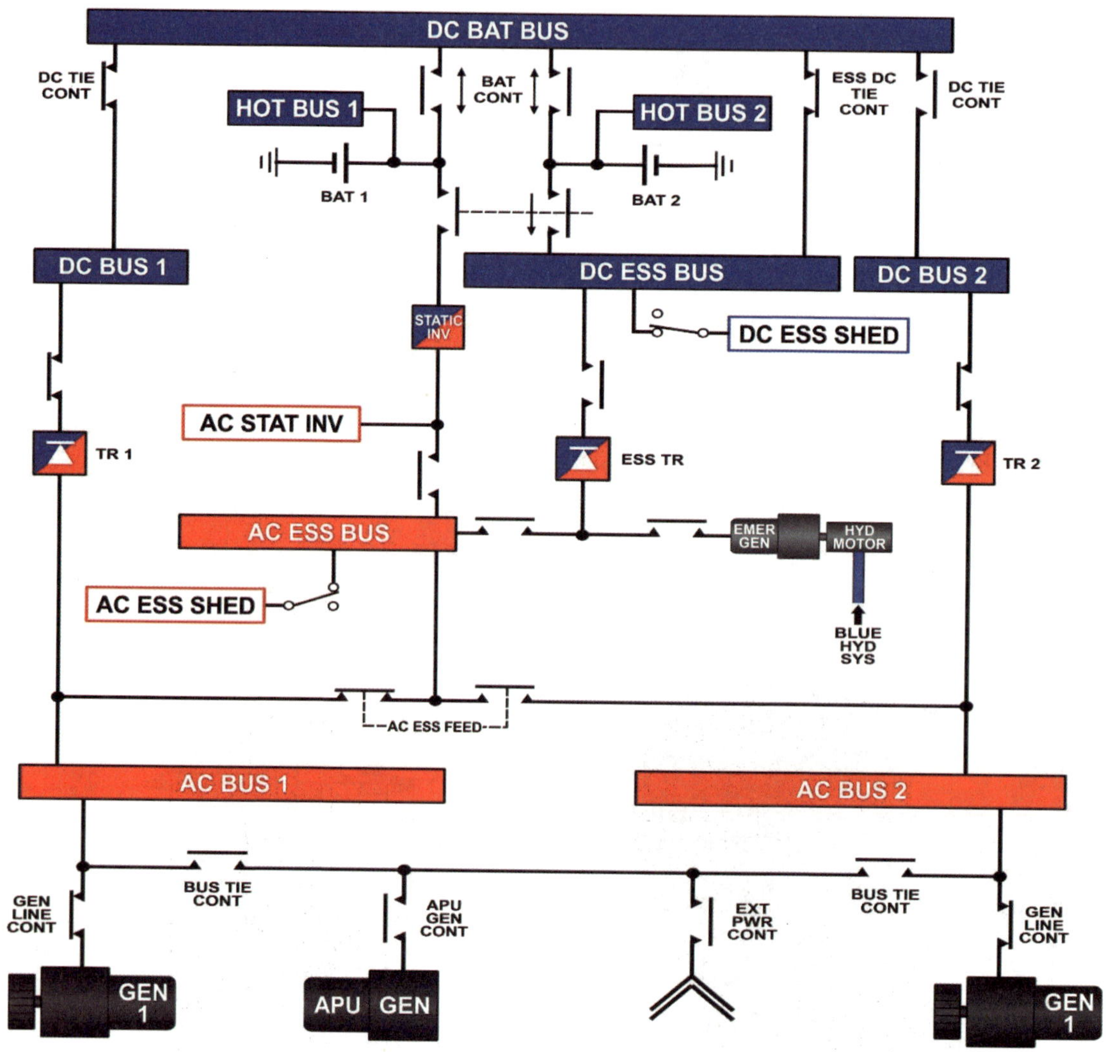

1) 전압이 같을 것

2개의 발전기 기전력이 다르면, 발전기 사이에 무효순환 전류가 흐르게 되어 출력을 감소시키고, 과열의 원인이 된다.

2) 위상이 같을 것

기전력에 위상차가 발생하면, 순시값에서의 전압차로 동기화 전류가 흐르게 되어 위상이 늦은 발전기는 부하를 감소시켜 속도가 증가하며, 위상이 빠른 발전기는 부하의 증가로 과부하를 초래한다.

3) 주파수가 같을 것

주파수가 다르면, 발전기끼리 일치하려고 동기화 전류가 흐르게 된다. 계속해서 동기화가 되지 않으면, 전기자 저항이 증가해서 난조(부하의 급변 시 부하각과 동기속도가 진동하는 현상)가 발생한다. 주파수 조절 범위는 400[Hz]에서 ±1[Hz]로서 2[Hz]가 넘으면 안 된다.

(13) 교류발전기 특징

1) 기계식 정류장치가 없기 때문에 회전속도 범위가 넓다.

2) 엔진 공회전 시에도 발전이 가능하다.

3) 직류발전기에서 역전류 방지용으로 사용하던 diode 및 cut-out relay가 필요없다.

4) 출력에 비해 중량이 가볍다.

5) 정류자 및 브러시가 없어서 수명이 길다.

(14) 교류발전기 점검

1) 회전자 권선의 단선, 단락 및 접지상태를 점검한다.

2) 이상이 있으면, 회전자 어셈블리를 교환한다.

3) 단락 시험을 하기 위해서는 코일의 저항값을 정확히 해야 한다.

4) 슬립 링 마멸 및 소손상태를 점검한다.

5) 불량하면 어셈블리를 교환한다.

PART

10 전력계통-발전기 기출문제

1. 3상 교류발전기에서 발전된 전압을 정의 방향으로 순차적으로 모두 합하면 1개의 상전압과 비교할 때 몇 배가 되는가?

① 0배　　② 1배　　③ 2배　　④ 3배

정답 ①

풀이

3상을 벡터도로 전압이 3개의 화살표로 표시한다. 평형회로에서 한 개의 화살이 각기 120°의(2π/3) 위상각과 같은 크기를 가지고 있다. 나머지 두개의 화살의 합(D(빨간색) = b + c)은 a와 같은 크기를 가지나 방향은 정반대이다. 그러므로, 3개의 상의 합은 0이 되어, $V_a + V_b + V_c = 0$이 된다.

3상 교류의 벡터 표시

① 벡터 표시

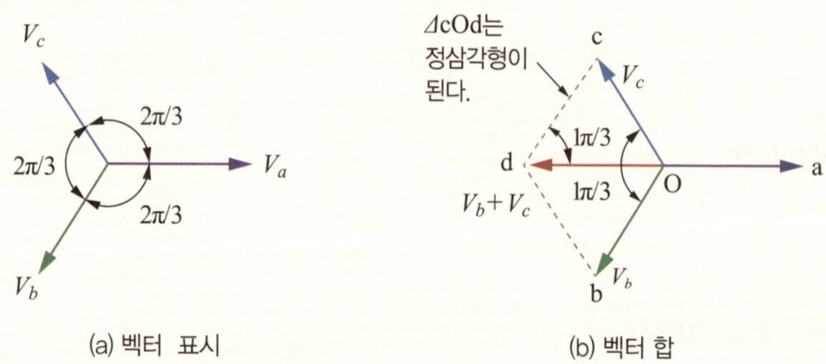

3상 교류의 벡터 표시 및 벡터 합

② 전압의 벡터 합 : $V_a + V_b + V_c = 0$

2. Y결선 3상 교류 발전기의 출력 중 임의의 두 개의 상전압을 합하면 그 결과 값은?

① 상전압의 $\sqrt{3}$배

② 상전압의 $\sqrt{2}$배

③ 상전압의 2배

④ 영의 전압

정답 ①

풀이

Y 결선(Star connection) : 전압을 이용할 때 사용되는 결선 방법으로, 각 코일의 한 끝을 공통점에 접속하고 다른 한 끝셋을 끌어낸 것이다. 선간 전압은 상전압의 배가 되어 삼각 결선보다 선간 전압이 높다. 발전기에 스타 결선을 사용하는 것은 선간 전압을 이용하기 때문이며, 저속 회전에서도 높은 전압과 중성점의 전압을 사용할 수 있는 장점이 있다. 성형결선(星形結線)이라고도 한다. 항공기에서는 3상 4선식을 사용한다.

① 중성점을 이용할 수 있다.(중성선은 기체에 접지시킨다.)

② 선전류와 상전류는 같다.

③ 선간전압은 상전압의 $\sqrt{3}$배이고 위상이 30° 앞선다.

$I_L = I_P$, $V_L = \sqrt{3}V_P$

3. 항공기 주 전원장치에서 주파수를 400[Hz]로 사용하는 주된 이유는?

① 감압이 용이하기 때문에

② 승압이 용이하기 때문에

③ 전선의 무게를 줄이기 위해

④ 전압의 효율을 높이기 위해

정답 ③

풀이

항공기가 400[Hz]를 사용하고 있는 것은 전기 기계나 변압기를 만들 때, 철심이나 구리선 등이 일반 전원의 1/6~1/8 정도면 되고 중량도 가볍기 때문이다.

4. 자장 내 단일코일로 회전하는 발전기에서 중립면을 통과하는 코일에 전압이 유도되지 않는 이유로 옳은 것은?

① 자력선이 존재하지 않기 때문

② 자력선이 차단되지 않기 때문

③ 자력선의 밀도가 너무 높기 때문

④ 자력선이 잘못된 방향으로 차단되기 때문

정답 ②

풀이

자장(Magnetic field) 내에서 운동하는 도체(Conductor)가 자력선의 방향과 90°의 방향으로 자력선의 흐름을 차단하면 도체에 전압이 유도된다. 이 작용을 전자기유도작용이라 하고, 이 때 유도된 전압을 유도기전력(EMF : Electromotive Force) 또는 유도전압이라 한다. 즉, 자력선이 차단되지 않기 때문에 유도전압이 발생하지 않는다.

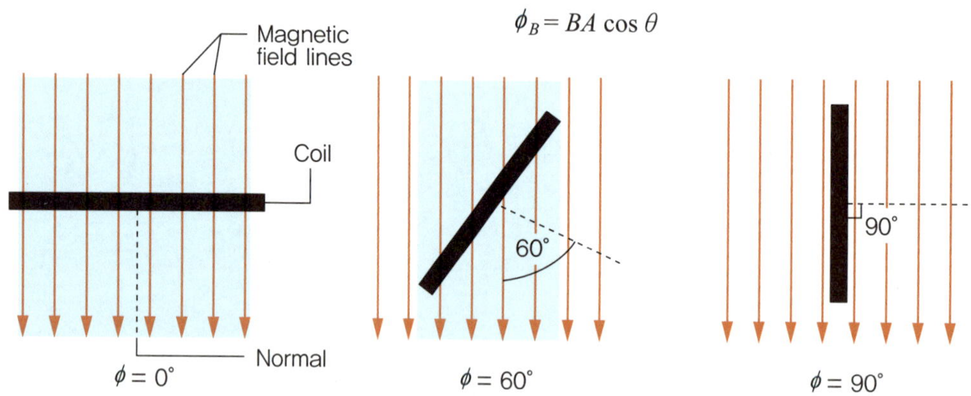

5. 발전기의 무부하(No-load) 상태에서 전압을 결정하는 3가지 주요한 요소에 들지 않는 것은?

① 회전자기장을 끊는 속도

② 자장의 세기

③ 자장을 끊는 회전자의 수

④ 회전자의 회전방향

정답 ④

풀이

$e = N\frac{d\Phi}{dt}$[V]

(E : 유기되는 순간 전압, N : 전기자의 코일수, Φ : 자속)

6. 발전기의 회전자 코어의 재료는?

① 니켈강 ② 철 ③ 니켈-크롬강 ④ 규소강

정답 ④

풀이

철심(Iron Core, 鐵心) : 변압기, 발전기, 전동기 등의 전기기기에서 주로 자속의 통로 역할을 하는 자기회로 역할을 한다. 양측 권선 사이에 용이한 자속 결합 및 통로 역할을 하여 자속은 투자율이 높은 자성체(철심) 쪽으로 집중 분포하려고 한다. 영구자석으로는 얻을 수 없는 매우 강력한 자기장 형성이 가능하다. 주강이 주철보다 자기적 특성이 우수(투자율, 저항률이 큼)하여, 크기 및 중량을 적게 할 수 있다. 특히, 철손(히스테리시스 손실, 와전류 손실)이 적은 규소 강판을 얇게 적층하여 제작한다.

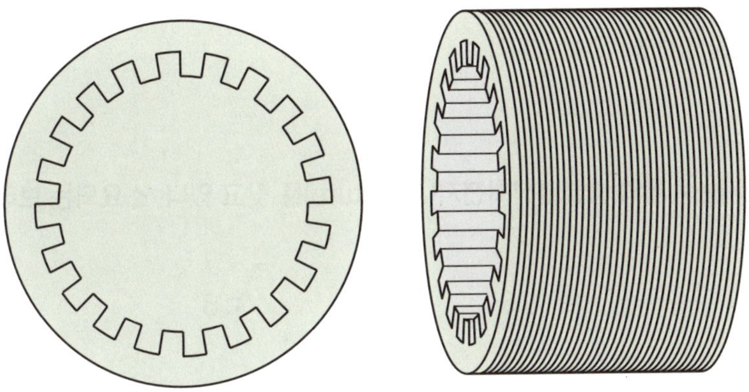

Iidividual stator lamination   Stack of laminations making stator

7. 직류 발전기에서 정류작용을 일으키는 요소는?

① 계자 권선 ② 전기자 권선

③ 계자 철심 ④ 브러시와 정류자

정답 ④

풀이

직류발전기는 고정측에 자극을, 회전자측에 전기자 코일을 두고, 전기자를 회전시키면 코일에 발생하는 기전력은 교류여서 정류한 후 직류로 변환해야 한다. 코일의 양 끝에 도체(정류자)를 장치하고 브러시를 통하여 기전력이 직류가 된다.

8. **직류 발전기에서 잔류자기를 잃어 발전기 출력이 나오지 않을 경우 잔류자기를 회복하는 방법으로 가장 적절한 것은?**

① 계자코일을 교환한다.

② 계자권선에 직류전원을 공급한다.

③ 잔류자기가 회복될 때까지 반대방향으로 회전시킨다.

④ 잔류자기가 회복될 때까지 고속 회전시킨다.

정답 ②

풀이

계자 플래싱(Field flashing) : 발전기가 처음 발전을 시작할 때 남아있는 계자(전류자기)에 의존하는데, 만약 계자가 남아 있지 않으면 발전이 안되므로 외부전원을 잠시 흘려주는 것이다.

9. **4극 랩결선(Lap winding) 직류발전기는 4개의 병렬결선회전자(Armature)를 갖고 있다. 소요되는 브러시(Brush)의 수는 몇 개인가?**

① 2 ② 4 ③ 6 ④ 8

정답 ②

풀이

발전기는 자기장 내에서 코일을 회전시켜 전기를 유도시키는데, 반회전을 경계로 유도되는 전기의 극성이 바뀐다. 즉, AC가 얻어진다. 정류자와 브러시는 반회전이 지날 때마다 전극을 바꾸어 항상 같은 극성의 전기를 얻을 수 있게 한 것이다. 따라서, DC를 얻을 수 있다. 정류자편은 원통을 2개로 쪼갠 것 같이 되어 있으나, 실제의 발전기에서는 전기자(Armature)의 코일수와 같게 원통을 분할한 꼴로 되어 있다. 따라서 브러시의 수도 동일하다.

10. **병렬운전을 하는 직류 발전기에서 1대의 직류 발전기가 역극성 발전을 할 경우 발전을 멈추기 위해 작동되는 것은?**

① 밸런스 릴레이 ② 출력 릴레이

③ 이퀄라이징 릴레이 ④ 필드 릴레이

정답 ④

풀이

직류 발전기가 역극성 발전을 하면 역극성 검출 회로가 작동하여 필드 릴레이를 트립하여 발전을 멈추고 발전기를 메인 버스에서 분리한다. 필드 릴레이는 한번 작동하면 리셋될 때까지 트립 상태를 유지한다.

11. 정상 운전 되고 있는 발전기(Generator)의 계자코일(Field coil)이 단선될 경우 전압의 상태는?

① 변함없다.

② 약간 저하한다.

③ 약하게 발생한다.

④ 전혀 발생치 않는다.

정답 ②

풀이

발전기의 구조는 전기자(또는 회전자), 계자(또는 고정자), 정류자(또는 슬립링), 브러시로 되어 있다. 항공기 엔진의 구동축이 회전하면, 연결된 발전기의 전기자(또는 회전자)가 회전하면서 플레밍의 오른손 법칙에 의하여 계자(또는 고정자)에 유도기전력이 발생하여 각 계통으로 전압을 걸어준다. 계자의 코일이 단선되더라도 무수히 많은 권선수를 갖고 있어 단선된만큼 전압이 약해진다. 그러나, 각 계통과 계자코일에 연결된 단자선이 단선되어버리면 전압이 걸리지 않게 된다.

12. 직류 발전기의 보상권선(Compensating winding)과 그 역할이 같은 것은?

① 보극(Interpole)

② 직렬권선(Series-winding)

③ 병렬권선(Shunt-winding)

④ 회전자권선(Armature coil)

정답 ①

풀이

보상권선(Compensating winding) : 직류기의 전기자 반작용을 방지하기 위해 자극편에 설치한 권선. 자극편에 전기자 권선과 평행하게 슬롯을 만들고, 여기에 권선을 하여 전기자 권선과 직렬로 접속하고, 전기자 전류와 반대 방향의 전류를 흘려 부하의 변화에 따라 전기자 기자력에 의한 감자 작용, 교차 자화 작용을 상쇄하고 있다. 전기자전류로 인한 교차자속을 취소하기 위하여, 주요 극표면 가까이 전기자권선과 평행으로 홈 속에 넣고, 전기자와 직렬로 하고 이것과 반대방향으로 전류가 흐르도록 설치한 선인데, Flashover방지, 전기자권선이 만드는 자속의 강화, 역률개선, 정류작용을 양호하게 하는 등의 효과가 있다.

① 보극(Interpole) : 전기자(電氣子) 반작용을 없애기 위해 주된 자기극인 N극과 S극의 사이에 설치한 소자극. 이 소자극(보극)의 권선은 전기자 권선과 직렬로 연결한다. 이와 같이 보극을 설치하여 부하 시에 보극 바로 밑에 있는 전기자 권선이 만드는 자속을 상쇄할 수 있고, 스파크가 생기지 않는 정류를 할 수 있다. 대부분의 직류기에는 보극이 부착되어 있다.

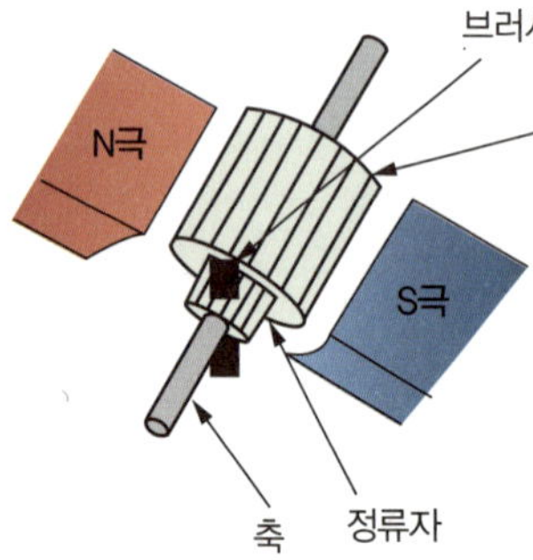

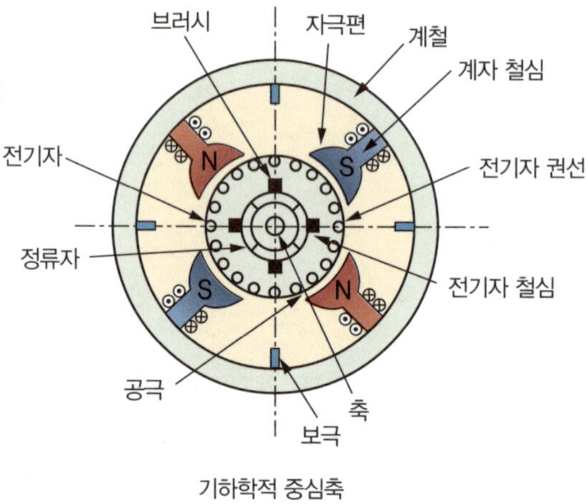

② 직렬권선(Series-winding) : 어떤 전기 회로에 직렬로 접속된 권선. 또는 복권기에서 전기자에 직렬로 접속된 주계자 권선

③ 병렬권선(Shunt-winding) : 분권 권선이라 하며, 복권기의 계자 권선 중 전기자와 병렬로 접속되어 이는 권선

④ 회전자권선(Armature coil) : 회전기의 고정자(Stator) 또는 회전자(Rotor)에 설치된 권선에 있어서, 자계와의 상대 회전운동에 따라 그 가운데에 유도기전력이 발생하여, 전기 에너지와 기계 에너지와의 사이의 변환에 직접 역할을 하는 권선. 전기자 권선의 구성단위를 전기자 코일이라 한다.

13. 직류의 전압을 높이거나 낮출 때 사용되는 장치는?

① 정류기(Rectifier)
② 다이나모터(Dynamotor)
③ 인버터(Inverter)
④ 변압기(Transformer)

정답 ②

풀이

① 정류기 : 교류를 직류로 변환

② 다이나모터 : 직류전동기에 직류 발전기를 조합한 발전동기로서, 자장에 변화를 주어 직류 변환

③ 인버터 : 직류를 교류로 변환

④ 변압기 : 교류를 승압 또는 감압

14. 항공기 버스(Bus)에 대한 설명으로 틀린 것은?

① 로드버스(Load bus)는 전기 부하에 직접 전력을 공급한다.

② 대기버스(Standby bus)는 비상 전원을 확보하기 위한 것이다.

③ 필수버스(Essential bus)는 항공기 항법등, 점검등을 작동시키기 위한 전력을 공급한다.

④ 동기버스(Synchronizing bus)는 엔진에 의해 구동되는 발전기들을 병렬운전하기 위한 것이다.

정답 ③

풀이

버스(Bus) : bus-bar라고 하며, 동으로 만들어진 사각형이나 원형의 금속 도체이다. 엔진, APU, GPU의 회전에 의해 발전기에서 출력된 전원이 GCU(Generator Control Unit)를 거쳐 각각의 BUS에 공급된다.

① 로드버스(Load bus) : 전기 부하에 전력을 직접 공급하며, 엔진구동발전기의 출력, APU발전기의 출력, 외부전원의 전력이 접속된다. 전기계통이 정상상태로 작동 시 공급된다.

② 대기버스(Standby bus) : 비상버스 또는 hot bus라고 하며, 비행 시에 엔진 및 APU 고장으로 인하여 AC 발전기에서 전원 공급을 받지 못할 경우, 항공기의 배터리로부터 전원을 공급받는다. 항법, 통신, 계기, 기타 운항에 필요한 계통에 공급된다.

③ 필수버스(Essential bus) : 점화, EFIS, 연료펌프, EICAS 등의 중요한 계통에 공급된다.

④ 동기버스(Synchronizing bus) : 병렬접속버스(Paralleling bus) 또는 동기조정버스(Sync bus)라고 하며, 비행 중 엔진에 의해 구동되는 발전기들을 병렬운전하기 위해 사용된다.

15. 정류기(Rectifier)의 기능은?

① 직류를 교류로 변환

② 계기 작동에 이용

③ 교류를 직류로 변환

④ 배터리 충전에 사용

정답 ③

풀이

정류기(Rectifier) : 교류전력에서 직류전력을 얻기 위해 정류작용에 중점을 두고 만들어진 전기적인 장치이며 한 방향으로만 전류를 통과시키는 기능을 가졌다. 대부분의 전원장치에서는 실리콘 다이오드가 내장된 회로를 사용하며, 제어 정류기 응용 부분에서는 사이리스터가 광범위하게 사용된다.(정류 다이오드를 이용해서 정류회로를 만들어 교류를 직류로 변환시키기도 한다.)

16. 정류기에 대한 설명으로 틀린 것은?

① 실리콘 다이오드가 사용된다.

② 한 방향으로만 전류를 통과시키는 기능을 한다.

③ 교류의 큰 전류에서 그것에 비례하는 작은 전류를 얻는 기능을 한다.

④ 교류전력에서 직류전력을 얻기 위해 정류작용에 중점을 두고 만들어진 전기적인 회로 소자이다.

정답 ④

풀이

정류기(Rectifier) : 교류전력에서 직류전력을 얻기 위해 정류작용에 중점을 두고 만들어진 전기적인 장치이며 한 방향으로만 전류를 통과시키는 기능을 가졌다. 대부분의 전원장치에서는 실리콘 다이오드가 내장된 회로를 사용하며, 제어 정류기 응용 부분에서는 사이리스터가 광범위하게 사용된다.(정류 다이오드를 이용해서 정류회로를 만들어 교류를 직류로 변환시키기도 한다.)

17. 발전기 출력 제어 회로에 사용되는 제너다이오드(Zener diode)의 목적은?

① 정전류제어 ② 역류방지

③ 정전압제어 ④ 과전류방지

정답 ③

풀이

제너 다이오드(Zener diode) : PN접합형 실리콘 다이오드에 역바이어스 전압을 걸어, 전압이 낮은 경우에는 역방향 전류는 거의 흐르지 않고, 제너 전압을 넘어서면 전류가 급격히 흐르는 다이오드이다. 회로의 전압을 일정하게 유지할 필요가 있는 정전압 회로에 사용되는 정전압 다이오드이다.

18. 항공기의 직류 전원을 공급(Source)하는 것은?

① TRU ② IDG

③ APU ④ Static Inverter

정답 ①

풀이

① TRU(Transformer Rectifier Unit) : 항공기 전자장비에는 DC 28[V]로 사용하는 장비들이 있어 3상 115/200[V] 400[Hz]의 교류를 직류로 변환하여 공급하는 변압 정류기를 사용한다.

② IDG(Integrated Drive Generator) : CSD와 제네레이터를 결합한 하나의 장치로 통합발전기라고 한다. Non-brush Type이며 슬립링, 정류자 등이 필요없어 무게가 감소되고, 슬립링이 없기 때문에 마모로 인한 정비가 필요 없는 이점이 있다.

③ APU : 항공기 꼬리날개 내부에 있는 소형 보조동력장치로서 메인 엔진의 시동에 사용되고, 전자기기, 냉난방 등에 이용된다. 그러나, 연료 소모와 발동 시 소음이 있다.

④ Static Inverter : 직류(DC)를 교류(AC)로 변환하는 장치를 말하는데, 항공기에서는 주로 DC 28[V]를 AC 115[V], 400[Hz]로 변환하는 데 이용된다. 일반적으로 배터리와 같은 직류 비상 전원을 반도체 소자를 통해 115[V] AC, 400[Hz] 교류 전원으로 변환하는 비상 필수 장비이다.

19. 직류를 교류로 변환시키는 장치는?

① 인버터

② DC 발전기

③ 컨버터

④ 바이브레이터

정답 ①

풀이

① 인버터(Inverter) : 직류(DC)를 교류(AC)로 변환시켜주는 장치

② DC 발전기(DC Generator) : 코일(도체)이 자속을 끊어 생기는 기전력을 정류자를 통해 직류 전압을 발생하는 장치

③ 컨버터(Converter) : 신호 변환, 교류와 직류간의 변환, 교류 주파수의 상호변환, 상수의 변환 등을 하는 장치

④ 바이브레이터(Vibrator) : 기계적인 접점 개폐에 의해 직류 입력에서 교류 출력을 얻는 장치

20. 항공기용 회전식 인버터의 속도제어를 하는 방법은?

① 직류전원의 전압을 변화하여

② 교류발전기의 전압을 변화하여

③ 교류발전기의 출력전류를 변화하여

④ 직류전동기의 분권계자 전류를 제어하여

정답 ④

풀이

인버터는 직류를 교류로 변환시키는 방법은 고속스위칭으로 아주 짧은 시간 동안 직류전기를 연결했다 끊었다를 반복하면서 그 짧은 시간의 길이를 변화시키는 방법이다. 이렇게 스위칭이라는 것을 쓰는 것은 전력반도체에서 전력을 잡아먹는 일을 시키지 않기 위해서가 주된 이유이다. 반도체는 약해서 전력을 먹게 되면, 순간적으로 터져나가기 때문이다. 이 시간 간격을 미리 정해진 방법으로 일반 교류와 같은 모양의 전기가 나오도록 하면서 그 빠르기를 바꿔주면, 바로 주파수가 바뀌게 되며, 곧 속도가 바뀌는 것이 된다. 인버터에는 속도가 없기 때문에 인버터의 속도제어보다는 인버터 내에 들어있는 직류전동기의 속도제어다. 전동기의 기동 토크를 제어하기 위해서는 계자권선에 흐르는 전류를 제어한다.

21. 항공기 엔진과 발전기 사이에 설치하여 엔진의 회전수와 관계없이 발전기를 일정하게 회전하게 하는 장치는?

① 교류발전기

② 인버터

③ 정속구동장치

④ 직류발전기

정답 ③

풀이

① 교류발전기(AC Generator) : 자석의 양극 사이에 코일을 넣고 자기장에 수직인 축을 중심으로 코일을 빠르게 회전시키면 코일을 지나는 자기력선의 변화 때문에 코일에는 방향이 계속 바뀌는 유도 전류가 발생하는 전자기 유도 법칙을 응용하여 교류 전류의 기전력을 만드는 장치이다. 저속에서도 충전할 수 있고 출력이 크다. 특징으로는 속도 변화에 따른 적용 범위가 넓고 소형/경량이며 반도체 정류기를 사용하기 때문에 정류 특성이 양호하다. 또한 조정기는 전압 조정기만 필요하고 저속 회전에서도 발생 전압이 높기 때문에 축전지를 확실하게 충전할 수 있으며 고속 회전에서도 안정된 성능을 발휘한다.

② 인버터(Inverter) : 항공기에서 직류전원을 교류전원으로 전환시켜 일부 계통에 사용된다. 입력된 직류전원에 발진 회로를 접목하여 직류단속을 하여 교류신호로 바꾸고 트랜스포머를 이용하여 전압 승압하여 사용한다. 이 교류는 주로 계기, 무선, 레이더, 조명, 그리고 다른 부속품에서 사용된다. 인버터는 보통 400[Hz]의 주파수로 전류를 공급하기 위해 조립되었지만, 일부는 하나의 권선에 26[V] 교류 그리고 또 다른 권선에 115[V]로 1개 이상의 전압을 공급하기 위해 설계된다.

③ 정속구동장치(CSD : Constant Speed Drive) : 항공기의 교류 발전기는 전압을 일정하게 유지함과 동시에 주파수 또한 일정하게 유지할 필요가 있다. 그렇기에 엔진과 발전기 사이에 정속 구동 장치를 설치하여 엔진의 회전수가 변화해도 발전기의 회전수가 일정하게 유지되도록 하고 있다. 현대항공기에서는 CSD와 발전기가 하나로 합쳐진 통합구동발전기(IDG)를 사용한다.

④ 직류발전기(DC Generator) : 교류발전기에서 2개의 슬립링 대신에, 1개의 슬립링을 두 조각으로 하여 한 쌍의 정류자 편(Commutator segment)으로 하면, 전기자 코일이 회전할 때마다 브러시와 접촉하는 정류자편이 바뀐다. 이렇게 되면 브러시에는 교류 대신에 심하게 맥동하는 직류전압이 유도되어 직류 전압을 발생하는 장치이다. 한 쌍의 정류자편에 접속되는 전기자코일의 수를 증가시키면 유도전압은 더욱 상승하게 되고, 코일의 자속변화가 빠르면 빠를수록 유도전압은 상승한다. 즉, 직류발전기의 전압은 회전속도와 여자전류(Excited current)가 증가함에 따라 상승한다.

22. 엔진의 회전수와 관계없이 항상 일정한 회전수를 발전기축에 전달하는 장치는?

① 정속구동장치(C.S.D)
② 전압 조절기(Voltage regulator)
③ 감쇠 변압기(Damping transformer)
④ 계자 제어장치(Field control relay)

정답 ①

풀이

① 정속 구동 장치(CSD : Constant Speed Drive) : 항공기의 교류 발전기는 전압을 일정하게 유지함과 동시에 주파수 또한 일정하게 유지할 필요가 있다. 그렇기에 엔진과 발전기 사이에 정속 구동 장치를 설치하여 엔진의 회전수가 변화해도 발전기의 회전수가 일정하게 유지되도록 하고 있다.

② 전압 조절기(Voltage regulator) : 전압 조정기는 발전기의 부하와 회전속도에 관계없이 발전기 전압을 항상 일정하게 유지하는 기능을 한다. 전압조정의 주된 목적은 전압맥동에 의한 전기장치의 기능장애를 방지하고, 동시에 축전지와 전기장치를 과부하로부터 보호하는 것이다. 전압조정기는 설치위치에 따라 발전기 부착식과 발전기와 분리된 형식으로 구별할 수 있다.

③ 감쇠 변압기(Damping transformer) : 감쇠 변압기는 헌팅방지(부궤환을 걸어줌으로써 발진을 방지하여 안정화를 도모) 장치이다. C자의 성층철심 중앙에 위치된 두 개의 권선으로 구성되어 있다. 감쇠 변압기의 1차는 익사이터(여진기 : 여진 전력을 공급하기 위한 발전기나 발진기 또는 증폭기)의 출력과 연결되어 있다. 여진기 전압에 변화가 발생하면 감쇠 변압기의 1차 전압이 2차 전압을 유도한다. 2차 전압은 레귤레이터 코일에 작용하여 전기자의 움직임을 감쇠시킨다. 이는 헌팅(전류, 전압, 주파수 흔들림) 및 발전기 단자 전압의 과도한 변화를 방지할 수 있다. 전압조정 가변저항기는 AC 발전기 전압의 조정된 값을 올리거나 내리는 데 사용된다.

④ 계자 제어장치(Field control relay) : 과전압제어릴레이와 계자제어릴레이는 발전기제어회로와 함께 과도한 전압이 있을 때 계통을 보호한다. 과전압제어릴레이는 발전기 출력이 32[V]에 도달할 때 접속되고, 계자제어릴레이의 트립코일(Trip coil)로 회로를 형성하여 과전압 상황을 경고하는 표시등 회로가 완성된다.

23. 교류 발전기의 출력 주파수를 일정하게 유지시키는 데 사용되는 것은?

① Magn-amp
② Brushless
③ Carbon pile
④ Constant speed drive

정답 ④

풀이

① 브러시리스 발전기(Brushless generator) : 발전기 출력측의 교류를 정류기를 사용하여 직류로 변환하며 변환된 직류전류가 여자기의 외측 고정부분으로 공급되고 있다. 여자기의 외측은 직류전류를 받아들여 전자석이 되며 이

자석 사이를 코일 U, V, W가 회전하면 이 코일에는 교류가 발생한다. 발생된 교류를 회전정류기를 거치면 다시 직류로 변환되는데 이 직류전류를 사용하여 발전기 회전자의 계자권선을 여자시켜 전자석을 만들어 주게 된다. 그리고 회전자의 계자권선으로 만들어진 전자석이 회전하게 되면 고정자에서는 3상 U, V, W의 교류가 발생하게 된다. 브러시리스 발전기는 브러시가 없기 때문에 유지보수가 거의 필요 없고 신뢰성이 높기 때문에 요즈음의 발전 시스템에는 거의 브러시리스형 발전시스템을 사용한다.

② 자기 증폭기(Magn-amp : magnetic amplifier) : 자심(磁心)에 권선을 감은 리액터의 교류임피던스가 별도로 감긴 제2권선에 흐르는 직류전류의 값에 의해서 변화하는 현상을 이용한 전력증폭기 철심 리액터의 비선형을 이용한 것으로, 리액터에 직류 자화력을 가하여 철심을 포화시켜 부하 전류를 제어하는 방식의 증폭기이다. 구조가 매우 튼튼하고 큰 출력을 낼 수 있다. 반도체와는 다르게 방사선에 의한 오작동이 없기 때문에, 현재는 안전상의 이유로 신뢰성이 높은 곳이나 엄격한 요구사항이 필요한 용도로 사용된다. 대부분이 트랜지스터를 사용한 증폭기로 대체되어지고 있다.

③ 탄소 파일(Carbon pile) : 탄소 원판을 겹쳐 쌓고, 상하에 전극을 둔 일종의 가변 저항으로, 전극 간에 가한 압력에 의해 저항값이 변화하는 것을 이용한 트랜스듀서이다. 변환 특성은 비직선성이며, 온도의 영향을 받기 쉽다.

④ 정속 구동 장치(CSD : Constant Speed Drive) : 항공기의 교류 발전기는 전압을 일정하게 유지함과 동시에 주파수 또한 일정하게 유지할 필요가 있다. 그렇기에 엔진과 발전기 사이에 정속 구동 장치를 설치하여 엔진의 회전수가 변화해도 발전기의 회전수가 일정하게 유지되도록 하고 있다.

24. 병렬 운전하는 교류 발전기의 유효 출력은 무엇에 의해서 제어되는가?

① 발전기의 여자 전류

② 발전기의 출력 전압

③ 발전기의 출력 전류

④ 정속 구동 장치(CSD)의 회전수

정답 ④

풀이

정속 구동 장치(CSD : Constant Speed Drive) : 항공기의 교류 발전기는 전압을 일정하게 유지함과 동시에 주파수 또한 일정하게 유지할 필요가 있다. 그렇기에 엔진과 발전기 사이에 정속 구동 장치를 설치하여 엔진의 회전수가 변화해도 발전기의 회전수가 일정하게 유지되도록 하고 있다.

25. **교류발전기에서 주파수(F) 계산 방식은?(단, f : 주파수(Hz, cps), P : 계자의 극수, N : 분당회전수(R.p.m), V : 전압)**

① $\frac{N \cdot P \cdot V}{60}$　② $\frac{N \cdot P}{V}$　③ $\frac{P \times 60}{N}$　④ $\frac{P \cdot N}{2 \times 60}$

정답 ④

풀이

교류 발전기에서 극수 P와 주파수 f의 관계는 동기 속도를 N(1분간 회전수)으로 하면,

$N = \frac{120 \times f}{P}[rpm]$

$\Rightarrow f = \frac{P \cdot N}{120}[Hz]$

26. **400[Hz]의 교류를 사용하는 항공기에서 8000[rpm]으로 구동되는 교류발전기는 극 수는?**

① 2　② 4　③ 6　④ 8

정답 ③

풀이

교류 발전기에서 극수 P와 주파수 f의 관계는 동기 속도를 N(1분간 회전수)으로 하면,

$f = \frac{P}{2} \times \frac{N}{60}$

$400[Hz] = \frac{P}{2} \times \frac{8000[rpm]}{60}$

$P = 6$

27. **4극짜리 발전기가 1800[rpm]으로 회전할 때 주파수는?**

① 4[Hz]　② 60[Hz]　③ 650[Hz]　④ 1800[Hz]

정답 ②

풀이

교류 발전기에서 극수 P와 주파수 f의 관계는 동기 속도를 N(1분간 회전수)으로 하면,

$f = \frac{P}{2} \times \frac{N}{60} = \frac{4}{2} \times \frac{1800[rpm]}{60} = 60[Hz]$

28. **계자가 8극인 단상교류 발전기가 115[V], 400[Hz]의 주파수를 만들기 위한 회전수는?**

① 1000[rpm]　② 4000[rpm]　③ 6000[rpm]　④ 8000[rpm]

정답 ③

풀이

교류 발전기에서 극수 P와 주파수 f의 관계는 동기 속도를 N(1분간 회전수)으로 하면,

$$f = \frac{P}{2} \times \frac{N}{60}$$

$$400[Hz] = \frac{8}{2} \times \frac{N[rpm]}{60}$$

$$N = 6000[rpm]$$

29. **대형 항공기에서 주로 비상전원으로 사용하는 발전기로 유압펌프를 구동시켜 모든 발전기가 정지된 경우라도 유압을 사용할 수 있도록 하며 프로펠러의 피치를 거버너로 조절해서 정주파수의 발전을 하는 발전기는?**

① 3상 교류발전기

② 공기 구동 교류발전기

③ 단상 교류발전기

④ 브러시리스 교류발전기

정답 ②

풀이

공기 구동 발전기(Air driven generator) : 주로 유압 펌프를 구동시켜 모든 발전기가 정지된 경우라도 일부의 유압을 사용할 수 있도록 하며 프로펠러의 피치를 거버너로 조절해서 정 주파수의 발전을 하고 전압 조절은 주발전기에서 사용하는 것과 같은 방법으로 하는 발전기

30. 3상 교류발전기의 보조기기에 대한 설명으로 <u>틀린</u> 것은?

① 교류발전기에서 역전류 차단기를 통해 전류가 역류하는 것을 방지한다.

② 기관의 회전수에 관계없이 일정한 출력 주파수를 얻기 위해 정속구동장치가 이용된다.

③ 교류발전기에서 별도의 직류발전기를 설치하지 않고 변압기 정류기 장치(TR unit)에 의해 직류를 공급한다.

④ 3상 교류발전기는 자계권선에 공급되는 직류전류를 조절함으로서 전압조절이 이루어진다.

정답 ①

풀이

대형항공기에 사용되는 Brushless 교류발전기는 영구 자석 발전기, 교류 여자기, 주발전기가 하나로 되어 있다. 정속 구동 장치를 매개로 엔진으로 구동되어 출력주파수를 400[Hz]로 일정하게 한다. DC bus에는 TRU를 통해 변환하여 공급한다. 직류발전기는 전압조절기, 전류제한기, 역전류차단기가 보조기기로 필요하지만, 교류발전기는 전압조절기만 이용하는데, 반도체회로로 구성된 여자기를 통하여 직류로 계자권선에 공급된다.

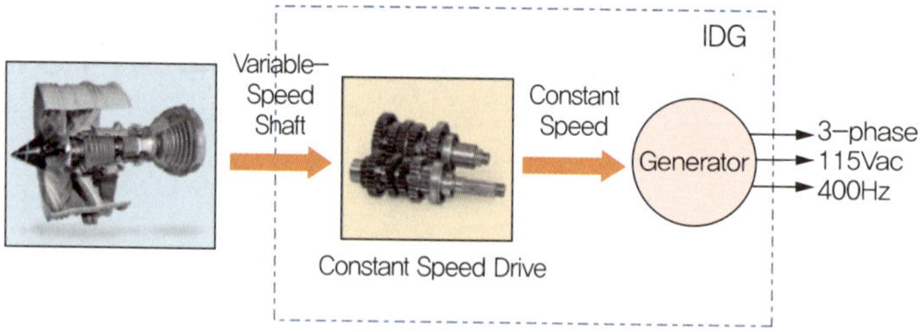

① 영구자석 발전기가 먼저 교류를 발전한다. 정류되어 28[V]의 직류가 되어 발전기를 제어하는 전원이 된다.

② 영구자석 발전기에 의해 얻어지는 28[V] 직류는 전압 조절기를 거쳐 교류 여자기의 계자로 보내져 교류 여자기를 여자한다. 이에 여자기의 전기자에 3상 교류가 발생한다.

③ 여자기가 발전한 교류는 3상 전파 정류기에 의해 직류로 변환되어 주발전기의 계자를 여자한다. 이에 주발전기의 전기자에 3상 교류가 발생한다.

④ 주발전기의 3상 교류는 전압조절기로 보내지며, 115[V]를 유지하도록 여자기의 계자 전류를 조절한다.

31. **발전기와 함께 장착되는 역전류차단장치(Reverse current cut-out relay)의 설치 목적은?**

① 발전기 전압의 파동을 방지한다.

② 발전기 전기자의 회전수를 조절한다.

③ 발전기 출력전류의 전압을 조절한다.

④ 축전지로부터 발전기로 전류가 흐르는 것을 방지한다.

정답 ④

풀이

교류발전기는 슬립링을 통해 로터가 전자석이 되며, 스테이터에서 전기를 생산한다. 구조도 이전 로터의 커뮤테이터에 브러시처럼 소모가 많지 않고, 로터의 슬립링 방식으로 브러시 소모가 아주 적으며, 또한 발전기는 3상 교류발전기이기에 더 많은 전기를 생산하게 되었다. 사실 발전기는 항공기로부터 유래된 것인데 항공기는 중량에 민감하고 지상에서보다 고공비행 시 공기밀도 저하로 arcing으로 인한 브러시 마모가 심하다. 또한 직류 발전기는 역전류 차단 계전기(Reverse current cut-out relay)가 있어야 하는데, 발전기에서 배터리로 충전하다 발전기의 이상으로 배터리 전압이 발전기로 역류되면 모터로 되면서 배터리와 발전기에 심한 손상을 줄 수 있어 반드시 필요한 장치이다.

32. **교류발전기의 병렬운전 시 고려해야 할 사항이 아닌 것은?**

① 위상 ② 전류 ③ 전압 ④ 주파수

정답 ②

풀이

교류발전기의 병렬운전 조건 : 연료절감 및 장비의 소손 등을 보호하는 측면에서 발전기 병렬 운전은 필수적이다. 단, 조건에 맞게 동기화가 되어야 한다.

① 정격 전압이 같아야 한다.

② 위상이 일치해야 한다.

③ 정격 주파수가 같아야 한다.

④ 파형이 같아야 한다.

⑤ 용량은 무관하다.

33. **항공기의 주 전원계통으로 교류를 사용할 때 직류계통에 비하여 장점이 아닌 것은?**

① 가는 전선으로 다량의 전력송전이 가능하다. ② 전압변경이 용이하다.

③ 병렬운전이 용이하다. ④ 브러시가 없는 모터를 사용할 수 있다.

정답 ③

풀이

교류의 특성으로 전압의 변압이 가능하여, 고전압으로 원거리까지 송배전이 가능하다. 또한 직류발전기의 큰 단점인 고공비행 시 공기밀도 저하로 arcing으로 인한 정류자와 브러시 마모가 심하여, Brushless 교류발전기 또는 교류전동기를 사용하게 되었다.

34. **4대의 교류발전기가 병렬운전을 하고 있을 경우 1대의 발전기가 고장나면 해당 발전기 계통의 전원은 어디에서 공급받는가?**

① 전력이 공급되지 않는다.

② 배터리에서 전원을 공급 받는다.

③ 비상시에 사용되는 버스에서 전원을 공급 받는다.

④ 병렬운전하는 버스에서 전원을 공급 받는다.

정답 ④

풀이

B737NG has 1 Battery, 2 IDG from each engine, 1 Generator from APU.

① IDG(Integrated Drive Generator = CSD(Constant Speed Drive) + Generator, Attached in the Acc. Gear box on each engine.

② AC power from Engine or APU supplied thru respective AC TRANSFER BUS and to the electrical unit requiring AC power.

③ 3 TR(Transfomer Rectifier) Units Convert AC to 24[V] DC. Supply DC Powers as well.

④ TR 1,2 power DC BUS 1,2. TR3 is back up source.

⑤ each AC TRANSFER BUS are supplied power with only one Generator at one time.

⑥ 2 BTB(Bus Tie Breaker) controlled automatically which generator to be connected to each AC BUS

⑦ GROUND SERVICE switch located FWD CABIN ATTENDENT's panel. so Cabin crew can interconnect AC power from External power to AC GND SERV BUS 1,2

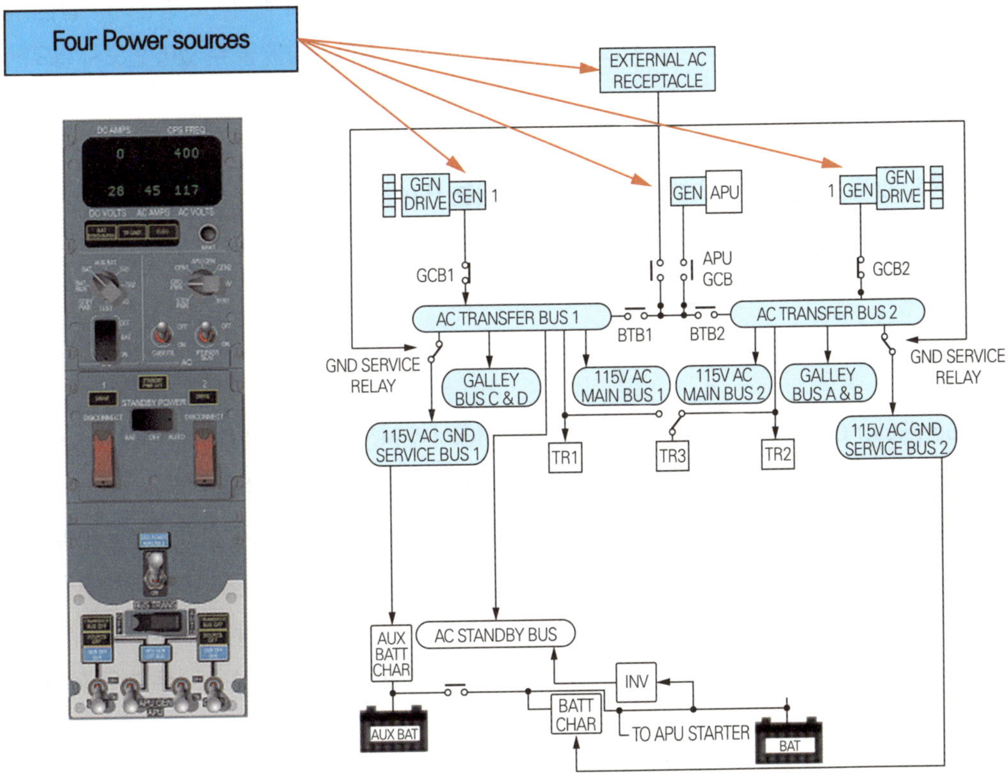

35. 엔진을 시동하여 아이들(Idel)로 운전할 경우 발전기 전압이 축전지 전압보다 낮게 출력될 때 발생되는 현상은?

① 발전기와 축전지가 부하로부터 분리된다.

② 축전지는 부하로부터 분리되고, 발전기가 전체의 부하를 담당한다.

③ 발전기와 축전지가 병렬로 접속되어 전체 부하를 담당한다.

④ 역전류 차단기에 의해 발전기가 부하로부터 분리된다.

정답 ④

풀이

항공기에서는 엔진 정지 시의 전원, 또는 비상용 전원으로 축전지를 탑재하고 있다. 엔진 가동 중 축전지를 충전하기 위해 발전기와 병렬 운전된다. 또 축전지 전압보다 발전기 출력 전압이 낮으면 역전류로 인하여 고장날 수 있어, 자동적으로 역전류를 차단하는 역류차단장치도 설치되어 있어, 발전기가 부하로부터 분리된다. 또한 직류 발전기는 역전류

차단 계전기(Reverse current cut-out relay)가 있어야 하는데, 발전기에서 배터리로 충전하다 발전기의 이상으로 배터리 전압이 발전기로 역류되면 모터로 되면서 배터리와 발전기에 심한 손상을 줄 수 있어 반드시 필요한 장치이다.

36. External Power를 Control 및 Protection 기능을 하는 Part는?

① GCU ② ELCU ③ BPCU ④ TRU

정답 ③

풀이

① GCU(Generator Control Unit) : 대형 가스터빈 항공기에서 주엔진에 장착된 IDG(CSD + AC Generator)를 통해 생성되는 AC 115[V]의 출력 전압을 조절, 감지 및 보호와 관련된 여러 기능을 수행한다.

② ELCU(Electronic Load Control Unit) : 제너레이터 고장이 발생하는 상황 및 주 전원 오작동이 발생할 경우, 부하 안전을 위해 전자 부하 제어 장치(ELCU) 또는 스마트 컨택터를 사용하여 주 항공기 버스 바의 전원을 끄는 데 사용된다. 이 ELCU는 전류가 위상당 20[A]보다 높을 때 사용된다. GCB(Generator Control Breaker) 시스템에 사용되는 ELCU에는 3상의 모든 전류를 측정하는 전류 감지 코일이 있다. 항공기 주 AC bus로부터 직접 부하를 공급하고 제어한다.

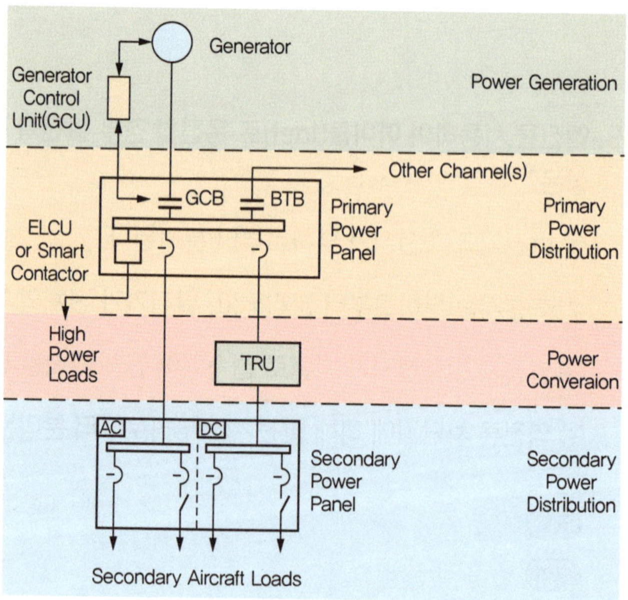

③ BPCU(Bus Power Control Unit) : 대형 가스터빈 항공기에서 외부전원(GPU)을 통해 생성되는 AC 115[V]의 출력 전압을 조절, 감지 및 보호와 관련된 여러 기능을 수행한다.

④ TRU(Transformer Rectifier Unit) : 항공기에 장착된 TRU는 일반적으로 115[V], 400[Hz]의 3상 AC로 공급되어, DC 28[V] 변환을 위해 1차 및 2차 변압기 권선 및 정류기로 구성된다. 3상 스타-스타 결선 변압기를 통해 강하되고, 6개의 다이오드의 정류 작용에 의해 DC 28[V]로 변경되어 DC BUS bar에 공급된다.

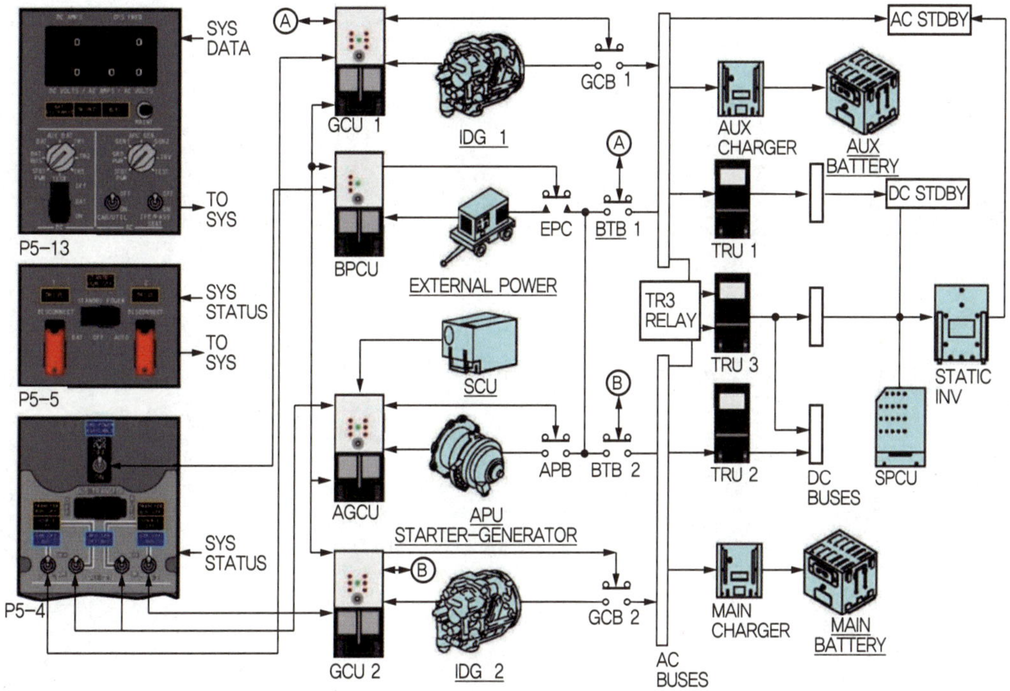

ELECTRICAL POWER - POWER AND CONTROL - GENERAL DESCRIPTION

PART 11

Load system - Motor

부하계통 - 전동기

11. 부하계통(Load system) – 전동기(Motor)

(1) 전동기(Motor)

플레밍의 왼손법칙을 이용하여 전류가 흐르는 도체가 자기장 속에서 받는 힘을 이용하여 전기에너지를 기계적인 운동으로 전환하는 기계다. 전동기의 축에 기계적 부하(회전력에 의해 작용하는 각종 기계)를 연결하여 운전하며, 전동기의 일률은 보통 킬로와트(KW) 또는 마력(HP = 0.75[kW])으로 표시한다. 직류전동기와 교류전동기로 분류된다.

1) 개요

① 플레밍의 왼손 법칙

- 엄지 : 힘(도체의 회전방향)
- 검지 : 자기장(자기력선의 방향)
- 중지 : 공급되는 전류의 방향

② 동작원리

전류가 흐르는 코일이 자기장에 놓이면, 코일에 회전하는 힘이 발생한다. 코일에서 발생된 회전력은 자기장의 세기, 코일의 권선 수, 전류의 세기에 의해서 결정된다. 코일 회전 시, 토크가 작용하기 때문에 회전수가 증가할수록 토크가 커진다.

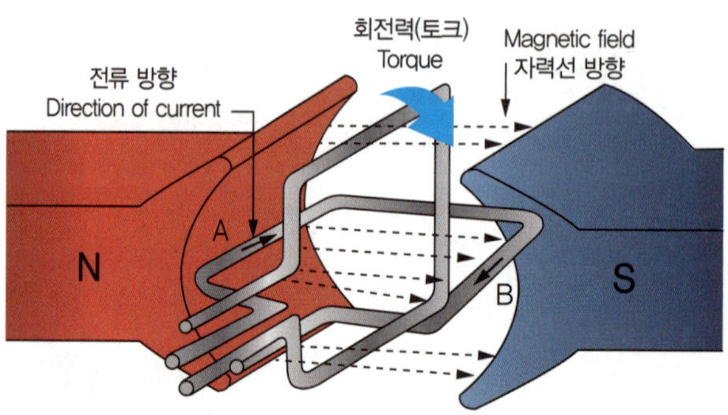

(2) 직류전동기

시동기(Starter), 자동조종장치계통을 포함한 항공기 대부분에는 직류전동기가 사용된다. 직류전원을 흐르게 하여 회전력을 만들어 낸다. 정류자에 의해서 전류의 방향이 바뀌어서 코일에는 항상 전자기력에 의한 회전 방향이 일정하게 유지되므로 코일이 계속 회전한다. 전기자, 계자, 정류자, 브러시로 구성되어 있다.

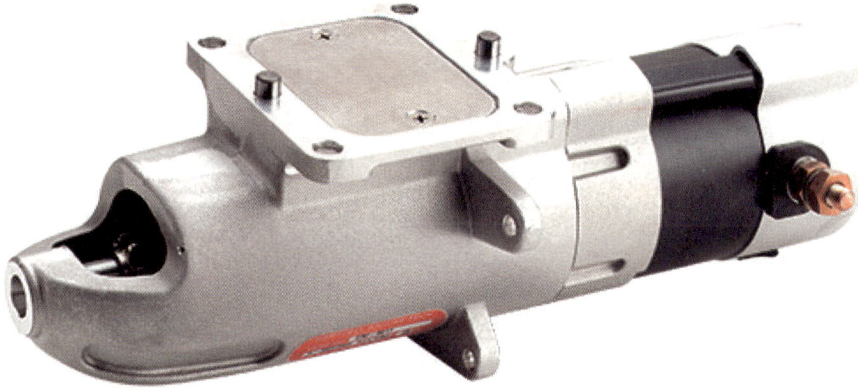

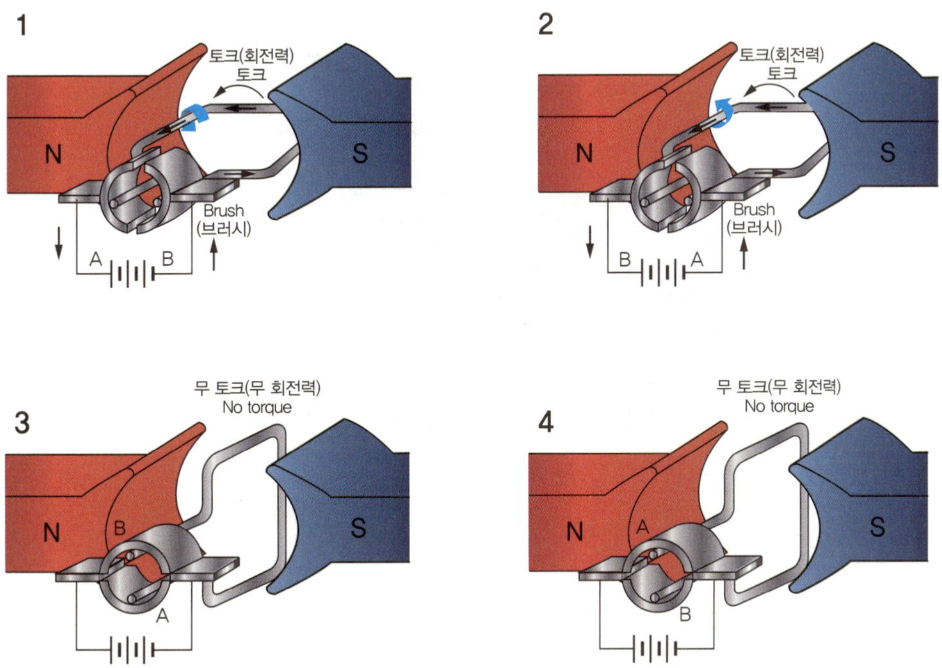

정류자에 전류가 흐르지 않아도 관성에 의해 회전된다!

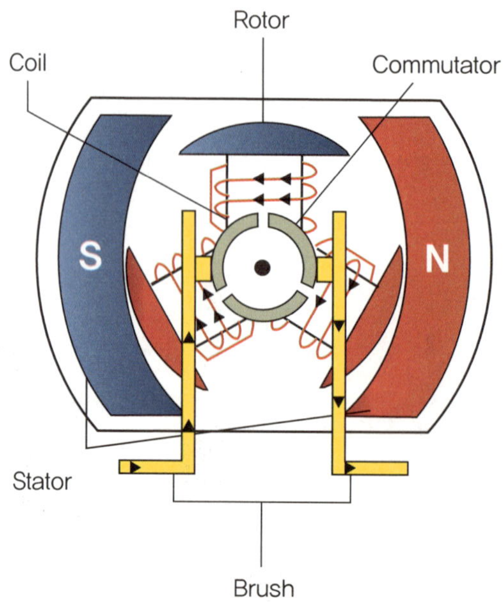
Rotor
Coil
Commutator
S
N
Stator
Brush

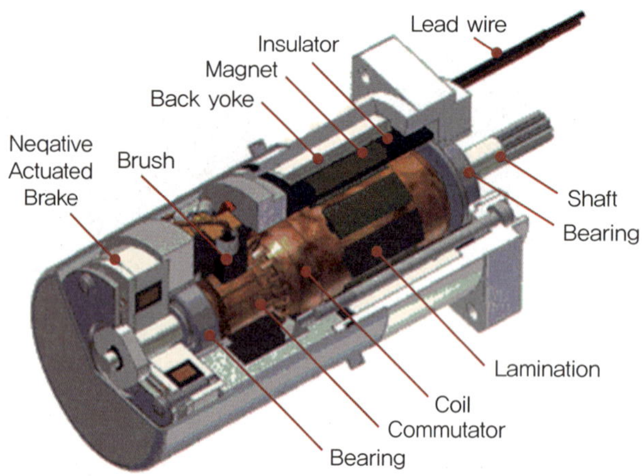
Lead wire
Insulator
Magnet
Back yoke
Neqative
Actuated
Brake
Brush
Shaft
Bearing
Lamination
Coil
Commutator
Bearing

(3) 직류전동기의 구성요소

1) 전기자(Armature)

강철 샤프트에 장착된 적층식 연철 코어, 전기자 권선, 정류자가 포함되어 있다. 코어 재질은 규소강판(규소+순철)을 얇게 적층시켜 전력 손실을 방지한다. 손실은 와전류 손실(철손)과 히스테리시스 손실에 의해서 발생한다.

2) 계자(Field)

계자 프레임, 자극편, 계자권선으로 구성되어 있다. 오래 전에는 영구자석을 사용하였으나, 현대에는 코일에 전류를 보내는 전자석으로 사용한다.

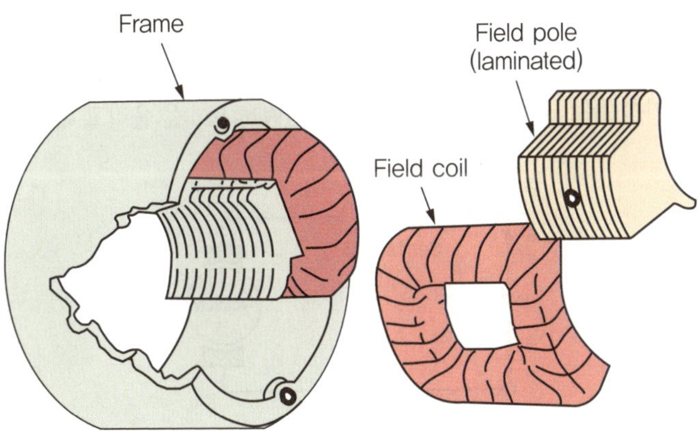

3) 정류자 & 브러시

공급되는 전류를 브러시를 통해 전기자에 장착된 정류자에 흐르게 된다. 정류자를 통해 전기자권선에 한쪽 방향으로만 전류를 흐르게 해준다. 브러시의 재질은 마모를 위해 흑연탄소로 되어 있다.

(4) 직류전동기의 종류

1) 직권 직류전동기(Series DC motor)

권선에 낮은 저항 때문에, 직권전동기는 시동 시 큰 전류를 흐르도록 할 수 있다. 계자와 전기자권선 모두를 거쳐 지나가고 있는 이 시동전류는 직권전동기의 주요한 장점인, 고기동회전력을 만들어낸다. 직권전동기는 가끔 엔진 시동기로 그리고 착륙장치, 카울플랩(Cowl flap), 그리고 날개플랩(Wing flap)을 올리고 내리기 위해 항공기에서 사용된다.

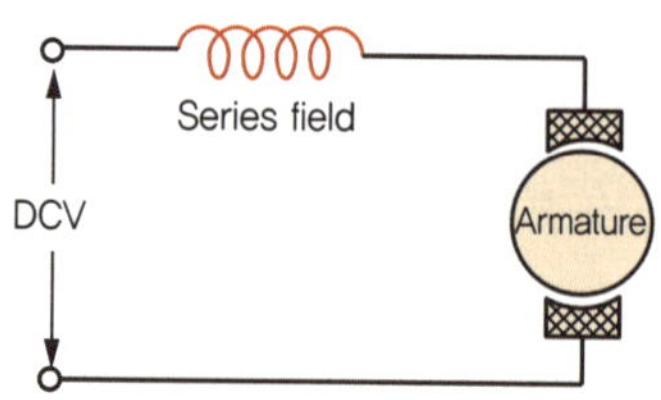

2) 분권 직류전동기(Shunt DC motor)

계자권선은 전기자권선과 병렬로 또는 분로로 연결된다. 계자권선의 저항은 매우 크다. 계자권선은 직접 전원장치와 교차하여 연결되기 때문에, 계자를 통과한 전류는 일정하다. 계자전류는 직권전동기에서처럼, 전동기 속도에 따라 변화하지 않아 분권전동기의 회전력은 오직 전기자를 통과한 전류에 따라 바뀐다. 시동에서 조성된 회전력은 동일한 크기의 직권전동기에 의해 조성된 것보다 적다. 분권전동기의 속도는 부하에 따른 변화로서 매우 적게 변화한다. 모든 부하가 제거되었을 때, 부하에 걸린 속도보다 약간 더 높은 속도를 낸다. 이 전동기는 정속이 요구되거나 고기동회전력이 필요로 하지 않을 때 적당하다.

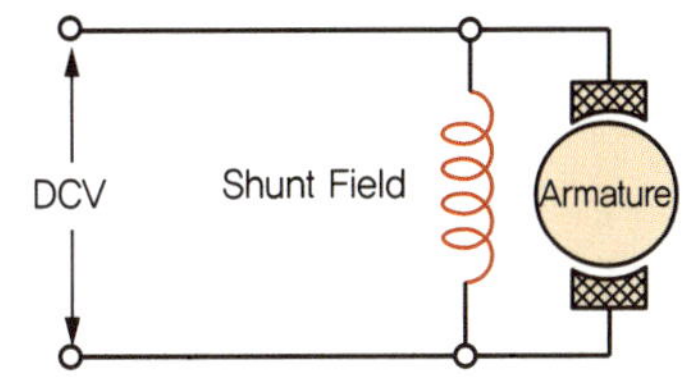

3) 복권 직류전동기(Compound DC motor)

직권전동기와 분권전동기의 조합으로 계자에 2개의 권선이 있는데, 분권권선과 직렬권선이다. 가는 전선의 수많은 감김으로 구성되어 있는 분권권선은 전기자권선에 병렬로 연결된다. 직렬권선은 굵은 전선의 몇 번 감김으로 이루어져 있고 전기자권선에 직렬로 연결된다. 기동회전력은 분권전동기보다는 더 크지만 직권전동기보다는 더 작다. 부하에 따른 속도의 변이는 직권전동기보다는 적지만 분권전동기보다는 더 크다. 복권전동기는 직권전동기와 분권전동기의 조합된 특성이 요구될 때에는 언제나 사용된다. 복권발전기와 마찬가지로, 복권전동기는 직권계자권선과 분권계자권선 모두를 갖고 있다. 직렬권선은 분권권선을 도와주거나, 즉 가동복권 아니면 분권권선에 반대하게 되는 차동복권이다. 가동복권전동기의 시동특성과 부하특성은 직권전동기와 분권전동기의 사이에 있다. 직권계자 때문에, 가동복권전동기는 분권전동기보다 고기동회전력을 갖는다. 가동복권전동기는 부하에 급작스러운 변화를 필요로 하는 구동기계장치에서 사용된다. 또한 고기동회전력이 요구되지만 직권전동기가 쉽게 사용될 수 없는 곳에 사용된다.

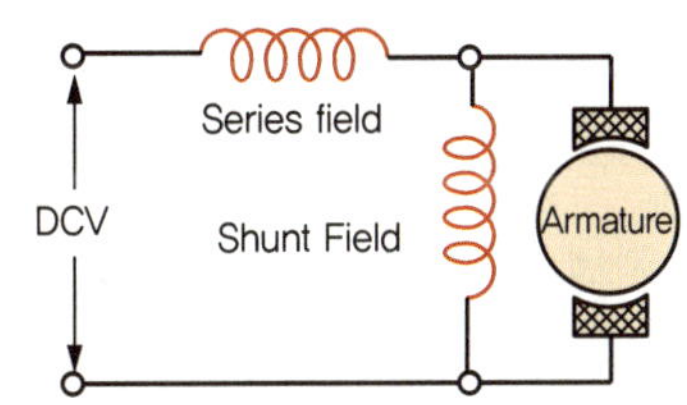

※ 직류전동기의 속도제어

계자권선에 흐르는 전류의 변화로 제어될 수 있다. 흐르는 전류가 증가할 때, 역기전력 또한 증가하여 속도를 늦추게 되거나, 전류의 감소로 역기전력이 감소하여 회전 속도는 빨라진다. 직권전동기(계자권선에 가변저항기가 직렬 또는 병렬연결) 또는 분권전동기(계자권선에 가변저항기가 직렬연결)에 해당된다.

(5) 직류전동기의 검사 및 정비

1) 설치에 대해 매뉴얼에 따라 전동기로 구동되는 장치를 점검

2) 모든 배선, 연결, 터미널, 퓨즈, 스위치의 상태를 점검

3) 전동기 유지 및 장착 상태 점검

4) 브러시 마모와 스프링 장력 상태 점검

5) 정류자의 청결, pitting, scoring, 부식, 그을음, 운모 높이 점검

6) 노출된 배선의 과열 흔적 점검

7) 매뉴얼에 따라 필요시, 윤활유 보충

8) 구동시키는 기어박스 또는 구성부분 조정

(6) 교류전동기

기본적으로 외부 고정자(Stator)와 내부 회전자(Rotor)로 구성되어 있다. 교류전류가 고정자 권선에 공급되면 전자기유도에 의해 자기장이 변화한다. 이 때 회전자에서 회전하는 자기장에 의해 유도전류가 생기고 토크에 의해 회전자에 있는 축에서 회전력이 발생한다. 보통 50~60[Hz]의 교류전원을 사용하지만, 높은 회전속도를 얻고자 할 때에는 수백 [Hz]에 이르는 높은 주파수의 교류전원을 사용하기도 한다. 소형 전동기의 회전자에는 단락된 권선을 사용하고, 대형 교류 모터에는 권선을 감아서 사용한다. 종류는 크게 단상식과 3상식으로 나뉘며, 회전자의 유형에 따라 유도전동기, 동기전동기, 정류자전동기로 분류한다. 일정한 주파수 전원으로 운전할 경우, 유도전동기는 대체적으로 정속도를 유지하며, 동기전동기는 완전한 정속도를 가지며, 정류자 전동기는 광범위한 영역에서 속도 조절이 가능하다. 구조가 간단하고 브러시나 정류자와 같은 기계 소모부가 없고, 고속에서 순간 최대 토크를 출력할 수 있어 응답특성이 빠르며, 무게당 토크가 크므로 소형 경량화할 수 있다는 장점이 있다. 그러나 직류전동기에 비해 제어 방법이 복잡하다는 단점이 있다. 구조에 따라 크게 유도전동기와 동기전동기로 나뉘며 동기전동기는 다시 영구자석 동기전동기와 비영구자석 동기전동기로 나뉜다. 대부분의 교류전동기는 정류자(브러시)가 없는 형태를 띄며, 그래서 일반적으로 브러시리스 모터라고도 한다. 이는 전동기에 인가 되는 교류 전원을 통해서 정류 기능을 대체하거나 구동 원리상 정류자가 불필요한 요소이기 때문이다. 그래서 직류전동기와는 달리 전기자가 고정자로, 계자가 회전자로 가게 된다.

※ 회전 자기장(Rotating magnetic field)

자기장의 방향이 시간과 더불어 변화하여 마치 회전하고 있는 것처럼 보이는 자기장이다. 똑같은 3개의 코일을 축이 서로 120°를 이루도록 대칭형으로 배치하고 그 중심에 3상교류를 통하면, 코일의 중심점에서 일정한 세기로 교류전원(交流電源)과 같은 각 속도로 회전하는 원형 회전자기장이 생긴다. 실제로는 자석을 회전시키는 것이 아니라, 삼상교류를 이용하여 전자석의 극을 회전 순환시킨다. 이때 회전자기장이 발생한다. 이 현상은 유도전동기 및 동기전동기에 응용된다.

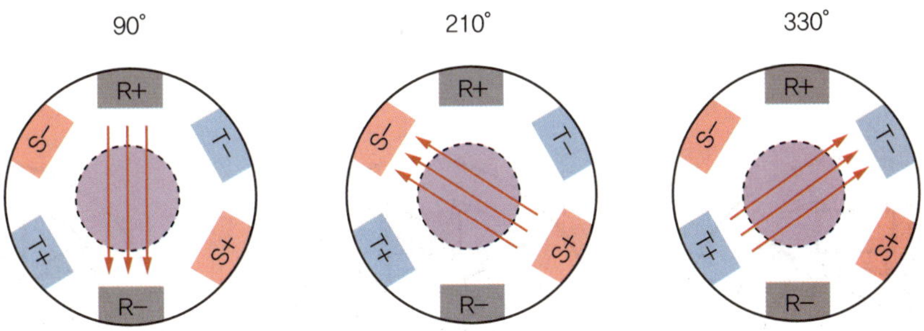

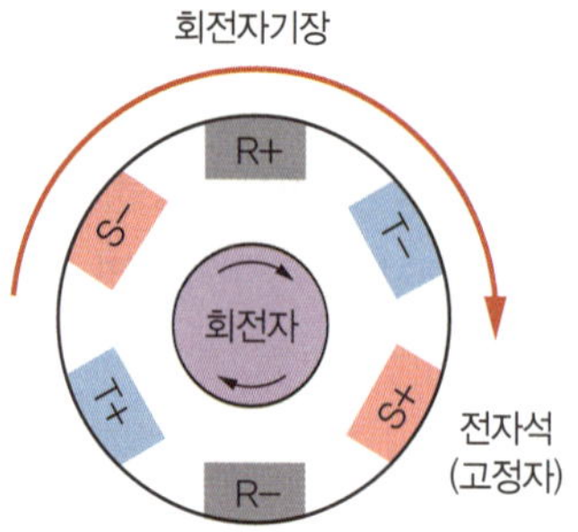
회전자기장
R+
S-
T-
회전자
T+
S+
R-
전자석
(고정자)

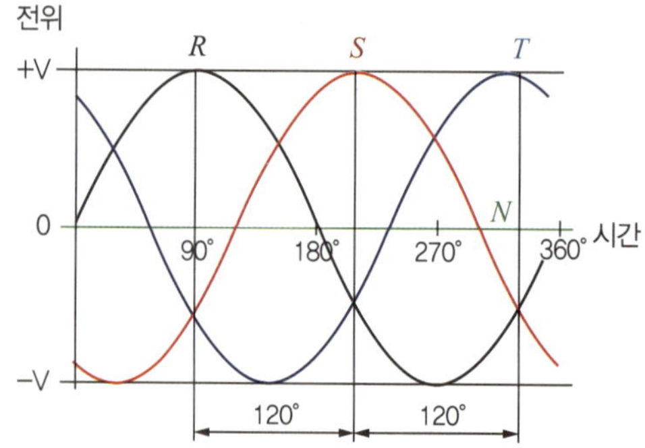
전위
R
S
T
+V
0
N
시간
90°
180°
270°
360°
-V
120°
120°

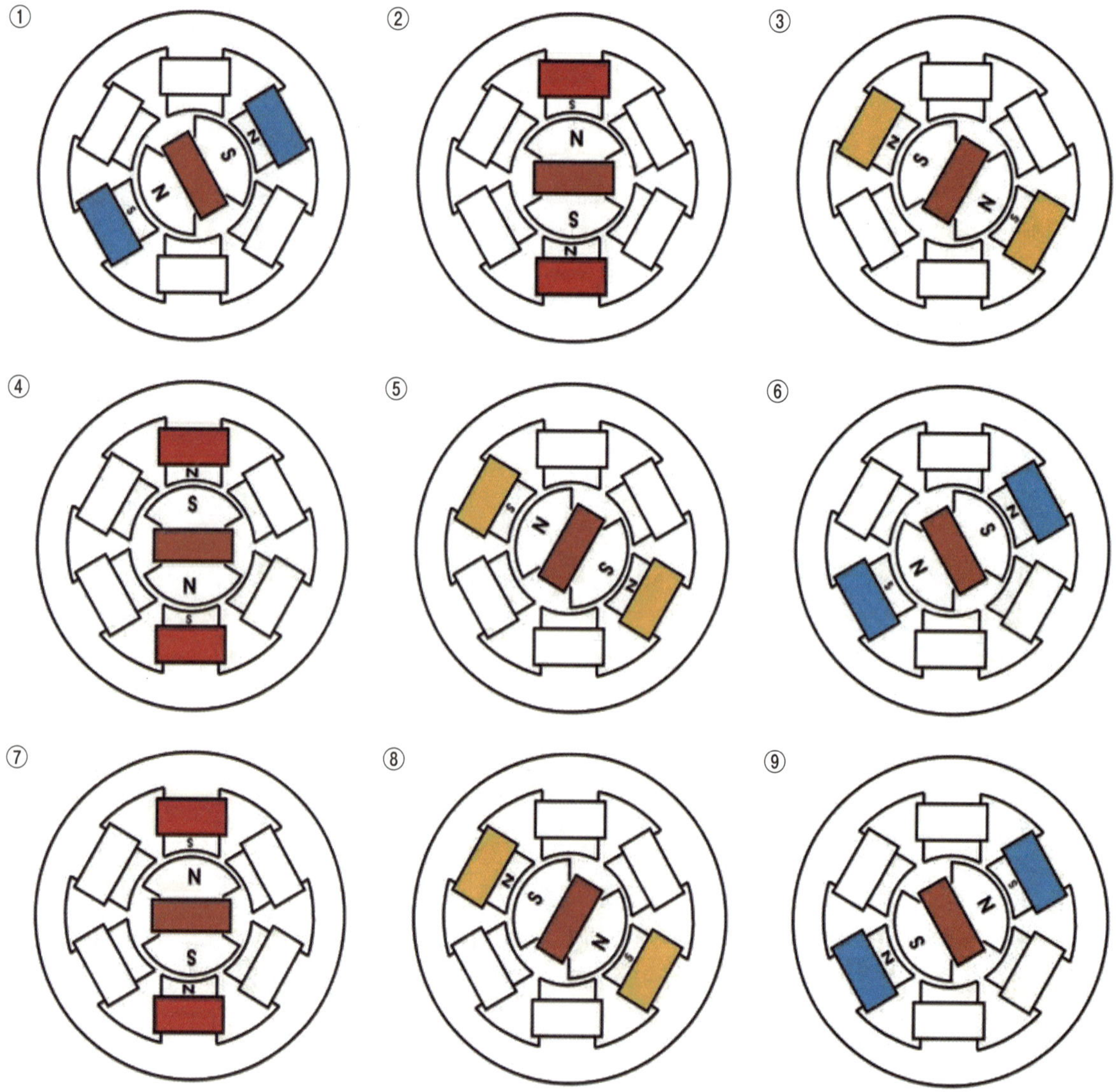
①
②
③
④
⑤
⑥
⑦
⑧
⑨

(7) 교류전동기 회전속도

교류전동기 회전속도는 교류 전압의 주파수와 극 수에 달려 있다. 교류전동기의 계자의 극수를 P, 회전자(계자)의 분당 회전수를 N, 교류발전기의 주파수를 f로 나타낼 수 있다.

$$n = \frac{120 \times \text{Frequency}}{\text{No of Poles}}$$

f = Frequency, [Hz]
N = synchronous speed, [rpm]
P = number of poles

(8) 교류전동기의 종류

1) 단상 유도전동기(Single-phase Induction motor)

두 코일의 감는 방향을 같은 방향으로 하면 마치 자석의 N극과 S극이 된다. 이 사이에 회전자를 두고 교류 전원을 연결하면 자기장이 형성되어 회전자가 회전하게 된다. 단상 교류를 사용하면 교번 자기장은 생기지만, 일정 방향으로의 회전 자기장이 생기지 않기 때문에 자체적으로 기동하지 못한다. 따라서 단상 유도 전동기는 먼저 일정 방향으로 기동 회전력을 주는 장치가 있어야 한다. 400[W] 이하인 소형전동기로 소요동력이 적은 조종면 잠금장치(Surface lock), 냉각기 개폐기(Intercooler shutter), 오일차단밸브와 같은 장치를 동작시킨다.

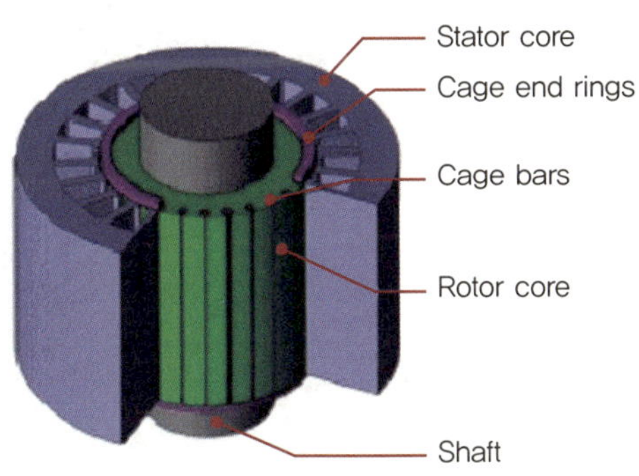

2) 3상 유도전동기(Three-phase Induction motor)

농형 전동기라고도 하며, 단상과 동일한 회전 자기장의 원리로 작동한다. 서로 다른 위상을 갖는 3개의 교류전원을 이용해 전자석을 만들어 동력을 얻는다. 3개의 위상은 각각 120° 차이가 있다. 3상 전원에서는 이 세개의 권선에 모두 사인파의 교류 전원이 인가되어 세 선에는 120°씩 위상이 차이나는 사인파 교류가 공급된다. 60°단위로 잘라서 보면 3개의 상 중 하나는 전압이 0[V]가 되며 나머지 두 상은 부호가 반대가 된다. 권선이 감겨져 있다고 볼 때 순차적으로 부드럽게 자석이 회전하는 형상이 된다. 실제로 자석을 회전하는 것이 아니라 120°위상 차이가 나는 3개의 전원 코일에 의해 회전하는 자계를 만들어낼 수 있다. 시동기, 플랩, 착륙장치, 유압펌프 등의 장치를 작동시킨다.

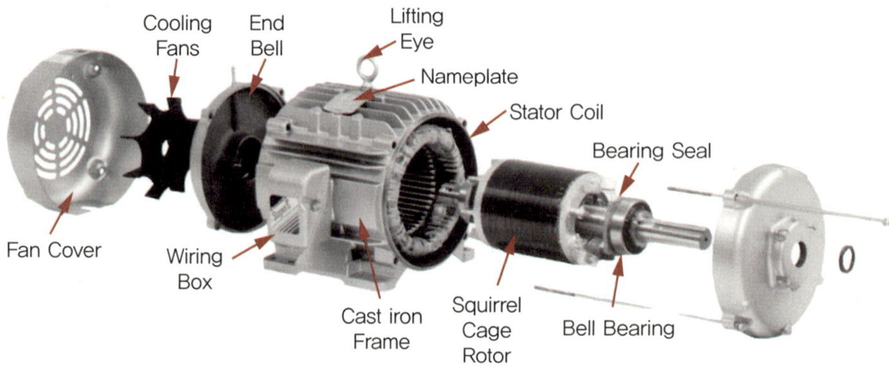

※ 농형 전동기(Squirrel-cage motor)

철심 주위에 홈을 만들어 구리봉을 밀어 넣어 양단의 도체를 단락시킨 바구니형의 회전자를 가진 전동기로, 보통 시동할 때는 큰 전류가 흐르는 단점이 있지만, 운전 성능이 좋고 취급하기 쉬워 많이 사용한다.

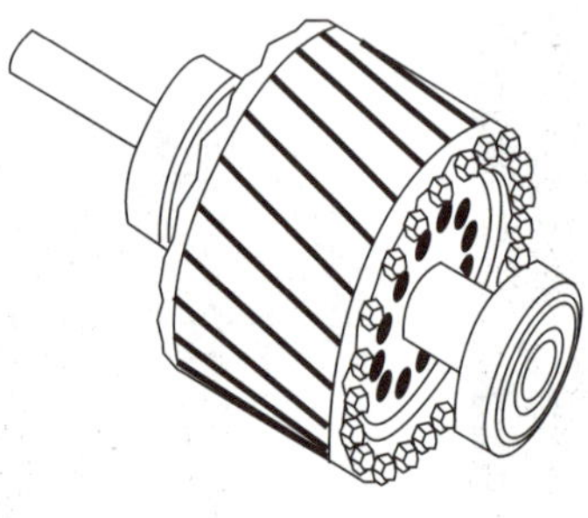

Rotor

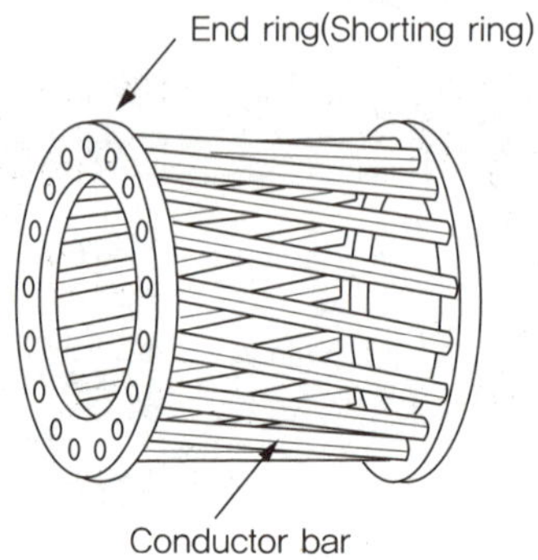

Squirrel-cage conductor

3) 동기전동기(Synchronous motor)

계자는 여자된 코일(3상)이나 영구자석(단상)을 통해 스스로 자계를 만든다. 큰 특징은 모터를 구동하는 고정자 회전 자계와 회전자가 항상 동기 되어 회전하는데, 그 이유는 고정자 회전 자계가 회전자의 자석을 직접 밀고 당기면서 구동력을 얻는데, 자석이나 코일을 회전자에 사용하기 때문이다. 일반적으로 동기전동기는 영구자석을 사용한 전동기를 의미하는 경우가 대부분이다. 영구자석 모터는 다른 기계와는 다르게 외부에서 힘을 받아 회전한다고 해도 특별한 대책 없이 사양 상의 최대 회전 수 이상으로 회전이 예상되면, 주의가 필요하다. 영구자석의 자기력이 사라지는게 아니므로 코일에 전압이 유기되면서 발전기가 되기 때문이다. 이를 역기전력이라고 하는데, 역기전력의 크기가 회전수에 비례하기 때문에 회전수가 올라가면서 전원의 전압 이상으로 고장 등의 상황이 되면 사고가 발생할 우려가 있다. 특히 弱 계자 운전 중인 영구자석 모터는 제어에 문제가 생기면 과전압으로 인버터 파손 등의 문제가 발생할 수 있어 주의가 필요하다.

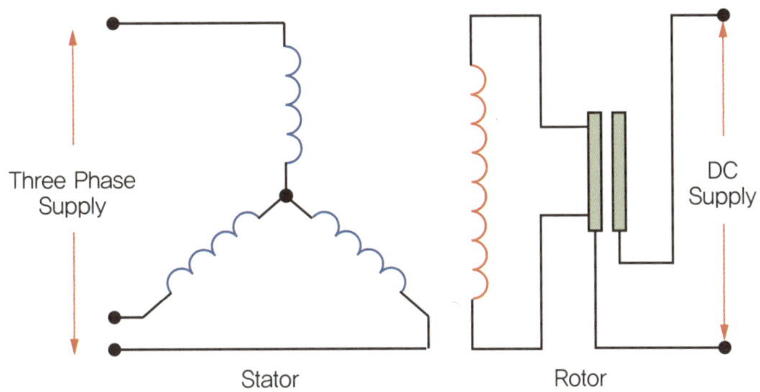

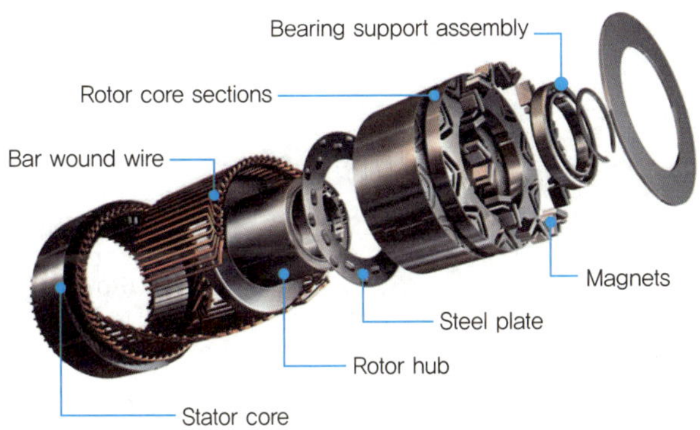

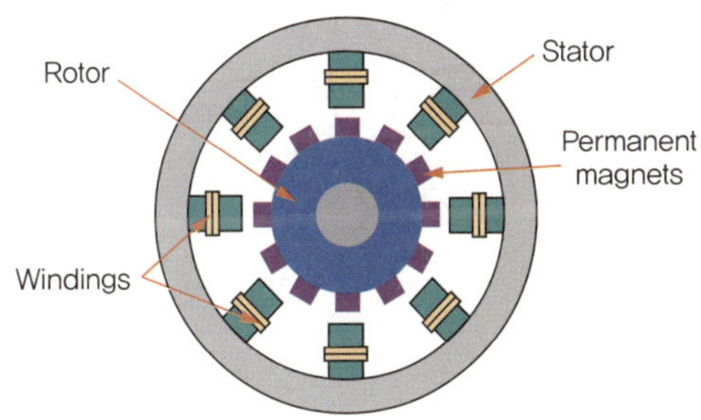

4) 교류정류자 전동기(AC Commutator motor)

만능전동기(Universal motor)라고 하며, 교류전원에 의해 동작하며 직류전동기와 거의 같은 정류자를 부착한 회전자를 가진 교류전동기이다. 정류자의 주파수 변환 작용에 의해 동기속도(同期速度)를 광범위하게 조정할 수 있는 특성이 있다. 동기전동기 및 유도전동기와 특성상의 큰 차이점이다. 단상과 3상으로 분류되며, 종류가 매우 다양하다. 단상에는 만능전동기(유니버설 모터)와 같이 소형 전기 드릴, 전기 재봉틀 등에 사용되는 단상직권형과 브러시의 이동으로 속도 조정 및 역회전이 가능한 단상반발형이 있다. 3상 교류정류자 전동기로서는 분권식인 슈라게 전동기(Schrage motor : 일반적인 선형 유도 전동기와 달리 1차 권선이 회전자이고, 2차 권선이 고정자이면서 회전자에 직류기의 전기자와 같은 3차 권선을 두어 이것을 정류자에 접속한 전동기. 브러시의 간격을 바꾸어서 속도를 제어할 수 있다.)가 흔히 사용된다. 이 전동기는 동기속도의 0.5~1.5 범위에서 미세한 속도 조정이 가능하며, 효율 및 역률 모두 우수하나 브러시수가 많고 가격도 비싸다.

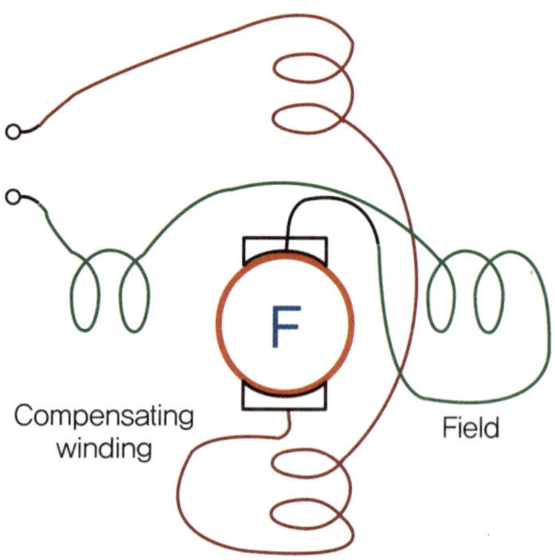

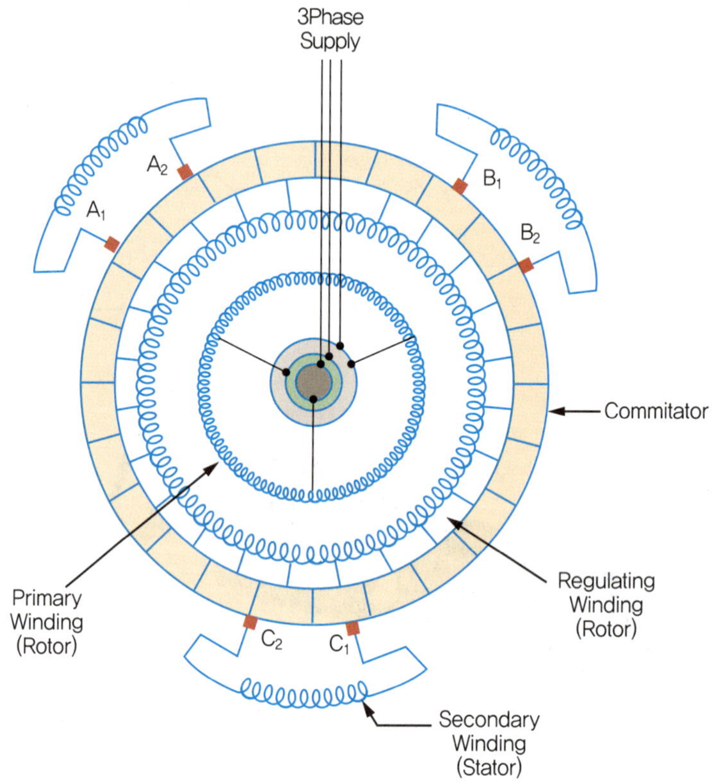

(9) 교류전동기의 정비

1) 베어링 윤활 및 마모 상태 점검

2) 코일의 오염 상태 점검

3) 전기자의 동작 상태 점검

(10) 전기자 시험

1) 시험기기

① 그로울러 시험기(Growler tester)

시동모터(스타터)에서 회전력을 발생시키는 중요한 부품이 전기자이다. V자형 연철심편 위에 전기자(Amature)를 올려놓고 110[V] 또는 220[V]의 교류를 접속하여 전기자(아마추어)의 코일에 통전시켜 단선, 단락에 의한 진동, 접지(절연) 등을 점검한다. 전기자에 이상이 발생하면 교환해야 한다.

② **절연저항계**(Mega ohm meter) **및 저저항계**(Milli ohm meter)

전동기, 발전기, 변압기 내의 각 권선의 단락 또는 단선 확인을 위한 밀리 옴 미터(MΩ)를 사용하여 코일 양단을 측정하거나, 누전 확인을 위한 메거(MΩ)를 사용하여 코일과 외함을 측정한다. 측정된 저항값을 확인하여 상태를 알 수 있다.

2) 시험종류

① **단락시험**(Short test)

저저항계의 적색 리드선을 하나의 정류자편에 고정시키고, 전기자를 회전시켜가며 다른 정류자편에 흑색 리드선 찍어서 권선의 규정된 저항값이 측정되면 정상이나, 보다 낮아져 저저항값이 되면 단락을 의심할 수 있다.

② **단선시험**(Disconnection test)

멀티미터 또는 저항계 적색 리드선을 하나의 정류자편에 고정시키고, 전기자를 회전시켜가며 다른 정류자편에 흑색 리드선 찍어서 권선의 규정된 저항값이 0[Ω]으로 측정되면 통전이지만, 단락여부는 알 수 없다. ∞[Ω]으로 측정되면 단선을 의심할 수 있다.

③ **접지시험**(Grounding test)

멀티미터 또는 저항계 적색 리드선을 하우징에 고정시키고, 전기자를 회전시켜가며 다른 정류자편에 흑색 리드선 찍어서 권선의 규정된 저항값이 0[Ω]으로 측정되면 접지(누전)된 것이고, ∞[Ω]으로 측정되면 정상이다.

PART 11

부하계통 - 전동기 기출문제

1. 직류전동기는 그 종류에 따라 부하에 대한 특성이 다른데, 정격이상의 부하에서 토크가 크게 발생하여 왕복기관의 시동기에 가장 적합한 것은?

① 분권형 ② 복권형 ③ 직권형 ④ 유도형

정답 ③

풀이

직류전동기의 여자 방식에 따라 분류된다.

① 가역전동기 : 회전 방향을 필요에 따라 스위치 조작으로 반대로 할 수 있다.

② 분권전동기 : 전기자 코일과 계자 코일이 병렬로 연결된 것. 회전 속도에 따라 계자 전류가 변화하지 않아 부하에 따른 속도의 변화가 일정하다.

③ 직권 전동기 : 전기자 코일과 계자 코일이 서로 직렬로 연결된 것. 시동 시, 전기자 코일과 계자 코일 모두에 전류가 많이 흘러 시동 회전력이 크다는 것이 장점이다.

④ 복권전동기 : 전기자 코일과 계자 코일이 직렬과 병렬로 연결된 것. 직권과 분권의 장점을 가지고 있어, 회전력이 크고 정속도 특성을 나타낸다.

2. 직류전동기가 아닌 것은?

① 유도전동기 ② 복권전동기 ③ 분권전동기 ④ 직권전동기

정답 ①

풀이

① 유도 전동기(Induction motor) : 교류전동기에서 가장 많이 사용되는 것으로 고정자가 만드는 회전자계에 의해 전기 전도체인 회전자에 유도전류가 발생하여 슬립에 대응한 토크가 발생한다.(회전자의 회전속도는 계자극의 회전속도보다 늦다.) 동기전동기에 비해 탈조가 없어, 토크 변동이 큰 부하에 적합하다. 직류전동기에 비해 소형화, 고출력화가 가능하다. 직류전동기에 있는 정류자와 브러시가 필요없어 유지, 보수가 용이하다.

② 복권전동기 : 전기자 코일과 계자 코일이 직렬과 병렬로 연결된 것. 직권과 분권의 장점을 가지고 있어, 회전력이 크고 정속도 특성을 나타낸다.

③ 분권전동기 : 전기자 코일과 계자 코일이 병렬로 연결된 것. 회전 속도에 따라 계자 전류가 변화하지 않아 부하에 따른 속도의 변화가 일정하다.

④ 직권 전동기 : 전기자 코일과 계자 코일이 서로 직렬로 연결된 것. 시동 시, 전기자 코일과 계자 코일 모두에 전류가 많이 흘러 시동 회전력이 크다는 것이 장점이다. 시동기(Starter)로 사용된다.

※ 전동기의 종류

① 직류전동기 : 직권 전동기, 분권전동기, 복권전동기

② 교류전동기 : 유도 전동기, 동기전동기, 교류 정류자 전동기

3. 직류 직권 전동기의 속도를 제어하기 위한 가변 저항기(Rheostat)의 장착방법은?

① 전동기와 병렬로 장착

② 전동기와 직렬로 장착

③ 전원과 직, 병렬로 장착

④ 전원 스위치와 병렬로 장착

정답 ②

풀이

직류 직권 전동기 : 전기자코일과 계자코일이 직렬로 접속된 것으로, 특징은 기동회전력이 크고, 부하가 증가하면 회전속도가 낮아지고 흐르는 전류가 커지는 장점이 있으나 부하가 감소하면 회전속도가 증가한다.

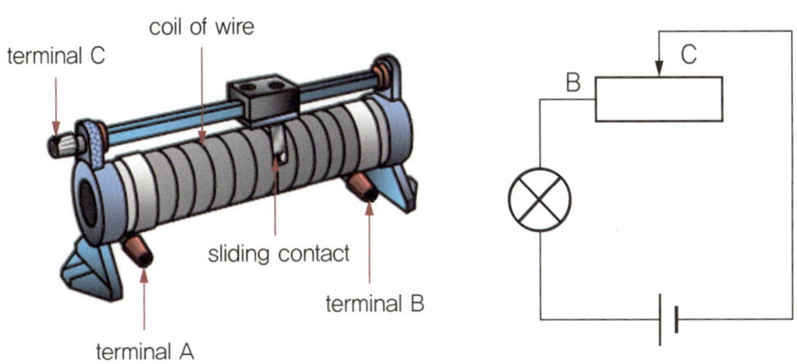

가변 저항기(Rheostat) : 연속적 또는 이산적으로 저항값을 바꿀 수 있는 저항기이다. 넓은 의미로는 일반 저항기를 말하지만 보통으로는 비교적 저주파, 대전력용의 권선 가변 저항기(권선 저항기)를 가리키는 경우가 많다. 저항의 절댓값을 필요로 하는 측정용과 분할비를 사용하는 전자 회로용으로 나뉜다. 전자에는 플러그형과 다이얼형이 있다. 4~6자릿수의 수치가 얻어진다. 후자에는 권선형(수Ω~수백㏀)과 카본형(수㏀~수㏁)이 있다. 또한 계산, 측정 회로 또는 자동 제어용에는 감는 선을 나선상으로 한 다회전 정밀 가변 저항기가 이용되고, 헬리칼롬, 헬리포트 등으로 불리며 시판되고 있다.

4. 교류전동기가 아닌 것은?

① 직권 전동기　② 동기전동기　③ 유도 전동기　④ 유니버설 전동기

정답 ①

풀이

① 직류전동기 : 직권 전동기, 분권전동기, 복권전동기

② 교류전동기 : 동기전동기, 유도 전동기, 교류 정류자 전동기

5. 교류전동기에 대한 설명 중 옳지 않은 것은?

① 자장발생, 전기자 유도에 의한 회전력의 발생은 직류전동기와 다르다.

② 교류전동기는 자장의 방향과 크기가 시간에 따라 변한다.

③ 교류전동기는 직류전동기보다 효율이 크다.

④ 무게에 비해 많은 동력을 얻을 수 있다.

정답 ①

풀이

교류전동기와 직류전동기는 모두 플레밍의 왼손법칙에 의해 자장발생, 전자기 유도가 발생한다. 교류전동기는 정류자나 브러시가 필요없고, 가격이 저렴하고, 고장이 없고, 신뢰도가 높고, 효율이 크고, 많은 동력을 얻을 수 있다.

※ 직류전동기

① 직권 전동기 : 계자 코일과 전기자 코일이 직렬로 권선. 시동회전력이 크고, 회전속도의 변화가 크다.

② 분권전동기 : 계자 코일과 전기자 코일을 병렬로 권선. 회전속도가 일정하다. 회전력이 낮다.

③ 복권전동기 : 전기자 코일과 계좌 코일을 직렬 및 병렬로 권선. 회전력이 크고 회전속도가 일정하고, 구조가 복잡하다.

④ 가역전동기 : 직권 전동기의 계자나 전기자 코일의 전류 방향 중 하나만 바꾸면 전기자의 회전방향은 반대로 된다.(스위치 조작에 의해 방향 변경)

※ 교류전동기

① 만능 전동기 : 교류 정류자 전동기, 유니버설 전동기. 직류 및 교류를 모두 사용할 수 있는 전동기. 항공기에서는 사용 불가

② 유도 전동기 : 계자의 자기력과 전기자 코일의 유도전류(와전류). 교류에 대한 작동 특성이 좋고, 부하 감당 범위가 넓고, 브러시와 정류자가 없다.

③ 동기전동기 : 교류 발전기의 전원 주파수와 동기하여 회전하는 전동기로서, 회전식 계기에 사용된다.

④ 브러시와 정류자가 없는 전동기 : 브러시와 정류자의 마모가 없어 불꽃발생이 없으며 유지보수비가 적게 든다. 브러시와 정류자 사이의 저항 및 전도율의 변화가 없어 출력이 안전하다.

6. 교류전동기 중 유도전동기에 대한 설명으로 틀린 것은?

① 부하 감당 범위가 넓다.

② 교류에 대한 작동 특성이 좋다.

③ 브러시와 정류자편이 필요없다.

④ 직류 전원만을 사용할 수 있다.

정답 ④

풀이

유도 전동기(Induction motor) : 교류전동기에서 가장 많이 사용되는 것으로 고정자가 만드는 회전자계에 의해 전기전도체인 회전자에 유도전류가 발생하여 슬립에 대응한 토크가 발생한다(회전자의 회전속도는 계자극의 회전속도보다 늦다). 동기전동기에 비해 탈조가 없어, 토크 변동이 큰 부하에 적합하다. 직류전동기에 비해 소형화, 고출력화가 가능하다. 직류전동기에 있는 정류자와 브러시가 필요없어 유지, 보수가 용이하다.

7. 교류 유도 전동기의 가장 큰 장점은?

① 직류 전원도 사용할 수 있다.

② 다른 전동기보다 아주 작고 가볍다.

③ 높은 시동 토크(Torque)를 갖고 있다.

④ 브러시(Brush)나 정류자편이 필요없다.

정답 ④

풀이

유도 전동기(Induction Motor) : 교류전동기에서 가장 많이 사용되는 것으로 고정자가 만드는 회전자계에 의해 전기전도체인 회전자에 유도전류가 발생하여 슬립에 대응한 토크가 발생한다(회전자의 회전속도는 계자극의 회전속도보다 늦다). 동기전동기에 비해 탈조가 없어, 토크 변동이 큰 부하에 적합하다. 직류전동기에 비해 소형화, 고출력화가 가능하다. 직류전동기에 있는 정류자와 브러시가 필요없어 유지, 보수가 용이하다.

8. 교류와 직류 겸용이 가능하며, 인가되는 전류의 형식에 관계없이 항상 일정한 방향으로 구동될 수 있는 전동기는?

① Induction motor

② Universal motor

③ Reversible motor

④ Synchronous motor

정답 ②

풀이

① 유도 전동기(Induction motor) : 고정자에 교류 전압을 가하여 전자 유도로써 회전자에 전류를 흘려 회전력을 생기게 하는 교류전동기. 삼상 코일을 감은 고정자에 삼상 교류를 흘리면 회전 자계가 생기고 이것에 의해 회전자 도체에 기전력이 생김으로써 전류가 흘러 회전자를 회전시킨다.

② 교직양용, 만능 전동기(Universal motor) : 교류에서나 직류에서나 모두 동작하도록 만든 직권 전동기

③ 가역전동기(Reversible motor) : 전기 입력의 특성 변화 또는 교체에 의해 회전 방향이 쉽게 역전하는 직류 또는 교류전동기

④ 동기전동기(Synchronous motor) : 전기적 에너지를 기계적 에너지로 바꾸는 장치의 일종으로 부하의 크기에 관계없이 전원 주파수에 비례하는 일정 속도로 회전하는 교류전동기. 동기 발전기와 동일한 구조를 가지며 고정자 권선을 직류로 여자하고 회전자 권선에 주파수 f사이클의 교류 전류를 가하여 적당한 방법으로 기동하여 주면 동기 속도 n = 60f/p(회/분)으로 정속 회전을 계속한다.

9. 그로울러 시험기(Growler tester)는 무엇을 시험하는 데 사용하는 것인가?

① 전기자(Armature)

② 브러시(Brush)

③ 정류자(Commutator)

④ 계자코일(Field coil)

정답 ①

풀이

그로울러 시험 : 시동모터(Stasrter)에서 회전력을 발생시키는 중요한 부품이 전기자이다. V자형 연철심편 위에 전기자(Armature)를 올려놓고 110[V] 또는 220[V]의 교류를 접속하여 전기자(Armature)의 코일에 통전시켜 단선, 단락에 의한 진동, 접지(절연) 등을 점검한다. 전기자에 이상이 발생하면 교환해야 한다.

10. 전기자 코어에서 와전류의 순환을 방지하기 위한 방법은?

① 코어를 절연시킨다.

② 전기자 전류를 제한한다.

③ 코어는 얇은 철판을 겹쳐서 만든다.

④ 코어 재질과 동일한 가루로 된 철을 사용한다.

정답 ③

풀이

전기자(Armature) : 전동기가 회전하는 주요부로서 축과 철심, 절연되어 철심에 감겨있는 전기자 코일, 정류자 등으로 구성된다. 축의 양끝은 베어링으로 되어 있다. 전기자 철심(Armature core)으로는 자기력선을 잘 통과시키고, 와전류의 감소와 발열을 방지하기 위해 규소 강판을 절연시켜 겹쳐 만든 성층 철심을 사용한다.

11. 20[HP]의 펌프를 작동시키기 위해 몇 [kW]의 전동기가 필요한가?(단, 펌프의 효율은 80%이다.)

① 12[kW] ② 19[kW] ③ 10[kW] ④ 8[kW]

정답 ②

풀이

1[HP] = 746[W]이다. 따라서, 20[HP] = 14920[W]가 된다.

이때, 펌프는 출력이고 전동기는 입력이다.

그러므로, 전동기의 용량을 구하려면 14920[W]에서 효율을 나눈다.

(입력을 구할 때는 효율을 나누고, 출력을 구할 때는 효율을 곱한다.)

$$\frac{14920[W]}{0.8} = 18650[W] = 18.65[kW]$$

12. 24[V], 1/3[HP]인 전동기가 효율 75%로 작동하고 있다면, 전류는?

① 7.8[A] ② 13.8[A] ③ 22.8[A] ④ 30.0[A]

정답 ①

풀이

1[HP] = 746[W]이다.

따라서, 1/3[HP] = 248.7[W]가 된다.

$$I = \frac{P}{V} = \frac{248.7[W]}{24[V]} = 10.36[A]$$

효율 75%라면,

10.36[A] × 0.75 = 7.8[A]

Memo

PART 12

Power distribution system

배전계통

(1) 전선의 재질

(2) 배선방식

(3) 전선 규격

(4) 전선 단위

(5) 전선의 규격(굵기)선정 시 고려사항

(6) 도선 도표(Conductor Chart)

(7) 전선 식별(Wire Identification)

(8) 배선 연결장치

(9) 회로보호장치

(10) 회로제어장치

- 기출문제

12. 배전계통(Power distribution system)

(1) 전선의 재질

1) 구리 및 구리합금

전도율이 높고 가격이 저렴하여 가장 많이 사용한다(도전율 98%).

2) 알루미늄 및 알루미늄합금

무게를 고려하여 일부 동력선 및 모선에 사용한다(도전율 60%). 구리선보다 인장강도 및 열팽창계수가 크다.

(2) 배선방식

1) 단선식

(+)선은 도선을 이용하고 (-)선은 기체 구조재를 이용하는 방식이다. 일반적으로 항공기에서는 경량화를 위해 단선식을 기본으로 한다.

2) 복선식

(+)선 및 (-)선 모두 도선을 사용하는 방식이다. 단선식은 적은 전류가 흐르는 회로에 사용하고, 복선식은 큰 전류가 흐르는 회로에 사용한다.

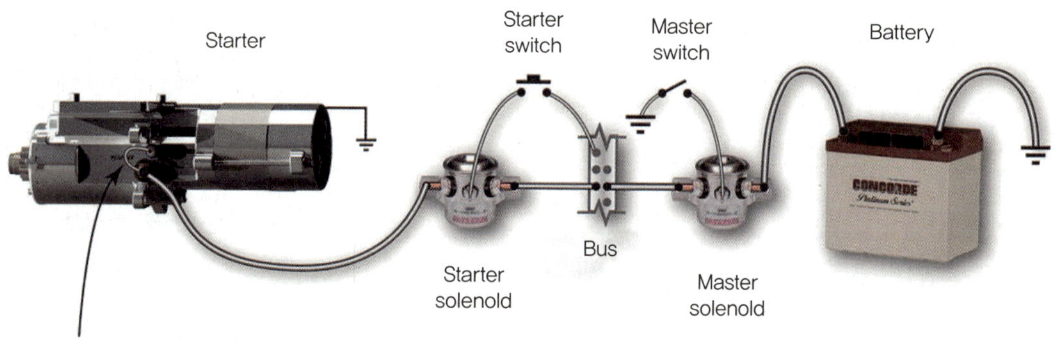

Note: Use of factory installed jumper configures starter for 12V operation. Removing jumper configures starter for 24V operation

(3) 전선 규격

미국 전선 규격(AWG : American Wire Gauge)에 의한 표준에 따르는 크기로 제조된다. 규격번호(Gauge number)가 클수록 전선 직경은 작아진다. 일반적인 전선크기는 No.40에서 No.0000까지의 범위를 정한다. 항공기 배선에 사용되는 도선규격은 No.00부터 20번까지의 짝수만을 사용한다(항공기에서 주로 사용되는 와이어는 No.18, No.20이다).

Cross Section				Ohma per 1,000ft	
Gauge Number	Dlameter(Mlls)	Circular(Mlls)	Square inches	25℃(77℉)	65℃(149℉)
0000	460.0	212,000.0	0.166	0.0500	0.0577
000	410.0	168,000.0	0.132	0.0630	0.0727
00	365.0	133,000.0	0.105	0.0795	0.0917
0	325.0	106,000.0	0.0829	0.100	0.166
1	289.0	83,700.0	0.0657	0.126	0.146
2	258.0	66,400.0	0.0521	0.159	0.184
3	229.0	52,600.0	0.0413	0.201	0.232
4	204.0	41,700.0	0.0328	0.253	0.292
5	182.0	33,100.0	0.0260	0.319	0.369
6	162.0	26,300.0	0.0206	0.403	0.465
7	144.0	20,800.0	0.0164	0.508	0.586
8	128.0	16,500.0	0.0130	0.641	0.739
9	114.0	13,100.0	0.0103	0.808	0.932
10	102.0	10,400.0	0.00815	1.02	1.18
11	91.0	8230.0	0.300647	1.28	1.48
12	81.0	6,530.0	0.000513	1.62	1.87
13	72.0	5,180.0	0.00407	2.04	2.36
14	64.0	4,110.0	0.00323	2.58	2.97
15	57.0	3,260.0	0.00256	3.25	3.75
16	51.0	3,580.0	0.00203	4.09	4.73
17	45.0	2,050.0	0.00161	5.16	5.96
18	40.0	1,620.0	0.00128	6.51	7.51

Cross Section			Ohma per 1,000ft		
Gauge Number	Dlameter(Mlls)	Circular(Mlls)	Square inches	25℃(77℉)	65℃(149℉)
19	36.0	1,290.0	0.00101	8.21	9.48
20	32.0	1,020.0	0.000802	10.40	11.90
21	28.5	810.0	0.000636	13.10	15.10
22	25.3	642.0	0.000505	16.50	19.00
23	22.6	509.0	0.000400	20.80	24.00
24	20.1	404.0	0.000317	26.20	30.20
25	17.9	320.0	0.000252	33.00	38.10
26	15.9	254.0	0.000200	41.60	48.00
27	14.2	202.0	0.000158	52.50	60.60
28	12.6	160.0	0.000126	66.20	76.40
29	11.3	127.0	0.0000995	83.40	96.30
30	10.0	101.0	0.0000789	105.00	121.00
31	8.9	79.7	0.0000626	133.00	153.00
32	8.0	63.2	0.0000496	167.00	193.00
33	7.1	50.1	0.0000394	211.00	243.00
34	6.3	39.8	0.0000312	266.00	307.00
35	5.6	31.5	0.0000248	335.00	387.00
36	5.0	25.0	0.0000196	423.00	488.00
37	4.5	19.8	0.0000156	533.00	616.00
38	4.0	15.7	0.0000123	673.00	766.00
39	3.5	12.5	0.0000098	848.00	979.00
40	3.1	9.9	0.0000078	1,070.00	1,230.00

※ Standard Wire Gauge

둘레에 도선 또는 와이어의 지름에 해당하는 다수의 노치(Notch)가 있는 원형 또는 직사각형으로 된 판으로, 도선을 노치부에 넣어 보고, 그 중 맞는 위치에 기록된 숫자로 도선의 호칭지름 또는 게이지 번호를 알 수 있게 되어 있는 것과 쐐기형의 틈새에 철사를 밀어 넣고, 철사가 멎는 위치에서 지름을 확인하는 것이 있다. 영국식, 미국식, 버밍엄식 등의 번호방식이 있는데, 어느 것이나 번호의 숫자가 커질수록 지름이 작다. 또 뒷면에 각 번호의 지름을 mm 단위로 표시한 것도 있다(해당 도선의 번호를 가지고 Diameter에서 굵기를 알 수 있다).

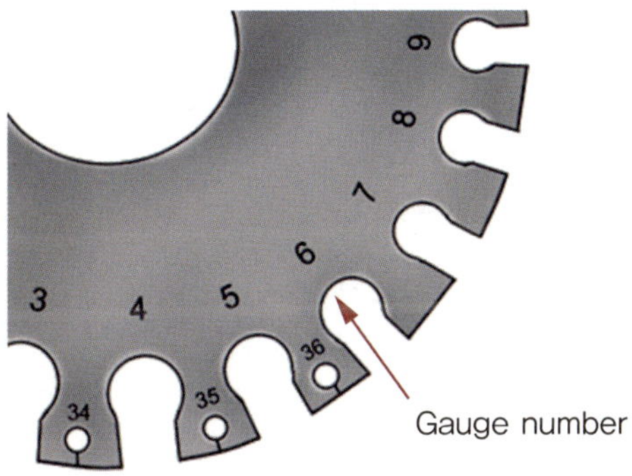

(4) 전선 단위

규격번호는 전선의 직경을 비교하기에 유용하지만, 그러나 전선 또는 케이블의 모든 종류의 규격을 정확하게 측정할 수 있는 것은 아니다. 더 굵은 전선은 보통 이들의 유연성을 증대하기 위해 몇 가닥의 전선이 하나로 꼬여져 있다. 이 경우, 총면적은 보통 직경 또는 규격번호를 알고 있을 때, 서큘러밀(Circular mil, 1[mil] = 1/1000[inch])로 계산된 전선 또는 케이블의 가닥 개수에 한 가닥의 면적을 곱하여 결정할 수 있다(도선의 지름(두께) D는 [mil]이고, 도선의 단면적 A는 [cmil]이다).

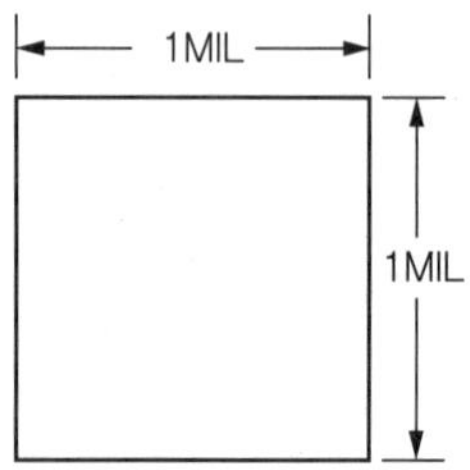

(a) Square MIL

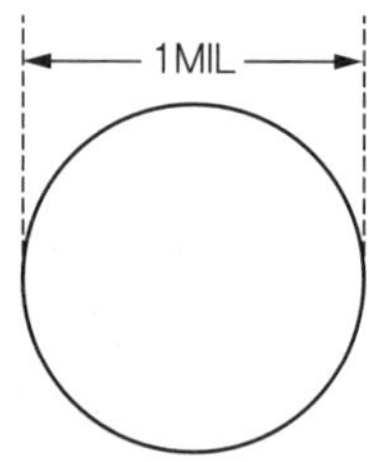

(b) Circular MIL

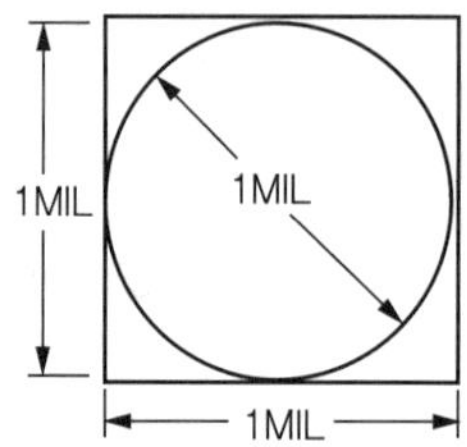

(c) Square AND Circular MIL

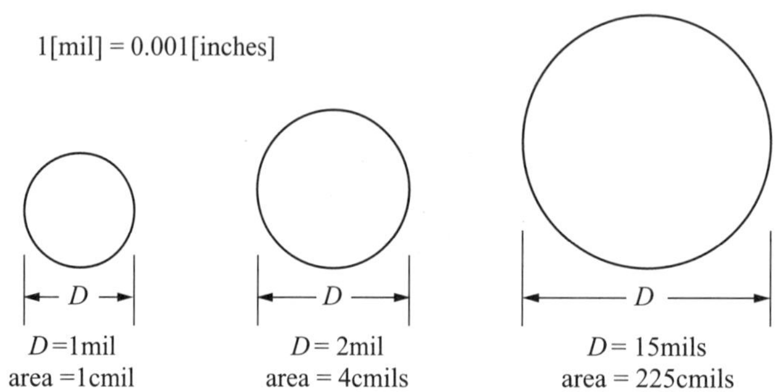

(5) 전선의 규격(굵기) 선정 시 고려사항

전력을 송전하고 배전하는 전선의 크기를 선정할 때는 여러 가지 요소들이 고려되어야 한다.

1) 도선은 충분한 기계적 강도를 갖추어야 한다.

2) 저항을 줄여 전력 손실을 줄이기 위해서, 도선의 길이와 굵기는 고려되어야 한다. 굵기가 커지면 가격이 비싸고 무거운 단점이 있다.

3) 도선에 전류가 흐르면 열이 발생하게 된다. 절연체 보호를 위해 전류의 양을 일정 값 이하로 유지해야 한다.

4) 도선이 비교적 높은 온도의 장소에 장착되는 경우, 외부 원인(엔진)에 의해 발생된 열은 도선 가열의 큰 원인이 된다. 도선의 주변 환경을 고려하여 도선허용전류 및 온도에 맞추어 선정해야 한다.

5) 도선에서 발생하는 주울열

6) 도선에 흐르는 전류의 크기

7) 도선의 저항에 의한 전압강하(도선의 저항은 0.005[Ω]까지 허용되고, 본딩 와이어의 저항은 0.003[Ω]까지 허용된다.)

도선규격	공기 노출 상태의 최대 전류[A]	번들 상태의 최대 전류 [A]	단면적 [cml]	무게 [파운드/1000(T)]	최대 저항 [Ω/1000ft] (20℃)	지름 [mm]
20	11	7.5	1,119	5.6	10.25	0.800
18	16	10	1,779	8.4	6.44	1.016
16	22	13	2,409	10.8	4.76	1.300
14	32	17	3,830	17.1	2.99	1.630
12	41	23	6,088	25.0	1.88	2.06
10	55	33	10,443	42.7	1.10	2.59

(6) 도선 도표(Conductor chart)

항공기에는 여러 종류의 전선이나 케이블이 사용되고, 각각의 번호가 붙어 있고, 종류와 두께가 지정되어 있다. 항공기 제조사가 각 항공기에 발행하는 전기 배선도 및 부품표에 기술되어 있어, 전선을 수리할 경우, 반드시 전기 배선도를 보고 표시된 전선을 사용해야 한다(도선 차트를 보고 전류, 전압, 온도, 길이에 맞추어 도선을 선택한다).

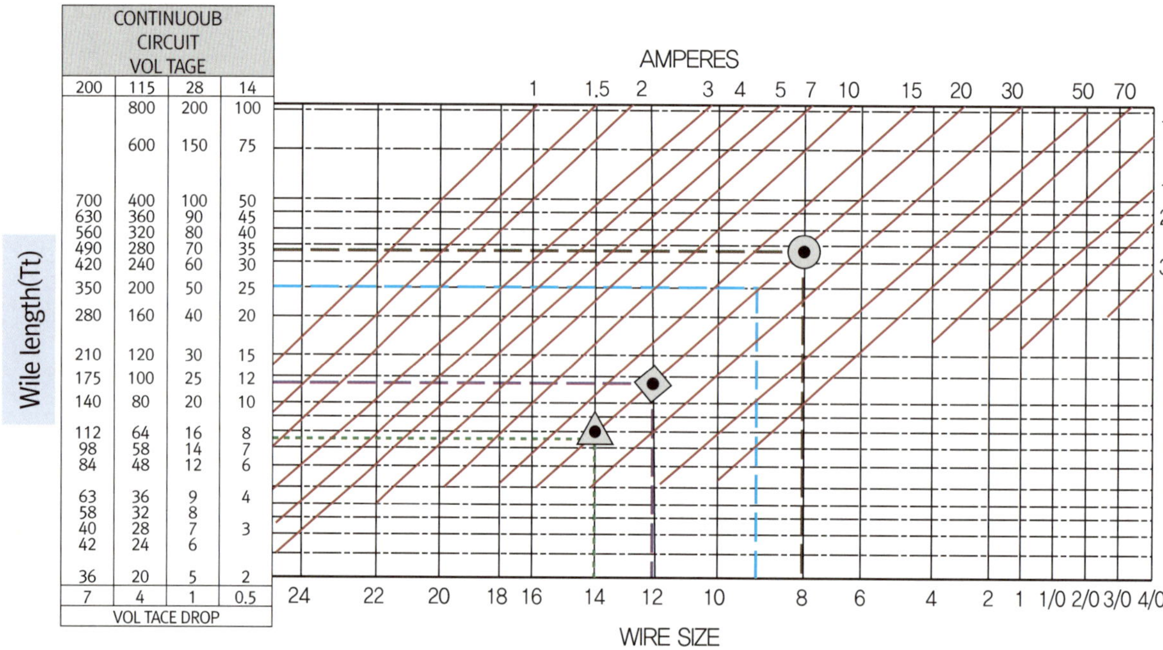

(7) 전선 식별(Wire identification)

항공기에 사용되는 Wire 및 Cable을 식별할 수 있도록 Identification Code가 기재되어 있다. 항공기의 Wire 및 Cable을 식별하는 것은 정비 작업의 편의성을 높이는 것은 물론, 정비 작업의 안전을 확보하는 데 필요하다. 항공기에 장착되는 Wire 또는 Cable에는 Identification Code가 기재되어 있어야 한다. 이들 Identification Code는 일반적으로 항공기 Wiring Diagram Manual(WDM)에서 확인할 수 있는 Wire No. 이다.

1) 식별 표시(Identification marking) 위치

Identification marking은 각 Wire의 양쪽 종단에 위치해야 하며, Wire 양쪽 종단 사이에도 최대 15 인치의 간격으로 기재되어야 한다. 길이가 3인치에 미치지 못하는 Wire의 경우, 별도로 식별할 필요는 없다. 3~7인치 길이의 Wire는 중간에 Identification Marking이 위치하여야 한다. Identification Marker Sleeve를 추가할 경우에는 Tie, Clamp 등의 지지물/고정 장치를 장탈하지 않고도 쉽게 읽어볼 수 있도록 해야 한다. Wire Identification Code는 가로(좌측에서 우측으로) 또는 세로(위에서 아래로) 방향으로 인쇄되어야 한다.

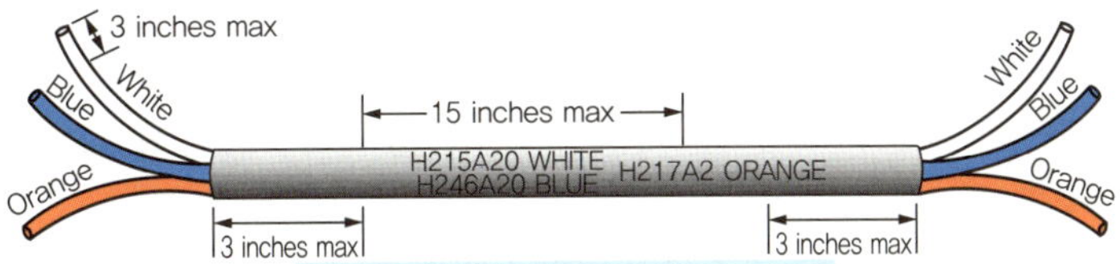

A. Multiple wires in a sleeve

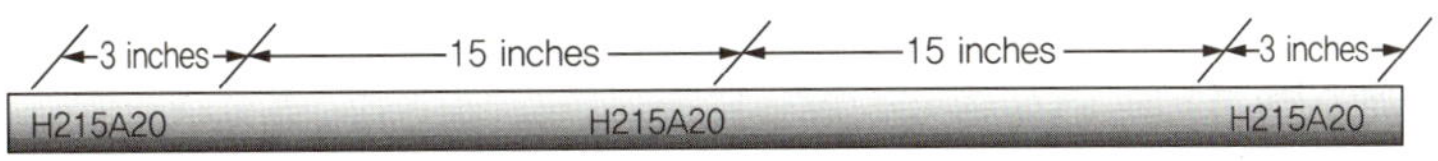

B. Single wire without sleeve

2) 식별 표시(Wire marking) 방식

Wire에 Identification code를 Marking하는 데 있어 가장 선호되는 방식은, Wire의 Insulation이 손상되지 않는 Direct marking 방식이다. Teflon 코팅이 적용된 Wire, Shielded Wire, Multi-conductor Cable 및 Thermocouple wire의 경우 별도의 sleeve를 사용하는 것이 일반적이다. Marking 수행 방법과 무관하게, Marking 되어 있는 Identification code는 쉽게 읽을 수 있어야 하며, Wire 피복 또는 Sleeve의 색과 대비를 이룰 수 있어야 한다.

3) 전선 표시 기호(Wire marking code)

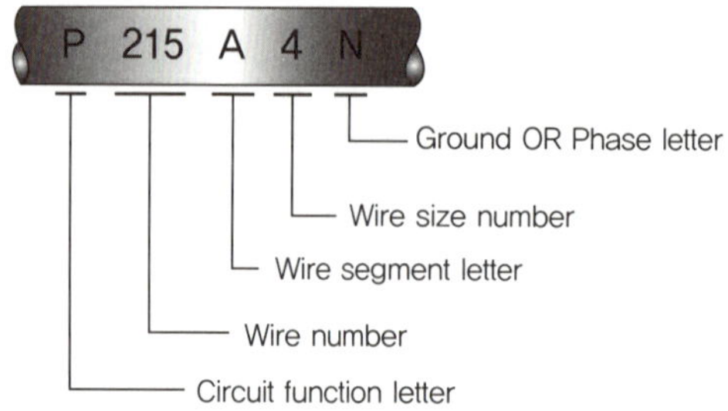

부호	계통	색상	부호	계통	색상
C	조종	청	K	시동	갈
D	빙	녹	L	조명	적
E	엔진	적	M	기타	청
F	계기	백	P	전원	황
G	착륙장치	청	Q	연료 및 윤활	적
H	가열 및 환기	녹	R	무선항법	백
J	점화	황	W	경고장치	청

※ Hot stamp marking의 손상

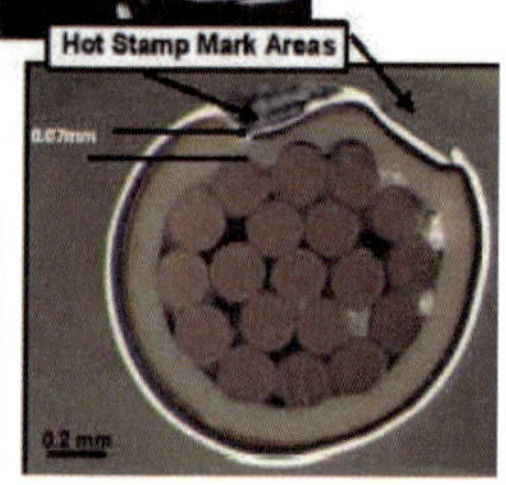

- Identified wiring damage in areas traditionally not inspected, showed visual inspection limitations in locating wiring defects.
- Showed how a low voltage electrical system could become a fuel ignition source.

4) Wiring diagram on the jig board

항공기 내에서 각 전선은 장치 또는 계통에 대해 전선 다발로 설치되는 경우가 많고 Bundle 또는 Harness라고 불린다. 전선 다발들은 대개 항공사의 숍 또는 제작사의 공장에 있는 지그 보드에서 형태에 맞게 구성되어 만들어진다. 항공기 설치를 위해 제작된 각 전선 다발은 실제 항공기에서의 형태와 길이가 동일하게 된다.

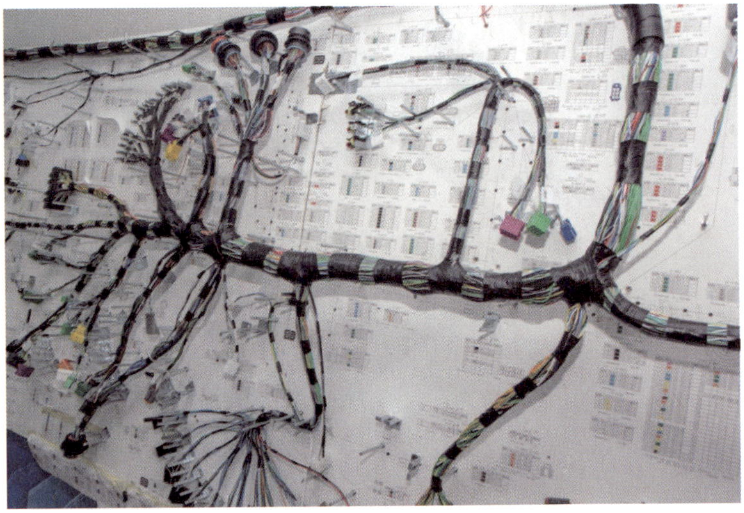

(8) 배선 연결장치

1) 터미널(Terminal)

전선과 기기를 연결해 주기 위한 부품이다. 한쪽은 스플라이스와 동일하게 전선을 물려 장착시킬 수 있고, 끝부분에 홈이 있어 회로의 소켓과 같은 곳에 스크류, 볼트, 너트 등으로 장착시킬 수 있다.

2) 스플라이스(Splice)

전선과 전선을 연결해 주기 위한 부품이다. 연결하고자 하는 전선의 피복을 벗겨서 구리 선을 넣고 크림퍼로 결선시켜 준다. 규격에 맞추어도 되지만, 크림퍼와 스플라이스의 동일 색상에 물려 결선하기도 한다. 스플라이스보다 피복을 너무 많이 벗기지 않게 주의한다(단, FAA에서 사용은 권장하지 않는다).

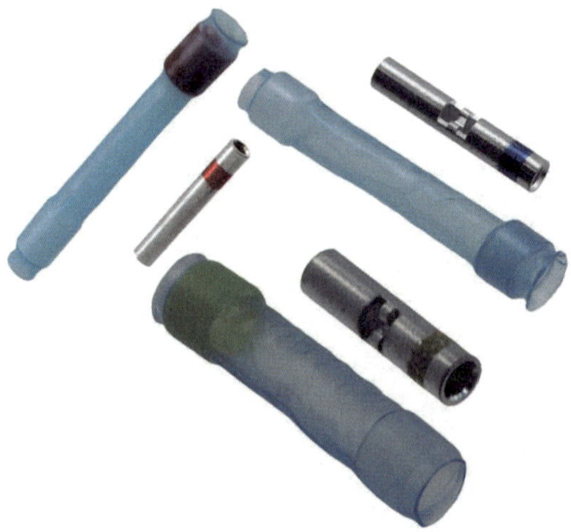

3) 커넥터(Connector)

전자회로 또는 광통신에 있어서 전자기기 또는 배선을 전기적으로 접속하기 위한 부품, 도구이다. 전선을 납땜 또는 압착, 광화이버를 융착하여 접속한 경우, 장탈 시에 케이블의 절단이 필요하게 되어 재접속이 곤란해진다. 그러나, 커넥터를 사용하면, 손이나 간단한 공구를 이용하여 편리하게 반복하여 장탈착이 가능하게 된다. 전자회로에는 복수의 배선을 동시에 접속하는 경우가 많아서 커넥터를 사용한다.

(9) 회로보호장치

1) 퓨즈(Fuse)

C/B와 같은 회로차단기로 항공기에서도 일부 사용되고 있으며, 재사용이 불가능하다는 점이 가장 큰 차이점이다. 주로 1A 이하의 작은 용량이 요구되는 시스템에 사용된다(회로가 차단되어도 비행에 큰 지장이 없는 Cockpit의 Panel Light 등에 사용된다). 내부에 정격용량의 Fuse가 내장되어 있어 일정전류 이상의 전류가 흐를 경우 과부하로 산화되어 끊어져 회로를 차단한다.

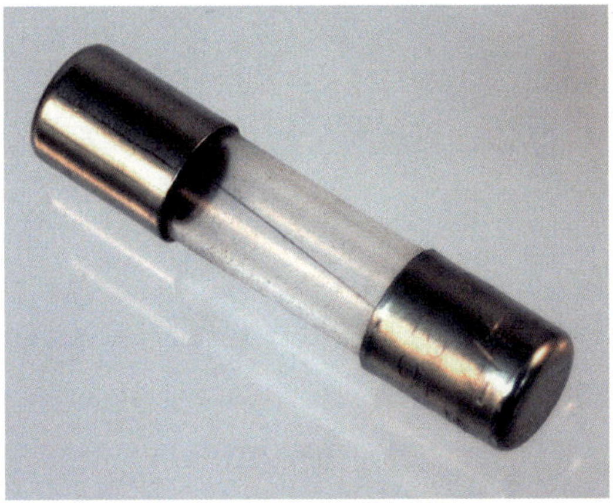

2) 전류 제한기(Current limiter)

계통의 입력라인에 설치하여 미리 규정 값 이상의 전류가 흘렀을 때 일정 시간 내의 동작으로 정전시키기 위한 장치이다. 단락(短絡)에 의한 사고나 과전류가 계속해서 흐르지 않도록 하여 전선이나 배선 기구의 과열로 인한 화재, 그 밖의 사고를 방지한다. 규정 전류에는 5[A], 10[A], 15[A], 20[A], 30[A]의 5종류가 있다. 10[A]짜리는 15[A]를 초과하면 작동하고, 20[A]에서는 2분 이내에, 40[A]에서는 10초 이내에 동작하도록 만들어진다.

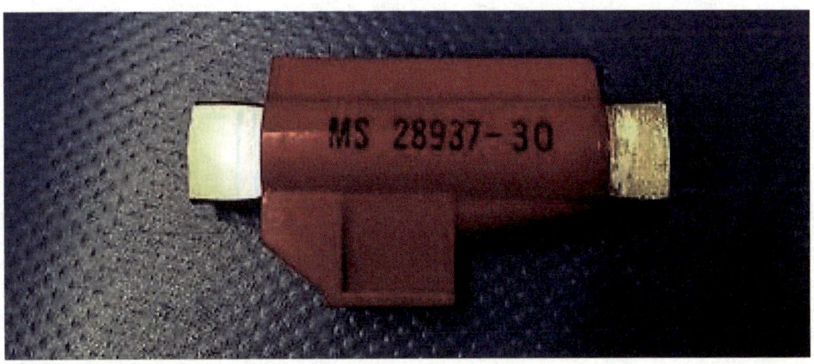

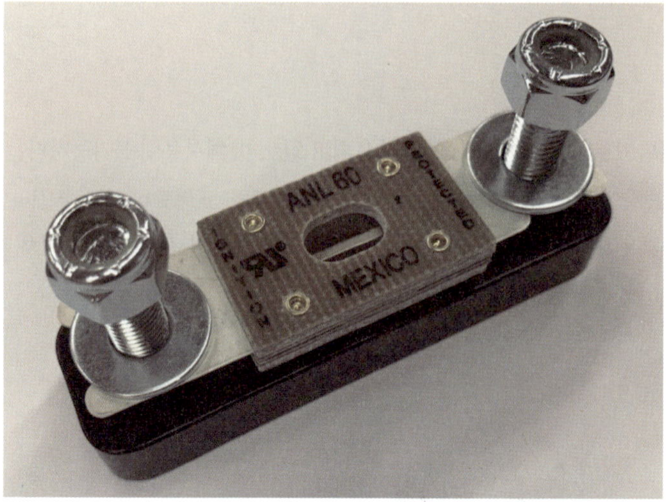

3) 회로차단기(Circuit breaker)

회로에서는 약자로 C/B라고 더 많이 불리우고 있으며, 과부하(과전류)로부터 항공기 시스템을 보호하기 위한 부품이다. 주변에서 흔히 볼 수 있는 FUSE와 기능에서는 같으나 재사용이 가능하다는 점이 가장 큰 차이점이다(일시적 이상에 따른 과부하로부터 회로를 영구적으로 차단하여 항공기의 위험상황에 대처할 수 있게 해주는 의미이다). 정비의 효율성에 있어서도 불필요한 교환작업을 줄일 수 있어 항공기에 많이 활용되고 있다. 바이메탈을 이용하여 작동하며, 전류에 의해 비례적으로 발생하는 열이 물리적 움직임을 만들어 회로를 차단하는 원리이다. 헤드부분의 숫자는 허용용량(A)을 의미하고, 소수점 이하는 분수로 되어 있으며, 1A~30A까지 가장 많이 사용된다.

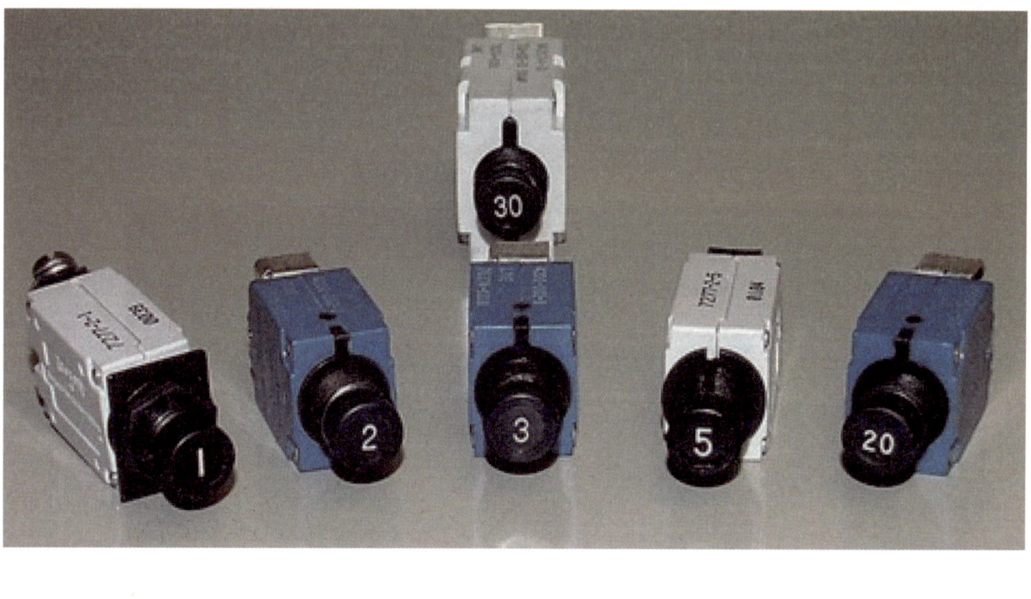

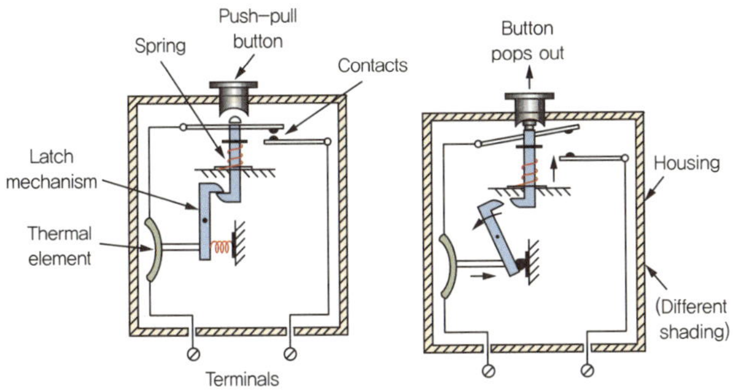

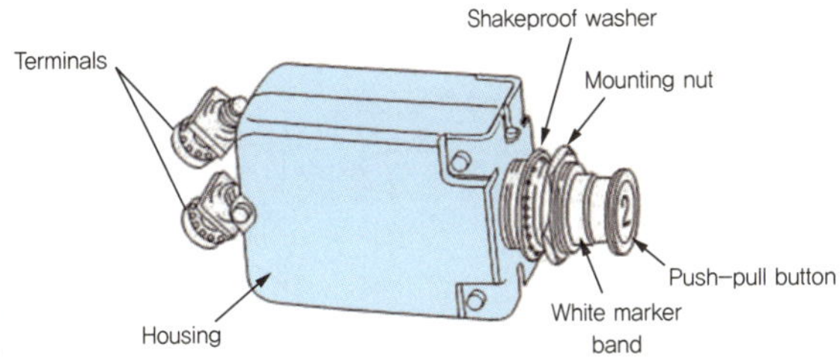

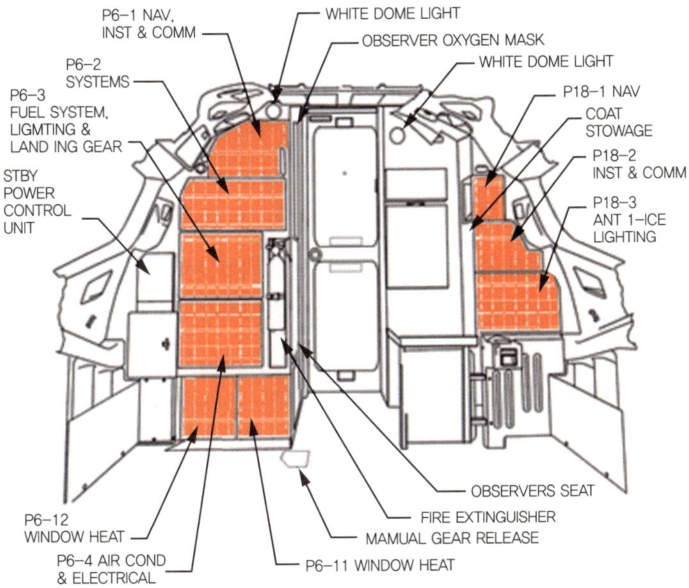

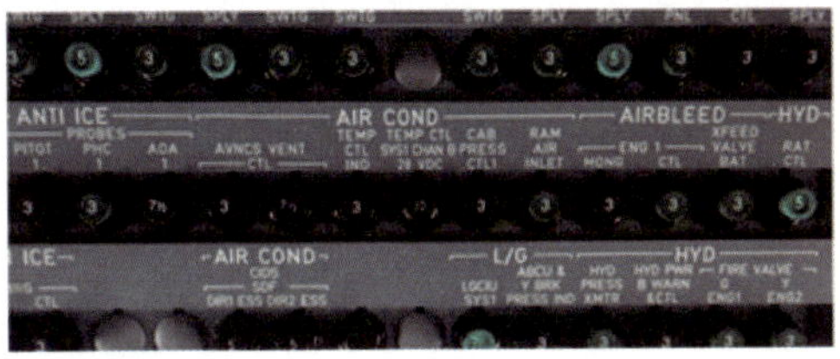

4) 열보호장치(Thermal protector)

열스위치(Thermal switch)는 전동기의 보호하기 위해 사용되는데, 전동기의 장시간 작동으로 인하여 온도가 높아질 때, 자동적으로 회로를 open(Off) 상태가 되도록 설계된다. 바이메탈 원리로 과열되면 구부러져 회로를 차단하고, 과열이 사라지면 수축하여 회로를 연결하는 방식이다.

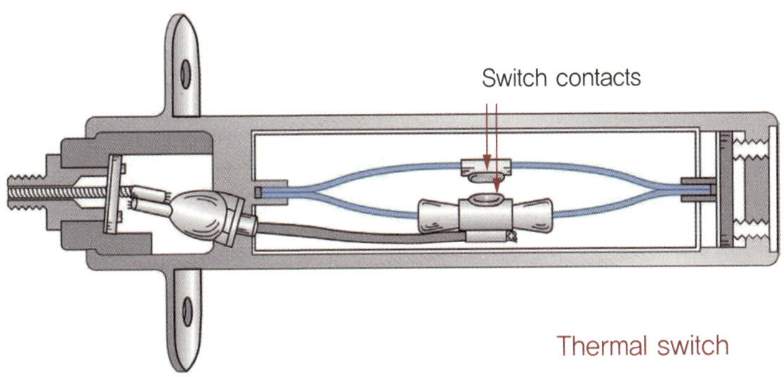

Thermal switch

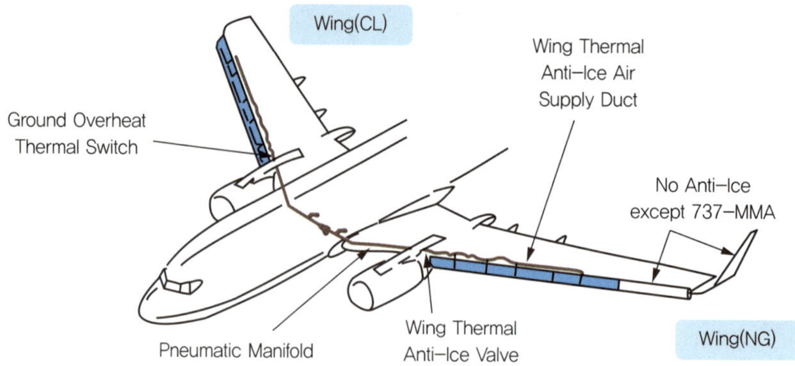

※ 바이메탈(Bimetal) 원리

서로 다른 성질(열팽창률)을 가진 두 금속을 붙여서 만든 재질로서 둘을 의미하는 bi와 금속을 뜻하는 metal의 합성어이다. 주로 사용하는 금속은 철/구리와 같이 열팽창 정도가 적당히 다른 금속 두 개를 붙여 만드는 경우가 많다. 바이메탈에 열이 가해지면 두 금속이 각각 팽창하게 되는데, 열팽창 정도가 서로 다르므로 하나가 더 많이 팽창한다. 하지만, 양 끝이 붙어 있어 혼자 쭉 나갈 수는 없으므로 결과적으로 열팽창 정도가 적은 금속 쪽으로 휘어지면서 전류가 차단된다. 그리고 전기가 흐르지 않아 열이 적어지면 원 상태로 수축해 다시 전류가 이어지게 된다. 반대로, 바이메탈이 냉각되면 열팽창 정도가 큰 금속 쪽으로 휘어진다.

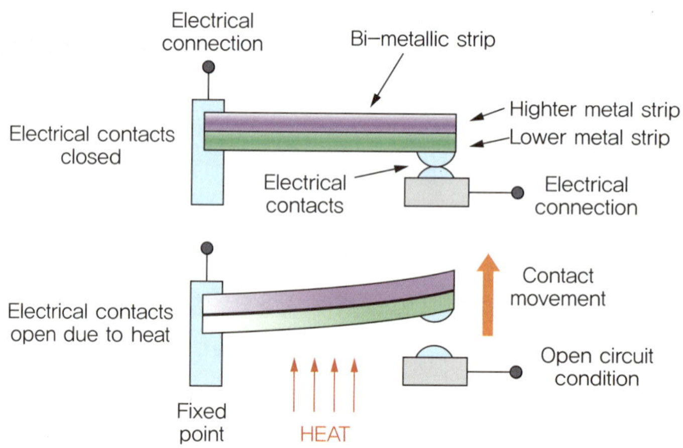

(10) 회로제어장치

1) 스위치(Switch)

개폐기라고 하며, 구조는 접점과 동작시키는 기구로 되어 있다. 회로를 닫아서 전기를 흐르게 하거나, 열어서 차단하는 ON/OFF 기능과 전기의 흐름을 바꾸어 회로를 컨트롤하는 전환 기능을 한다.

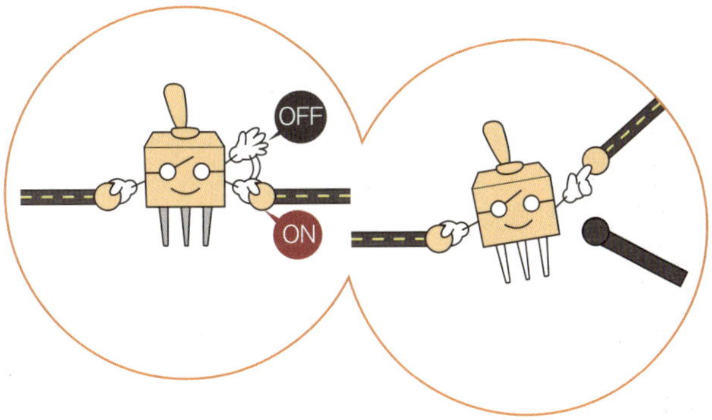

① 푸시 버튼 스위치(Push button S/W)

하나의 버튼으로 ON/OFF의 기능을 수행하는 스위치다. 누르면 ON, 또다시 누르면 OFF가 되거나, 누르고 있으면 ON, 놓으면 OFF가 되는 방식이 있다. 항공기 계기 패널(Instrument Panel)에 많이 사용되며, 조종사가 쉽게 식별할 수 있게 되어 있다.

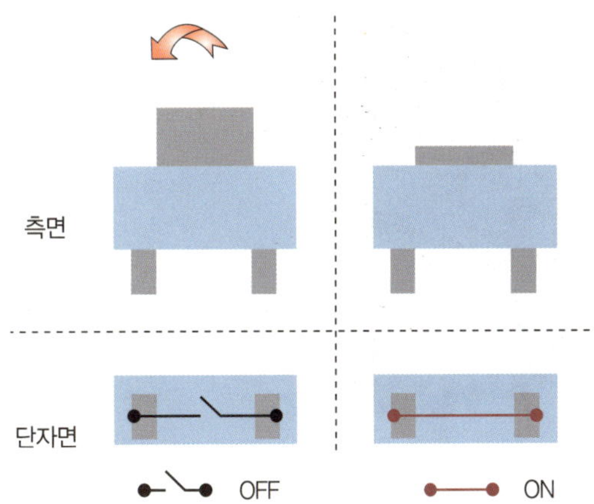

② **슬라이드 스위치**(Slide S/W)

레버의 방향에 있는 접점이 연결되는 스위치다. 3 pin 이상의 스위치 사용 시, 공통(COM)단자에 주의해서 사용한다.

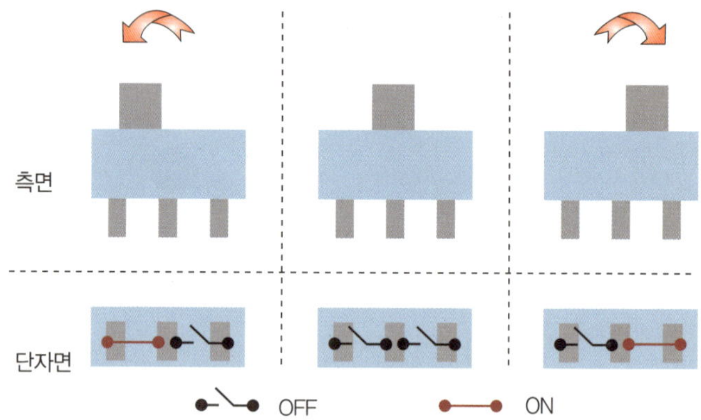

③ **토글 스위치**(Toggle S/W)

레버의 방향과 반대에 있는 접점이 연결되는 스위치다.(슬라이드 스위치와 반대로 동작.) 3 pin 이상의 스위치 사용 시, 공통(COM) 단자에 주의해서 사용한다. 항공기에서 가장 많이 사용되고, 동작 부분이 노출되지 않도록 케이스에 보호되어 있다.

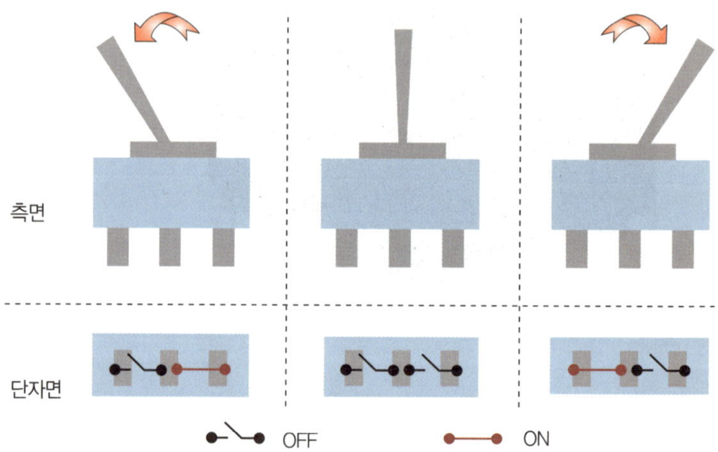

④ **회전 선택 스위치**(Rotary-selector S/W)

여러 개의 스위치를 대신하여 사용된다. 스위치의 노브(Knob)가 회전할 때, 스위치는 하나의 회로를 연결하고 다른 나머지들의 회로를 폐쇄시킨다. 점화 스위치와 전압계 선택 스위치가 대표적이다.

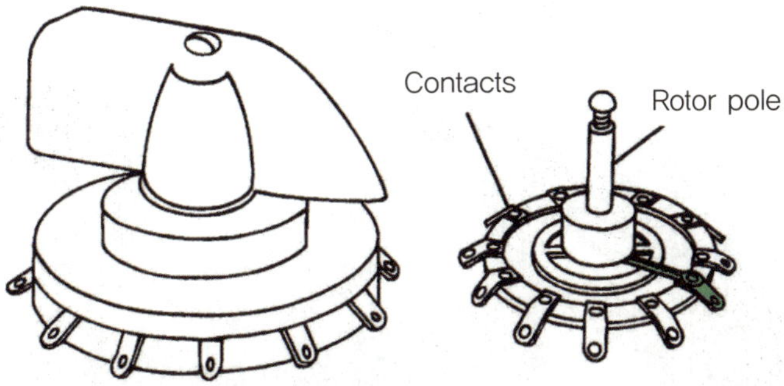

⑤ **마이크로 스위치**(Micro S/W)

Limit S/W로도 불리우며, 1/16[inch](1.5[mm]) 이하의 미세한 움직임으로도 회로를 ON/OFF 시킬 수 있다. 동작은 푸시버튼 스위치와 유사하며, 착륙장치 및 플랩 액츄에이터의 자동제어를 위해 사용된다.

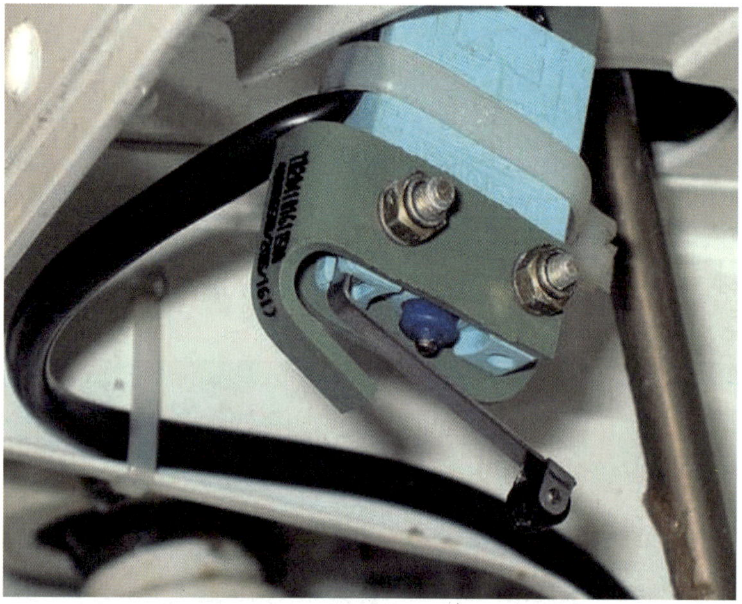

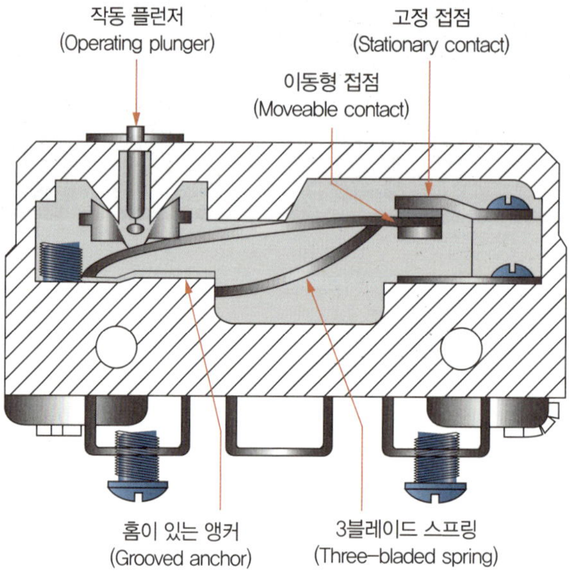

⑥ **근접 스위치**(Proximity S/W)

기계적인 가동 부분이 없고, 또한 스위치에 접촉하지 않더라도 물체를 가까이 하기만 하면, 전기적으로 검출하여 동작하는 스위치이다. 승객(Cabin) 및 화물실(Cargo) 출입구의 문이 닫히지 않으면 경고등이 켜지고, 문이 닫히면 경고등이 꺼지도록 사용된다.

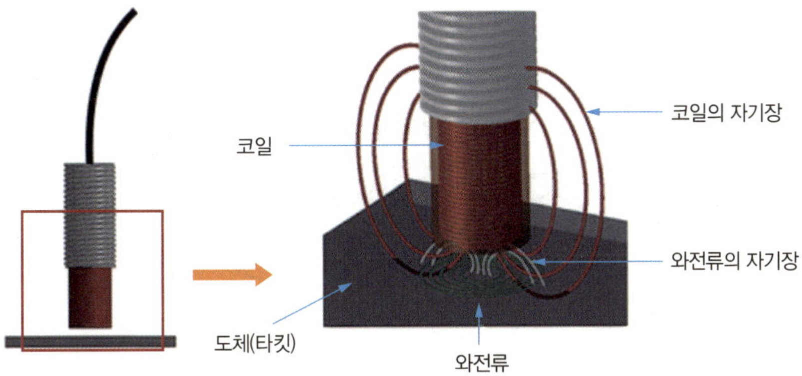

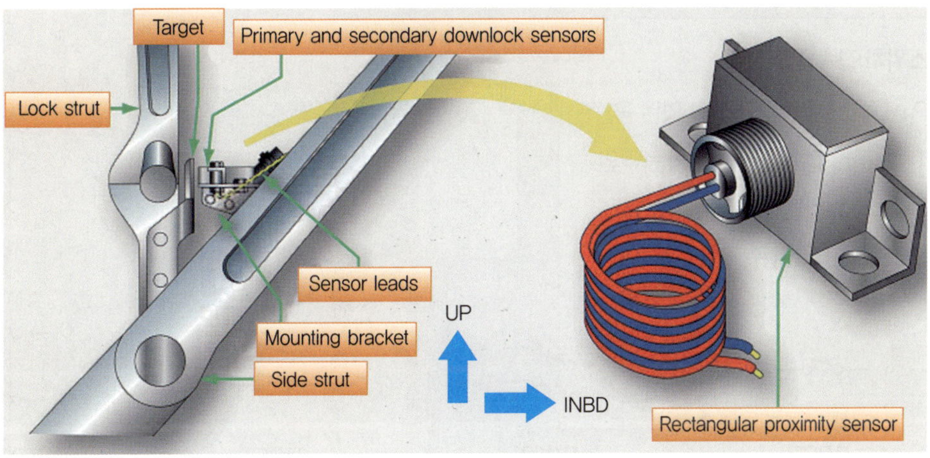

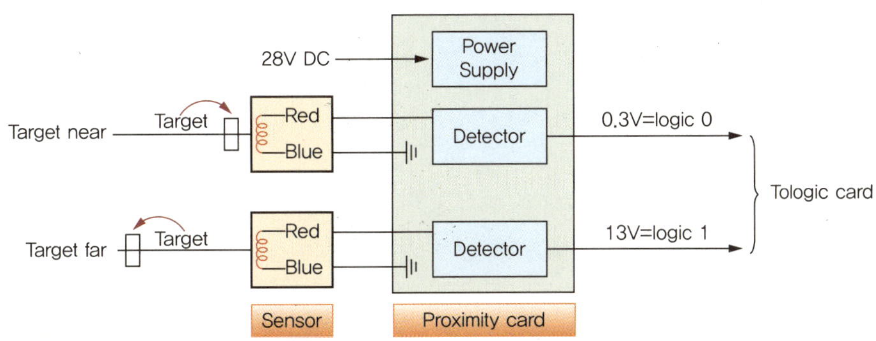

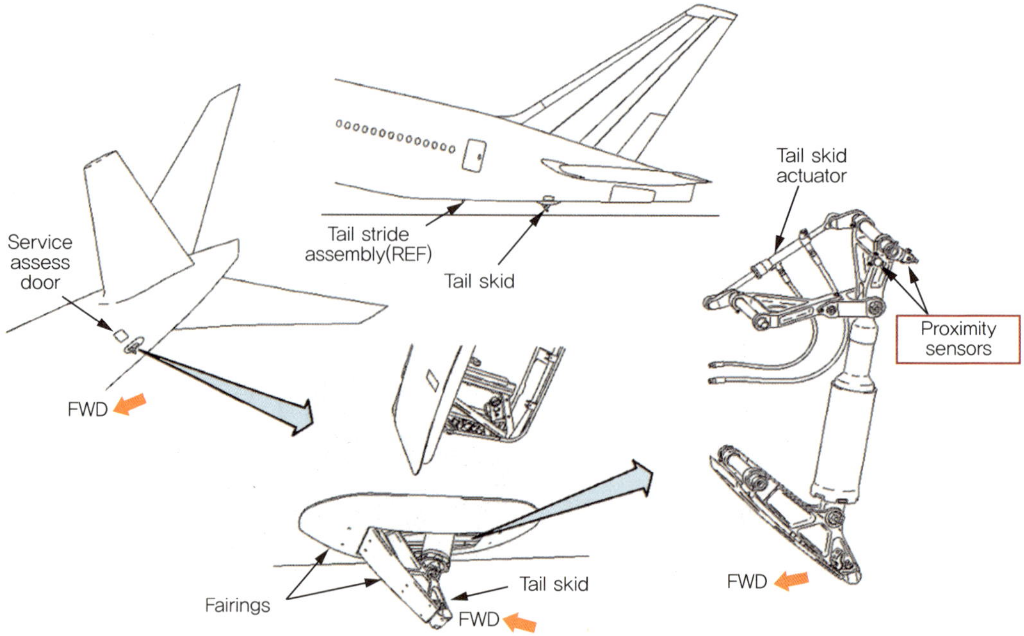

※ 스위치 접속방법

① P(Pole) : 회로에 연결되어 있는 극

② T(Throw) : 접속 또는 전환되는 라인

③ S(Single) : 라인 수

④ D(Double) : 라인 수

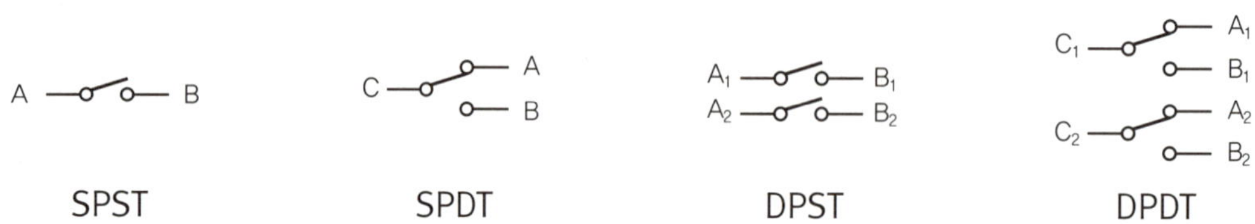

2) 계전기(Relay)

동작 스위치, 물리량, 전력기기 등의 상태에 따라, 제어 또는 전원용 전력으로 출력하는 전력기기이다. 유선 전신의 전송로의 전기저항에 의해 약해진 신호를 중계하기 위한 것으로, 소전력을 입력해서 대전력을 ON/OFF를 제어할 수 있다. 감전 방지 등의 안전성, 설치의 자유도, 원격조작 등의 조작성, 조작의 확실성으로 광범위하게 사용된다. 전자 릴레이(Electromagnetic relay)는 전자석에 의해 접점을 물리적으로 움직여 개폐한다. 특징으로는 소비전력이 크고, 동작이 느리고, 과전압 / 과전류에 강하고, 고주파 제어가 가능하다.

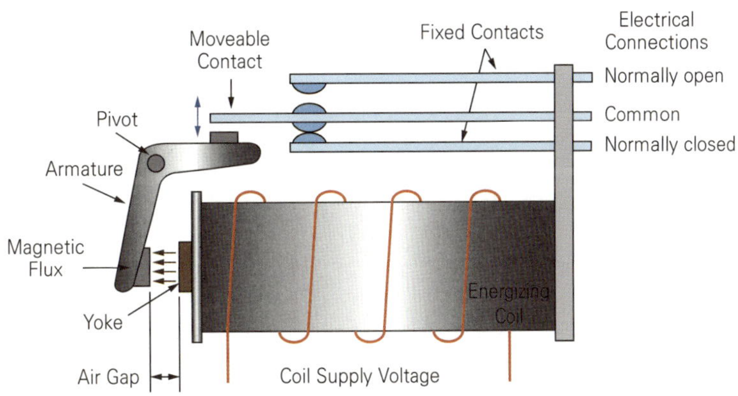

※ 릴레이의 각 접점에는 명칭이 정해져 있고, 회로도상의 기호에 맞게 접점을 연결해야 한다.

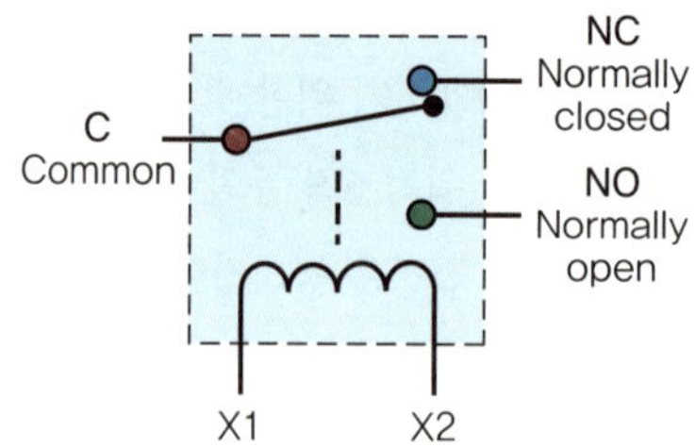

명칭	의미	해석
X1	Power	전원단자
X2	Ground	접지단자
COM	Common	공통단자
NC	Normal close	작동 전에 닫혀있는 접점
NO	Normal open	작동 전에 열려있는 접점

PART

12 배전계통 기출문제

1. 전선의 두께를 가장 편하게 나타낸 것은?

① cm ② Miter ③ cm-m ④ Mil

정답 ④

풀이

전선규격(서큘러 밀, Circular mil) : 전선이나 케이블의 단면적 크기를 나타내는 규격으로 지름 0.001[inch] (2.54/10^3[cm])인 원의 면적을 말하며, 면적의 비교는 제곱비로 한다.

2. 일반적으로 항공기에서 사용하는 AWG 도선 규격에서 cmil의 의미로 옳은 것은?

① 도선의 지름을 1/1000 인치 단위로 환산한 분자의 수치

② 도선의 단면적을 1/1000 인치 단위로 환산한 분자의 수치

③ 도선의 지름을 1/1000 인치 단위로 환산하여 분자의 수치를 제곱한 것

④ 도선의 단면적을 1/1000 인치 단위로 환산하여 분자의 수치를 제곱한 것

정답 ③

풀이

① 미국전선규격(AWG, American Wire Gauge) : 원형의 고형비철전선(Round, solid, nonferrous, electrically conducting wire)의 지름을 정하기 위해 미국과 캐나다에서 1857년부터 주로 사용된 표준 전선 규격 체계이다. AWG의 규격 번호가 높아질수록 더 작은 크기(지름)의 전선을 나타낸다.

② 전선규격(Circular mil) : 전선이나 케이블의 단면적 크기를 나타내는 규격으로 지름 0.001[inch](2.54/10^3 [cm])인 원의 면적을 말하며, 면적의 비교는 제곱비로 한다.

3. 도선도표(導線圖表, wire chart)상에서 도선의 굵기를 정할 때 고려할 사항이 아닌 것은?

① 전류 ② 주파수

③ 전선의 길이 ④ 정착위치의 온도

정답 ②

풀이

전선은 미국전선규격(AWG : American Wire Gauge) 표준규격에 따르는 크기로 제조된다. 규격번호(Gauge number)가 클수록 전선 직경은 작아진다. 일반적인 전선크기는 No.40에서 No.0000까지이다. 규격번호는 전선의 직경을 비교하기에 유용하지만, 전선 또는 케이블의 모든 종류의 규격을 정확하게 측정할 수 있는 것은 아니다. 더 굵은 전선은 유연성을 증대하기 위해 몇 가닥의 전선이 하나로 꼬여져 있다. 이 경우에, 총면적은 서큘러밀(Circular mil)로 계산된 전선 또는 케이블의 가닥 개수에 한 가닥의 면적을 곱하여 결정할 수 있다. 전력을 송전하고 배전하는 전선의 크기를 선정할 때는 여러 가지 요소들이 고려되어야 한다.

① 전선의 길이

② 운반하고자 하는 전류의 암페어의 수

③ 허용전압강하

④ 요구되는 연속전류(Continuous current) 또는 단속전류(Intermittent current)

⑤ 예측되거나 측정된 도선의 온도

⑥ 와이어 번들의 장착 위치

⑦ 이상기체(Free air)에서 단선(Single wire)의 장착여부

4. 미국 도선규격으로 채택된 도선규격은?

① AM 도선 규격 ② AS 도선 규격

③ BS 도선 규격 ④ DIN 도선 규격

정답 ③

풀이

미국 전선 규격(American Wire Gauge, AWG), 즉 브라운 & 샤프 전선 규격(Brown & Sharpe wire gauge)은 원형의 고형 비철 전선(Round, solid, nonferrous, electrically conducting wire)의 지름을 정하기 위해 미국과 캐나다에서 1857년부터 주로 사용된 표준 전선 규격 체계이다.

5. 항공기 부품의 이용목적과 전선이나 케이블의 종류를 올바르게 연결한 것은?

[이용목적]	[전선, 케이블]
ㄱ. 화재경보장치의 센서 등 온도가 높은 곳	A. 니켈 도금 동선에 유리와 테프론으로 절연한 전선
ㄴ. 배기온도측정을 위한 크로멜 알루멜 서모커플	B. 크로멜 알루멜을 도체로 한 전선
ㄷ. 음성신호나 미약한 신호 전송	C. 전선 주위를 구리망으로 덮은 쉴드 케이블
ㄹ. 기내 영상신호나 무선신호 전송	D. 고주파 전송용 동축 케이블

① ㄱ – A ② ㄴ – D ③ ㄷ – B ④ ㄹ – C

정답 ①

풀이

① 기관, APU 등의 주변 온도가 높은 곳에는 니켈 도금 동선에 유리와 테프론으로 절연한 전선을 사용한다.

② 화재 경보 장치의 센서(수감부) 주위에는 고온에 견딜 수 있는 니켈 도금 동선에 유리와 테프론으로 절연한 전선을 사용한다.

③ 기관, APU 등의 배기온도는 크로멜 알루멜 서모커플로 측정하는데, 일반 전선은 오차가 있으므로, 크로멜 알루멜을 도체로 한 전선을 사용한다.

④ 음성신호, 미약한 신호의 전송에는 일반 전선으로는 노이즈가 있어, 전선 주위를 구리망으로 덮은 쉴드 케이블을 사용한다.

⑤ 기내 영상신호, 무선신호에는 외부 도체가 차단작용을 하는 고주파 전송용 동축 케이블을 사용한다.

6. 회로보호 장치로 볼 수 없는 것은?

① 퓨즈 ② 계전기 ③ 회로차단기 ④ 열보호장치

정답 ②

풀이

① 퓨즈 : 회로에 직렬로 연결하여 정격값 이상의 전류가 흐르면 열에 의해 끊어져 회로 또는 장비를 보호한다.(1회성으로 재사용 불가)

② 릴레이(계전기) : 전기 신호를 입력으로 하고 그 출력으로 다른 전기 회로를 구동하는 부품으로 전자석으로 동작하는

스위치이다.

③ 서킷 브레이커(회로 차단기) : 미리 설정된 정격값 이상의 전류가 흐르면 회로를 차단하는 부품으로 장비에 과전류가 흘렀을 때, 회로 또는 장비를 보호하기 위해 사용한다.(영구성으로 재사용 가능)

④ 열 보호장치 : 일정이상 온도가 올라가면 기기의 동작을 멈출 수 있게 해주는 보호 장치이다.

7. 미리 설정된 정격값 이상의 전류가 흐르면 회로를 차단하는 것으로 재사용이 가능한 회로보호 장치는?

① 퓨즈(Fuse) ② 릴레이(Relay)

③ 서킷 브레이커(Circuit braker) ④ 서큘라 커넥터(Circular connector)

정답 ③

풀이

① 퓨즈 : 회로에 직렬로 연결하여 정격값 이상의 전류가 흐르면 열에 의해 끊어져 회로 또는 장비를 보호한다.(1회성)

② 릴레이 : 전기 신호를 입력으로 하고 그 출력으로 다른 전기 회로를 구동하는 부품으로 전자석으로 동작하는 스위치.

③ 서킷 브레이커 : 미리 설정된 정격값 이상의 전류가 흐르면 회로를 차단하는 부품으로 장비에 과전류가 흘렀을 때, 회로 또는 장비를 보호하기 위해 사용한다.(영구성)

④ 서큘라 커넥터 : 장비 또는 장치에 부착된 원형의 커넥터 플러그

8. 회로보호장치(Circuit protection device) 중 비교적 높은 전류를 짧은 시간 동안 허용할 수 있게 하는 장치는?

① 리밋 스위치(Limit switch) ② 전류제한기(Current limiter)

③ 회로 차단기(Circuit breaker) ④ 열 보호장치(Thermal protector)

정답 ②

풀이

① 리밋 스위치 : 기구부품의 일부, 혹은 물체가 소정의 위치에 왔을 때 전기 접점을 개폐하는 스위치를 말한다. 기계적 리밋스위치, 빔형 리밋스위치, 근접 스위치로 나눌 수 있다.

② 전류 제한기 : 단락사고나, 아주 큰 전류가 흐르는 부하를 연결했을 때 과전류가 계속해서 흐르지 않도록 하여 전선이나 배선기구의 과열로 인한 화재, 그 밖의 사고를 방지하는 것이다.

③ 회로 차단기 : 미리 설정된 정격값 이상의 전류가 흐르면 회로를 차단하는 부품으로 장비에 과전류가 흘렀을 때, 회로 또는 장비를 보호하기 위해 사용한다.

④ 열 보호장치 : 일정이상 온도가 올라가면 기기의 동작을 멈출 수 있게 해주는 보호 장치이다.

9. 코일로부터의 유도에 의한 와전류를 이용한 스위치는?

① 토글 스위치(Toggle switch)
② 릴레이 스위치(Relay switch)
③ 마이크로 스위치(Micro switch)
④ 근접 스위치(Proximity switch)

정답 ④

풀이

① 토글 스위치 : 일명 스너프 스위치로, 수동으로 레버를 ON 위치(레버와 접점이 반대로 붙는다.)에 유지되고 있는 동안 만 회로가 형성되며, 조종실의 각종 조작 스위치로 사용된다.

② 릴레이 스위치 : 전기 신호를 입력으로 하고 그 출력으로 다른 전기 회로를 구동하는 부품으로, 전자석의 원리에 의해 코일에 전류를 흘러 접점의 위치를 조작한다.

③ 마이크로 스위치 : 3 부분으로 나누어진 스프링을 변형을 가한 상태로 고정하고 핀 플런저(Pin plunger)가 스프링을 누르면 접점이 되돌아오는 동작을 이용하여 회로를 선택한다. 랜딩기어의 작동표시, 도어의 개폐표시, 플랩의 작동상태 표시 등에 사용된다.

④ 근접 스위치 : 마이크로 스위치의 스프링 손상에 대한 방지책으로 개발된 것으로 내부에는 발진기(Oscillator)가 장치되어 있고 금속 타겟이 발진기의 검출부인 코일에 접근하면 금속에는 코일로부터의 전자기유도에 의해 와전류가 생겨 코일 부하가 되고 금속편이 접근하면 전기적 진동을 정지한다.

10. Proximity switch에 대한 설명으로 옳은 것은?

① Switch와 피검출물과의 기계적 접촉을 없앤 구조의 Switch이다.

② Micro switch라고 불리며, 주로 착륙장치 및 플랩 등의 작동 전동기 제어에 사용된다.

③ Switch의 Knob를 돌려 여러 개의 Switch를 하나로 담당한다.

④ 조작 레버가 동작상태를 표시하는 것을 이용하여 조종실의 각종 조작 Switch로 사용된다.

정답 ①

풀이

근접 스위치(Proximity switch)

마이크로 스위치의 스프링 손상에 대한 방지책으로 개발된 것으로 내부에는 발진기(Oscillator)가 장치되어 있고 금속 타겟이 발진기의 검출부인 코일에 접근하면 금속에는 코일로부터의 전자기유도에 의해 와전류가 생겨 코일 부하가 되고 금속편이 접근하면 전기적 진동을 정지한다. 논리회로로 조합되어 랜딩기어의 up-down의 작동표시, 도어의 개폐표시, 플랩의 작동상태 표시 등에 사용된다.

11. 항공기의 전기회로에 사용되는 스위치에 대한 설명으로 틀린 것은?

① 푸시버튼스위치는 접속방식에 따라 SPUT, SPWT, DPUT, DPWT가 있다.

② 항공기의 토글스위치는 운동부분이 공기 중에 노출되지 않도록 케이스로 보호되어 있다.

③ 회선선택스위치는 한 회로만 개방하고 다른 회로는 동시에 닫히게 하는 역할을 한다.

④ 마이크로스위치는 짧은 움직임으로 회로를 개폐시키는 것으로, 착륙장치와 플랩 등을 작동시키는 전동기의 작동을 제한하는 스위치로 사용된다.

정답 ①

풀이

각 스위치(푸시버튼, 슬라이드, 토글 등)는 타입에 따라, SPST, SPDT, DPST, DPDT로 분류되고, 구조부가 케이스로 보호되어 있다. 회전선택스위치(Rotary-selector switch)는 여러개의 스위치를 대신하여 사용된다. 스위치의 노브(Knob)가 회전할 때, 스위치는 하나의 회로를 연결하고 다른 나머지들의 회로를 폐쇄시킨다. 점화 스위치와 전압계 선택 스위치가 대표적이다. 마이크로 스위치(Micro switch)는 3부분으로 나누어진 스프링을 변형을 가한 상태로 고정하고 핀 플런저(Pin plunger)가 스프링을 누르면 접점이 되돌아오는 동작을 이용하여 회로를 선택한다. 랜딩기어의 작동표시, 도어의 개폐표시, 플랩 작동상태 표시에 사용된다.

Memo

PART 13

Electrostatic protection

정전기 방지

(1) 본딩과 접지

(2) 스태틱 디스차저(Static discharger)

(3) ESD(Electro-static Sensitive Device)

· 기출문제

13. 정전기 방지(Electrostatic protection)

(1) 본딩과 접지

1) 본딩(Bonding)

2개 이상의 분리된 금속 구조물 또는 기계적으로는 접합되어 있으나, 전기적으로는 연결이 불충분한 금속 구조물을 전기적으로 완전히 연결시켜 전위차를 없애 정전기 발생을 방지하고, 무선방해 감소, 화재 위험요소를 제거한다. 사용되는 도선을 본드선(Bonding wire) 또는 본딩 점퍼(Bonding jamper)라고 한다. 본드선은 가능한 한 짧게 하고 전기저항은 3mΩ(0.003Ω) 이하로 한다. 가동 부분에 제약을 받지 않게 하고, 절단되지 않게 해야 한다. 연결하고자 하는 금속 표면의 페인트 등을 제거하고 연결 후 방녹 처리를 한다. 전기적 부식을 방지하기 위해 제공자에서 지정한 재료를 조합하여 본딩 작업을 해야 한다.

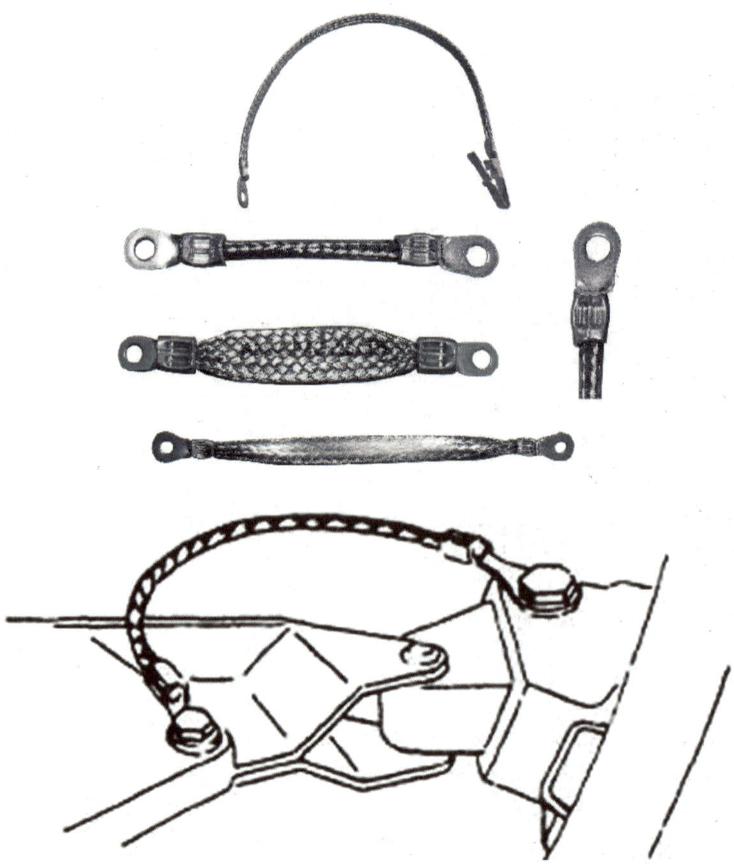

2) 접지(Grounding)

정상회로 또는 결함회로를 안전하게 완성하기 위한 목적으로 도체성 구조물(Conductive structure) 또는 그 외 도체성 귀환 경로(Conductive return path)에 전도성 물체를 전기적으로 연결하는 것이다. 잡음이 하나의 공급원에서 다른 공급원으로 연결되어 디지털시스템에 대해 주요 문제가 될 수 있으므로 여러 전원으로부터 Mixing return current는 피해야 한다. 최소 3종의 접지유형을 사용해야 하는데, AC return ground, DC return ground, 그 외 return ground이다. 발전기, 배터리와 같은 고전류가 흐르는 장비의 경우, 항공기 구조물과 금속 대 금속 접속을 통해 각각 접지를 시켜야 한다.

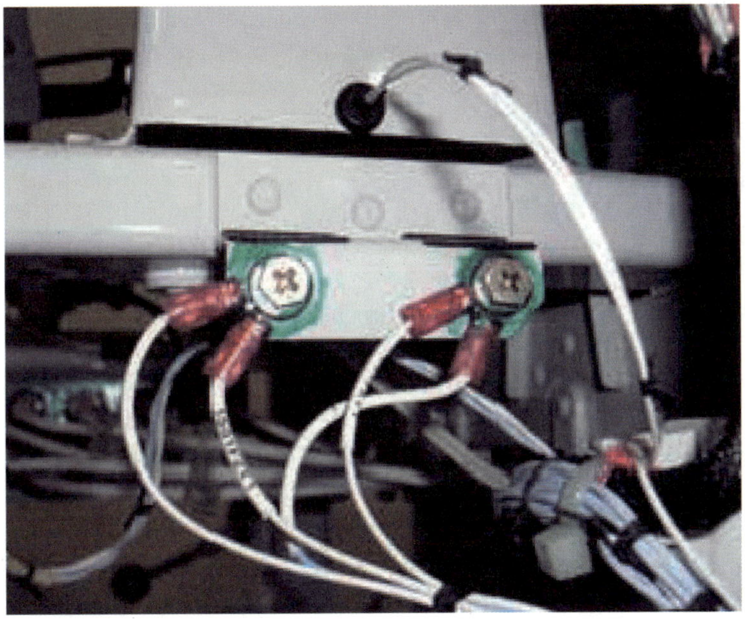

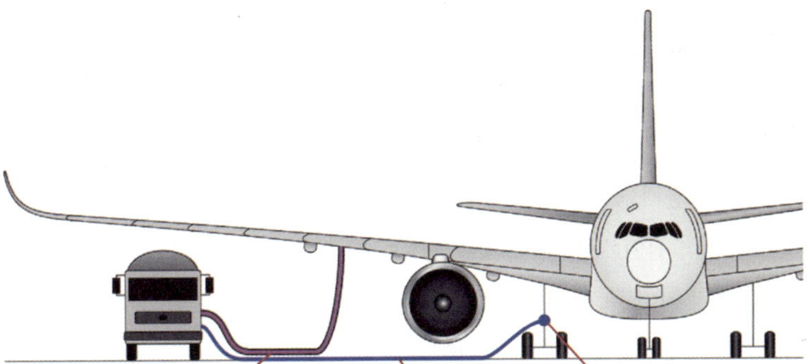

3) Bonding과 Grounding 연결 목적

① 낙뢰로부터 기체와 전자 장비를 보호하기 위해서

② 구조물들의 전류 귀환 경로를 제공하기 위해서

③ 무선 주파수 간섭으로부터 보호하기 위해서

④ 전기 쇼크 위험으로부터 인명을 보호하기 위해서

⑤ 무선 전송과 수신의 안정성을 제공하기 위해서

⑥ 정전기의 축적을 방지하기 위해서

4) Bonding과 Grounding 절차

① 메인 기체 구조물의 파트에 Bonding 또는 Grounding을 한다.

② 기체 구조물이 취약해지지 않도록 Bonding 또는 Grounding해야 한다.

③ 가능하면 파트별로 Bonding해야 한다.

④ 평평하고 깨끗한 표면에 Bonding 또는 Grounding 체결한다.

⑤ Bonding 또는 Grounding 연결로 인해 진동, 팽창 또는 수축, 일반적인 Servicing에 관련된 가동이 연결에 손상을 가하거나 느슨하게 하지 않도록 해야 한다.

⑥ 보호된 장소에 Bonding과 Grounding 연결을 해야 한다.

(2) 스태틱 디스차저(Static discharger)

항공기가 고속으로 비행하면 공기 중의 먼지, 비, 눈, 얼음 등과의 마찰로 인하여 기체 표면에 대전(帶電)한다. 정전기는 점점 축적되어 결국에는 코로나 방전이 시작된다.(코로나 방전 : 매우 짧은 간격의 펄스 형태로 방전하므로 항공기 무선 통신에 잡음 방해를 준다.) 유해한 잡음을 없애기 위해 큰 저항체를 가진 Static Discharger Wick을 날개 뒷전(Wing trailing edge)에 Pin 형태로 장착한다. 이렇게 함으로서 정전기를 공중에 방전시켜 항공기 내의 ESD 장비들을 보호해 준다. 고저항 타입은 금속 베이스에 탄소섬유의 블레이드로 되어 있고, 원료 배합에 의해 전기저항치를 조정한다. 끝 단에 복수의 침을 가진 금속 핀이 장착되어 있다. 저저항 타입은 금속 및 탄소의 가는 섬유를 묶어 절연 비닐로 피복된 구조로 되어 있다. 사용시에는 끝 단에 정해진 길이의 피복을 벗겨 섬유를 정해진 직경으로 푼다. 주로 각 날개의 뒷부분에 장착되고, Boing 747 같은 대형기(고저항 타입)에는 무려 50개 이상이다. 소형기에는 저저항 타입을 10개 정도 장착한다.

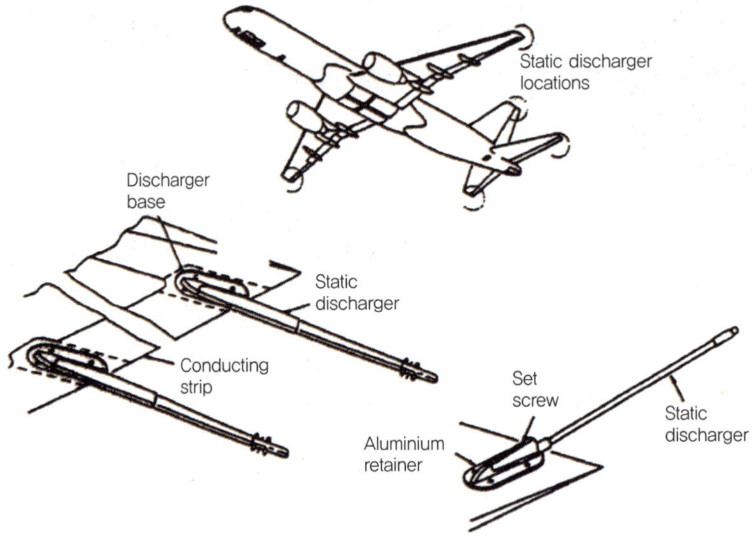

(3) ESD(Electro-static Sensitive Device)

1) 정전기 방전(Electro-static discharge)의 중요성

고체소자(Solid-state component) 또는 집적회로(IC)에서 주요 손상의 원인으로는, 취급 시에 인체로부터 발생하는 정전기 방전에 의해서이다. 주위의 마찰 또는 대전현상으로 인하여 정전기 유도에 의해 정비사가 소자 또는 연결 핀(Pin)에 닿게 되면, 정전기 예민한 장치에 손상이 일어날 수 있다. 현장교체장치(LRU), 회로카드, 개별부품들의 부주의한 취급은 정비시간 지연 및 고비용 수리의 원인이 될 수 있다. 항공기 구성요소의 효과적이고 전문적인 취급 훈련을 통해 정전기 방전 대책을 마련할 수 있다.

2) 일반적인 ESD

① 집적 회로(IC)에 사용되는 MOSFET

② CMOS IC(Chips), Computer CPU, graphics IC

③ Computer card

④ TTL(Transistor-Transistor Logic) chip

⑤ Laser diode

⑥ Blue light-emitting diode

⑦ High precision resistor

3) ESD 손상의 원인

정전기 방전에 의하여 전자부품의 열화 및 파괴의 원인이 되는 것이다.

① 인체의 접촉에 의해 제품이 충전되어지거나 방전되어질 경우로서 인체가 움직이고 있는 동안에 인체와 의복 사이에 마찰전기가 Floor와의 대전을 발생시키므로 작업자에 대전된 이러한 정전기를 방지하지 않은 상태로 정전기에 민감한 전자부품을 취급하게 되면 내압이 낮은 실리콘 산화막 등을 Short시킴으로서 부품의 열화와 파손시키는 결과를 발생하는 것으로 주된 ESD의 피해는 이 경우이다.

② 제품 자체가 캐퍼시터의 역할을 함으로써 충전되어지거나 방전되는 경우로서 운반과정이나 자동이송 공정에서 마찰전기가 발생하기 쉬운 물질(Plastic 종류)이 대전을 하여 전자 부품의 낮은 저항 부분인 Pin의 표면 등에 너무 빨리 방전됨으로써 손상되는 경우이다.

③ 전계에 의해 충전된 제품의 충전량이 변화될 경우로 대전물과 전자 부품 사이의 정전유도가 된 상태에서의 갑작스런 대전물의 위치변화 및 정전유도가 이루어진 전기력선 사이로 다른 대전체가 빠르게 통과할 때 정전유도의 급격한 변화에 의한 절연 및 산화층에 영향을 주어 결과적으로 Short circuit이 되는 경우이다.

4) ESD label

정전기에 민감한 전자 부품들은 라벨을 부착해서 표시해 둔다. ESD decal이 붙어 있거나 ESD 부품이라고 판단되는 Parts 작업 시, 매뉴얼에 따라 전원 제거하고, 또한 데칼이 붙어 있는 상태로 Rack이나 Panel에서 현장라인 교환가능 부품(LRU : Line Replaceable Unit)을 장탈착 시, 커넥터(리셉터클 및 플러그)의 핀이 인체나 다른 곳에 접촉되지 않도록 반드시 주의해야 한다.

5) ESD 작업

인체에는 전기가 흐르기 때문에 정전기가 발생하기 쉽다.(순간 최고 전압 3kV) 따라서, 작업자가 ESD 전자 부품 또는 장치 등을 작업하기 위해서는 ESD 전용 장비를 장착해야 한다. 손목 스트랩, 발판, 신발, 장갑, 작업대 매트 등을 연결하여 GRD시켜 정전기를 방지한다.

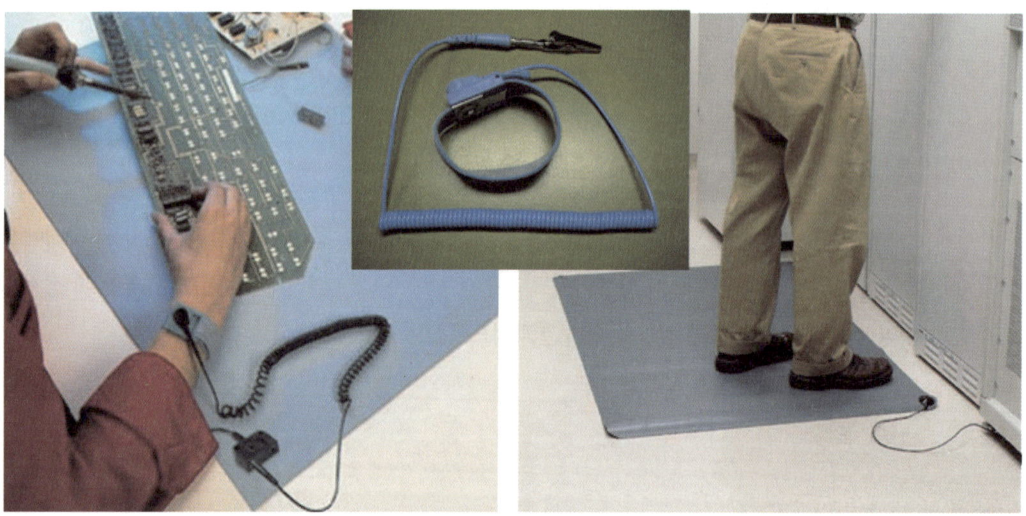

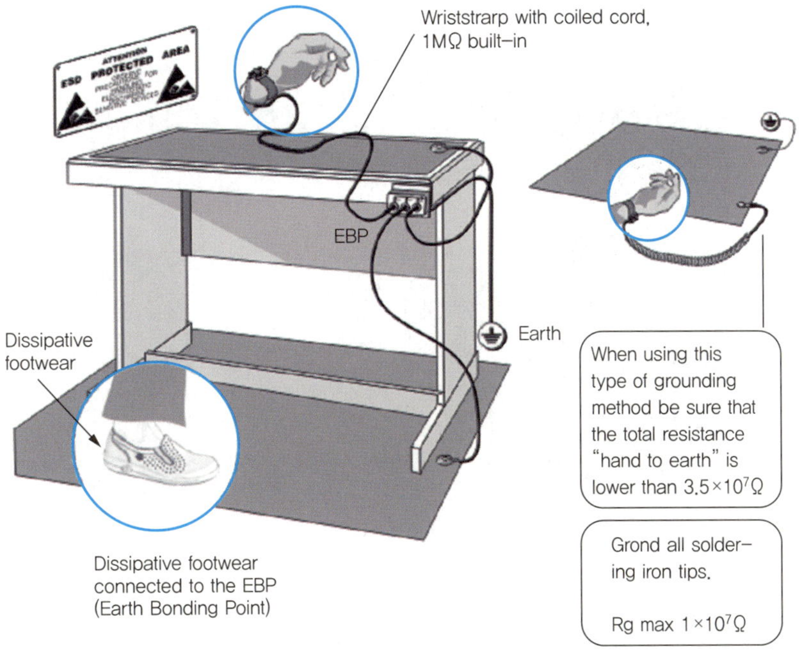

6) ESD 운반

ESD는 반드시 Antistatic bag, Shielding bag, Safe foam, Safe bag에 넣어서 이동 및 보관해야 한다. 폴리에틸렌 테레프탈레이트(PET)를 주원료로 하는 전자부품을 정전기 방전으로부터 보호하는 가방이다. 용도에 따라 다층구조로 이루어진 제품은 금속 증착 가공이 된 층이 정전기를 감쇠시켜 기기의 회로 및 부품을 대전으로부터 보호한다.(대전 방지 가방 또는 정전 실드 가방이라 한다.)

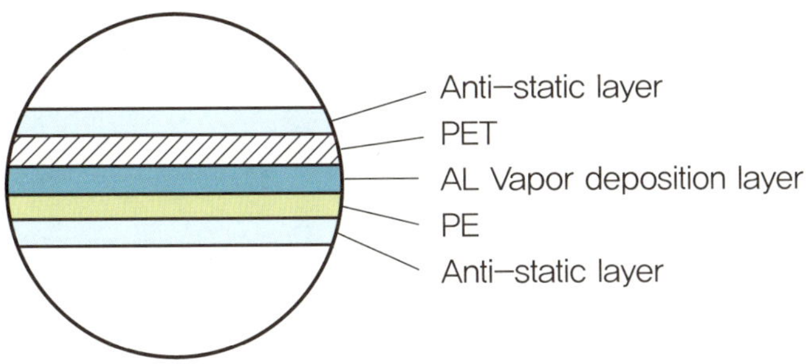

7) ESD 주의사항

① 작업자는 작업 시 해당 부품이 ESD 여부를 위해 ESD Label을 반드시 확인해야 한다.

② ESD 확인이 불가한 경우를 대비해서 미리 ESD 부품을 숙지해야 한다.

③ 항상 신호를 삽입하거나 또는 감시하기 위해 시도하기 전에 시험용장비와 회로 사이에 접지를 연결한다.

④ 회로부품과 트랜지스터에 대해 최대허용전압을 초과하지 않는지 시험전압을 확인한다.

⑤ 시험회로에서 1[mA] 이상의 전류를 필요로 하는 전기저항계 범위는 트랜지스터를 시험하기에 대해 사용되어서는 안 된다.

⑥ 전원은 구성요소를 교체하기 전에 회로로부터 제거되어야 한다.

⑦ 납땜이 요구될 때, 다이오드 또는 트랜지스터에 가해진 열은 저전력량 납땜인두와 열 흡수원(Heat-sink, 열이 흡수되거나 소산되는 영역)을 사용하여 최소로 유지되어야 한다.

⑧ 장비에서 시험 탐사침을 사용할 때 그리고 시험지점 사이에 공간이 아주 가까운 것일 때, 단락을 방지하기 위해 가능한 짧은 리드선의 노출된 부분을 유지한다.

PART

13 정전기 방지 기출문제

1. 모든 부품을 항공기 구조에 전기적으로 연결하는 방법으로 고전압 정전기의 방전을 도와 스파크 현상을 방지시키는 역할을 하는 것은?

① 접지(Earth) ② 본딩(Bonding) ③ 공전(Static) ④ 절제(Temperance)

정답 ②

풀이

① 접지(Earth) : 감전 등의 전기사고 예방 목적으로 전기기기와 대지(大地)를 도선으로 연결하여 기기의 전위를 0으로 유지하는 것. 어스라고도 한다.

② 본딩(Bonding) : 2개 이상의 분리된 금속 구조물 또는 기계적으로는 접합되어 있으나, 전기적으로는 연결이 불충분한 금속 구조물을 전기적으로 완전히 연결시키는 것이다.(전기적 차이로 인한 금속 부식을 방지)

③ 공전(Static) : 대기 중의 전기가 일으키는 무선 수신 장해를 일으키는 잡음

2. 항공기 전기/전자 장비품을 전기적으로 본딩(Bonding)하는 이유로 옳은 것은?

① 이/착륙 시 진동을 흡수하게 하기 위해서

② 정전하(Static charge)의 축적을 허용하기 위하여

③ 항공기 장비품의 구조를 보완하고 진동을 줄이기 위해

④ 전기/전자 장비품에 대전되어 있는 정전기를 방전하기 위하여

정답 ④

풀이

본딩(Bonding) : 2개 이상의 분리된 금속 구조물 또는 기계적으로는 접합되어 있으나, 전기적으로는 연결이 불충분한 금속 구조물을 전기적으로 완전히 연결시키는 것이다.(전기적 차이로 인한 금속 부식을 방지)

3. 정전기방전장치(Static discharger)에 대한 설명으로 <u>틀린</u> 것은?

① 무선 수신기의 간섭 현상을 줄여주기 위해 동체 끝에 장착한다.

② 비닐이 씌워진 방전장치는 비닐 커버에서 1[inch] 나와 있어야 한다.

③ Null-field 방전장치의 저항은 0.1[Ω]을 초과해서는 안된다.

④ 항공기에 충전된 정전기가 코로나 방전을 일으킴으로서 무선통신기에 잡음방해를 발생시킨다.

정답 ①

풀이

정전기방전장치(Static discharger)

항공기가 고속으로 비행하면 공기 중의 먼지나 비, 눈, 얼음 등의 마찰에 의해 기체 표면에 정전기가 발생한다. 정전기는 점차 축적되어 매우 짧은 간격의 펄스 형태로 코로나 방전을 하여 항공기 무선 통신에 잡음 방해를 일으킨다. 이런 잡음을 없애기 위해 길이 10[cm] 정도의 pin 모양을 꼬리날개 부분과 주날개 뒷전에 장착해서 대기 중으로 방전시킨다.

Memo

PART 14

Aircraft lighting system

항공기 조명장치

(1) 기내 조명장치(Aircraft interior light)

(2) 외부 조명장치(Aircraft exterior light)

(3) 비상 조명장치(Emergency lighting system)

· 기출문제

14. 항공기 조명장치(Aircraft lighting system)

(1) 기내 조명장치(Aircraft interior light)

조종실, 객실, 화물실, 주방, 화장실 등의 항공기 내부를 조명하여, 각 승무원과 승객들에게 편의를 제공한다.

1) 조종실 조명장치(Cockpit lighting system)

항공기 기내등에는 계기, 조종석, 객실, 승무원과 승객이 있는 구획을 위해 조명을 장치한다. 표시기와 경고등은 장비의 작동상태를 지시한다. 조종실 조명은 계기판과 조종실 구역 조명으로 구성된다. 각각의 운항승무원 구역과 오버헤드 패널(Overhead panel)의 조명제어패널에서 ON/OFF 제어와 조광제어(Dimming control)를 할 수 있다.

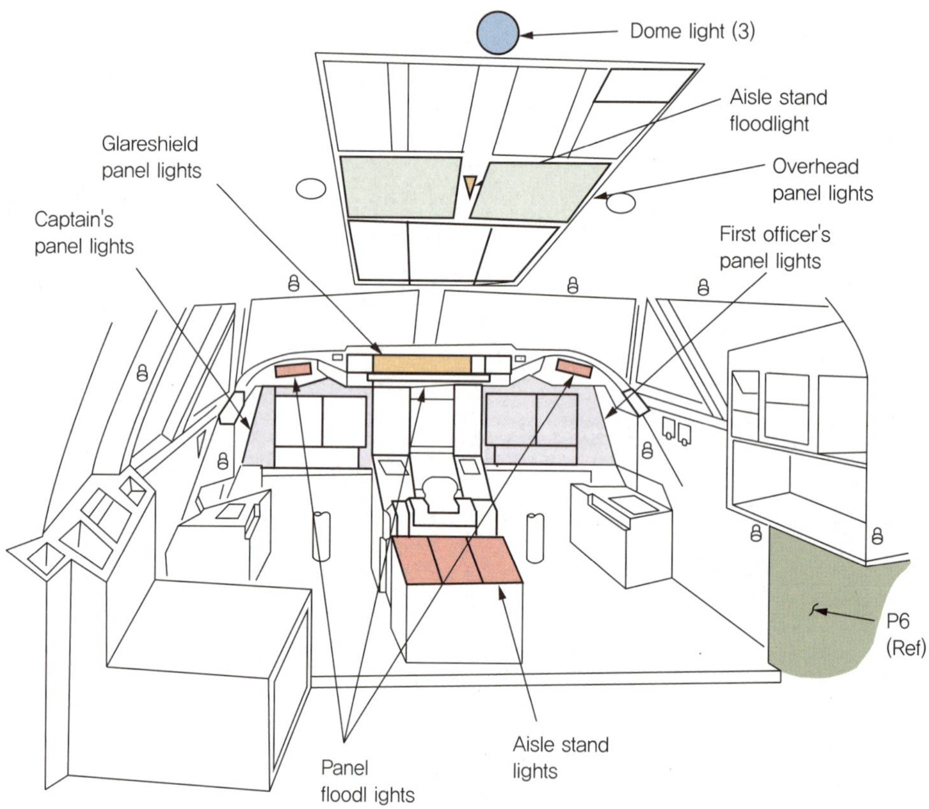

① **조종실 조명**(Cockpit light)

조종실 조명은 조종실 통로등과 실내등으로 구성된다. 통로등은 객실에서 조종실로 통로 조명을 하고, 실내등은 조종실의 전체적인 조명을 한다.

② **조종실 패널 조명**(Cockpit panel light)

조종실 패널 조명회로는 제어패널의 조명을 한다. 조명 강도는 적절한 대기조건에서 조종사에 의해 조정될 수 있다. 지시기어셈블리는 2개의 다이오드, 2개의 램프, 퓨즈로 이루어진 모듈구조이다. 2개 램프의 사용은 만약 한 램프가 고장인 경우에 사용되어 증가된 신뢰성을 준다. 계기판 전광식 푸시버튼스위치(Pushbutton switch)는 2개의 전광식 기호를 담고 있다. 계통 고장 또는 기능을 판정하는 전광식 기호에 있는 램프는 마스터 딤 & 시험 모듈(Master dim and test module)에서 전원을 공급한다.

③ **마스터 딤 & 시험 모듈**(Master dim & test module)

마스터 딤 & 시험 모듈은 제어 릴레이와 반도체를 이용한 조광기(Dimmer)를 담고 있는 인쇄 회로카드의 카드파일(Card file)이다. 릴레이는 지시등 전압원과 직렬로 조광기 카드를 도와주기 위해 그리고 지시등 시험회로에 접지를 연결하기 위해 사용된다.

2) 객실 조명장치(Cabin lighting system)

항공기는 객실을 조명하기 위해 내부등을 갖추고 있고 백색등과 적색등이 장치된다. 사업용 항공기는 주 객실을 비추는 조명계통과 객실등이 꺼졌을 때 승객이 독서할 수 있는 독립조명계통을 갖추고 있다. 객실조명은 객실조명장치, 승객서비스장치, 기타조명장치로 이루어진다. 객실조명장치는 객실 구역 등을 제어하고 4종류의 조명장치가 주 객실 조명등으로 이루어진다. 주객실 조명등의 종류는 직사 천장등, 간접 천장등, 측면벽등, 야간조명등으로 이루어져 있고, 객실장치모듈에서 Cabin lighting 스위치에 의해 제어되는데, 야간, 낮음, 중간, 밝음으로 조명수준을 설정한다.

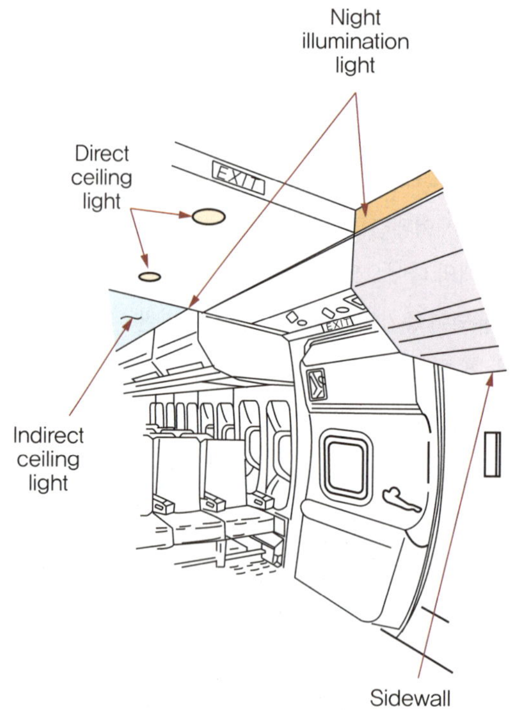

① **직접 천장등**(Direct ceiling light)

직접 천장등은 낮은 천장과 교차통로에 장착된 백열등이다.

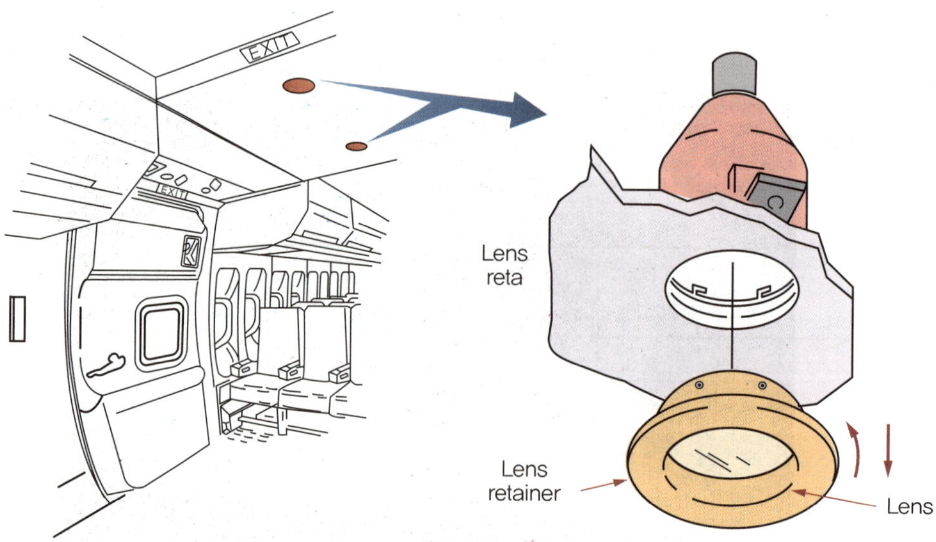

② 간접 천장등(Indirect ceiling light)

일반적인 조명의 다양한 광원은 천장 패널 가까이에 오버헤드 수화물 저장소 위에 횡렬로 장착된 형광등으로 구성된다. 간접 천장등은 조명의 일관된 밝기를 마련하기 위해 객실의 지역 위에 균일하게 분포된다.

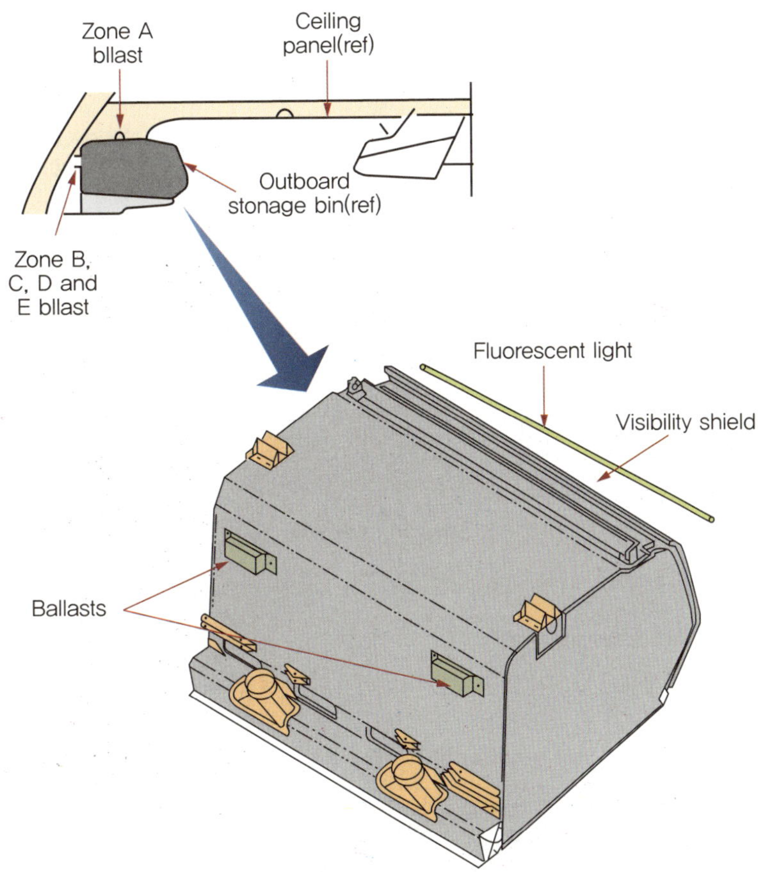

③ **측면벽등**(Sidewall light)

측면벽등은 바깥쪽 오버헤드 짐 저장소와 측면벽 사이에 장착된다. 측면벽 등은 입구의 천장 지역, 화장실 또는 주방을 갖춘 구역을 제외하고 연속적으로 장착되어 있다.

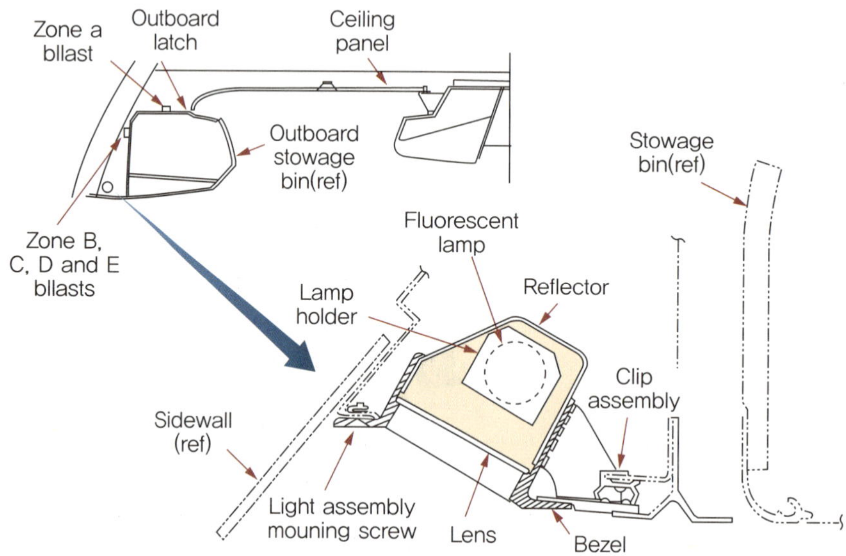

④ **야간 조명등**(Night illumination light)

야간조명등은 객실에서 낮은 수준 조명을 마련하고, 측면벽 짐 저장소 위와 근처에 위치된 소형 백열등이다.

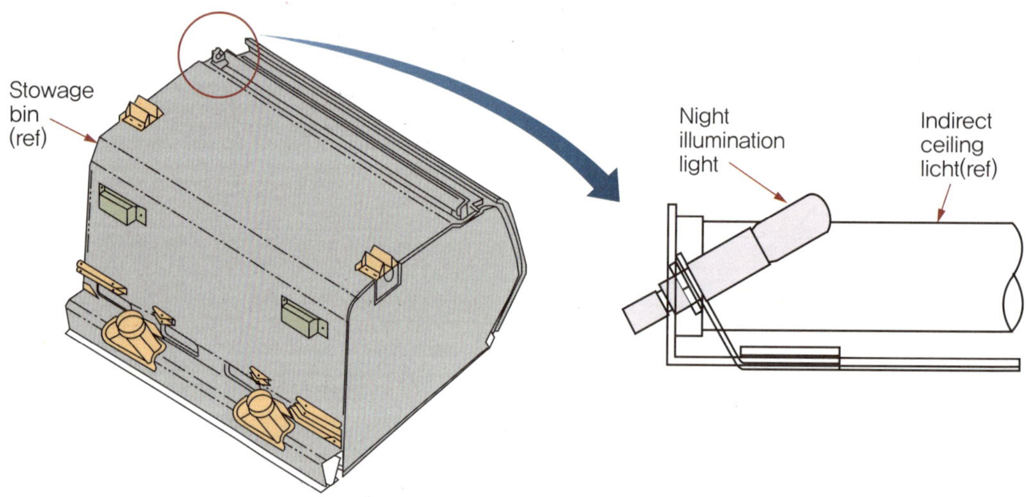

⑤ **독서등**(Reading light)

야간에 각 승객들이 책이나 신문을 읽거나 용무를 보기 위해 각 좌석의 선반에 장착되어 있는 PSU에서 비추어 준다. 타인에게 피해를 줄 수 있어 몇몇 항공기에서는 의자 뒤편에서 빛이 책을 비추게 되어 거리가 가깝기 때문에 적은 와트수라도 충분히 밝기를 확보할 수 있다.

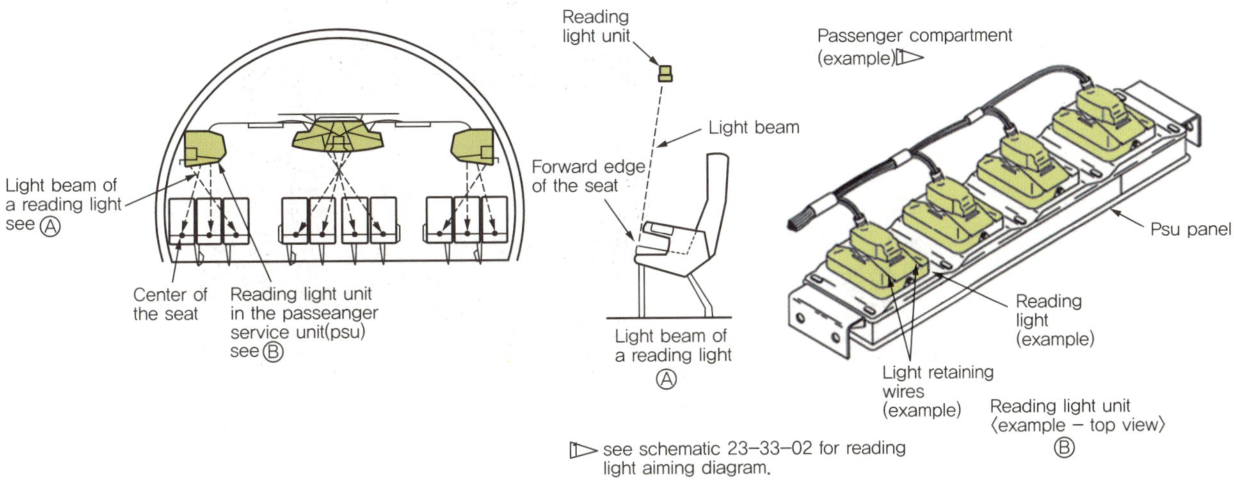

※ 승객서비스장치(PSU : Passenger Service Unit)

항공기 객실 내에 있는 각 승객좌석 위에 패널에 장착되어 있는 장치이다. PSU에는 독서등, 스피커, 알람등, 에어컨, 산소마스크 등이 있다.

※ Flight attendant panel

항공기 기내 앞쪽 출입구(조종실 방향)에 장착되어 있는 승무원 패널에서 조명 및 안내방송을 수행할 수 있다.

1) Passenger reading lights
2) Passenger call buttons
3) Cabin lighting controls
4) Cabin system monitoring/testing
5) Passenger entertainment system
6) Passenger address(PA)
7) Automatic announcement and boarding music
8) Cabin/Service interphone and calls
9) EVAC signal
10) Emergency light
11) Door bottle pressure monitoring(Either oxygen or escape slide)
12) Door proximity sensors(Doors closed properly)
13) Smoke detection
14) Water and waste tank quantities

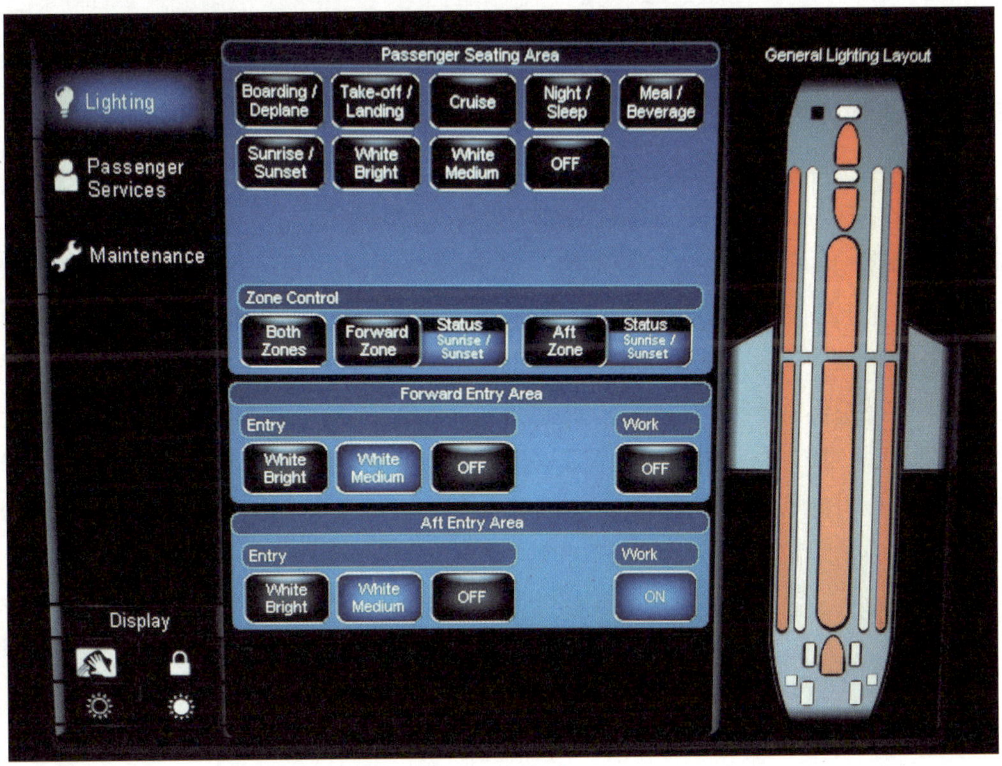

Lighting
Passenger Services
Maintenance
Display
Passenger Seating Area
Boarding / Deplane
Take-off / Landing
Cruise
Night / Sleep
Meal / Beverage
Sunrise / Sunset
White Bright
White Medium
OFF
Zone Control
Both Zones
Forward Zone
Status Sunrise / Sunset
Aft Zone
Status Sunrise / Sunset
Forward Entry Area
Entry
Work
White Bright
White Medium
OFF
OFF
Aft Entry Area
Entry
Work
White Bright
White Medium
OFF
ON
General Lighting Layout

(2) 외부 조명장치(Aircraft exterior light)

항공기 조명계통은 실내와 실외 모두를 위해 조명을 장치한다. 야간에 착륙, 결빙 상황의 검사, 공중충돌로부터 안전 등의 효과를 위해 항공기 외부에 조명을 장치한다.

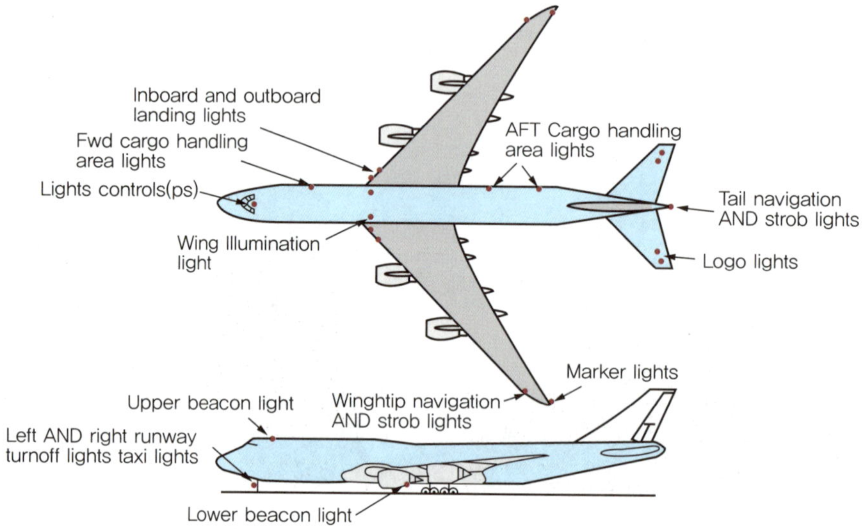

1) 날개 조명등(Wing light)

일부 항공기에는 비행 중에 날개의 결빙과 일반상황을 관찰하도록 날개의 리딩엣지(Leading edge)를 비추는 날개조명등 또는 날개검사등(Wing inspection light)을 갖추고 있다. 야간 비행하는 동안에 날개 리딩엣지(Wing leading edge)에 결빙형성이 되었는지 육안탐지를 가능케 한다. 조종석에 있는 ON/OFF 토글스위치(Toggle switch)에 의해 릴레이를 통해 제어된다. 일부 날개검사등 장치는 때때로 카울플랩(Cowl flap) 또는 착륙장치와 같은 인접구역을 비추는 나셀등(Nacelle light)이라고 부르는 등을 포함한다. 여객기들이 사용하는 등으로 날개와 그 밑에 장착된 엔진을 비추어 준다. 야간에 항공기의 존재를 주변에 알리는 역할도 겸할 뿐만 아니라, 정비사들이 외부에서 혹시 이상이 있는지 검사를 할 때 도움을 준다. 많은 항공기들은 비행 중에 날개와 엔진 파일론을 비추기 위해 날개 앞전의 끝을 따라 장착되어 있다. 이 착륙 동안에 항공기를 더욱 시야에 들어오게 하거나 비행 중 날개 손상에 대해 검사하기 위해 사용될 수도 있다. 또한 구름 속을 통하여 비행할 때 만들어질 수 있는 결빙에 대해 운항승무원들이 날개를 확인하기 착빙 감시등으로 사용한다.

Wing Inspection Lights
• Illuminate wings
• Used for inspection
• Increase aircraft visibility

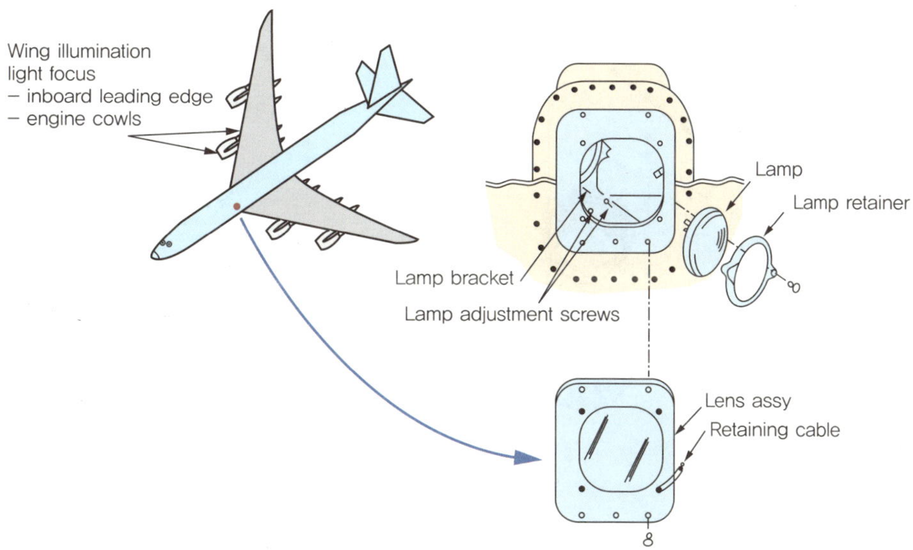
Wing illumination
light focus
– inboard leading edge
– engine cowls
Lamp
Lamp retainer
Lamp bracket
Lamp adjustment screws
Lens assy
Retaining cable

2) 착륙등(Landing light)

야간착륙 시에 활주로를 비추기 위하여 항공기에 장착된다. 매우 강력하고 조명이 최대 도달거리를 마련하는 각도로 포물면 반사장치에 의하여 빛을 발하게 된다. 소형 항공기의 착륙등은 보통 양쪽 날개의 리딩엣지 중간에 위치하거나 또는 항공기 표면 안에 유선형으로 된다. 대형 운송용항공기에서 착륙등은 보통 동체 가까이에 날개의 리딩엣지에 위치된다. 각각의 등은 릴레이에 의해 제어되거나 또는 전기회로 내에 직접 연결된다. 일부 항공기에서, 착륙등은 유도등과 동일한 지역에 설치된다. 밀봉된 빔(Beam), 할로겐(Halogen), 또는 고강도 제논 방전등이 사용된다.

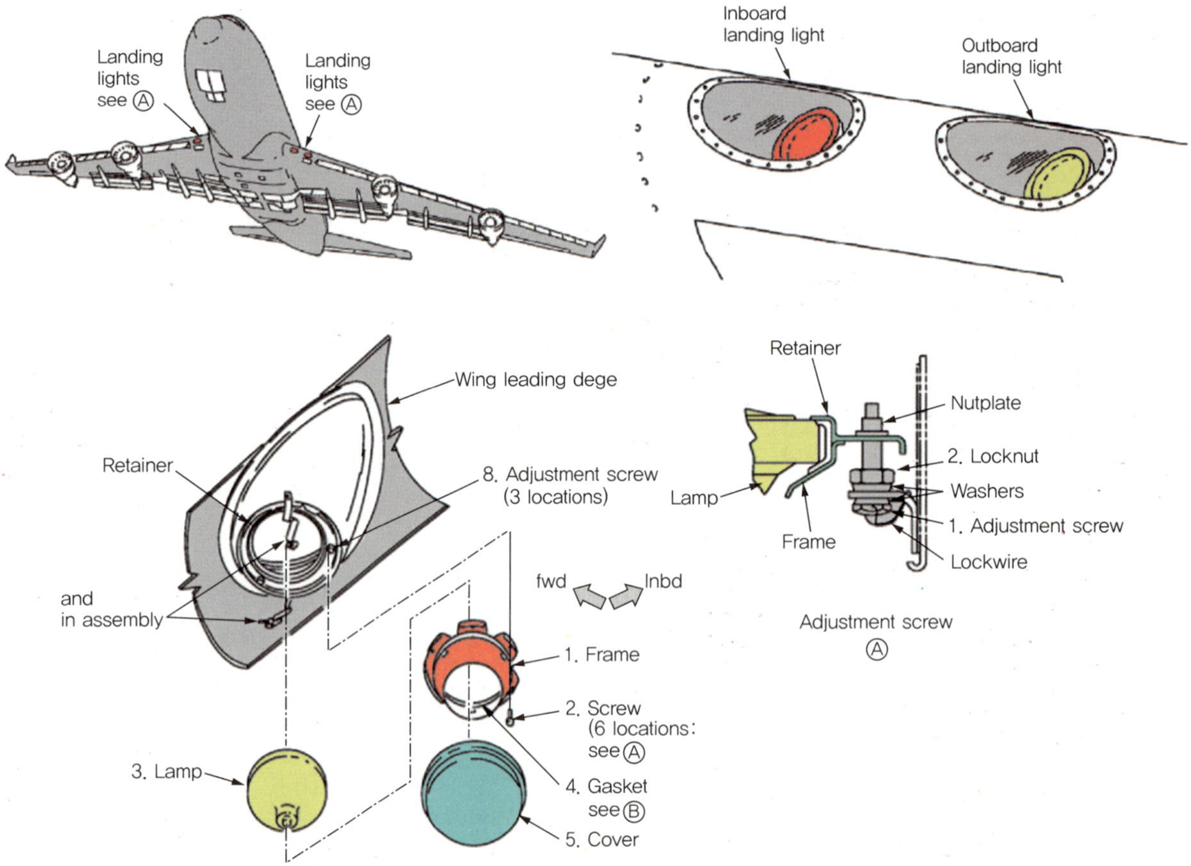

3) 항공등 & 백색 섬광등(Navigation light & Position light)

우측 날개 끝에 녹색(혹은 청색), 좌측 날개 끝에 적색으로 전방으로부터 100°, 꼬리 날개에 백색으로 좌우 70°씩 140° 방향으로 상시 점등시켜, 항공기의 위치와 자세를 알려주는 등이다. 각 날개에 다른 색의 등을 켜서 항공기가 어느 방향을 향하고 있는지를 알려준다. 이 등은 보통 점멸되도록 되어 있다. 그 외에 동체에 Taxi light처럼 백색에 가까운 빛을 더 장착하기도 하는데, 동일하게 항공기가 있음을 알려주는 역할을 하여, Position light라고 부르기도 한다. Strobe light는 보통 날개 끝 후방에 위치하면서, 순간적으로 밝은 빛을 내며 점멸하는 등이다. Anti-collision과 비슷하게 항공기의 위치를 나타내는 한편, 특히 지상에서 항공기 날개 끝의 위치를 알려주어서 활주로나 유도로에서 다른 항공기가 야간에 날개를 확인하지 못하고 부딪히는 것을 방지한다. 양쪽 날개 끝과 꼬리에 설치된 흰색섬광등은 충돌방지를 위해 더 뚜렷한 빛을 만든다.

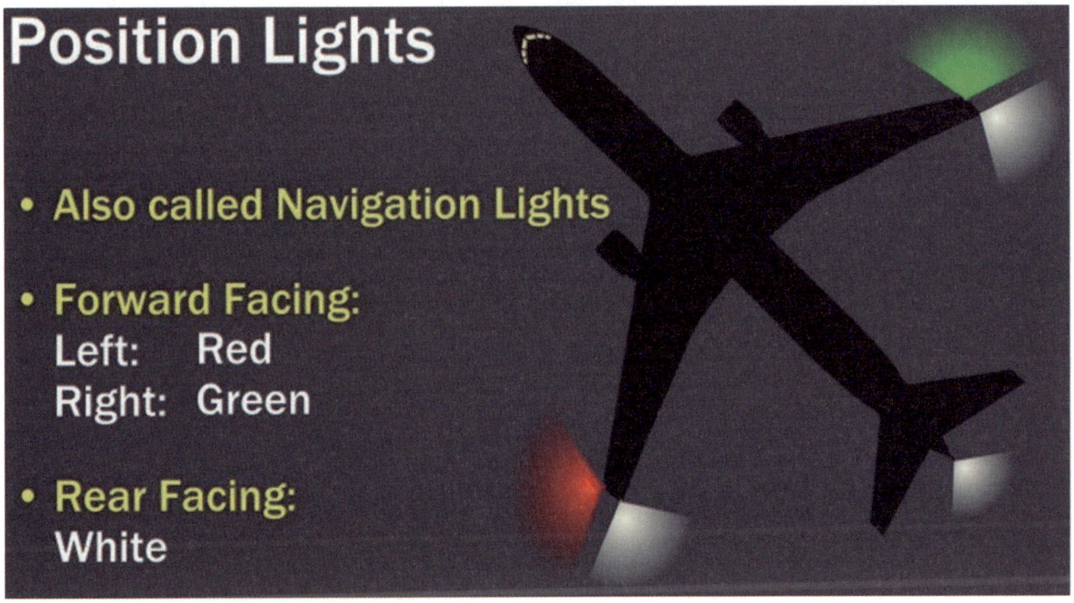

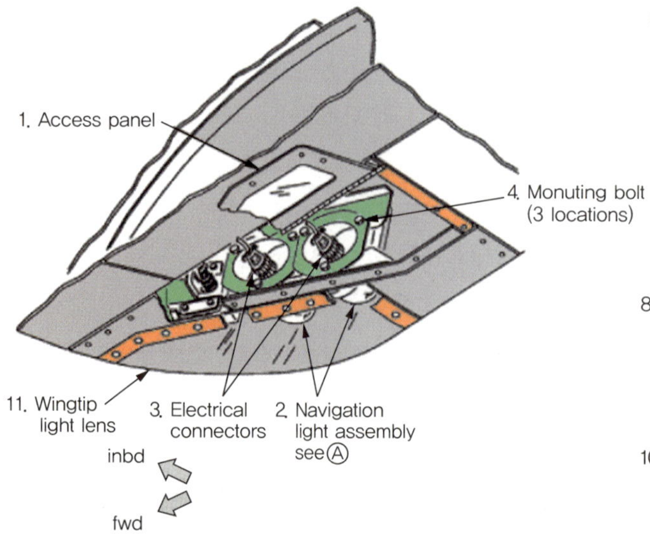

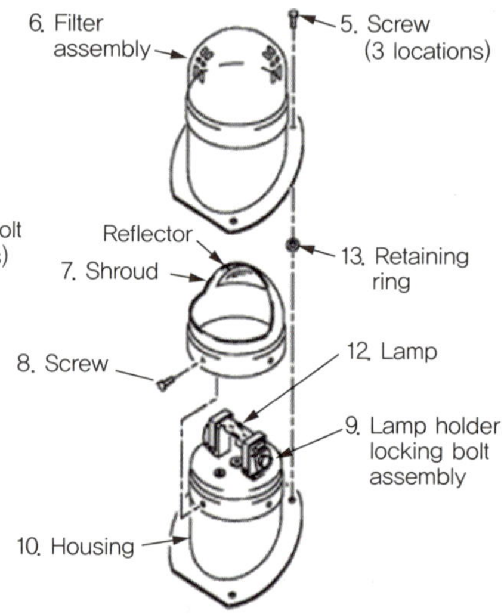

Navigation light assembly (example)
Ⓑ

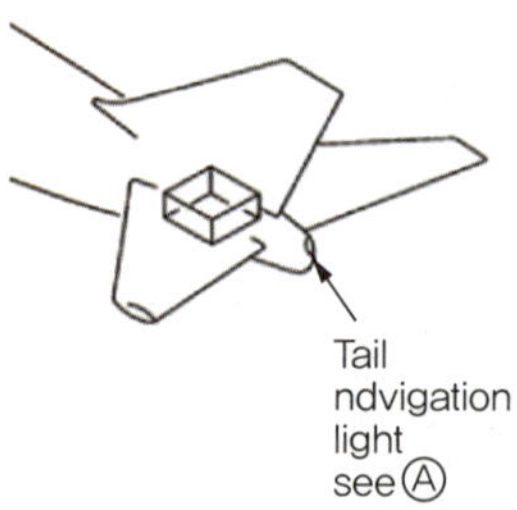

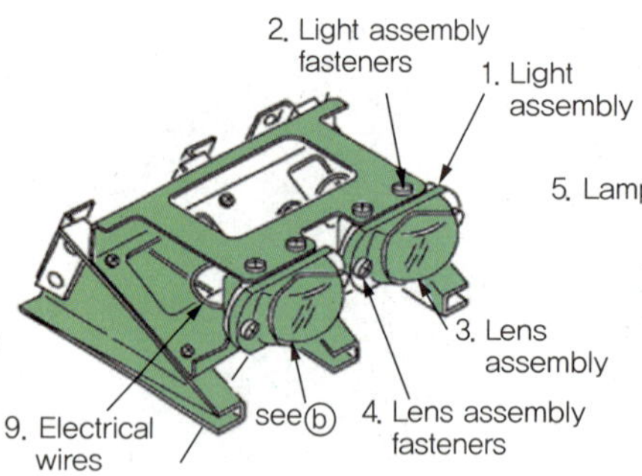

Tail nanigation light
Ⓐ

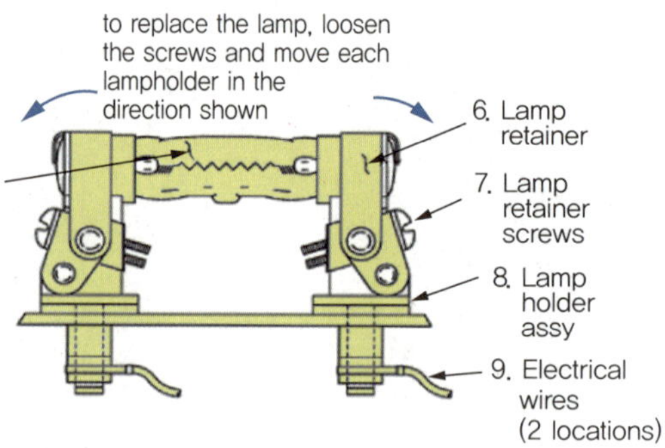

ⓑ

4) 로고등(Logo light)

각각의 수평안정판(Horizontal stabilizer)에 장착된 2개의 로고등(Logo light)은 수직안정판의 양편에 항공회사 상징(Emblem)을 비춘다. 여객기들이 사용하는 것으로, 보통 수직 꼬리날개에 그려져 있는 커다란 항공사 로고를 밝히는 데 사용한다. 광고 효과도 있지만 안전을 위해 다른 항공기들이 보고 항공기가 있다는 것을 인지하는 데 도움을 주는 역할도 겸하게 된다. 의무적이지는 않지만 대부분의 상업 항공기에 장착된다. 로고등은 백색으로 수평 꼬리날개의 표면에 또는 끝에 위치하고 있다.

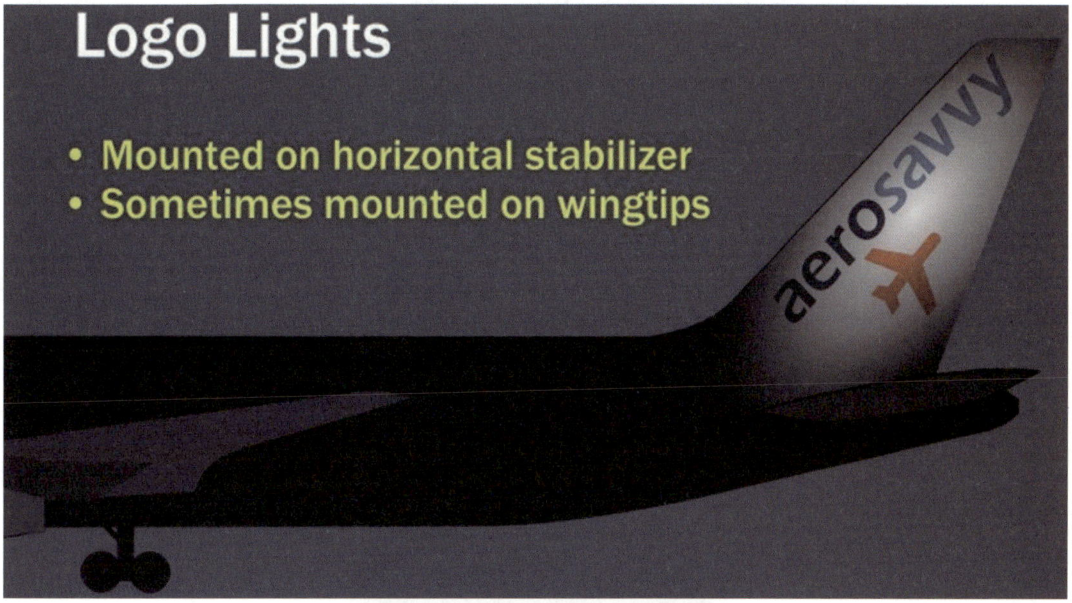

5) 활주로 방향 지시등(Runway turn-off light)

지상에서 활주로나 유도로 상에서 움직일 때 정면이 아니라 대각선 양 옆을 비춰주는 등이다. Taxi light와 동일하게 야간에 주변을 밝혀주는 역할을 하는데, 특히 지상에서 방향 변경 시(Turn), 측면을 미리 확인할 수 있어서 유용하다. 비행 중에 시계가 불량할 때도 착륙등과 함께 사용하는 경우가 있다. 보통 밝은 백색으로 날개 root의 앞전에 위치하고 있고, 활주로 이동 및 회전 시, 측면과 전면에 조명을 제공하기 위함이다. 조명 시설이 미비한 공항들에 가장 유용하지만 일반적으로는 불필요하지만, 더 많은 시야 확보를 위해 사용한다. 전방착륙장치 버팀대(Strut)에 설치된 2개의 활주로 턴오프등(Runway turnoff light)은 활주로와 유도로 옆길을 비춘다. 광선은 비행기 종축의 왼쪽과 오른쪽 65°에 조준된다.

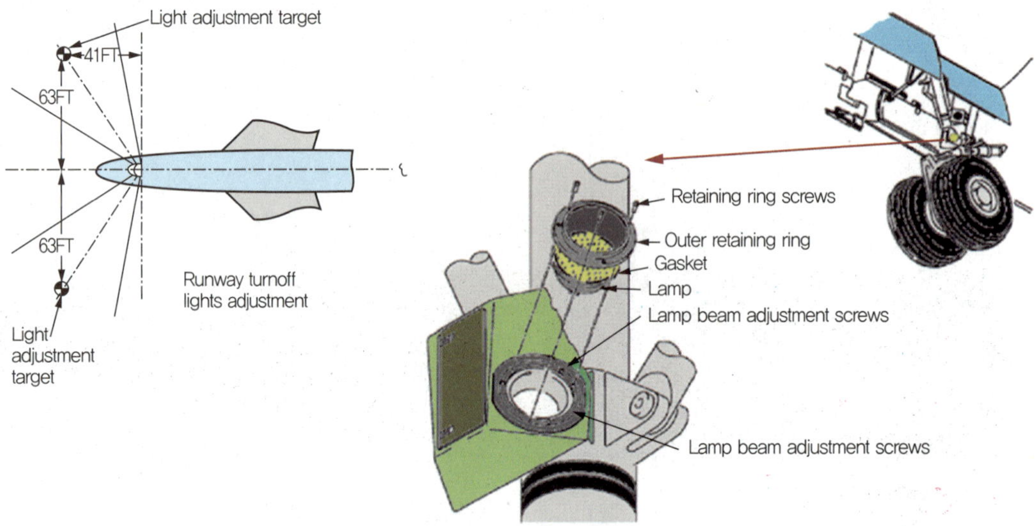

Runway turnoff lights

6) 유도등(Taxi light)

활주로, 유도로 또는 활주로에서 항공기가 활주하거나 격납고지역 안으로 항공기를 견인하는 동안 지상에 조명을 하도록 설계되었다. 유도등은 착륙등만큼 강한 조명을 제공하도록 설계되지 않았다. 전륜형 착륙장치를 가지고 있는 항공기에서 단일등형 유도등 또는 다등형 유도등은 전방착륙장치의 비조향 부분에 설치된다. 항공기의 앞쪽에 직접 조명을 하고 항공기 경로의 오른쪽과 왼쪽으로 약간의 조명을 마련하기 위해 항공기의 중심선에 사각으로 적당한 장소에 설치된다. 유도등은 또한 날개 리딩엣지의 오목한 지역에 설치되어지고, 가끔 고정식착륙등과 함께 동일한 지역에 설치된다. 지상에서 활주 시, 사용하는 등으로, 자동차의 전조등과 역할이 같다. 지상에서 전방을 비춰주는 역할을 한다. 착륙등과 같은 위치에 달려 있는 경우도 종종 있는데 착륙등과는 비추는 각도가 약간 다르다. 착륙등은 항공기가 기수를 든 상태(받음각을 높게 한 자세로)로 착륙 시, 활주로를 비추는 데 사용해야 하기 때문에 항공기 전방을 기준으로 좀 더 아래쪽을 향하고 있다. 항공기에 따라 바퀴가 땅에 닿지 않으면 Landing Light가, 땅에 닿으면 Taxi Light가 자동으로 켜지는 것들도 있다. 물론 사람이 수동으로 조작하는 것도 있으며 그냥 둘 다 동시에 켜는 것도 있다. 밝은 백색등으로 대부분의 항공기 Nose landing gear strut에 위치되어 있고, 이동, 이착륙 동안 더 많은 시야를 확보하기 위해서 항공기가 지상에서 움직일 때마다 켜진다.

7) 충돌방지등(Anti-collision light)

충돌방지등장치는 하나 이상의 등으로 이루어진다. 충돌방지등 장치는 보통 승무원의 시각(Vision)에 영향을 주지 않는 장소인 동체 또는 꼬리의 꼭대기에 장착된 빔등을 회전시키고 있다. 대형 운송형항공기는 항공기의 꼭대기와 밑바닥에 충돌방지등을 사용한다. 보통 항공기의 수직 꼬리날개나 동체 쪽에 장착되어 있는데, 계속 점멸하면서 주변에 경고를 주는 역할을 하는 등이다. 충돌 사고를 막기 위해 보통 다른 등에 비해 더 눈에 잘 띄는 적색, 주황색 등의 빛을 사용하고, 백색으로 순간적으로 굉장히 밝은 빛을 내는 충돌 방지등을 사용하는 항공기도 있다. 충돌방지등은 Beacon Light라고 부르기도 한다. 항공기 기체의 상부와 하부에 장착되어 모든 방향을 향해, 회전식 점멸(초당 80~90회) 또는 플래시식 점멸(초당 70회)로 되어 있다.

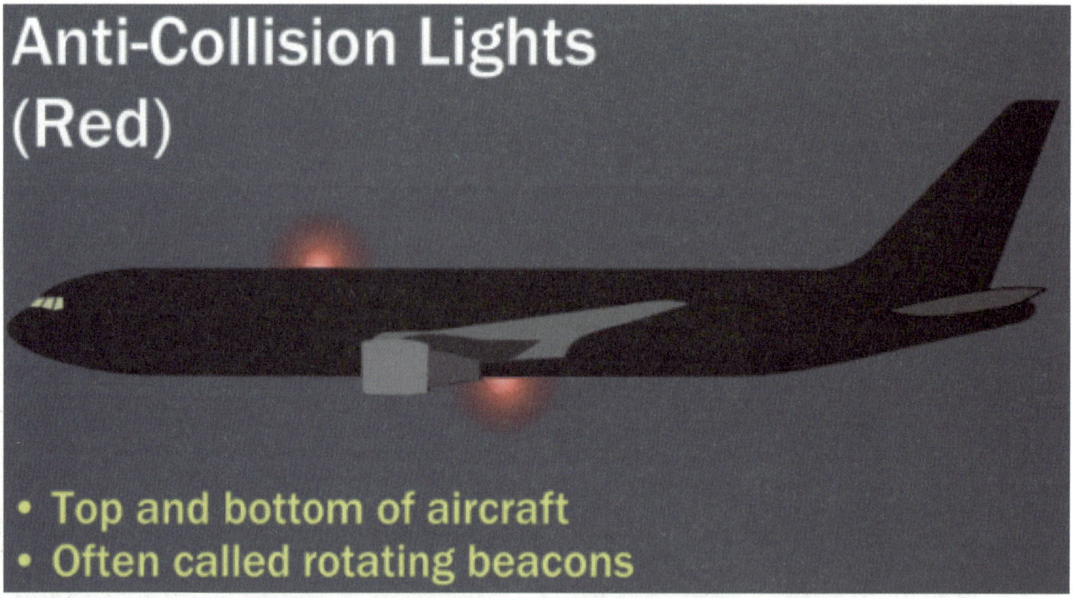
Anti-Collision Lights
(Red)
• Top and bottom of aircraft
• Often called rotating beacons

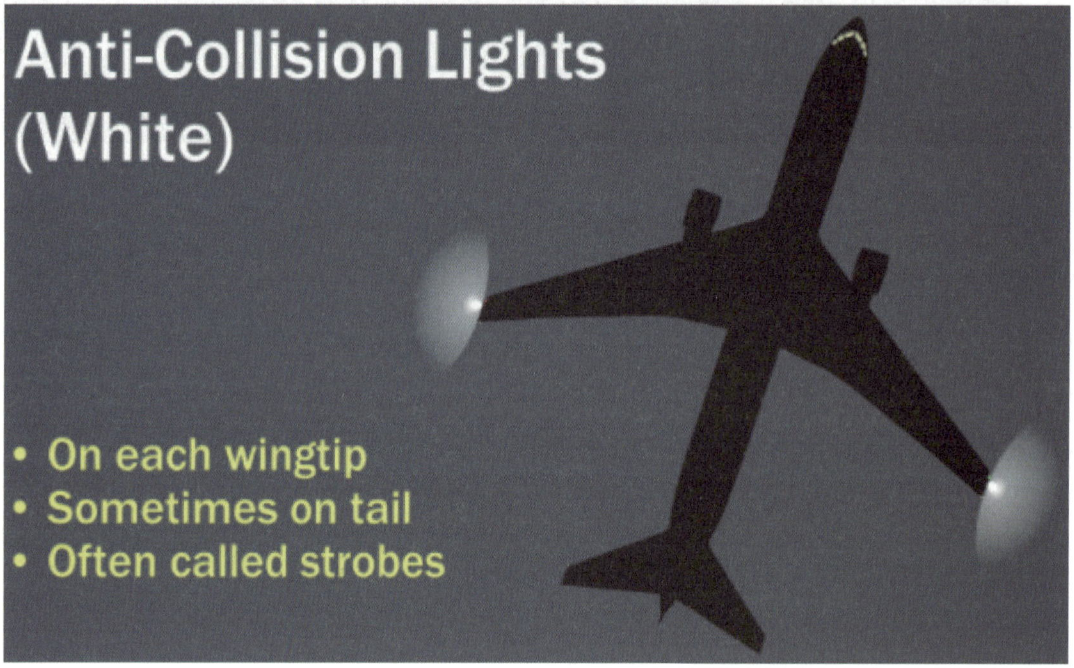
Anti-Collision Lights
(White)
• On each wingtip
• Sometimes on tail
• Often called strobes

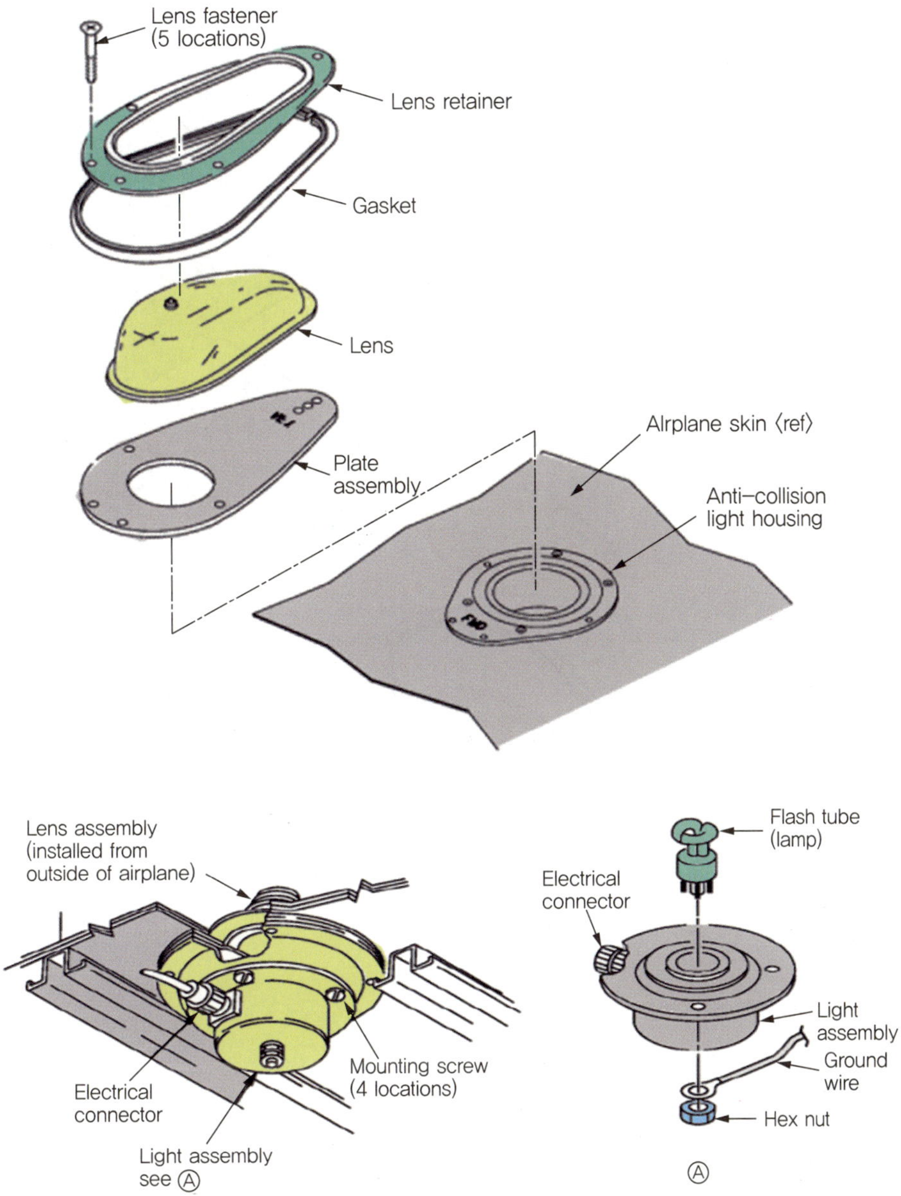

Lens fastener
(5 locations)
Lens retainer
Gasket
Lens
Plate
assembly
Alrplane skin 〈ref〉
Anti–collision
light housing
Lens assembly
(installed from
outside of airplane)
Electrical
connector
Light assembly
see Ⓐ
Mounting screw
(4 locations)
Flash tube
(lamp)
Electrical
connector
Light
assembly
Ground
wire
Hex nut
Ⓐ

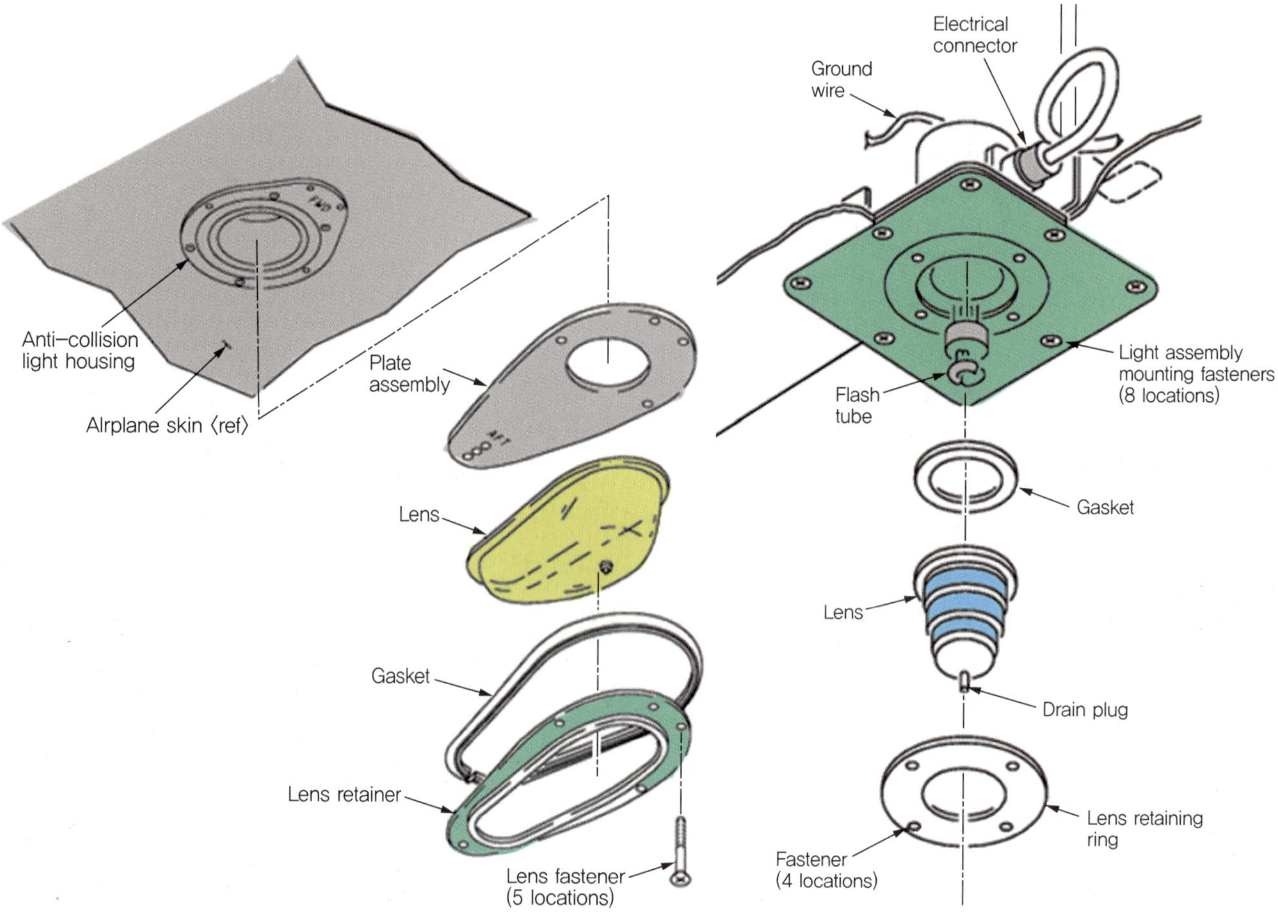

Electrical connector
Ground wire
Anti-collision light housing
Plate assembly
Airplane skin ⟨ref⟩
Light assembly mounting fasteners (8 locations)
Flash tube
Gasket
Lens
Lens
Gasket
Drain plug
Lens retainer
Lens retaining ring
Fastener (4 locations)
Lens fastener (5 locations)

(3) 비상 조명장치(Emergency lighting system)

비상등은 객실 통로, 출구 표시, 탈출구의 내외부 지역, 탈출미끄럼대(Escape slide)와 날개 위 지역을 비춘다. 비상등은 만약 전원 고장이 일어난 경우 또는 수동으로 조종실 또는 객실에서 조명시킨다.

EMERGENCY LIGHTS

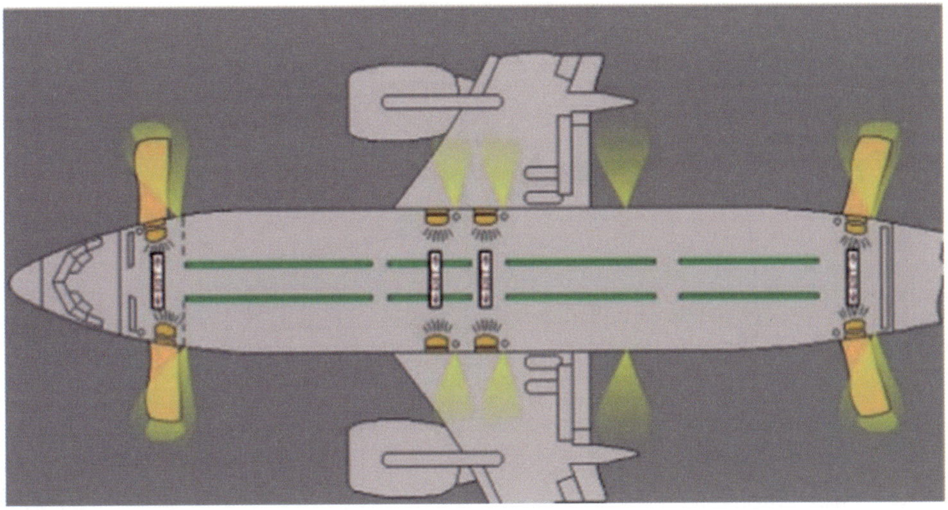

1) 천장 & 입구 비상등

비상등은 객실 통로의 전체에 걸쳐서 천장과 입구 도어 위에 장착되어 있다. 등어셈블리는 등소켓, 반사경, 베젤렌즈(Bezel-lens), 백열등으로 구성된다. 배터리 팩(Battery pack)은 등 작동을 위해 전원을 공급한다.

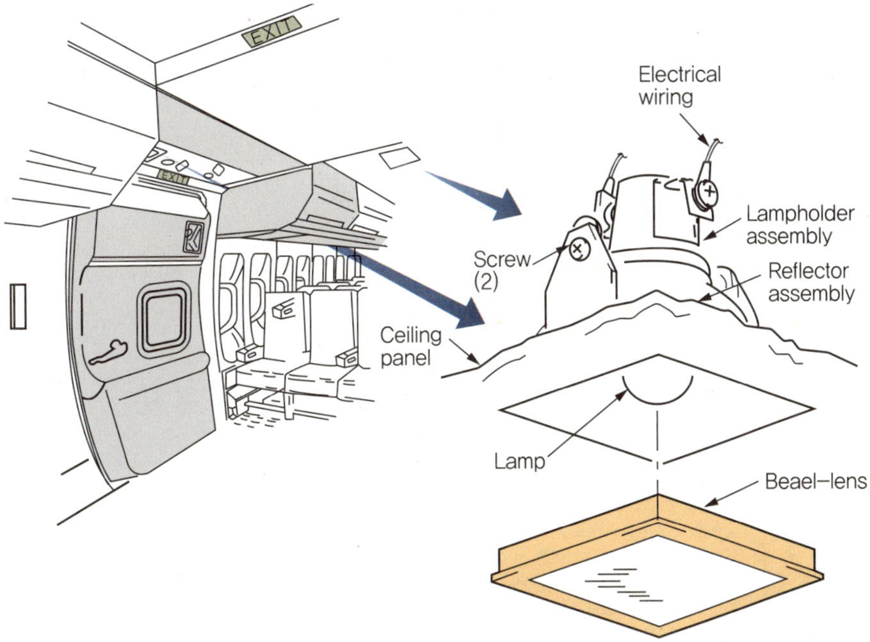

2) 객실 도어 비상등

2개의 비상등어셈블리는 각각의 객실 입구 도어의 상부 틀에 장착되어 있다. 각각의 등어셈블리는 렌즈와 백열등으로 이루어진다. 인접한 천장 비상등의 일부분인 배터리 팩은 등 작동을 위해 전원을 공급한다. 비상등은 승객용 도어 안쪽에 장착되어 있고 도어가 열렸을 때 비상탈출미끄럼대 지역을 비춘다.

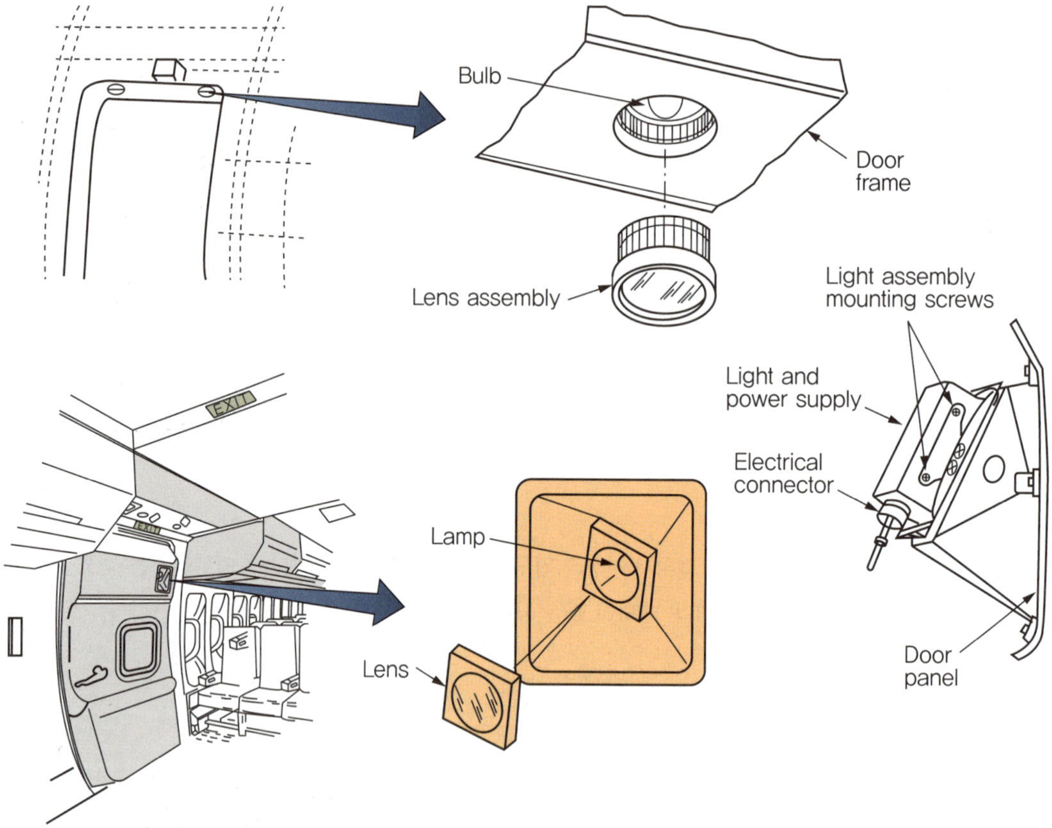

3) 출구 표시(Exit sign)

비상 탈출 통로를 지시하기 위해 객실에 장착되어 있다. 객실 출구 표시는 천장과 각각의 입구 도어 위에 있다. 등을 위한 전원은 배터리 팩에 의해 공급된다. 등은 렌즈 덮개와 8개의 백열등으로 된 틀(Housing)로 구성된다.

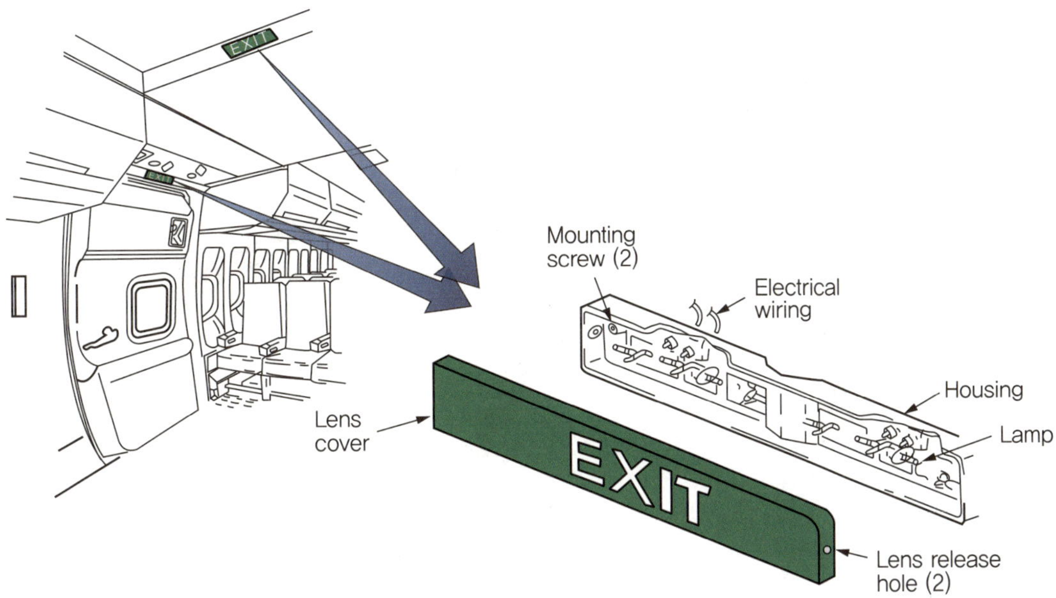

4) 게시형 출구 표시(Billboard-type exit sign)

출구 표시는 입구 도어 부근에 장착되어 있다. 등은 각각의 도어 맞은편의 천장에 부착되고 비상 출구통로의 지시를 마련한다. 등을 위한 전원공급은 배터리 팩에서 공급된다.

5) 마루 근접 비상등

객실 통로, 계단, 출구에서 탈출통로 표지(Marking)를 마련한다. 통로 위치탐사 백열등 모듈(Module)은 마루궤도(Extruded floor track)에 규칙적인 간격으로 장착된다. 출구방향 지시백열등(Incandescent exit indicator light)은 각각의 도어 근처의 측면벽 패널에 장착된다. 방향지시백열등(Incandescent indicator light)은 계단 안쪽에 세 계단마다 하나씩 장착된다.

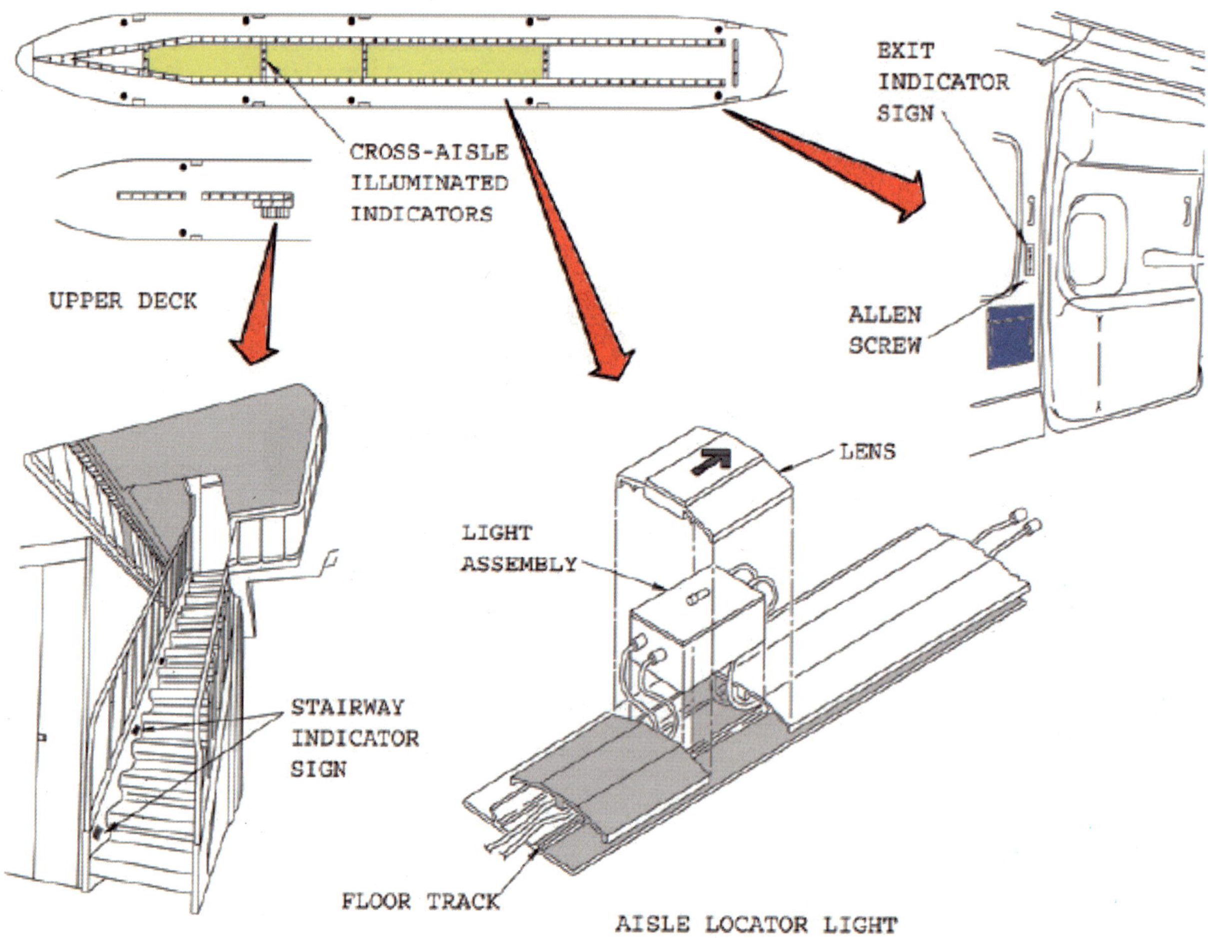

6) 오버윙 비상등

모듈은 날개 트레일링에지(Trailing edge) 위에 동체의 양쪽에 매립설치식(Flush-mounted)이다. 등은 비상상황 하에 날개 위 출구통로를 위해 조명을 마련한다. 각각의 모듈에는 2개의 백열등이 들어가 있다.

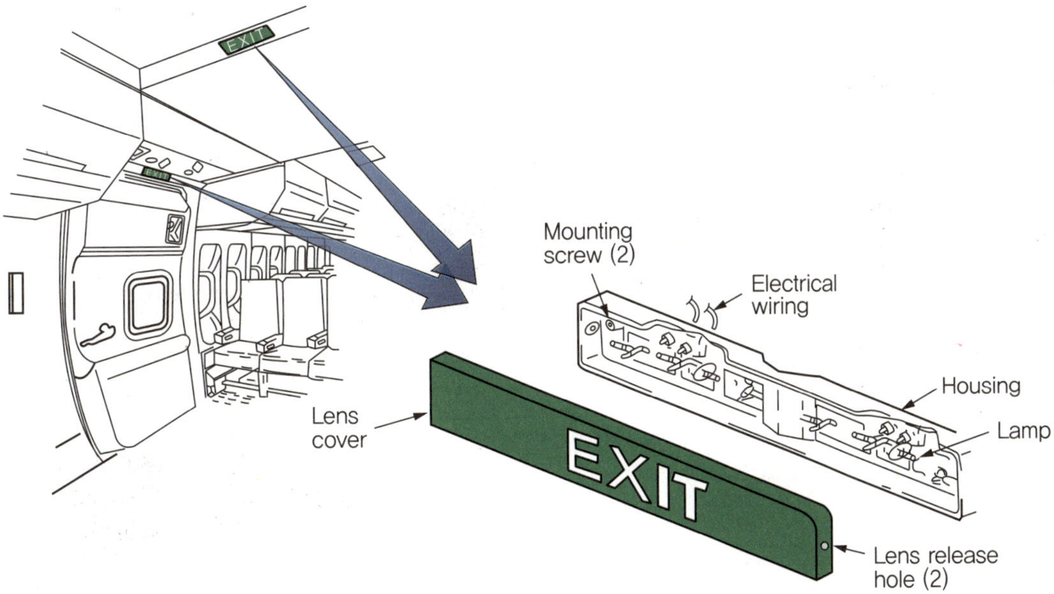

7) 비상등 배터리 팩

배터리 팩은 객실에 있는 비상등의 동작을 위해 전원을 공급한다. 팩은 충전회로와 논리회로에 전기적으로 연결된 용기에 들어가 있는 6개의 니켈카드뮴 배터리(Nickel cadmium battery)로 이루어진다. 전기커넥터 옆에는 순간팩시험스위치(Momentary pack test switch)가 있다.

8) 비상등 작동

비상등은 조종실 오버헤드 패널에 있는 OFF, ARMED, ON, EMER LIGHT 스위치와 승무원좌석 송수화기대에 EMERGENCY LIGHT 푸시버튼식 스위치로서 제어된다.

① ARMED 위치

비행기 운항 시 스위치의 정상위치이다. 등은 꺼져 있고 배터리는 세류충전(전지의 내부 손실을 보충하는 정도의 낮은 충전율로 전지의 완전한 충전 상태가 유지되도록 충전하는 것)으로 보충된다. 비상등은 전원이 버스(Bus)로부터 이용할 수 없을 때 들어온다.

② ON 위치

등은 켜져 있고 배터리는 세류충전으로 보충된다.

③ OFF 위치

비행기가 주기되었을 때, 스위치의 정상위치이다. 등은 꺼져 있고 배터리는 세류충전으로 보충된다.

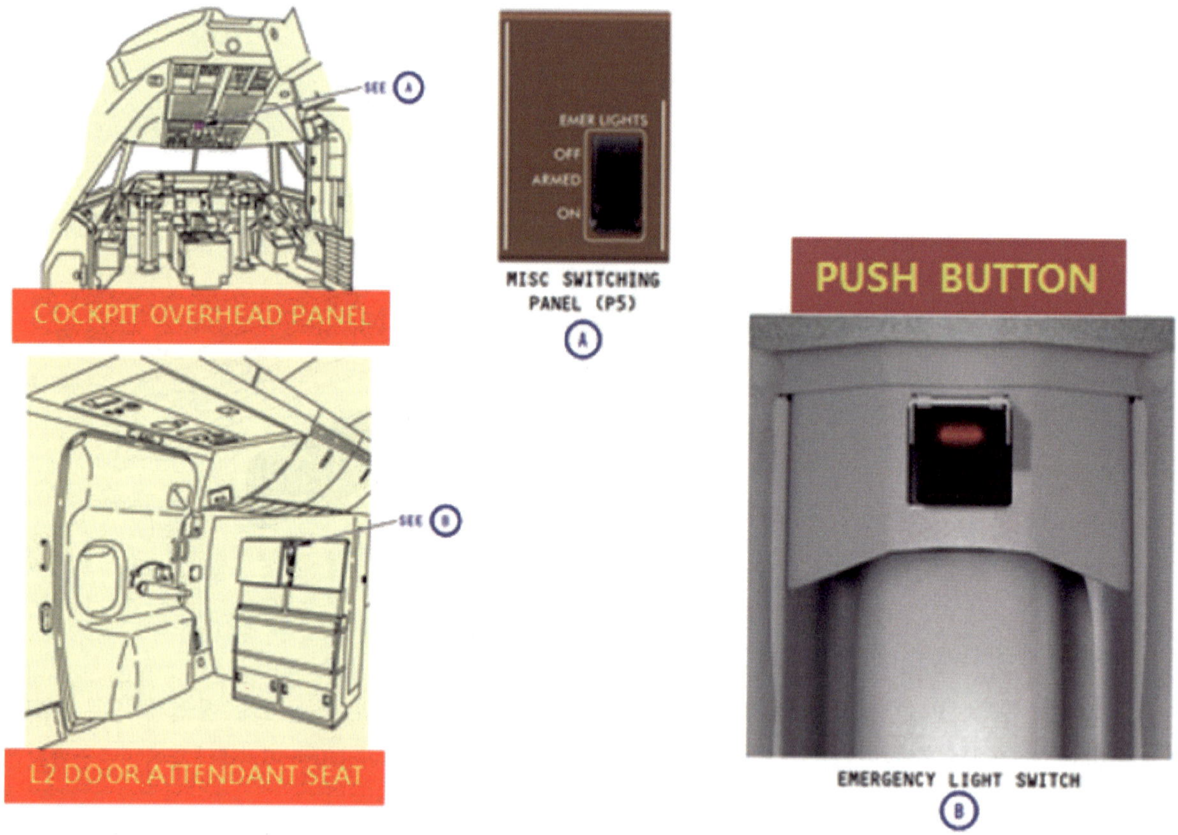

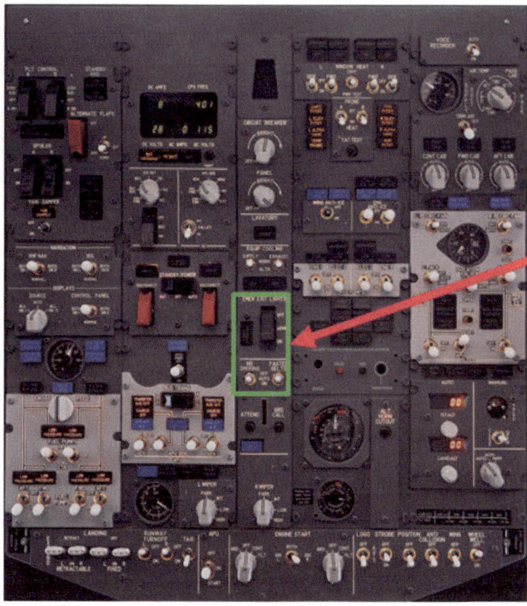

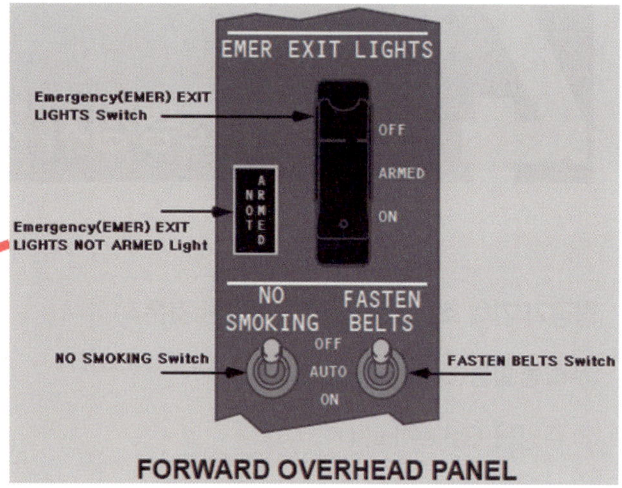
EMER EXIT LIGHTS
Emergency(EMER) EXIT LIGHTS Switch
OFF
ARMED
ON
NOT ARMED
Emergency(EMER) EXIT LIGHTS NOT ARMED Light
NO SMOKING
FASTEN BELTS
OFF
AUTO
ON
NO SMOKING Switch
FASTEN BELTS Switch
FORWARD OVERHEAD PANEL

PART 14

항공기 조명장치 기출문제

1. 항공기 기내 조명장치의 종류가 아닌 것은?

① 조종실등(Cockpit light) ② 유도등(Taxi light)

③ 주방등(Galley light) ④ 화장실등(Lavatory light)

정답 ②

풀이

① 기내조명 : 조종실, 화장실, 화물실, 갤리, 객실, 비상등

② 기외조명 : 날개등, 착륙등, 항공등, 로고등, 유도등, 충돌방지등

2. 항공기 기외 조명장치의 기능을 수행할 수 있는 패널의 위치는 조종실의 어디인가?

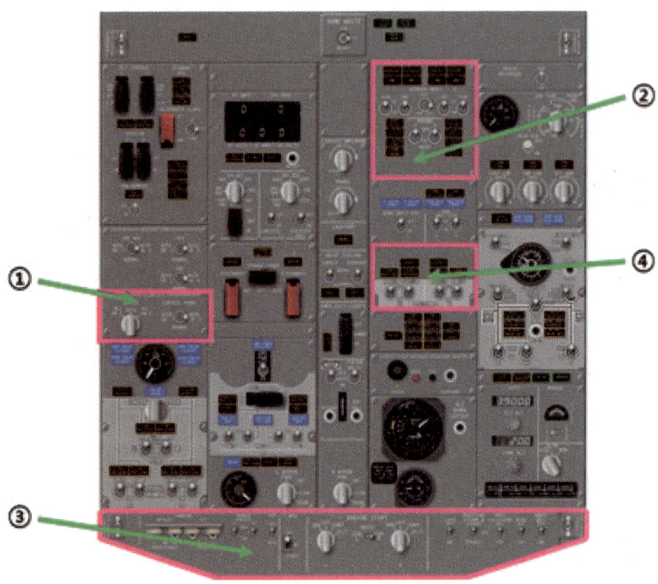

정답 ③

풀이

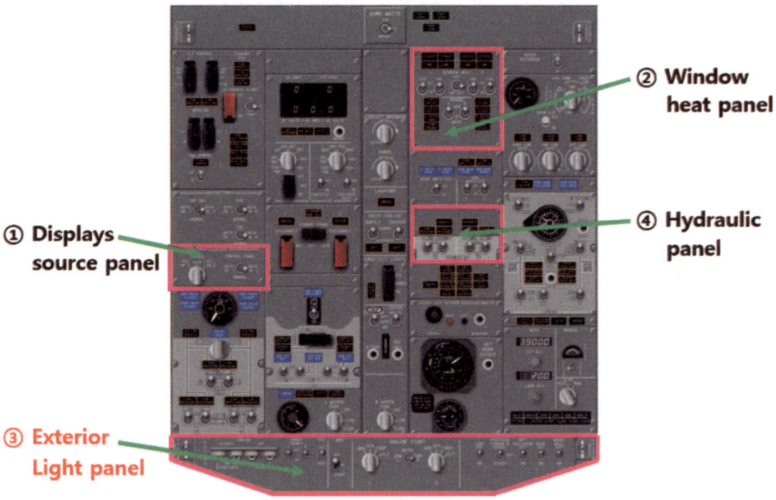

① Displays source panel : 비행에 관련된 수감요소를 받아 출력하기 위한 화면 설정

② Window heat panel : 윈드실드의 전열장치 ON/OFF

③ Exterior light panel : 각 기외 조명등을 ON/OFF

④ Hydraulic panel : 엔진의 유압펌프 ON/OFF

3. 항공기 기외 조명장치의 종류가 아닌 것은?

① 로고등(Logo light) ② 착륙등(Landing light)

③ 날개등(Wing light) ④ 출구표시등(Exit sign light)

정답 ④

풀이

① 로고등(Logo light) : 각각의 수평안정판(Horizontal stabilizer)에 장착된 2개의 로고등(Logo light)은 수직안정판의 양편에 항공회사 상징(Emblem)을 비춘다. 여객기들이 사용하는 것으로, 보통 수직 꼬리날개에 그려져 있는 커다란 항공사 로고를 밝히는 데 사용한다.

② 착륙등(Landing light) : 야간착륙 시에 활주로를 비추기 위하여, 소형 항공기는 양쪽 날개의 리딩엣지 중간에 위치하거나 또는 항공기 표면 안에 유선형으로, 대형 운송용항공기는 동체 가까이에 날개의 리딩엣지에 위치된다. 매우 강력하고 조명이 최대 도달거리를 마련하는 각도로 포물면 반사장치에 의하여 빛을 발하게 된다.

③ 날개등(Wing light) : 항공기에는 비행 중에 날개의 결빙과 일반상황을 관찰하도록 날개의 리딩엣지(Leading edge)를 비추는 날개조명등 또는 날개검사등(Wing inspection light)을 갖추고 있다.

④ 출구표시등(Exit sign light) : 비상 탈출 통로를 지시하기 위해 객실에 장착되어 있다. 객실 출구 표시는 천장과 각각의 입구 도어 위에 있다.

4. 항공등(Navigation light)의 위치와 색상이 올바르게 연결된 것은?

① 좌측날개 : 적색(Red)　　② 우측날개 : 백색(White)

③ 꼬리날개 : 녹색(Green)　　④ 동체 : 황색(Yellow)

정답 ①

풀이

항공등(Navigation light, Position light) : 우측 날개 끝에 녹색(혹은 청색), 좌측 날개 끝에 적색으로 전방으로부터 100°, 꼬리 날개에 백색으로 좌우 70°씩 140° 방향으로 상시 점등시켜, 항공기의 위치와 자세를 알려주는 등이다. 각 날개에 다른 색의 등을 켜서 항공기가 어느 방향을 향하고 있는지를 알려준다.

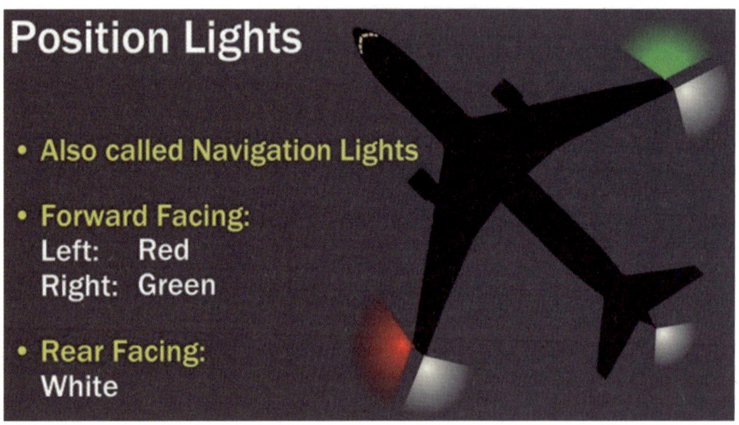

5. 항공기의 수직 꼬리날개나 동체 쪽에 장착되어 있는데, 계속 점멸하면서 주변에 경고를 주는 역할을 하는 등은?

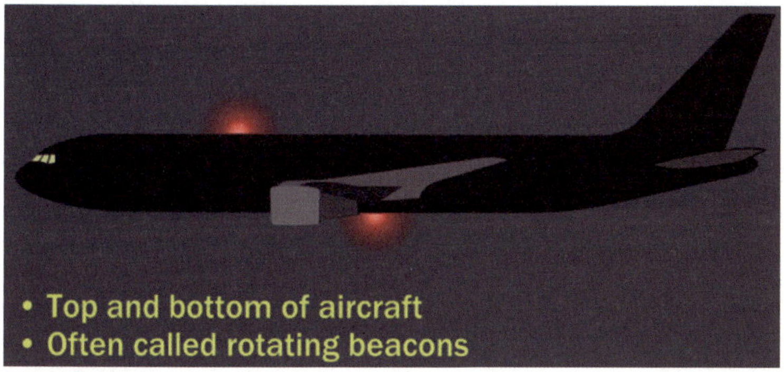

① 착륙등(Landing light) ② 충돌방지등(Anti-collision light)

③ 항공등(Navigation light) ④ 날개등(Wing light)

정답 ②

풀이

① 착륙등(Landing light) : 야간착륙 시에 활주로를 비추기 위하여, 소형 항공기는 양쪽 날개의 리딩엣지 중간에 위치하거나 또는 항공기 표면 안에 유선형으로, 대형 운송용항공기는 동체 가까이에 날개의 리딩엣지에 위치된다. 매우 강력하고 조명이 최대 도달거리를 마련하는 각도로 포물면 반사장치에 의하여 빛을 발하게 된다.

② 충돌방지등(Anti-collision light) : 대형 운송형항공기는 동체의 상부와 하부에 충돌방지등을 사용한다. 보통 항공기의 수직 꼬리날개나 동체 쪽에 장착되어 있는데, 계속 점멸하면서 주변에 경고를 주는 역할을 하는 등이다. 충돌 사고를 막기 위해 보통 다른 등에 비해 더 눈에 잘 띄는 적색, 주황색 등의 빛을 사용하고, 백색으로 순간적으로 굉장히 밝은 빛을 내는 충돌방지등을 사용하는 항공기도 있다.

③ 항공등(Navigation light, Position light) : 우측 날개 끝에 녹색(혹은 청색), 좌측 날개 끝에 적색으로 전방으로부터 100°, 꼬리 날개에 백색으로 좌우 70°씩 140° 방향으로 상시 점등시켜, 항공기의 위치와 자세를 알려주는 등이다. 각 날개에 다른 색의 등을 켜서 항공기가 어느 방향을 향하고 있는지를 알려준다.

④ 날개등(Wing light) : 항공기에는 비행 중에 날개의 결빙과 일반상황을 관찰하도록 날개의 리딩엣지(Leading edge)를 비추는 날개조명등 또는 날개검사등(Wing inspection light)을 갖추고 있다.

6. 항공기의 조명계통(Light system)에 대한 설명으로 옳은 것은?

① 객실(Cabin)의 조명은 일반적으로 형광등(Flood light)에 의해 직접 조명된다.

② 충돌방지등(Anti-collision light)은 비행 중에만 점멸(Flashing)된다.

③ "Fasten seat belt" Sign light는 항공기의 비행자세에 따라 자동으로 조종(On/Off control) 된다.

④ 조종실의 Integral instrument light는 Potentiometer에 의해 디밍 컨트롤(Dimming control) 할 수 있다.

정답 ④

풀이

기내조명에 사용되고 있는 형광등이나 전구는 승객들의 눈에는 잘 띄지 않도록 되어 있기 때문이다. 천장이나 옆벽에다 반사시키는 간접 조명방식을 채용하고 있어 스미는 불빛은 은은하고 침착한 분위기를 자아낼 수가 있다. 항공기 객실을 비추는 조명등은 양측 창 위에 있는 수납선반 위와 창 윗 쪽에 설치되어 있다. 비행 중 난기류를 만나 항공기가 흔들리거나 해서 형광등이 깨지거나 갈라지는 것 같은 사태가 벌어져도 유리 파편이라든지 하는 것이 승객에게 직접 닿지 않도록 하기 위한 배려이다. 대형운송용항공기는 항공기의 꼭대기와 밑바닥에 충돌방지등(Anti-collision light)을 사용한다. 전동기에 의해 작동되는 1개 또는 2개의 회전등(Rotating light)으로 이루어진다. 등은 고정되어 있지만, 돌출된 붉은 유리(Red glass)케이스 내부의 회전반사경 아래에 설치된다. 반사경은 전호(Arc)가 있는 상태에서 회전하고 그 결과로 일어나는 섬광률(Flash rate)은 분당 40~60[cycle]이다. 최신의 항공기에는 발광다이오드유형(LED-type)의 충돌방지등을 사용한다. 지상 및 비행 중에도 항공기 식별을 위해 점등된다. Overhead panel에 FASTEN SEAT BELT 사인 라이트(Sign light) S/W는 ON, OFF, AUTO로 되어 있다. ON/OFF로 즉시 점등을 시킬 수 있지만, 대부분 AUTO로 하고 비행한다. AUTO에서는 기종에 따라 연동되는 동작이 다르지만, 이착륙을 위한 플랩 또는 랜딩기어의 확장 또는 특정고도(약 10000[ft]) 이하가 되면 점등된다. 산소마스크가 내려오면 S/W 위치에 상관없이 점등된다. NO SMOKING 사인 라이트도 유사하다. 안전한 주야간 비행 및 승객의 쾌적함을 위해 조명이나 계기의 밝기 조절기능이 있다. 조종실 각 조명의 밝기를 제어하기 위해 포텐시오미터(Potentiometer)에 의해 BRT 또는 DIM 컨트롤할 수 있다.

7. **비상조명계통(Emergency light system)에 대한 설명으로 옳은 것은?**

① 비상조명계통은 비행 시에만 작동된다.

② 비행 시 비상조명스위치의 정상위치는 On 위치이다.

③ 비상조명스위치는 Off, Test, Arm, On의 4 Position toggle switch이다.

④ 항공기에 전기공급을 차단할 때는 비상조명스위치를 Off에 선택해야 배터리의 방전을 방지할 수 있다.

정답 ④

풀이

비상조명계통은 주기 및 운항 시에 작동되고, 비행 시에는 Armed 위치로 하고 지상 주기 시에는 축전지 방전을 위해 OFF 위치로 한다. ON 위치는 모든 비상조명이 ON상태가 된다.

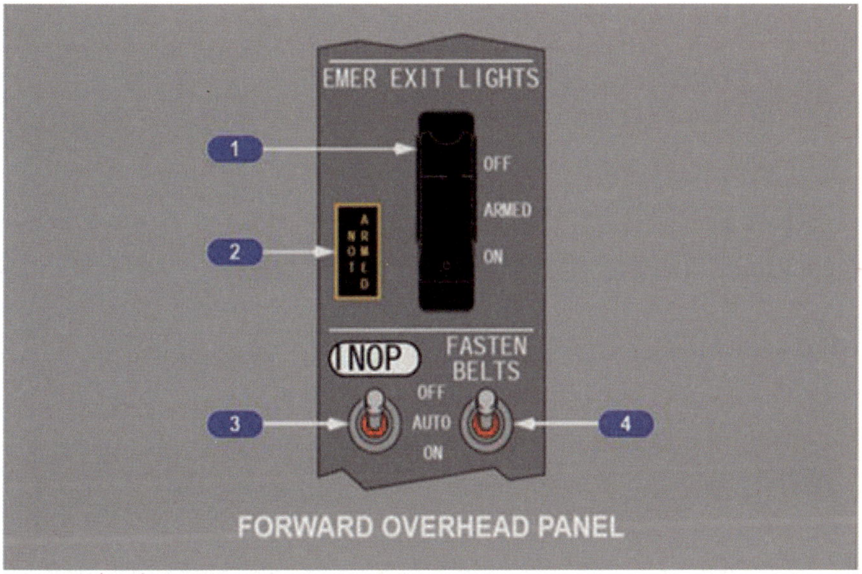

1 Emergency(EMER) EXIT LIGHTS switch

Off – prevents emergency lights system operation if airplane electrical power fails or is turned off.

ARMEC –(Guarded position) all emergency lights illuminate automatically if airplane electrical power to DC bus No. 1 fails or AC power is turned off.

ON – all emergency lights illuminate.

8. **항공기가 야간에 불시착 했을 때, 기내외를 밝혀주는 비상용조명(Emergency light)은 최소 몇 분간 조명하여야 하는가?**

① 10분　　② 30분

③ 60분　　④ 90분

정답 ①

풀이

비상등(Emergency light) : 야간에 불시착했을 때 항공기 외부를 비추는 비상용 조명으로 독립된 비상용 전원(Emergency battery)에 의해 작동하도록 되어 있다. 책을 읽을 수 있을 정도로 밝으며 적어도 10분 이상 점등된다.

9. **객실에 있는 비상등(Emergency light)의 작동을 위해 전원은 어디에서 공급받는가?**

① Battery pack　　② Ground power unit

③ Inverter　　④ Auxiliary power unit

정답 ①

풀이

비상등 배터리 팩 : 배터리 팩은 객실에 있는 비상등의 동작을 위해 전원을 공급한다. 팩은 충전회로와 논리회로에 전기적으로 연결된 용기에 들어가 있는 6개의 니켈카드뮴 배터리(Nickel cadmium battery)로 이루어진다. 전기커넥터 옆에는 순간팩시험스위치(Momentary pack test switch)가 있다.

10. **항공기 조명계통 작업 시, 주의사항으로 맞지 않는 것은?**

① 전선의 과도한 구부림을 피한다.

② 계통의 배선과 단자들 잘 정렬한다.

③ 검사는 장비를 이용하여 통전체크로 확인한다.

④ 램프를 교환 후에는 매번 점등을 확인하지 않아도 된다.

정답 ④

풀이

항공기 조명계통의 검사는 대개 모든 눈에 보이는 배선, 접속, 단자, 퓨즈, 그리고 스위치의 상태의 검사를 포함한다. 많은 고장의 원인인 단선 및 접촉불량에 대해서 계통의 회로를 시험하여 찾아낼 수 있다. 멀티미터를 이용하여 점검하는 데 사용된다.

부록

Manufacturer's documentation

항공기 제작사 문서

1. ATA chapter
2. AMM : Aircraft maintenance manual
3. FIM : Fault isolation manual
4. ASM : Aircraft schematic manual
5. WDM : Wiring diagram manual
6. SRM : Structural Repair Manual
7. IPC : Illustrated parts catalog
8. MMEL : Master minimum equipment list
9. MCDL : Master configuration deviation list
10. SB / SL

1. ATA chapter

1956년 6월 1일 ATA(항공 운송 협회)에 의해 발표된 ATA 100에는 상용 항공기 문서화를 위한 공통 참조 표준인 ATA 번호를 지정하여 각 시스템에 대한 참조를 쉽게 하였다. 이러한 공통성은 조종사, 항공기 유지보수 기술자 및 엔지니어 모두에게 학습과 이해의 용이성을 제공한다. 표준 번호 체계는 일반 항공기에 대한 문서, 항공기 결함 메시지(후기 비행 문제 해결 및 수리를 위한) 및 전자 및 인쇄 설명서에 널리 사용되고 있다.

AMM ORGANIAZTION

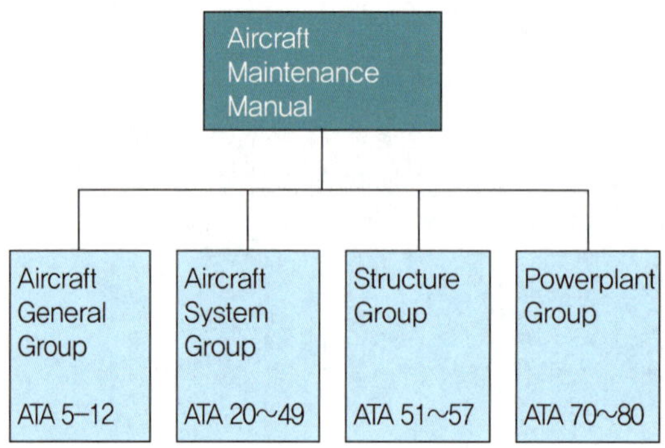

ATA Number	ATA Chapter name
ATA 00	GENERAL
ATA 01	MAINTENANCE POLICY
ATA 02	OPERATIONS
ATA 03	SUPPORT
ATA 04	AIRWORTHINESS LIMITATIONS
ATA 05	TIME LIMITS / MAINTENANCE CHECKS
ATA 06	DIMENSIONS AND AREAS
ATA 07	LIFTING AND SHORING
ATA 08	LEVELING AND WEIGHING
ATA 09	TOWING AND TAXING
ATA 10	PARKING, MOORING, STORAGE AND RETURN TO SERVICE
ATA 11	PLACARDS AND MARKINGS
ATA 12	SERVICING
ATA 15	AIRCREW INFORMATION
ATA 16	CHANGE OF ROLE
ATA 18	VIBRATION AND NOISE ANALYSIS(HELICOPTER ONLY)
ATA 20	STANDARD PRACTICES-AIRFRAME
ATA 21	AIR CONDITIONING
ATA 22	AUTO FLIGHT
ATA 23	COMMUNICATION
ATA 24	ELECTRICAL POWER
ATA 25	EQUIPMENT / FURNISHINGS
ATA 26	FIRE PROTECTION
ATA 27	FLIGHT CONTROLS
ATA 28	FUEL
ATA 29	HYDRAULIC POWER
ATA 30	ICE AND RAIN PROTECTIONS
ATA 31	INDICATING / RECORDING SYSTEM

ATA Number	ATA Chapter name
ATA 32	LANDING GEAR
ATA 33	LIGHTS
ATA 34	NAVIGATION
ATA 35	OXYGEN
ATA 36	PNEUMATIC
ATA 37	VACUUM
ATA 38	WATER / WASTE
ATA 39	ELECTRICAL – ELECTRONIC PANELS AND MULTIPURPOSE COMPONENTS
ATA 40	MULTISYSTEM
ATA 41	WATER BALLAST
ATA 42	INTEGRATED MODULAR AVIONICS
ATA 44	CABIN SYSTEMS
ATA 45	ONBOARD MAINTENACE SYSTEMS(OMS)
ATA 46	INFORMATION SYSTEMS
ATA 47	INERT GAS SYSTEM
ATA 48	IN FLIGHT FUEL DISPENSING
ATA 49	(AIRBORNE) AUXILIARY POWER UNIT
ATA 50	CARGO AND ACCESSORY COMPARTMENTS
ATA 51	STANDARD PRACTICES AND STRUCTURES – GENERAL
ATA 52	DOORS
ATA 53	FUSELAGE
ATA 54	NACELLES / PYLONS
ATA 55	STABILIZERS
ATA 56	WINDOWS
ATA 57	WINGS
ATA 60	STANDARD PRACTICES – PROP / ROTOR
ATA 61	PROPELLERS / PROPULSORS
ATA 62	MAIN POTOR(S)

ATA Number	ATA Chapter name
ATA 63	MAIN ROTOR DRIVE(S)
ATA 64	TAIL ROTOR
ATA 65	TAIL ROTOR DRIVE
ATA 66	FOLDING BLADES / PYLON
ATA 67	ROTORS FLIGHT CONTROL
ATA 71	POWER PLANT
ATA 72	ENGINE
ATA 72	ENGINE – TURBINE / TURBOPROP, DUCTED FAN / UNDUCTED FAN Sometimes referred to as ATA 72T
ATA 72	ENGINE – RECIPROCATING Sometime referred to as ATA 72R
ATA 73	ENGINE – FUEL AND CONTROL
ATA 74	IGNITION
ATA 75	BLEED AIR
ATA 76	ENGINE CONTROLS
ATA 77	ENGINE INDICATING
ATA 78	EXHAUST
ATA 79	OIL
ATA 80	STARTING
ATA 81	TURBINES(RECIPROCATING ENGINES)
ATA 82	WATER INJECTION
ATA 83	ACCESSORY GEAR BOX(ENGINE DRIVEN)
ATA 84	PROPULSION AUGMENTATION
ATA 85	FUEL CELL SYSTEMS

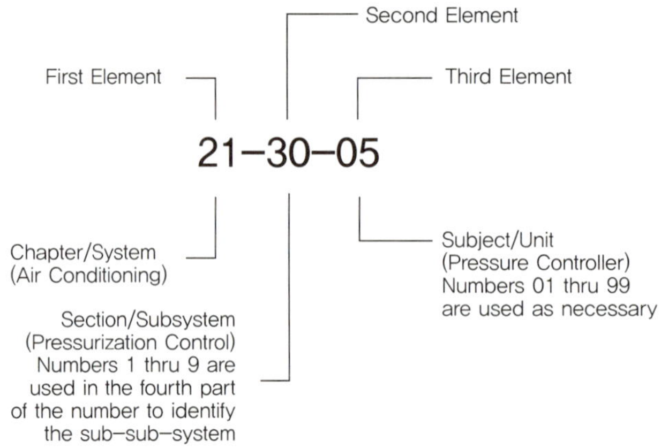

2. AMM : Aircraft maintenance manual

Basic information on the operation and maintenance of the aircraft and its on-board equipment.

(1) Description and operation of each system

(2) Basic maintenance and servicing actions

(3) Functional tests and operational tests

(4) Adjustments

(5) Replenishing of various fluids

(6) Other servicing tasks

(2) Transmission of the CMC 1 avionics configuration to the CMC 2 (Ref. TASK 45-10-00-610-804).

Subtask 45-13-34-010-050

C. Get Access to the Avionics Compartment

(1) Put the access platform in position at the access door 811.

(2) Open the access door 811.

Subtask 45-13-34-865-050

D. Open, safety and tag this(these) circuit breaker(s):

PANEL	DESIGNATION	FIN	LOCATION
FOR 1TM1			
721VU	CMC 1 SWTG	4TM1	U07
742VU	CMC 1	3TM1	Q66
FOR 1TM2			
722VU	CMC 2	3TM2	D45
722VU	CMC 2 SWTG	4TM2	W35

4. Procedure

(Ref. Fig. 401/TASK 45-13-34-991-001)

Subtask 45-13-34-020-050

A. Removal of the CMC

(1) Loosen the nuts (4).

(2) Lower the nuts (4).

(3) Pull the CMC (1) on its rack (3) to disconnect the electrical connectors (2).

(4) Remove the CMC (1) from its rack (3).

(5) Put blanking caps on the disconnected electrical connectors.

NOTE : If you removed the CMC 1 and if you transferred the memorized avionics configuration to the CMC 2, you can:
- remove the CMC 2

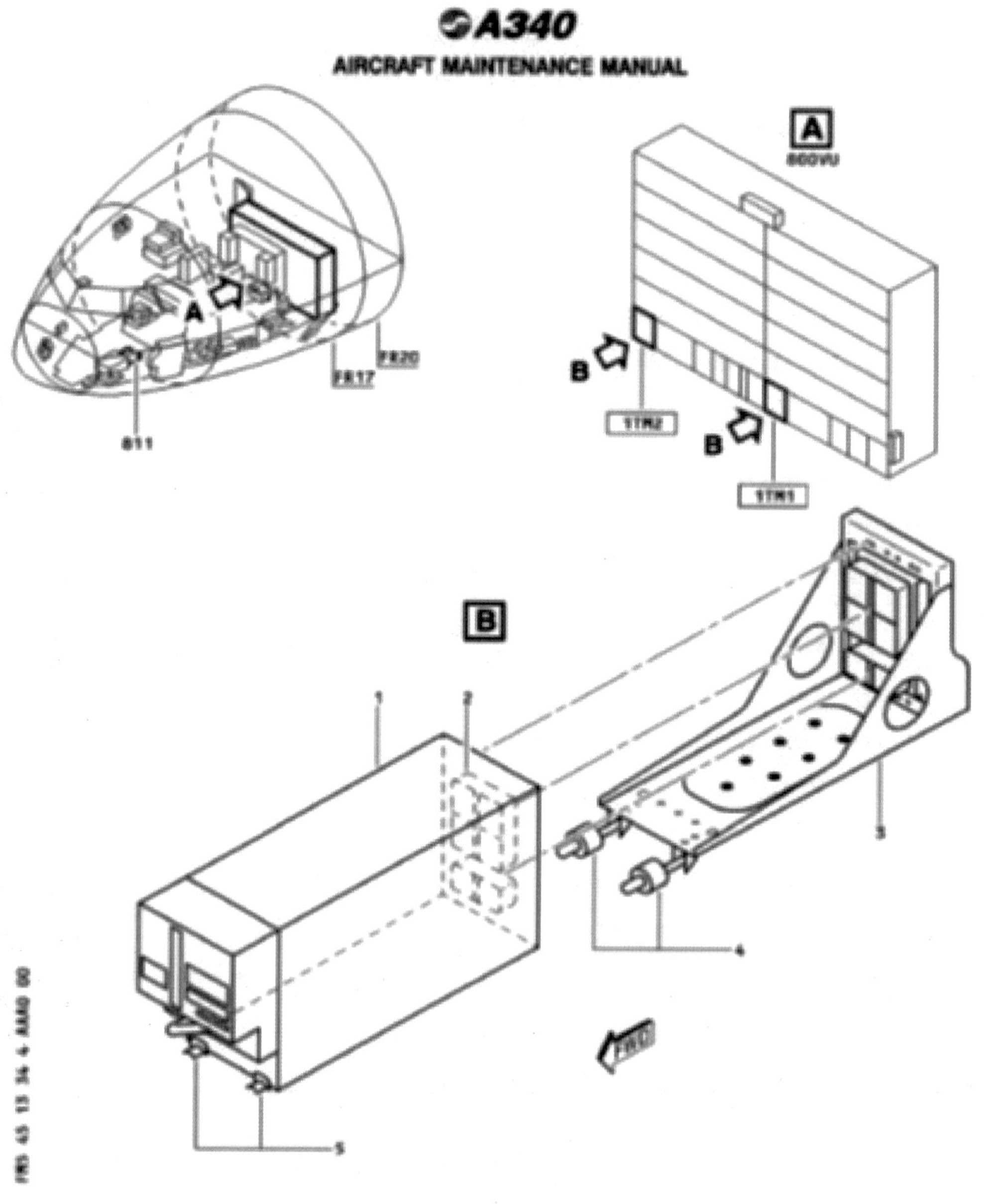

Central Maintenance Computer
Figure 401/TASK 45-13-34-991-001

EFF : ALL

TMA

45·13·34

Page 404
Oct 01/04

Fault isolation trees for the purpose of pinpointing and fixing problems.

BOEING

777

Fault Isolation Manual

TASK 23-11-00-810-818

818.

HF Transceiver Input Problems from left AIMS on DCMF INPUT 429 Bus - Fault Isolation

A. Maintenance Messages

(1) This task is for maintenance messages: 23-59940, 23-59942.

B. Description

(1) Use this task when the HF transceiver (L or R) has input problems from the left AIMS on DCMF INPUT 429 Bus.

C. Possible Causes

(1) HF Communication Transceiver (L or R), M23101,M23201.

(2) IOM(M009) in left AIMS.

(3) Wiring.

D. Circuit Breakers

(1) These are the circuit breakers related to the fault:

Overhead Circuit Breaker Panel, P11

Row	Col	Number	Name
G	2	(C23301)	L HF COMM

4. ASM : Aircraft schematic manual

Schematic diagrams of electrical, electronic, and hydraulic systems on the aircraft as well as logic diagrams contains the detailed information and identifies wiring harnesses, connectors, and interfacing equipment.

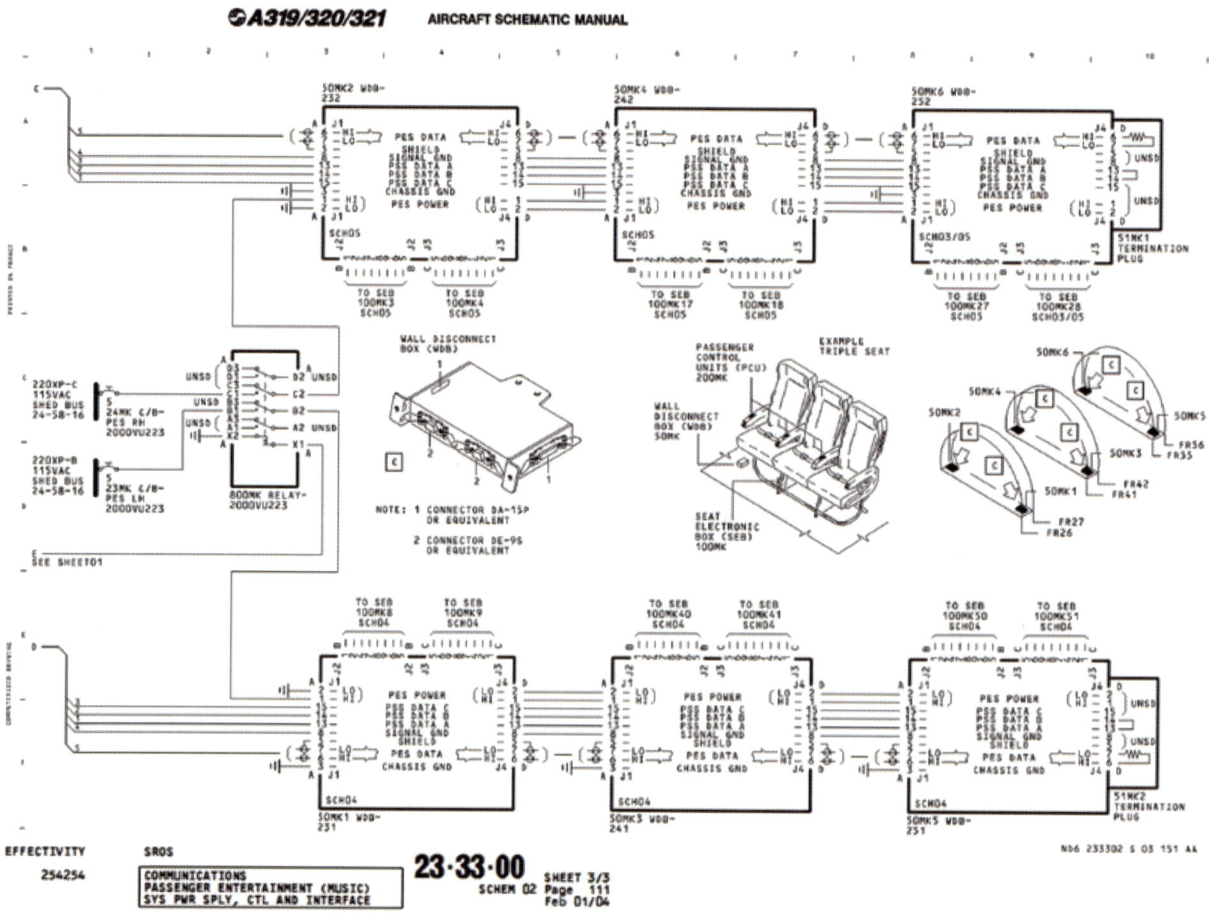

5. WDM : Wiring diagram manual

Complete run of wiring, including cable bundle numbers and routing, plug and connector numbers and locations, bulkheads, and other structural elements through which the wiring is routed.

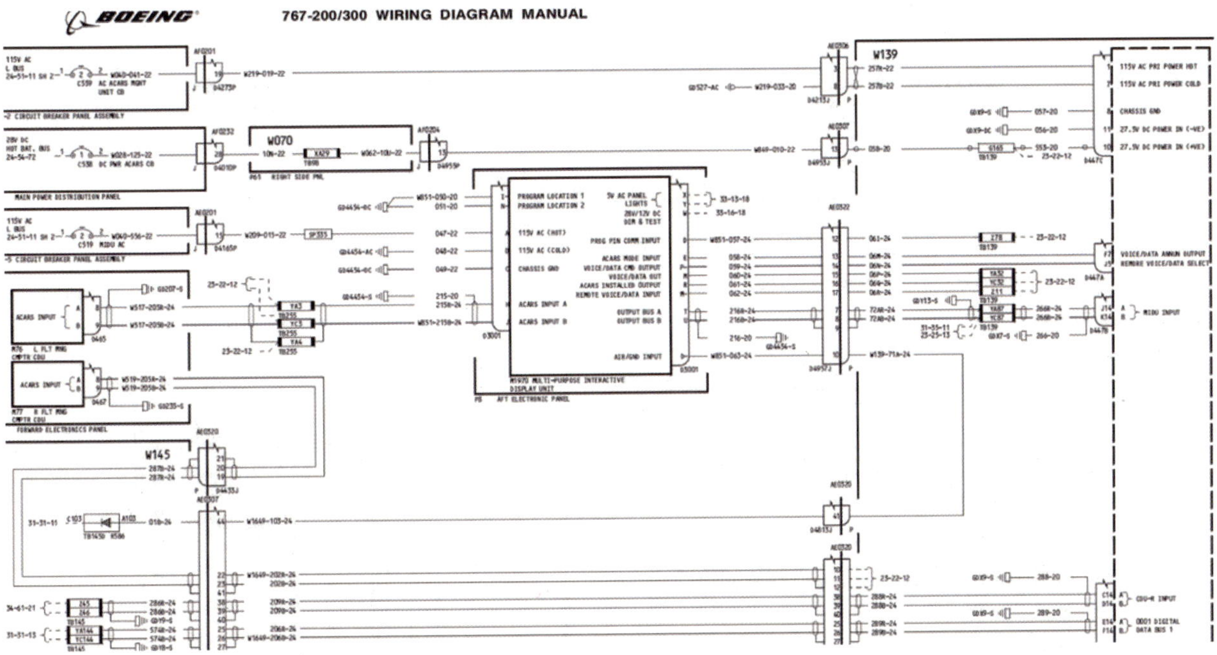

6. SRM : Structural Repair Manual

Information needed to effect certain repairs of the aircraft structure.

Repairs are simple and are approved by the FAA for operator completion.

Other structural repairs must be done by the airframe manufacturer or some other FAA designated repair facility.

A319/A320/A321
STRUCTURAL REPAIR MANUAL

5. Skin Repair on Lateral Passenger Door Frame

A. General

(1) This repair principle is applicable for damage to the skin on lateral door frame.

(2) The maximum permitted skin cutout is limited to a lenght of half a frame bay and a width of 170 mm (6.693 in.).

(3) The applicability of this repair principle is limited to the repair areas given in Figure 203 (Sheet 1).

B. Repair Materials

ITEM	NOMENCLATURE	QTY	MATERIAL/REMARKS
1 and 2		-	Ref. Fig. 203 (Sheets 2 and 3)
-	Sealant	-	Material No. 09-013 (Ref. 51-35-00)
-	Cleaning agent	-	Material No. 11-003 (Ref. 51-35-00)
-	Polyurethane primer	-	Material NO. 16-001 (Ref. 51-35-00)
-	Polyurethane finish paint	-	Material No. 16-018 (Ref. 51-35-00)
-	Wash primer	-	Material No. 16-020 (Ref. 51-35-00)

C. Repair Instructions (Ref. Fig. 203 Sheets 2 and 3)

(1) Remove the fasteners in the repair area.
(2) Remove the sealant from the repair area.

WARNING : CLEANING AGENT (MATERIAL NO. 11-003) IS DANGEROUS. OBEY THE MANUFACTURER'S INSTRUCTIONS WHEN YOU USE CLEANING AGENT.

(3) Clean and degrease the repair area with cleaning agent (Material No. 11-003).

CAUTION : TAKE CARE NOT TO CAUSE DAMAGE TO THE STRUCTURE BELOW THE SKIN PANEL.

(4) Cut out the damaged area of the skin and deburr the edges (for cutout limits, refer to Figure 203 Sheet 2).
(5) Check if the distance between the cutout and the skin pocket step is in accordance with Figure 203 Sheet 3.
(6) If necessary, rework the skin cutout in accordance with Figure 203 Sheet 3.
(7) Manufacture the repair parts (1) and (2) and break the sharp edges.
(8) Mark the position of the existing holes from the skin to the repair parts (1) and (2).
(9) Mark on the repair parts (1) and (2) the position of the holes for the additional fasteners in accordance with the existing fastener pitch (for rivet pitch and edge distance, refer to 51-47-00).
(10) Drill all the pilot holes on the repair parts (1) and (2).

EFFECTIVITY: A319,A320,A321 — 53-11-11 Page 213 May 01/97

A319/A320/A321
STRUCTURAL REPAIR MANUAL

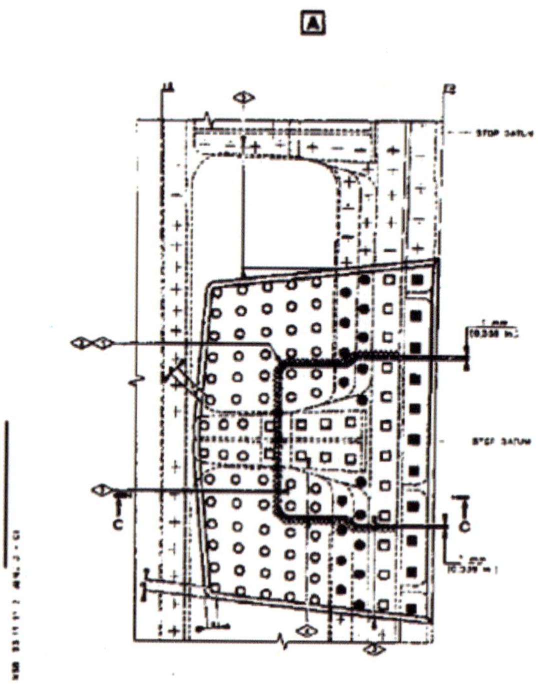

Skin Repair on Lateral Passenger Door Frame
Figure 203 (Sheet 2)

EFFECTIVITY: A319,A320,A321 — 53-11-11 Page 211/212 May 01/97

Lists and location diagrams of all parts used on the aircraft model.

Information on part numbers, vendors, interchangeability of parts.

Boeing 767

Illustrated Parts Catalog Supplement

FIG ITEM	PART NUMBER	NOMENCLATURE	UNITS PER
1		INSTALLATION - FLAT PANEL DISPLAY (PER ISS N08233)	
1	9D-84031-1	PANEL ASSY, FLAT DISPLAY (V0EUW0)	4
2	9D-05522-1	PANEL ASSY, DISPLAY CONTROL (V0EUW0)	2
3	9B-84032-1	CONCENTRATOR UNIT, DATA (V0EUW0)	3
4	433-673-1006-6001	SWITCH ASSY, ALTN/---- PUSH (V81590)	12
5	433-673-1006-6057	SWITCH ASSY, OVRD (GND PROX) (V81590)	2
6	433-673-1006-6070	SWITCH ASSY, GND/PROX G/S INHB (V81590)	1
7	434-674-1041-3290	INDICATOR ASSY, BRAKE TEMP (V81590)	1
8	434-674-1041-3308	INDICATOR ASSY, WINDSHEAR (V81590)	1
9	434-674-1041-3257	INDICATOR ASSY, BRAKE SOURCE (V81590)	1
10	434-674-1041-3300	INDICATOR ASSY, SPEED BRAKES (V81590)	1
11	434-674-1041-3224	INDICATOR ASSY, ALT ALERT (V81590)	1
12	434-674-1041-3225	INDICATOR ASSY, A/T DISC (V81590)	1
13	434-674-1041-3226	INDICATOR ASSY, AUTO PILOT (V81590)	1

- ITEM NOT ILLUSTRATED

34-20-01-01

Effectivity: 673BF
Date: 07-26-2013

34-20-01
Fig. 01
Page: 7

Boeing 767
Illustrated Parts Catalog Supplement

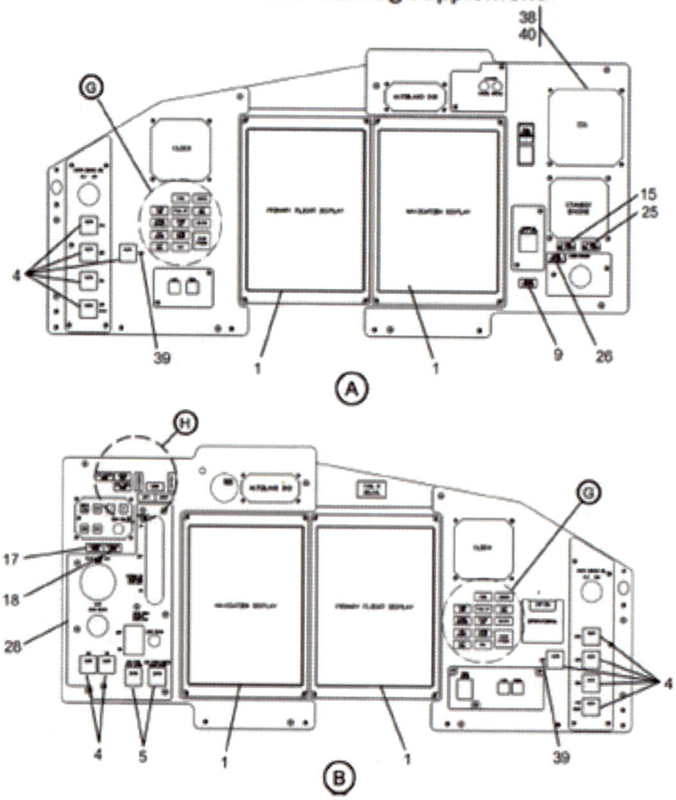

FLAT PANEL DISPLAY SYSTEM
FIGURE 1 (SHEET 2)

34-20-01-01

Effectivity: 673BF
Date: 07-26-2013

34-20-01
Fig. 01
Page: 2

8. MMEL : Master minimum equipment list

Identified by the airframe manufacturer and approved by the FAA

Identify the equipment which may be degraded or inoperative at dispatch of the aircraft.

Airline's responsibility to develop their own manual tailored to their specific equipment.(MEL)

U.S. Department of Transportation
Federal Aviation Administration
Washington, DC

Master Minimum Equipment List (MMEL)

Revision: 60
Date: 02/09/2018

Boeing 737
B-737-100/200/300/400/500/600/700/800/900/900ER

Stacey Klein, Chair
Flight Operations Evaluation Board (FOEB)

Federal Aviation Administration (FAA)
Seattle Aircraft Evaluation Group (SEA-AEG)
1601 Lind Ave. SW
Renton, WA 98057-4056

Telephone: (425) 917-6600
Fax: (425) 917-6638

U.S. DEPARTMENT OF TRANSPORTATION FEDERAL AVIATION ADMINISTRATION	MASTER MINIMUM EQUIPMENT LIST	
AIRCRAFT: BOEING B-737	REVISION NO. 60 DATE: 02/09/2018	PAGE NO. 21-4

MMEL TABLE KEY

SYSTEM & SEQUENCE NO.	ITEM	1. REPAIR CATEGORY	2. NUMBER INSTALLED	3. NUMBER REQUIRED FOR DISPATCH	4. REMARKS OR EXCEPTIONS

21. AIR CONDITIONING

Sequence No.	Item	1	2	3	4	Change Bar
01	Air Conditioning Packs (Cont'd)					
01-01	All-Passenger Configuration (All Models) (Cont'd)					
01-01-07	(-900/-900ER)	C	2	0	(M)(O) Except for ER operations, both may be inoperative provided: a) Flight is conducted in an unpressurized configuration, b) Recirculation fans operate normally, c) Both E/E equipment cooling exhaust fans operate normally, d) Procedures are established and used to ensure lower cargo compartments remain empty or are verified to contain only empty cargo handling equipment, ballast (ballast may be loaded in ULDs), and/or Fly Away Kits, e) Forward cargo heat duct is secured closed, and f) Airport ambient temperature does not exceed 103 degrees F (39 degrees C). NOTE: Operator MELs must define which items are approved for inclusion in Fly Away Kits and which materials can be used as ballast. (Continued)	

9. MCDL : Master configuration deviation list

Involves configuration of the aircraft

Information on panels, fairings, and similar variations in configuration that can be nonstandard at dispatch as long as it does not affect the safety of flight.

AIRBUS A320 AIRPLANE FLIGHT MANUAL	MASTER CONFIGURATION DEVIATION LIST DOORS NOSE LANDING GEAR MAIN DOOR (713, 714)

52-09	Nose Landing Gear Main Door (713, 714)

Ident.: MCDL-52-09-00006465.0001001 / 23 NOV 09 **EASA APPROVED**
Criteria: (A319 or A320)

52-09 NOSE LANDING GEAR MAIN DOOR (713, 714)	Quantity installed 2

(m) *Refer to AMM 32-22-00-040-001*
May be missing provided both main doors (713, 714) are removed and both aft doors (715, 716) (*Refer to 52-10 Nose Landing Gear Aft Door (715, 716)*) are removed.
Note: *May be combined with MCDL item 52-11 (Refer to 52-11 Nose Landing Gear Leg Door (712))*

- **Limitations:**

  Passengers transportation is not allowed.
  Flight with landing gear down is required.
  Refer to APP-LGDN-GEN General
  Maximum speed: 220 kt IAS/ M 0.5

- **Performance:**

  Note: *Reference performance for penalties computations are performance with landing gear down.*

  The following performance penalties are applicable:
  - Takeoff and approach climb performance limiting weights are reduced by 918 kg (2 024 lb)
  - En-route performance limiting weight is reduced by 1 000 kg (2 205 lb)
  - Fuel consumption is increased by 2 %.

Refer to MCDL-52-09 Illustration Nose Landing Gear Main Door (713, 714)

LAN A320-233 FLEET MCDL-52-09 P 1/2
AFM A 23 NOV 10

AIRBUS A320 AIRPLANE FLIGHT MANUAL	MASTER CONFIGURATION DEVIATION LIST DOORS NOSE LANDING GEAR MAIN DOOR (713, 714)

ILLUSTRATION NOSE LANDING GEAR MAIN DOOR (713, 714)

Ident.: MCDL-52-09-00006466.0001001 / 23 NOV 09 **FOR INFORMATION ONLY**
Criteria: SA

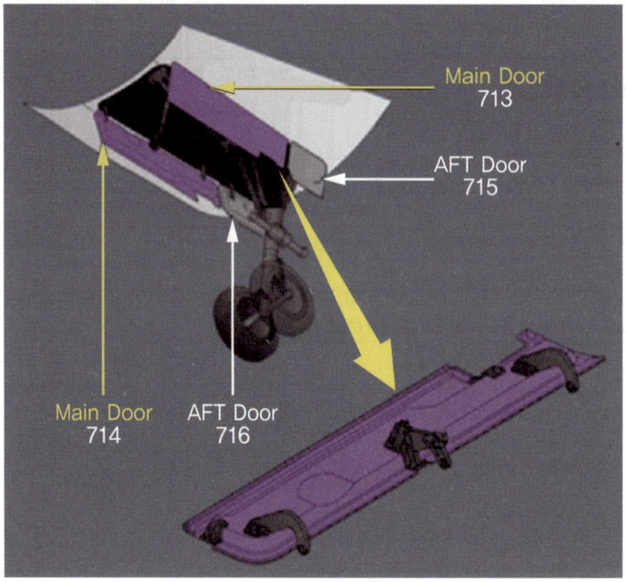

For dispatch conditions: *Refer to 52-09 Nose Landing Gear Main Door (713, 714)*

LAN A320-233 FLEET		MCDL-52-09 P 2/2
AFM	B	23 NOV 10

10. SB / SL

Whenever the airframe manufacturer or the engine manufacturer have modifications or suggestions for improving maintenance and/or servicing, they will issue appropriate paperwork to the affected airlines.

(1) Service bulletin(SB) is usually a modification of a system that will provide improved safety or operation of a system and includes a detailed description of the work and parts required.

(2) Service letter(SL) usually provides information to improve maintenance actions without equipment modification.

※ Airworthiness directive(AD) is a notification to owners and operators of certified aircraft that a known safety deficiency with a particular model of aircraft, engine, avionics or other system exists and must be corrected. If a certified aircraft has outstanding airworthiness directives that have not been complied with, the aircraft is not considered airworthy. it is mandatory for an aircraft operator to comply with an AD. ADs usually result from service difficulty reporting by operators or from the results of aircraft accident investigations. They are issued either by the national civil aviation authority of the country of aircraft manufacture or of aircraft registration. When ADs are issued by the country of registration they are almost always coordinated with the civil aviation authority of the country of manufacture to ensure that conflicting ADs are not issued.

EASA
European Union Aviation Safety Agency

Emergency Airworthiness Directive

AD No.: 2019-0051-E

Issued: 12 March 2019

Note: This Emergency Airworthiness Directive (AD) is issued by EASA, acting in accordance with Regulation (EU) 2018/1139 on behalf of the European Union, its Member States and of the European third countries that participate in the activities of EASA under Article 129 of that Regulation.

This AD is issued in accordance with Regulation (EU) 748/2012, Part 21.A.3B. In accordance with Regulation (EU) 1321/2014 Annex I, Part M.A.301, the continuing airworthiness of an aircraft shall be ensured by accomplishing any applicable ADs. Consequently, no person may operate an aircraft to which an AD applies, except in accordance with the requirements of that AD, unless otherwise specified by the Agency (Regulation (EU) 1321/2014 Annex I, Part M.A.303) or agreed with the Authority of the State of Registry (Regulation (EU) 2018/1139, Article 71 exemption).

Design Approval Holder's Name:	Type/Model designation(s):
THE BOEING COMPANY	737-8 and 737-9 aeroplanes

Effective Date:	12 March 2019, 19:00 UTC
TCDS Number(s):	EASA.IM.A.120
Foreign AD:	None
Supersedure:	Not applicable

ATA – SUSPENSION OF FLIGHT OPERATIONS

Manufacturer(s):
The Boeing Company, Commercial Airplanes Group

Applicability:
Model 737-8 and 737-9 aeroplanes, all serial numbers.

Definitions:
For the purpose of this AD, the following definitions apply: None

Reason:
Prompted by a fatal accident with a Boeing 737-8 'MAX' aeroplane, the exact causes of which are still being investigated, the Federal Aviation Administration (FAA), representing the State of Design for the affected aeroplanes, issued Emergency AD 2018-23-51 (later replaced by a Final Rule AD) to require certain changes to the Airplane Flight Manual (AFM) regarding Runaway Horizontal Stabilizer Trim Limitations and Procedures.

Since that action, another fatal accident occurred. At this early stage of the related investigation, it cannot be excluded that similar causes may have contributed to both events. Just after the second event, the FAA issued CANIC 2019-03, providing information concerning progress on the development of mitigating actions.

An agency of the European Union

A318/A319/A320/A321

SERVICE BULLETIN
REVISION TRANSMITTAL SHEET

AIRBUS
CUSTOMER SERVICES DIRECTORATE
1 Rond Point Maurice Bellonte
31707 BLAGNAC CEDEX
FRANCE
Tel : (33) 5 61 93 33 33
Telex : AIRBU 530526F
Fax : (33) 5 61 93 42 51

MANDATORY MANDATORY MANDATORY

ATA SYSTEM: 27

TITLE: FLIGHT CONTROLS - ELAC SYSTEM - RESTORE ELAC2 AND THS MOTOR 1 POWER SUPPLY (SB ONLY)

MODIFICATION No.: 39998P11410 39999P11411

This page transmits Revision No.02 of Service Bulletin No.A320-27-1199

ADDITIONAL WORK

**CONF ALL

No additional work is required by this revision for aircraft modified by any previous issue.

REASON

This Service Bulletin has been accomplished at Revision No. 01 on aircraft MSN 3480 to validate its content.

Compliance becomes Mandatory

CHANGES

SUMMARY		
REASON/DESCRIPTION/OPERATIONAL CONSEQUENCES	REASON UPDATED	R
GENERAL EVALUATION	GENERAL EVALUATION TABLE UPDATED	R
MATERIAL PRICE INFORMATION	MATERIAL PRICE INFORMATION TABLE UPDATED	R
EFFECTIVITY	OPERATOR LIST UPDATED	R
MANPOWER	MANPOWER UPDATED	R
APPENDICES	APPENDICES UPDATED	R
PLANNING INFORMATION		
EFFECTIVITY	EFFECTIVITY RELATED INFORMATION UPDATED	R
Material Effectivity	MATERIAL EFFECTIVITY UPDATED MATERIAL SET UPDATED	R
REASON		
History	HISTORY UPDATED	R

5 DATE: Nov 09/09 SERVICE BULLETIN No.: A320-27-1199

REVISION No.: 02 - Sep 20/10 Page: 1